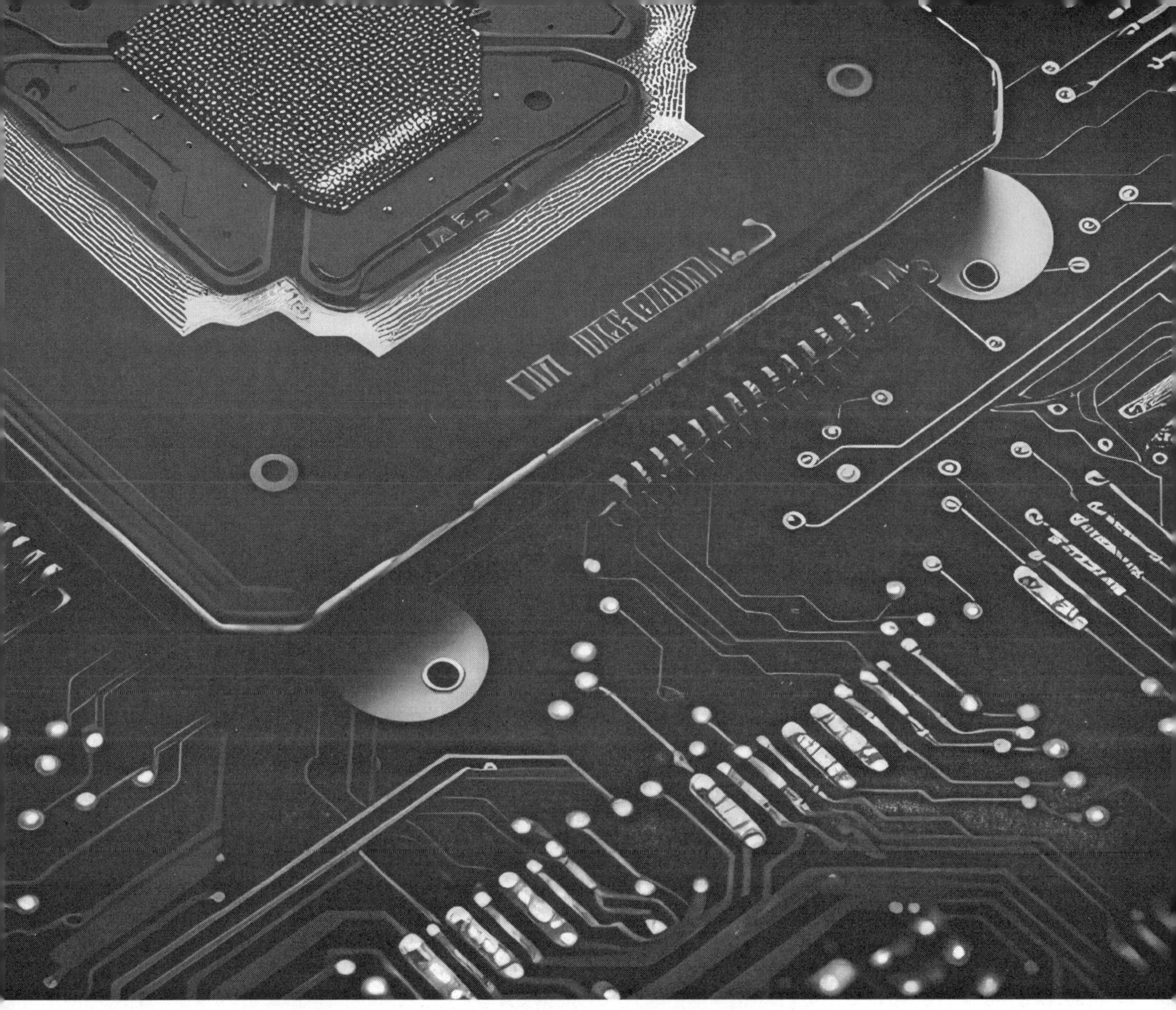

FPGA를 이용한 디지털 논리회로 설계

Digital Logic Circuit Design using FPGA

류지열 지음

도서출판 홍릉

FPGA를 이용한
디지털 논리회로 설계
Digital Logic Circuit Design using FPGA

인 쇄 : 2024년 1월 20일 초판 1쇄
발 행 : 2024년 1월 31일 초판 1쇄

저 자 : 류지열
발행인 : 송 준
발행처 : 도서출판 홍릉
주 소 : 01093 서울시 강북구 인수봉로 50길 10
등 록 : 1976년 10월 21일 제5-66호

전 화 : 02-999-2274~5, 903-7037
팩 스 : 02-905-6729
e-mail : hongpub@hongpub.co.kr
http://www.hongpub.co.kr
ISBN : 979-11-5600-141-6(93560)

정 가 : 19,000원

낙장 및 파본은 구입처나 본사에서 교환하여 드립니다.

본 과제(결과물)는 교육부와 한국연구재단의 재원으로 지원을 받아 수행된 첨단분야 혁신융합대학사업의 연구결과입니다

| 머리말 |

이 책은 전자·정보통신공학분야에서 중요하게 다뤄지고 있는 디지털 논리회로 설계 기술과 관련하여 디지털 논리 시스템 개발에 관한 것이다. 정보화시대의 시대적 요구에 발맞추어 컴퓨터공학, 정보통신공학, 전자공학 등을 전공하는 학부생들이 VHDL을 이용한 디지털 논리회로에 대한 기론과 실무에 다양하게 접할 수 있고, 캡스톤디자인 작품을 제작하는데 도움이 되는 교재의 필요성을 느껴 집필하게 되었다.

전자관련 산업체를 대상으로 실시한 설문조사에 따르면 ICT 관련분야의 학생들이 습득해야할 지식 또는 언어 중 산업체에서 많이 요구하는 것이 C, C# 및 VHDL(또는 Verilog HDL)인 것으로 알려져 있다. 이 설문조사 결과는 이러한 것들이 ICT 관련 학과의 학생들이 졸업할 시기에 최소한으로 갖추어야 할 지식들이고, 이런 것들을 기본적으로 다룰 수 있어야 한다는 것을 말해주고 있다.

이 책은 VHDL을 이용한 다양한 기초 및 응용 프로젝트를 수록하고 있다. 각 프로젝트의 하드웨어적인 구성은 간단하지만 디지털 회로의 각 구성 요소를 단계적으로 설계를 한 후 이를 통합하여 시스템을 설계하고 실습키트를 활용하여 이를 구현하는 단계로 구성되어 있다. 이 책의 장점은 VHDL을 활용해 디지털 시스템을 기초에서 응용까지 단계적으로 제작할 수 있도록 가이드를 해준다는 점이다. 수록된 내용들을 바탕으로 본인만의 아이디어를 더 발휘해보면 분명 일상생활에 이로운 다양한 작품들을 직접 만들 수 있을 것이다.

FPGA로 구현한 창작품은 그 자체만으로도 훌륭한 경우가 많지만 이런 창작품들이 다양한 통신 방법을 이용해 서로 대화하고 더 나아가 휴대폰 및 인터넷과도 연결될 수 있다. 이 책에서 활용할 실습키트는 통신 모듈을 더해 서로 대화할 수 있는 작품을 구성하여 다양한 프로젝트를 구현할 수 있도록 단계별로 설명하고 있다.

이 책을 통하여 디지털 논리 시스템 및 디지털 회로 설계에 대한 마인드가 확산되며, 전자·정보통신 시대를 선도할 인력 양성에도 도움이 되길 바란다.

이 책은 6장으로 구성되어 있다. 제 1장은 디지털 개요를 통해 개념 위주의 설명을 하였고, 디지털 회로의 특징, 응용 분야, 개발 환경, 개발 시 유의 사항 등에 대하여 다루었다. 제 2장은 프로그램 설치 및 사용방법을 통해 프로젝트 생성, VHDL 컴파일 및 시뮬레이션 등 프로그램을 실행하는 과정을 설명하였다. 제 3장은 하드웨어 기술 언어의 개요, 기본적인 VHDL 단위 및 라이브러리 선언, Entity 구문 표현, Architecture 구문 표현, 물리적 구현 등에 대해 설명하였다. 또한, 키트를 활용하여 실습 예를 언급하였다. 제 4장은 조합논리회로 설계에 대해 거의 모든 종류의 조합논리회로와 함께 실제로 많이 활용할 수 있는 예제와 키트를 활용하여 실습 예를 중심으로 설명하였다. 제 5장은 순차논리회로 설계로 구성되어 있으며, 실제로 많이 활용할 수 있는 예제를 중심으로 설명하였으며, 키트를 활용하여 실습 예를 중심으로 구성하였다. 제 6은 스텝 클럭(펄스) 발생회로, 메모리 회로, 주차 시스템, 양방향 버스 회로 등에 대한 설계 방법을 설명하였다. 마지막으로 Appendix에는 FPGA 키트 핀 연결 회로도, 키트 세부 회로도 및 설계에 있어서 이해를 돕기 위한 VHDL 설계를 위한 각종 코드 예를 기술하여 캡스톤디자인 및 프로젝트를 수행하는 학부생들에게 도움이 되도록 구성하였다.

저자는 최선을 다하여 이 책을 집필하였으나 여러 가지 미비한 점이 발견될 것으로 생각된다. 독자 제위의 엄격한 충고와 의견을 기다려 지속적으로 수정 보완할 것을 약속드린다.

끝으로 이 책이 나오기까지 RCO FPGA 논리회로 실습키트를 제작해 주신 ㈜알코정보통신의 김신곤 사장님에게 고마움을 표한다. 아울러 마지막까지 원고 교정을 위해 많은 노력과 시간을 아끼지 않은 출판사 및 관계하신 여러분께 깊은 사의를 드린다.

2024년 2월

저자 올림

| 차 례 |

Chapter 1 디지털 회로 개요 • 11

Chapter 2 프로그램 설치 및 사용방법 • 61

Chapter 3 하드웨어 기술 언어 및 물리적 구현 • 85

Chapter 4 조합논리회로 설계 • 113

Chapter 5 순차논리회로 설계 • 257

Chapter 6 기타 논리회로 설계 • 349

Appendix • 373

Chapter 1
디지털 회로 개요

| 학습목표 |

- 디지털 회로의 기본 개념 및 특징을 이해한다.
- 아날로그, 디지털, 2진수 연산, 각종 진수 변환 방법을 소개한다.
- BCD 코드, 패리티 비트 발생 및 검출 회로에 대해 알아본다.
- 기본 논리연산, 기본 법칙과 정리, 논리식 구하기에 대해 알아본다.
- 논리식의 간소화, 기본 논리 회로, 논리 회로 구성에 대해 알아본다.

| 목차 |

1장. 디지털 회로 개요

1.1. 아날로그(Analog)와 디지털(Digital)

아날로그(analog)는 일상에서 접하는 현상, 수, 신호 등에 대해 연속적인 값(어떤 양 또는 데이터를 연속적으로 변환하는 물리량으로 표현하는 값) 을 가지고, 디지털(digital)은 불연속적인 값(어떤 양 또는 데이터를 불연속적으로 변환하는 물리량을 표현하는 값)을 가진다. 표준화된 기호, 즉 0과 1 사이에도 아날로그에서는 변화량이 실제로 존재하지만 디지털에서는 변화량이 존재하지 않는다. 간단한 예로 [그림 1.1]은 바늘이 돌아가는 아날로그 방식의 시계와 디지털 방식의 시계에 대해 표시를 읽는 방법의 차이를 나타낸 것이다. 정의에서 알 수 있듯이 아날로그 방식으로 표시를 읽을 경우 10시 10분~10.5분 등으로 읽을 수 가 있지만 디지털 방식으로 읽을 경우 21.48의 한 가지 값만으로 표현할 수 있다.

(a) 아날로그 표시

(b) 디지털 표시

[그림 1.1] 아날로그와 디지털 표시 방법

또한, 회로 내부의 신호 표현 방법(0[V]~5[V]를 범위로 했을 경우)의 관점에서 차이점을 비교하자면 아날로그는 +2.50[V] 또는 +2.51[V]와 같이 계측기로 값의 확인이 가능하지만 디지털은 0[V]나 +5[V] 둘 중에서 하나만 설정할 수 있다.

아날로그의 또 다른 예로는 Sine 또는 Cosine 곡선 등과 같이 변화량이 연속적으로 이어지는 흐르는 강물을 들 수 있다.

위의 예처럼 2개의 값으로 논리를 구성하는 것을 2진 논리라고 하고, 2진 논리로 구성된 디지털 회로를 2진 논리 회로라고 한다. [표 1.1]은 2진 상태와 2진 신호의 예를 나타낸 것이다. 전류의 경우 전류계에 전류가 흐르면 2진 신호 '1'을 나타내고, 흐르지 않으면 2진 신호 '0'을 나타낸다. 전압, 스위치, 전등 등에 대해서도 2진 신호는 '1'과 '0'의 값을 표현한다.

디지털 회로가 아날로그 회로보다 잡음에 강한 이유는 2진 상태로의 0[V]를 '0', +5[V]를 '1'로 가정할 경우, 잡음의 영향으로 +4.5[V]가 되었다면 아날로그 정보는 +0.5[V]의 전압 감소를 의미하며, 회로의 동작에 영향을 미칠 수 있다. 그러나 디지털 정보는 중간 값을 가질 수 없으므로 '1'을 출력한다. 일반적으로 0[V]~+2.5[V]는 2진 신호 '0'을 표시할 전압 범위를 나타내고, +2.5[V]~+5.0[V]는 2진 신호 '1'을 표시할 전압 범위를 나타낸다. 따라서 잡음 유무에 거의 상관없이 2진 신호 '1'과 '0'을 표현할 수 있다.

[표 1.1] 2진 상태와 2진 신호의 예

종류	2진 상태	2진 신호
전류	전류계에 전류가 흐름	1
	전류계에 전류가 흐르지 않음	0
전압	전압계에 전압이 있음	1
	전압계에 전압이 없음	0
스위치	ON	1
	OFF	0
전등	점등	1
	소등	0

[표 1.2]는 아날로그와 디지털의 차이점을 나타낸 것이다.

[표 1.2] 아날로그와 디지털 차이점

아날로그	디지털
선 : 곡선의 형태로 정보 전달	숫자 : 1과 0이라는 숫자를 통해 정보 전달
전류의 주파수나 진폭 등 연속적으로 변화하는 형태로 전류를 전달	전류가 흐르는 상태(1)와 흐르지 않는 상태(0)의 두 가지를 조합하여 전달
0.3은 0.3, 0.327은 0.327 그대로 표시	연속적인 값들을 모두 세분해서 그 세분한 값들을 전부 하나의 값으로 표시(0부터 1사이는 0, 1부터 2사이는 1 등)
아날로그 시계 : 시침과 분침, 초침을 모두 볼 수 있음. 초침은 각각의 초 표시 사이를 움직이며, 그 사이의 연속적인 모든 시간을 가리킴	표시하는 매체 : 전류(전류는 연속적인 값을 표시하기에 매우 불안정)가 흐르거나 흐르지 않는 확실한 두 상태로 모든 상황을 대치

1.2. 2진수와 10진수

일상적으로 10진법을 많이 사용하고 2진법은 아날로그 현상을 디지털로 표현할 때 종종 사용한다. 10진법의 한자리 수는 0부터 9(10가지)까지 표현이 가능하고, 기수(radix)는 10을 나타낸다. 2진법의 한자리 수는 0부터 1(2가지)까지 표현할 수 있고, 기수(radix)는 2를 나타낸다. 2진 숫자(binary digit)는 간략하게 비트(bit)로 표현하며, 비트는 디지털 정보의 기본 단위를 나타낸다.

10진이나 2진 모두 수치의 자리수와 표현 가능한 수치 종류와의 관계식은 식 (1.1)과 같다.

$$N = a^n \tag{1.1}$$

여기서, N: 표현 가능한 수치의 개수, a: 기수, n: 수치의 자리수

식 (1.1)로부터 알 수 있듯이 10진수의 2자리는 n=2, 기수=10이므로 N은 0~99까지 100가지가 되고, 2진수의 4자리는 n=4, 기수=2이므로 N은 0000~1111까지 16가지가 된다.

10진법의 수치 표현은 식 (1.2)와 같다. 이 경우 수치의 자리수가 n=3이며, 세 번째 자리의 1에 10의 (n-1)승, 즉 2를 곱하고, 두 번째 자리수에 1을 곱하며, 첫 번째 자리수도 같은 방식으로 연산한 후 더한다.

$$168 = 1\times10^{n-1} + 6\times10^{n-2} + 8\times10^{n-3} = 1\times10^2 + 6\times10^1 + 8\times10^0 \tag{1.2}$$

2진법의 수치 표현은 식 (1.3)과 같다. 세 번째 자리의 1에 2의 (n-1)승, 즉 1을 곱하고, 두 번째 자리수에 1을 곱하며, 첫 번째 자리수도 같은 방식으로 연산한 후 더한다.

$$\begin{aligned}(111)_2 &= 1\times2^2 + 1\times2^1 + 1\times2^0 \\ &= 4 + 2 + 1 \\ &= (7)_{10}\end{aligned} \tag{1.3}$$

10진수 0부터 15까지의 수치를 2진수로 변환하면 [표 1.3]과 같다.

[표 1.3] 10진수와 2진수

10진수	2진수
0	0000
1	0001
2	0010
3	0011
4	0100
5	0101
6	0110
7	0111
8	1000
9	1001
10	1010
11	1011
12	1100
13	1101
14	1110
15	1111

2진수를 10진수로 변환하는 방법은 식 (1.4)와 같다. n 자리수의 수치에 기수 2의 $(n\text{-}1)$승을 하여 각각을 전부 더한다. $(1111)_2$에서의 2진수를 10진수로 변환한 수식은 식 (1.4)와 같다.

$$\begin{aligned}(1111)_2 &= 1\times2^3 + 1\times2^2 + 1\times2^1 + 1\times2^0 \\ &= 8 + 4 + 2 + 1 \\ &= (15)_{10}\end{aligned} \tag{1.4}$$

10진수 $(25)_{10}$을 2진수로 변환하면 [그림 1.2]와 같다. [그림 1.2]에서 최좌측 비트인 MSB(Most Significant Bit)는 2진수의 최상위 비트, 최우측 비트인 LSB(Least Significant Bit)는 2진수의 최하위 비트를 각각 나타낸다.

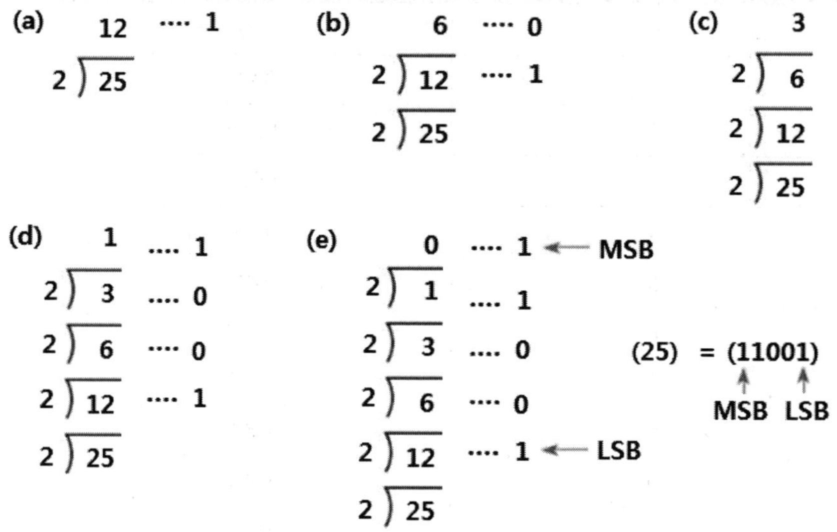

[그림 1.2] 10진수를 2진수로 변환

예제 1.1 십진수 9.875를 2진수로 변환하시오.

(풀이)

이해를 쉽게 하기 위해 일의 자리수와 소수점 이하를 분리해서 변환한다.

$9 = 1\times2^3 + 0\times2^2 + 0\times2^1 + 1\times2^0 = (1001)_2$

$0.875 = 1\times2^{-1} + 1\times2^{-2} + 1\times2^{-3} = 0.5+0.25+0.125 = (111)_2$

$\therefore (9.875)_{10} = (1001.111)_2$

예제 1.2 2진수 $(101100)_2$를 10진수로 표현하시오.

(풀이)

$(101100)_2 = 1\times2^5 + 0\times2^4 + 1\times2^3 + 1\times2^2 + 0\times2^1 + 0\times2^0 = 32 + 8 + 4 = (44)_{10}$

$\therefore (101100)_2 = (44)_{10}$

1.3. 8진수와 16진수

1.3.1. 16진수, 8진수를 10진수로 변환

16진수는 n번째 자리의 수치에 기수 16의 $(n-1)$승을 한 후 각각을 더한 것으로, 0~F로 수치를 표현한다. 16진수는 혼동을 막기 위해 10이상의 값은 알파벳 A~F(또는 소문자 a~f)로 표현한다. 즉 10은 A, 11은 B, 12는 C, 13은 D, 14는 E 및 15는 F로 표현한다. 또한, 8진수는 n번째 자리의 수치에 기수 8의 $(n-1)$승을 한 후 각각을 더한 것으로, 0~7로 수치를 표현한다. [표 1.4]는 10진수, 2진수, 8진수 및 16진수에 대한 대조표를 나타낸 것이다.

16진수 $(2BD)_{16}$을 10진수로 변환하면 식 (1.5)와 같고, 8진수 $(132)_8$을 10진수로 변환하면 식 (1.6)과 같다. 16진수는 n 자리수의 수치에 기수 16의 $(n-1)$승을 하여 각각을 전부 더하고, 8진수는 n 자리수의 수치에 기수 8의 $(n-1)$승을 하여 각각을 전부 더한다.

$$\begin{aligned}(2BD)_{16} &= 2\times16^2 + 11\times16^1 + 13\times16^0 \\ &= 512 + 176 + 13 \\ &= (701)_{10}\end{aligned} \tag{1.5}$$

$$\begin{aligned}(132)_8 &= 1\times8^2 + 3\times8^1 + 2\times8^0 \\ &= 64 + 24 + 2 \\ &= (90)_{10}\end{aligned} \tag{1.6}$$

1.3.2. 10진수를 16진수로 변환

10진수를 a, 몫을 q, 나머지를 r이라고 하면, 10진수를 16진수로 변환하는 방법은 ① 변환할 10진수를 a로 한다. ② a를 16진수의 기수 16으로 나누어 몫(q)과 나머지(r)를 구한다. ③ 몫이 0이 아니면 몫을 a에 대입하고, ②를 수행한다. ④ 몫이 0이면 반복해서 구한 가장 마지막 나머지를 16진수의 최상위 자리로, 최초의 나머지를 최하위 자리로 한다.

10진수 $(693)_{10}$을 16진수로 변환하면 $(2B5)_{16}$이 되며, 구하는 과정은 [그림 1.3]과 같다.

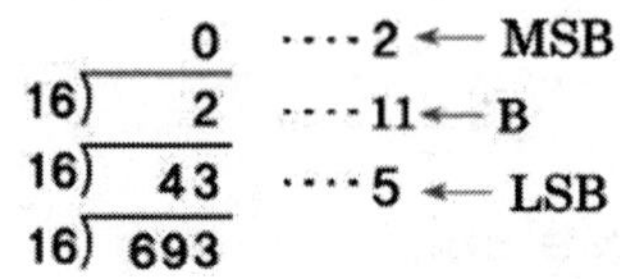

[그림 1.3] 10진수를 16진수로 변환

1.3.3. 10진수를 8진수로 변환

10진수를 a, 몫을 q, 나머지를 r이라고 하면, 10진수를 8진수로 변환하는 방법은 ① 변환할 10진수를 a로 한다. ② a를 8진수의 기수 8로 나누어 몫(q)과 나머지(r)를 구한다. ③ 몫이 0이 아니면 몫을 a에 대입하고, ②를 수행한다. ④ 몫이 0이면 반복해서 구한 가장 마지막 나머지를 8진수의 최상위 자리로, 최초의 나머지를 최하위 자리로 한다.

10진수 $(693)_{10}$을 8진수로 변환하면 $(1265)_8$이 되며, 구하는 과정은 [그림 1.4]와 같다.

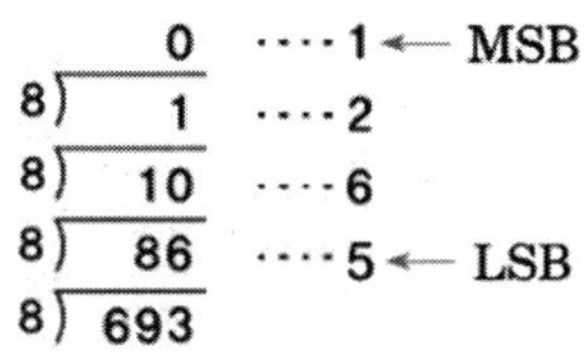

[그림 1.4] 10진수를 8진수로 변환

1.3.4. 2진수, 8진수, 16진수의 상호 변환

[표 1.4]는 10진수, 2진수, 8진수, 16진수에 대한 대조표를 나타낸 것이다. 2진수를 4비트씩 묶으면 16진수가 되고, 3비트씩 묶으면 8진수가 된다. 예를 들어 8진수 $(1234)_8$을 16진수로 변환하면 $(001\ 010\ 011\ 100)_2=(0010\ 1001\ 1100)_2=(29C)_{16}$가 된다. 마찬가지 방법으로 16진수 $(29C)_{16}$을 8진수로 변환하면 $(0010\ 1001\ 1100)_2=(001\ 010\ 011\ 100)_2=(1234)_8$이 된다.

예제 1.3 16진수 2B를 2진수로 표시하시오.

(풀이)
16진수 각 자리를 4비트씩 2진수로 분리하면 된다.
$\therefore (2B)_{16} = (0010\ 1011)_2$

예제 1.4 8진수 46을 16진수로 표시하시오.

(풀이)
8진수를 2진수로 변환하여 4비트씩 묶으면 16진수가 된다.
$\therefore (46)_8 = (100\ 110)_2 = (0010\ 0110)_2 = (26)_{16}$

1.3.5. 2진 부호(Binary Code)

[표 1.4]는 2진(binary) 부호의 종류를 정리한 것이다. 2진 부호에는 [표 1.5]와 같이 8-4-2-1(BCD), 6-3-1-1, excess-3, 2-out-of-5 및 gray를 들 수 있다.

(1) BCD(Binary Coded Decimal) 부호

BCD(binary-coded decimal) 부호는 2진화 10진법이라고 하며, 8-4-2-1 부호로 불린다. 이러한 부호는 디지털 회로에서 10진수를 처리할 때 사용한다. 10진수를 BCD 부호로 변환하는 방법은 10진수 한 자리마다 [표 1.5]를 참고하여 2진수로 변환하고, 필요한 자리수만큼 위의 변환 작업을 반복한다. 예를 들어 10진수 $(132)_{10}$을 BCD 부호로 변환하면 $(0001\ 0011\ 0010)_{BCD}$가 된다. 여기서 상위 2비트 '0'을 생략하지 않도록 한다.

예제 1.5 $(257)_{10}$을 BCD 부호로 변환하시오.

(풀이)
10진수 한 자리마다 2진수 네 자리로 변환해야 한다.
$\therefore (0010\ 0101\ 0111)_{BCD}$

(2) 6-3-1-1 부호

6-3-1-1 부호는 8-4-2-1 부호에서 숫자만 바꾼 것으로 [표 1.5]와 같이 9를 표현하려면 1100가 된다.

(3) Excess-3 부호

8-4-2-1 부호에서 3만큼 shift 된 것, 즉 0은 0011, 1은 0100, 2는 0101 등과 같이, 원래 10진수에서 +3에 해당하는 2진수를 매핑한 것이다. 9를 excess-3 부호로 나타내려면, 9에 3을 더한 값, 즉 12를 2진수로 변환(1100)하면 된다.

[표 1.4] 10진수, 2진수, 8진수, 16진수에 대한 대조표

10진수	2진수	8진수	16진수
0	0000	0	0
1	0001	1	1
2	0010	2	2
3	0011	3	3
4	0100	4	4
5	0101	5	5
6	0110	6	6
7	0111	7	7
8	1000	10	8
9	1001	11	9
10	1010	12	A
11	1011	13	B
12	1100	14	C
13	1101	15	D
14	1110	16	E
15	1111	17	F
16	10000	20	10
17	10001	21	11
18	10010	22	12
19	10011	23	13
20	10100	24	14
21	10101	25	15
22	10110	26	16
23	10111	27	17
24	11000	30	18
25	11001	31	19
26	11010	32	1A
27	11011	33	1B
28	11100	34	1C
29	11101	35	1D
30	11110	36	1E
31	11111	37	1F
63	111111	77	3F
64	1000000	100	40
127	1111111	177	7F
128	10000000	200	80
255	11111111	377	FF
256	100000000	400	100

(4) 2-out-of-5 부호

0~31까지의 2진수 중에서 **1**을 **2번만** 쓰는 모든 숫자들을 사용한 부호, 즉, 0은 000**11**이고 1은 00**1**0**1**, 2는 00**11**0 순으로 나열된다.

(5) 그레이 부호(Gray Code)

0부터 9까지의 그레이 부호 표현은 [표 1.5]와 같으며, 인접한 숫자 간에는 비트의 변화가 항상 단 하나의 비트에서만 발생한다.

[그림 1.5(a)]와 같이 2진 부호를 그레이 부호로 변환하는 방법은 맨 앞자리는 그대로 내려오고 다음부터 두 개씩 XOR 연산을 하면 된다. 즉, $(1011)_2$는 $(1110)_{gray}$로 변환된다.

또한, 그레이 부호를 2진 부호로 변환하는 방법은 [그림 1.5(b)]와 같이 맨 앞자리는 그대로 내려오고 나온 결과 값과 해당 위치의 값을 XOR 연산을 하면 된다. 즉, $(1110)_{gray}$는 $(1011)_2$로 변환된다.

[표 1.5] 2진 부호

10진수	8-4-2-1	6-3-1-1	Excess-3	2-out-of-5	Gray
0	0000	0000	0011	00011	0000
1	0001	0001	0100	00101	0001
2	0010	0011	0101	00110	0011
3	0011	0100	0110	01001	0010
4	0100	0101	0111	01010	0110
5	0101	0111	1000	01100	1110
6	0110	1000	1001	10001	1010
7	0111	1001	1010	10010	1011
8	1000	1011	1011	10100	1001
9	1001	1100	1100	11000	1000

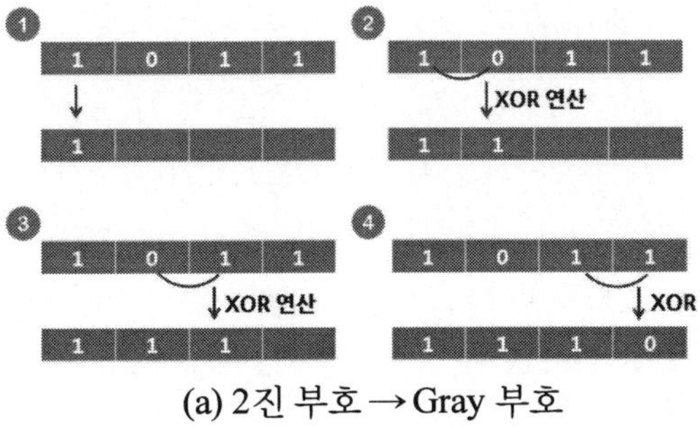

(a) 2진 부호 → Gray 부호

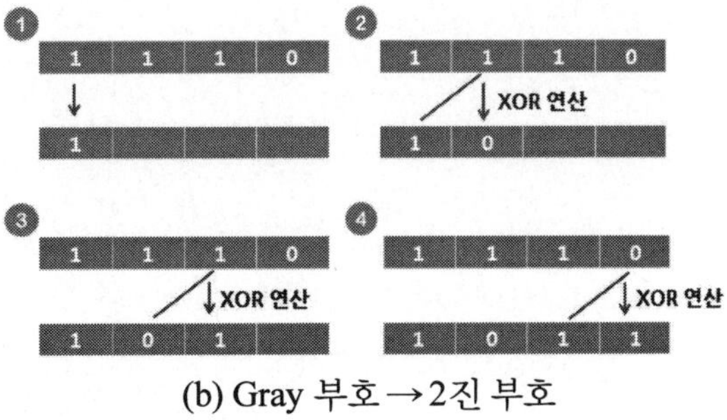

(b) Gray 부호 → 2진 부호

[그림 1.5] 2진 부호와 그레이 부호 간 변환

예제 1.6 그레이 부호 1101을 2진수로 변환하시오.

(풀이)

[그림 1.5(b)]를 참고하면

$\therefore (1001)_2$

예제 1.7 $(9)_{10}$을 그레이 부호로 변환하시오.

(풀이)

변환을 용이하게 하기 위해 $(9)_{10}$을 2진수로 변경하고, [그림 1.5(a)]를 참고하면

$\therefore (9)_{10} = (1001)_2 = (1101)_{gray}$

1.4. 오류 검출

1.4.1. 패리티 검사(Parity Check)

패리티 검사(parity check)는 디지털 정보의 '1'을 나타내는 개수가 짝수 또는 홀수가 되도록 한 비트를 별도로 추가하여 오류를 찾아내는 방법을 말한다. [그림 1.6]에서 회로 A에서 BCD 부호 $(1010\ 0101)_{BCD}$를 회로 B로 전송한다. 이때 전제 조건은 한 비트에만 오류가 발생한다고 가정한다. 핵심 요소는 다음과 같다.

① 전송하는 데이터의 '1'의 개수가 짝수 또는 홀수인지를 미리 결정한다.
② 송신 회로 A에서는 전송하는 데이터의 '1'의 개수가 짝수 또는 홀수가 되도록 정보를 추가하여 송신한다.
③ 수신 회로 B에서는 수신된 데이터의 '1'의 개수가 짝수 또는 홀수가 되어 있는지 검사한다.

①에 대해

짝수 패리티(even parity): '1'의 개수가 짝수가 되게 하는 경우

홀수 패리티(odd parity): '1'의 개수가 홀수가 되게 하는 경우

②에 대해

보내는 데이터의 '1'의 개수가 4개이기 때문에 회로 A는 '1'의 개수를 짝수로 만들기 위해 '0'을 추가한다. 이때 패리티 생성기(Parity Generator)는 패리티 비트를 추가 시키는 조작을 담당한다.

③에 대해

회로 B에서는 데이터 8비트와 패리티 비트를 수신하여 '1'의 개수를 확인한다.

- 패리티 검사(parity check): '1'의 개수를 검사하는 것
- 패리티 오류(parity error): 패리티 검사에서 잘못된 데이터가 입력된 경우

회로 A의 2자리 BCD 부호 $(1010\ 0101)_{BCD}$를 홀수 패리티 방식으로 회로 B에 보낼 경우 패리티 생성 동작은 회로 A에서 출력한 '1'의 개수는 4개이고, 홀수 패리티를 사용하기에

패리티 생성 동작을 수행한다. 이때 패리티 비트 값은 ‘1’이고, 패리티 검사 동작의 경우 회로 B에서 패리티 검사는 패리티 비트를 포함하여 5개 이므로 오류는 발생하지 않는다.

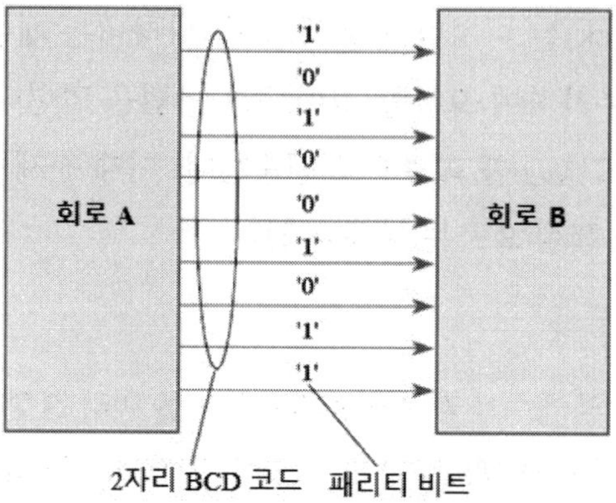

[그림 1.6] 패리티 비트

회로 A의 2자리 BCD 부호 $(1010\ 0101)_{BCD}$를 홀수 패리티 방식으로 회로 B에 전송했는데, 이들 중 한 비트의 데이터가 도중에 바뀐 경우, 패리티 생성 동작은 회로 A에서 출력한 ‘1’의 개수는 4개이고, 홀수 패리티를 사용하기에 패리티 생성 동작을 수행한다. 이때 패리티 비트 값은 ‘1’이고, [그림 1.7]과 같이 패리티 검사 동작을 수행한다. [그림 1.7(a)]의 경우 LSB 데이터가 ‘1’에서 ‘0’으로 바뀌었기 때문에 ‘1’의 개수가 짝수개가 되어 패리티 오류가 발생한다. [그림 1.7(b)]의 경우 패리티 비트 데이터가 ‘1’에서 ‘0’으로 바뀌었기 때문에 ‘1’의 개수가 짝수개가 되어 패리티 오류가 발생한다.

회로 A의 2자리 BCD 부호 $(1010\ 0101)_{BCD}$를 홀수 패리티 방식으로 회로 B에 전송했는데, 이들 중 2개 비트의 데이터가 도중에 바뀐 경우, 즉 최하위 비트(LSB)와 패리티 비트에서 데이터가 바뀌었다고 가정하면, 패리티 비트의 값과 ‘1’의 전체 개수가 홀수가 되므로 [그림 1.8(a)]와 같이 오류가 발생 안 한 것으로 오류 판정할 수 있다. 회로 A의 2자리 BCD 부호 $(1010\ 0101)_{BCD}$를 홀수 패리티 방식으로 회로 B에 전송했는데, [그림 1.8(b)]와 같이 이들 중 3개 비트의 데이터가 도중에 바뀐 경우, 즉 최하위 비트와 상위 첫 번째 비트 및 패리티 비트에서 데이터가 바뀌었다고 가정하면, 전체 ‘1’의 개수는 짝수이기 때문에 오류를 검출한다.

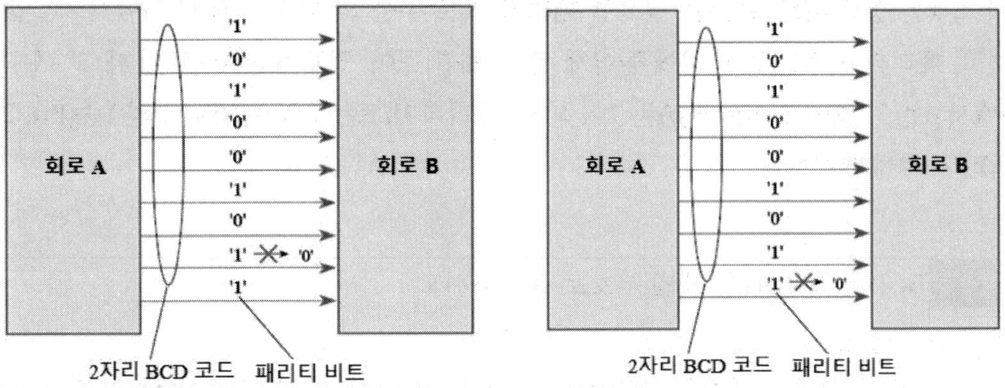

(a) LSB의 데이터가 바뀐 경우

(b) 패리티 비트의 데이터가 바뀐 경우

[그림 1.7] 패리티 검출 예 #1

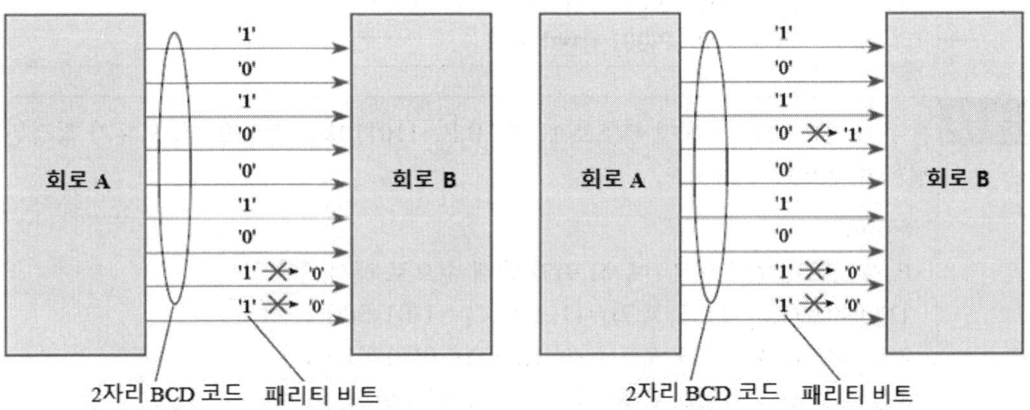

(a) LSB와 패리티 비트의 데이터가 바뀐 경우

(b) LSB와 상위 첫 번째 비트 및 패리티 비트에서 데이터가 바뀐 경우

[그림 1.8] 패리티 검출 예 #2

1.4.2. 해밍 부호(Hamming Code)

1950년 미국의 Bell 연구소의 Hamming에 의해 고안된 부호로 데이터 전송 시 1비트의 오류를 정정할 수 있는 오류정정부호의 일종으로 플래시 메모리 등에 사용한다. BCD 부호에 대한 해밍 부호 공식은 식 (1.7)과 같다.

$$2^p - 1 \geq d + p \qquad (1.7)$$

여기서, d는 정보 비트 수, p는 필요한 패리티 비트 수를 의미하며, 식 (1.7)에서 p의 값을 구하고, 패리티 비트는 2^n 자리에 놓이게 된다. 예를 들어, 정보가 d=4비트일 때 $2^p - 1 \geq d + p$에서 p는 3, 해밍 길이($d + p$)는 7이 되고, 패리티 비트는 2의 0승(P_0), 2의 1승(P_1), 2의 2승(P_2)자리에 배치한다.

예제 1.8 BCD 부호 1001를 해밍 부호로 표시하시오.

(풀이)
[표 1.6]과 같이 4비트의 정보와 3비트의 패리티를 가진 0부터 9까지의 수로 표현 가능하며, P비트를 추가해서 해밍 부호는 P_0P_1**1**P_2**001**이 된다.
1번 P비트(P_0) = (1, 3, 5, 7) = (P_0, 1, 0, 1) = $1 \oplus 0 \oplus 1 = 0$
2번 P비트(P_1) = (2, 3, 6, 7) = (P_1, 1, 0, 1) = $1 \oplus 0 \oplus 1 = 0$
3번 P비트(P_2) = (4, 5, 6, 7) = (P_2, 0, 0, 1) = $0 \oplus 0 \oplus 1 = 1$
∴ 해밍 부호는 $P_0P_11P_2001$ = **00**1**1**001

예제 1.9 홀수 패리티 비트의 해밍 부호로 $110P_21P_1P_0$=1101101을 받았을 때, 오류가 정정된 정확한 부호를 구하시오.

(풀이)
P_0가 LSB에 있으므로 (예제1.9)와 반대 순으로 해석해야 한다.
1번 P비트(P_0) = (1, 3, 5, 7) = (1, 1, 0, 1) = $1 \oplus 1 \oplus 0 \oplus 1 = 1$
2번 P비트(P_1) = (2, 3, 6, 7) = (0, 1, 1, 1) = $0 \oplus 1 \oplus 1 \oplus 1 = 1$
3번 P비트(P_2) = (4, 5, 6, 7) = (1, 0, 1, 1) = $1 \oplus 0 \oplus 1 \oplus 1 = 1$
→ 111 : 7번 비트 수정해야 함. ∴ **0**101101

[표 1.6] 해밍 부호 발생 표

	비트의 의미	P_0	P_1	8	P_2	4	2	1
	행번호	1	2	3	4	5	6	7
10진수	0	0	0	0	0	0	0	0
	1	1	1	0	1	0	0	1
	2	0	1	0	1	1	1	0
	3	1	0	0	0	0	1	1
	4	1	0	0	1	1	0	0
	5	0	1	0	0	1	0	1
	6	1	1	0	0	1	1	0
	7	0	0	0	1	1	1	1
	8	1	1	1	0	0	0	0
	9	0	1	1	1	0	0	1

1.5. 2진수 연산

1.5.1. 기본 연산

정수를 표현하는 방법은 무부호 정수와 유부호 정수가 있다. 무부호 정수 연산의 경우 2진수 1비트의 덧셈은 식 (1.8)과 같이 수행할 수 있다. 또한, 예를 들어 2진수 1010 + 0011을 계산하면 $(1101)_2$가 된다.

$$
\begin{aligned}
0 + 0 &= 0 \\
0 + 1 &= 1 \\
1 + 0 &= 1 \\
1 + 1 &= 0\text{과 자리올림수(carry) } 1
\end{aligned}
\tag{1.8}
$$

2진수 1비트의 뺄셈은 식 (1.9)와 같이 수행할 수 있다. 또한, 예를 들어 2진수 1011 - 0010을 계산하면 $(1001)_2$가 된다.

$$
\begin{aligned}
0 - 0 &= 0 \\
0 - 1 &= 1\text{과 자리빌림수(borrow) } 1 \\
1 - 0 &= 1 \\
1 - 1 &= 0
\end{aligned}
\tag{1.9}
$$

보수를 이용한 연산에서 보수화는 수치 부호의 반전을 의미하므로 덧셈 방식으로 뺄셈을 할 수 있다는 장점이 있다. 즉 $A-B$ 대신 $A+(-B)$를 사용한다. [표 1.7]은 2진수 보수 표를 나타낸 것이다. 2진수에서는 1의 보수와 2의 보수 방식이 있으며, 일반적으로 2의 보수 방식을 사용한다. 이 2가지 보수 표현 방식 모두 최상위 비트(MSB)에 부호를 표시한다. '1'은 음수, '0'은 양수를 나타낸다. 1의 보수는 2진수의 각 비트인 '1'/'0'을 반전시켜 구한다. 예를 들어 2진수 $(11001)_2$의 1의 보수는 $(00110)_2$가 된다. [표 1.7]로 부터 알 수 있듯이 양의 10진수에 대해 2의 보수와 1의 보수는 같고, MSB는 '0'이 된다. 또한, 음의 10진수에 대해 2의 보수와 1의 보수는 같고, [표 1.7]과 같이 표현되며, MSB는 '1'이 된다.

2의 보수를 구하는 방법은 2가지가 있다. 첫 번째 방법은 1의 보수를 구한 후, 그 값에 '1'을 더한다. 다시 말하면 각 비트의 '1'/'0'을 반전시킨 후, 최하위 비트에 '1'을 더하는 것이다. 또 다른 방법으로는 최하위 비트부터 최상위 비트 방향으로 옮겨가면서, 최초 '1'이 나타나는 비트까지는 '1'/'0'을 그대로 두고, 그 이후 비트는 '1'/'0'을 반전시킨다. 예를 들어 2진수 $(01001)_2$의 보수를 구해보면 첫 번째 방법에 의한 보수화는 $(01001)_2 \rightarrow (10110)_2 \rightarrow +1 \rightarrow (10111)_2$가 된다. 2의 보수를 구하는 두 번째 방법에 의한 보수화는 [그림 1.9]와 같이 나타낼 수 있다.

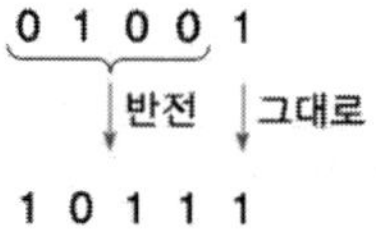

최하위 비트로부터 최상위 비트 방향으로 보면,
- '0'이면 보수도 '0'
- 최초로 '1'이 나타난 비트는 보수도 '1'
- 그 이후 비트는 '1'/'0'으로 반전

[그림 1.9] 2의 보수화

[표 1.7] 2진수 보수 표

10진수	2진수		10진수	2진수	
	2의 보수	1의 보수		2의 보수	1의 보수
15	01111	01111	-1	11111	11110
14	01110	01110	-2	11110	11101
13	01101	01101	-3	11101	11100
12	01100	01100	-4	11100	11011
11	01011	01011	-5	11011	11010
10	01010	01010	-6	11010	11001
9	01001	01001	-7	11001	11000
8	01000	01000	-8	11000	10111
7	00111	00111	-9	10111	10110
6	00110	00110	-10	10110	10101
5	00101	00101	-11	10101	10100
4	00100	00100	-12	10100	10011
3	00011	00011	-13	10011	10010
2	00010	00010	-14	10010	10001
1	00001	00001	-15	10001	10000
0	00000	00000, 그리고 11111	-16	10000	5비트에서는 표현불가

1.5.2. 덧셈 연산

2의 보수 방식에서 덧셈 연산은 부호와 상관없이 두 수를 더하면 되고, 뺄셈의 경우는 부호와 상관없이 감수의 2의 보수를 더하면 된다. 2의 보수를 이용한 2진수 연산 중 [그림 1.10(a)]와 같이 정수끼리의 덧셈 $(00110)_2(=6_{10}) + (00001)_2(=1_{10})$은 $(00111)_2(=7_{10})$가 된다. 또한 [그림 1.10(b)]와 같이 음수끼리의 덧셈 $(11111)_2(=-1_{10}) + (11010)_2(=-6_{10})$은 $(11001)_2(=-7_{10})$로 연산을 수행하며, [그림 1.10(c)]와 같이 음수와 양수의 덧셈 $(11111)_2(=-1_{10}) + (00011)_2(=3_{10})$은 $(00010)_2(=2_{10})$가 된다.

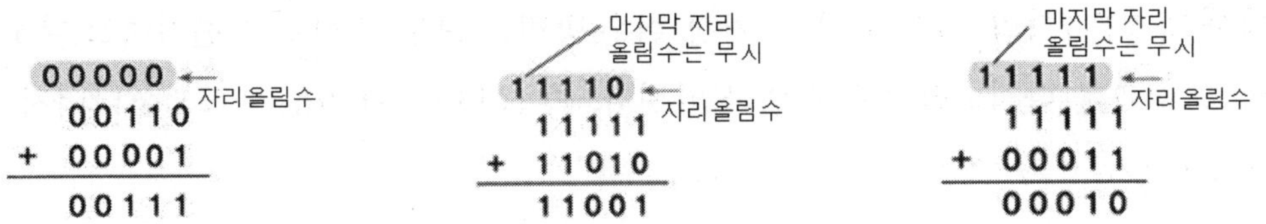

(a) 정수끼리의 덧셈 (b) 음수끼리의 덧셈 (c) 음수와 양수의 덧셈

[그림 1.10] 2진수 연산

1.5.3. 곱셈 연산

2진수 1비트의 곱셈은 식 (1.10)과 같이 수행할 수 있다. 이 책에서는 쉬운 설명을 위해 무부호 정수로 제한한다. 예를 들어 $(1011)_2 \times (101)_2$를 계산하면 $(110111)_2$가 되고, 계산 과정은 [그림 1.11]과 같다.

$$\begin{aligned} 0 \times 0 &= 0 \\ 0 \times 1 &= 0 \\ 1 \times 0 &= 0 \\ 1 \times 1 &= 1 \end{aligned} \tag{1.10}$$

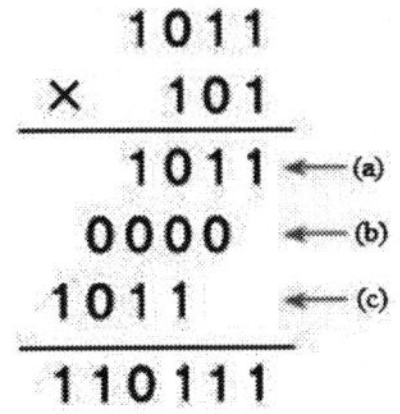

[그림 1.11] 2진수 곱셈 연산

예제 1.10	2진법 곱셈 1010×0110을 계산하시오. (풀이) [그림 1.11]과 같이 계산을 한다. ∴ 0111100

1.5.4. 나눗셈 연산

나눗셈 연산은 예를 들어 $(11101001)_2 \div (1010)_2$를 계산하면 $(10111)_2$(나머지: 3)이 되고, 계산 과정은 [그림 1.12]와 같다. 가장 쉬운 방법은 모두 10진수로 변경하고 나눗셈을 한 후 그 결과를 다시 2진수로 표현하면 된다. 즉 $(233)_{10} \div (10)_{10} = (23)_{10}$(나머지: 3) = $(10111)_2$ (나머지: 3)

```
            10111
     1010)11101001
          1010
          --------
           10010
            1010
           -------
            10000
             1010
            ------
              1101
              1010
             -----
                11
```

[그림 1.12] 2진수 나눗셈 연산

1.6. 기본 논리연산

회로 설계의 본질로는 회로설계에서는 최소한의 부품으로 동작하는 것이 중요하며, 회로의 동작을 수식으로 표현하고 그 수식을 논리연산으로 간략화해야 한다. 논리와 명제에서 명제에 대한 정의는 한 개의 판단을 서술해 놓은 문장이 있을 때 그것이 참인지 아닌지를 판단하는 것을 말한다. 특정 비트의 값을 무조건 0으로 바꾸는 연산을 **마스크(mask) 연산**이라 한다. 또한, 복합명제는 [그리고], [또는], [아니다] 등의 단어로 두 개 이상의 명제 결합을 말한다. 복합명제와 논리연산을 정의함에 있어 복합명제를 Y라고 하고, 이것을 구성하는 각각의 명제를 $A, B, C, \cdots$라고 할 때,

- 논리함수: 복합명제 Y
- 논리변수: 각각의 명제를 $A, B, C, \cdots$
- 명제논리: 복합명제로 어떤 논리를 구성했을 때, 이것을 연산이라고 생각하고 명제를 논하는 것

1.6.1. 논리곱(AND)

논리곱(logical product) 또는 AND는 복합명제 Y를 구성하는 각각의 명제 $A, B, C, \cdots$가 모두 참이면 Y를 참이라고 판단하고, 복합명제 Y를 구성하는 각각의 명제 $A, B, C, \cdots$중 하나라도 거짓이 있으면 Y를 거짓이라고 판단한다. 그 논리식은 식 (1.11)과 같다.

$$Y = AB = A \cdot B \tag{1.11}$$

여기서, [·]를 논리기호(logical symbol)라고 한다.

정리 1.1 논리곱 또는 AND

복합명제를 구성하는 각각의 명제가 모두 참일 때 복합명제가 참이 되고, 그 이외에는 거짓이 된다.

1.6.2. 논리합(OR)

논리곱(logical sum) 또는 OR는 복합명제 Y를 구성하는 각각의 명제 A, B, C,…중 하나라도 참이면 Y를 참이라고 판단하고, 복합명제 Y를 구성하는 각각의 명제 A, B, C,…가 모두 거짓이면 Y를 거짓이라고 판단한다. 그 논리식은 식 (1.12)와 같다.

$$Y = A + B \tag{1.12}$$

정리 1.2	논리합 또는 OR
복합명제를 구성하는 각각의 명제가 하나라도 참이면 복합명제가 참이 되고, 각 명제가 모두 거짓이면 거짓이 된다.	

1.6.3. 논리부정(NOT)

논리부정(negation) 또는 NOT은 부여된 명제가 참이면 거짓으로 판단하고, 거짓이면 참으로 판단하는 논리연산을 말한다. [$\overline{A}$]로 표현하고, [A bar]라고 읽는다. 그 논리식은 식 (1.13)과 같다.

$$Y = \overline{A} = A' \tag{1.13}$$

정리 1.3	논리부정 또는 NOT
복합명제가 참이면 거짓으로 판단하고, 거짓이면 참으로 판단한다.	

1.7. 기본 법칙과 정리

1.7.1. 기본 법칙

논리회로에서 간소화란 복잡한 논리를 보다 간단한 논리로 변화시키는 조작을 말하며, 더 적은 부품으로 보다 효율이 좋은 디지털 회로를 설계하기 위해 반드시 필요한 절차이다. 논리회로의 기본 법칙과 정리에 있어서 벤다이어그램을 이용한다. 벤다이어그램을 구성하는 각 요소는 다음과 같이 정의한다.

> 집합(set): 어떤 조건에 맞는 대상의 전체 모임 부울대수의 변수에 해당
> 요소(element): 그 집합에 속한 개개의 대상
> 공집합(empty set): 집합 중에서 한 개의 요소도 갖지 않는 것
> 전체집합(universal set): 집합론에서 몇 개의 집합이나 요소를 모두 포함하는 기본적인 모체가 되는 보다 더 기본이 되는 집합. *U* 등의 기호로 표시
> 부분집합(subset): *U*에 포함될 각 집합들. [*A*], [*B*], [*C*]등으로 표현
> 벤다이어그램: 이들의 각 집합 관계를 다이어그램을 사용해서 표현한 것

벤다이어그램에 의한 논리표현은 [그림 1.13]과 같다. 교집합(부울 대수 AND에 해당)은 집합 *A*에 속하면서 집합 *B*에도 속하는 요소를 나타낸 것이고, 합집합(부울 대수 OR에 해당)은 집합 *A*에 속하거나 집합 *B*에 속해 있는 요소를 나타낸 것이다. 또한 여집합(부울 대수 NOT에 해당)은 집합 *A*에 속하지 않는 요소를 나타낸 것이다.

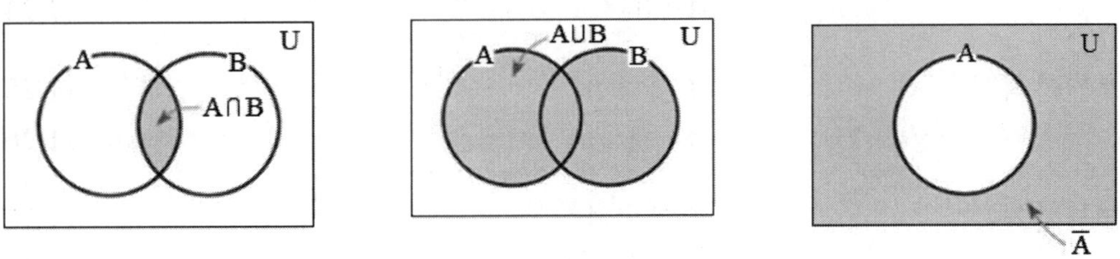

(a) 교집합 (b) 합집합 (c) 여집합

[그림 1.13] 벤다이어그램에 의한 논리표현

정리 1.4

- **교집합:** 두 개 이상의 집합이 있을 때, 이들의 집합 모두에 속하는 집합을 말한다. 기호로는 ∩을 사용하고, 부울 대수 AND에 해당한다.
- **합집합:** 두 개 이상의 집합이 있을 때, 이들의 집합 중 적어도 한 개에 속하는 요소 집합을 말한다. 기호로는 ∪을 사용하고, 부울 대수 OR에 해당한다.
- **여집합:** 어떤 집합에도 속하지 않는 요소의 집합을 말한다. 기호로는 NOT에 해당한다.

또한, 부울 대수의 기본법칙은 다음과 같다.

교환법칙	$AB = BA$	(1.14)
	$A + B = B + A$	(1.15)
결합법칙	$(AB)C = A(BC)$	(1.16)
	$(A+B)+C = A+(B+C)$	(1.17)
분배법칙	$A(B+C) = AB+AC$	(1.18)
	$A+BC = (A+B)(A+C)$	(1.19)
누승법칙	$\overline{\overline{A}} = A$	(1.20)
흡수법칙	$A \cdot 1 = A$	(1.21)
	$A \cdot 0 = 0$	(1.22)
	$A + 1 = 1$	(1.23)
	$A + 0 = A$	(1.24)
보원법칙	$A \cdot \overline{A} = 0$	(1.25)
	$A + \overline{A} = 1$	(1.26)
멱등법칙	$A \cdot A = A$	(1.27)
	$A + A = A$	(1.28)

정리 1.5	논리기호의 우선순위
NOT, AND, OR ← ……… → 단, 괄호가 있으면 괄호를 우선으로 한다.	

1.7.2. 드모르간 정리

드모르간 정리는 식 (1.29) 및 식 (1.30)으로 표현할 수 있다. 즉 [어떤 논리식 전체를 부정하는 것은 각각 변수 모두를 부정한 후 AND와 OR를 바꿈으로써 동등해진다]라는 의미를 말한다.

$$\overline{A+B} = \overline{A}\,\overline{B} \tag{1.29}$$

$$\overline{AB} = \overline{A}+\overline{B} \tag{1.30}$$

1.8. 논리식 구하기

1.8.1. 진리값(truth value)과 진리표(truth table)

2개의 값, '1'/'0'을 진리값(truth value)이라고 하며, 2개의 진리값을 사용하여 명제를 표현한 표를 진리표(truth table)라 한다.

정리 1.6	논리식을 구하는 방법
① 회로 동작을 나타내는 진리표를 작성한다.	
② 진리표로부터 논리식을 산출한다.	
③ 구한 논리식을 간소화한다.	

1.8.2. 진리표 작성 방법

[그림 1.14]는 3입력과 1출력에 대한 진리표를 작성하는 방법을 나타낸 것이다. 진리표의 행수 및 열수를 결정함에 있어서 입력 변수 3개와 출력을 기입하기 위해 1열을 추가하여 4열이 되도록 한다. 행의 수는 입력 변수의 조합 8가지(2^n가지)와 변수명을 기입하기 위해 1행을 추가하여 9행을 만든다. 여기에서 출력명을 [*Y*], 각각의 입력 변수명을 [*A*], [*B*], [*C*]로 정의한다. 나머지 행에는 각 입력 변수의 조합과 이에 대응하는 출력을 진리표에 기입한다.

각 입력변수의 '1'/'0'의 조합은 [그림 1.14(b)]와 같이 기입한다. 첫째 열 즉, 입력변수의 가장 우측 열(입력 변수: *A*)에 위에서부터 차례로 '0'과 '1'을 교대로 기입한다. 그 다음, 둘째 열(입력 변수: *B*)에는 위에서부터 차례로 '0'과 '1'을 2개씩 차례로 기입한다. 그 다음, 셋째 열(입력 변수: *C*)에는 위에서부터 차례로 '0'과 '1'을 4개씩 차례로 기입한다. 이하 같은 방식으로 입력 변수의 오른쪽에서부터 *n*번째 열에는 위에서부터 차례로 '0'과 '1'을 2^{n-1}개씩 차례로 기입한다.

결국, 오른쪽 열부터 차례로 '0'과 '1'을 처음에는 1개씩, 다음은 2개씩, 그 다음은 4개, 8개, 16개씩 기입하는 방식으로 2배씩 개수를 늘려가면서 기입한다. 입력 조합을 고려해서 이수 조건의 진리값을 기입한다.

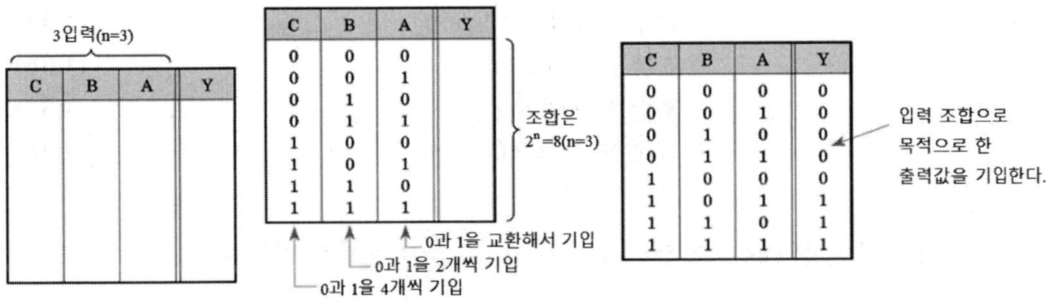

(a) 진리표 양식 (b) 진리표 기입 (c) 완성된 진리표

[그림 1.14] 진리표 작성 방법

1.8.3. 최소 항들의 합 정형(canonical form)

진리표를 완성하고 나면 논리식을 만들어야 한다. 논리식의 가장 기본적인 형식이 정준 형식(canonical form, 정형)인데, 최소 항들의 합 정형과 최대 항들의 곱 정형으로 구분된다. [표 1.8]의 진리표를 예제로 설명한다. 출력이 '1'일 때 입력의 조합은 식 (1.31)~식 (1.34)와 같다. 또한 이러한 조합은 식 (1.35)~식 (1.38)과 같이 각 입력 값이 '1'일 때는 그대로이고, '0'일 때는 NOT을 해서 AND로 결합한다.

[표 1.8] 최소 항의 합 정형의 예제

C	B	A	Y	
0	0	0	0	
0	0	1	1	…조합1
0	1	0	0	
0	1	1	0	
1	0	0	1	…조합2
1	0	1	1	…조합3
1	1	0	0	
1	1	1	1	…조합4

$$A = '1', B = '0', C = '0' \cdots\cdots \text{ 조합 1} \quad (1.31)$$
$$A = '0', B = '0', C = '1' \cdots\cdots \text{ 조합 2} \quad (1.32)$$
$$A = '1', B = '0', C = '1' \cdots\cdots \text{ 조합 3} \quad (1.33)$$
$$A = '1', B = '1', C = '1' \cdots\cdots \text{ 조합 4} \quad (1.34)$$

$$조합\ 1 \rightarrow A\overline{B}\,\overline{C} \tag{1.35}$$
$$조합\ 2 \rightarrow \overline{A}\,\overline{B}\,C \tag{1.36}$$
$$조합\ 3 \rightarrow A\overline{B}\,C \tag{1.37}$$
$$조합\ 4 \rightarrow ABC \tag{1.38}$$

출력은 각 AND항을 OR로 결합하여 식 (1.39)와 같은 결과를 얻는다.

$$Y = A\overline{B}\,\overline{C} + \overline{A}\,\overline{B}\,C + A\overline{B}\,C + ABC \tag{1.39}$$

1.8.4. 최대 항들의 곱 정형

최대 항들의 곱 정형은 [표 1.9]의 진리표를 예제로 설명한다. 출력이 '0'일 때 입력의 조합은 식 (1.40)~식 (1.43)과 같다. 또한 이러한 조합은 식 (1.44)~식 (1.47)과 같이 각 입력값이 '0'일 때는 그대로이고, '1'일 때는 NOT을 한 후 OR로 결합한다.

[표 1.9] 최대 항의 곱 정형의 예제

C	B	A	Y	
0	0	0	0	…조합1
0	0	1	1	
0	1	0	0	…조합2
0	1	1	0	…조합3
1	0	0	1	
1	0	1	1	
1	1	0	0	…조합4
1	1	1	1	

$$A = '0', B = '0', C = '0' \cdots\cdots 조합\ 1 \tag{1.40}$$
$$A = '0', B = '1', C = '0' \cdots\cdots 조합\ 2 \tag{1.41}$$
$$A = '1', B = '1', C = '0' \cdots\cdots 조합\ 3 \tag{1.42}$$
$$A = '0', B = '1', C = '1' \cdots\cdots 조합\ 4 \tag{1.43}$$

$$\text{조합 } 1 \rightarrow A+B+C \tag{1.44}$$
$$\text{조합 } 2 \rightarrow A+\overline{B}+C \tag{1.45}$$
$$\text{조합 } 3 \rightarrow \overline{A}+\overline{B}+C \tag{1.46}$$
$$\text{조합 } 4 \rightarrow A+\overline{B}+\overline{C} \tag{1.47}$$

출력은 각 OR항을 AND로 결합하여 식 (1.48)과 같은 결과를 얻는다. 단, OR보다 AND 쪽이 연산의 우선순위가 높기 때문에 괄호로 묶은 후에 AND로 결합한다.

$$Y = (A+B+C)(A+\overline{B}+C)(\overline{A}+\overline{B}+C)(A+\overline{B}+\overline{C}) \tag{1.48}$$

정리 1.7

최소 항의 합 정형: AND-OR
최대 항의 곱 정형: OR-AND

1.8.5. 정형 사이의 변환

최소 항들의 합 정형의 논리식의 보원은 이 논리식에 빠져있는 최소 항들의 합 정형의 논리식과 같다. [표 1.8]의 진리표에 대한 논리식의 보원을 구하면 식 (1.49)와 같은 결과를 얻게 된다. 즉, 최소 항들의 합 정형의 논리식을 최대 항들의 곱 정형의 논리식으로, 또는 그 반대로 변환하기 위해서는 원래의 논리식의 보원을 구한 후에, AND와 OR을 서로 바꿔주고, NOT은 있으면 없애고 없으면 붙여 준다.

$$\begin{aligned} \overline{Y} &= \overline{A}\,\overline{B}\,\overline{C} + \overline{A}\,B\overline{C} + AB\overline{C} + \overline{A}\,BC \\ &= \overline{(A+B+C)(A+\overline{B}+C)(\overline{A}+\overline{B}+C)(A+\overline{B}+\overline{C})} \end{aligned} \tag{1.49}$$

1.9. 논리식의 간소화

1.9.1. 기본법칙을 이용한 간소화

부울 대수의 기본법칙 등으로 간소화하는 가장 기본적인 시행착오법(Cut and Try 법 또는 Trial and Error 법)은 진리표로부터 최소 항들의 합 정형의 논리식을 구한 후, 분배법칙을 이용하여 공통항으로 묶어서 간소화 한다.

[분배법칙] $A(B+C)=AB+AC$	식 (1.18)에 의해

멱등법칙은 동일한 AND 항이나 OR 항을 몇 번이라도 복사할 수 있다는 것을 의미한다. 이것을 이용하면 공통항으로 묶을 때 묶고자 하는 대상의 AND 항이 부족할 경우에도 이용할 수 있다.

[멱등법칙] $A=A+A$	식 (1.28)에 의해

또한, 보원법칙과 흡수법칙을 이용해서 AND 항의 입력변수의 수를 줄이기도 하고, AND 항을 줄이기도 한다.

[보원법칙] $A+\overline{A}=1$	식 (1.26)에 의해
[흡수법칙] $A\cdot 1=1$	식 (1.21)에 의해

예제 1.11 다음 논리식을 간소화하시오.

$$Y = A\overline{B}\,\overline{C}+AB\overline{C}+\overline{A}BC+A\overline{B}C+ABC$$

(풀이)

① 2항의 $AB\overline{C}$는 5항의 ABC와 AB의 공통항을 만든다. 따라서, 이 두 항은 공통항으로 묶어 $AB(C+\overline{C})$로 한다.

② 여기서 $(C+\overline{C})$는 보원법칙으로 '1'이 되고, 흡수법칙을 적용해서 생략이 가능하다. 따라서, 2항과 5항은 AB가 된다.

③ 1항과 4항은 $A\overline{B}$이 공통항이므로 ①, ②와 동일하게 적용하면 $A\overline{B}$가 된다.

④ ②에서 얻은 AB와 ③에서 얻은 $A\overline{B}$는 A가 공통항이므로, 같은 방식으로 적용하면 논리식 A를 얻는다.

⑤ 마지막으로 3항과 5항을 함께 고려하면 BC가 공통항이고, 같은 방식으로 적용하면 논리식 BC를 얻는다. 최종적인 논리식은 ④와 ⑤에서 구한 항을 OR 하여 $Y = A + BC$가 된다.

[예제 1.11]에서 주어진 논리식은 각 AND 항에 사용되는 모든 변수들이 그 원소로서 포함되어 있으므로 최소 항들의 합 정형이다. 이 예제의 논리식을 간소화하여 최종적으로 얻은 논리식을 표준형(standard form)이라 한다. 표준형은 2가지 형식, 즉, 곱들의 합 표준형과 합들의 곱 표준형으로 표현할 수 있다. 논리식 $Y = A + BC$는 최소 항들의 합 정형과 같이 AND-OR 형으로 되어 있으나, 각 항에는 모든 변수가 원소로 포함되어 있지 않으므로 표준형으로서 곱들의 합이라 부르고, 이러한 각 AND 항을 곱항이라 한다. 마찬가지로 최대 항들의 곱 정형을 간소화시켜서 얻은 논리식을 표준형 중의 하나인 합들의 곱이라 한다.

예제 1.12 논리식 $(A + B)(B + C) + BC$를 간략화한 출력을 구하시오.

(풀이)
식 (1.19)를 이용하면
$(A + B)(B + C) + BC = B + AC + BC = B(1 + C) + AC = B + AC$
$\therefore B + AC$

1.9.2. 카르노 맵(Karnaugh)에 의한 간소화

카르노 맵([그림 1.15])에 의한 간소화 구성법은 다음과 같은 단계를 밟는다.

① 변수가 n개인 경우, 2^n개의 셀(cell)을 생성한다. 변수의 개수에 따라 카르노 맵의 형태가 변한다.

② 카르노 맵의 왼쪽 위에는 변수명을 기입한다. 변수의 배열은 자유이므로 만약 3개의 변수라면 [*C*, *B*, *A*]라고 해도 좋고, [*A*, *B*, *C*]라고 해도 상관없다.

③ 카르노 맵의 바깥 틀의 위 혹은 좌측에는 변수가 가질 수 있는 모든 값을 '1'/'0'을 사용하여 기입한다.

첫째, 가장 왼쪽과 가장 위쪽의 셀에는 반드시 각 변수가 모두 '0'이 되도록 한다.

둘째, 서로 이웃하는(adjacent) 모든 셀은 변수의 상태('1'/'0')가 1개만 다르도록 조합한다.

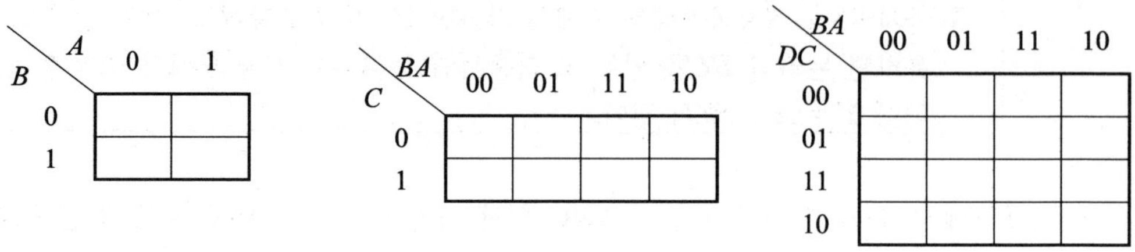

(a) 2개의 변수 (b) 3개의 변수 (c) 4개의 변수

[그림 1.15] 카르노 맵

[그림 1.16]은 각 셀과 입력과의 관계를 나타낸 것이다. 진리표의 출력값을 카르노 맵에 옮겨 쓰는 방법은 다음과 같다. 가장 왼쪽 열은 A=0, B=0, 왼쪽에서 두 번째 열은 A=1, B=0, 왼쪽에서 세 번째 열은 A=1, B=1, 가장 오른쪽 열은 A=0, B=1을 기입한다. 위의 행은 C=0이고, 아래 행은 C=1이다.

정리 1.8	**카르노 맵 작성법**

① 변수가 n개인 경우, 2^n개의 셀을 생성한다.
② 변수의 개수에 따라 카르노 맵의 형태가 다르다.
③ 카르노 맵의 왼쪽 위에는 변수명을 기입한다.
④ 표의 위쪽과 왼쪽에는 변수가 얻을 수 있는 모든 값을 '1'/'0'의 조합으로 기입한다.
⑤ 가장 왼쪽과 가장 위쪽 셀에는 반드시 각 변수가 모두 '0'인 조합을 기입한다.
⑥ 서로 이웃하는 모든 셀은 변수 상태('1'/'0')가 1개만 다르도록 조합하여 기입한다.

C \ BA	00	01 (A=1, B=0을 나타냄)	11	10 (A=0, B=1을 나타냄)
0	$\overline{A}\,\overline{B}\,\overline{C}$	$A\,\overline{B}\,\overline{C}$	$AB\overline{C}$	$\overline{A}\,B\,\overline{C}$
1	$\overline{A}\,\overline{B}\,C$	$A\,\overline{B}\,C$	ABC	$\overline{A}BC$

[그림 1.16] 각 셀과 입력과의 관계

[그림 1.17]은 카르노 맵 작성법을 나타낸 것이다.

C	B	A	Y
0	0	0	0
0	0	1	1
0	1	0	0
0	1	1	1
1	0	0	1
1	0	1	1
1	1	0	1
1	1	1	0

(a) 진리표 작성

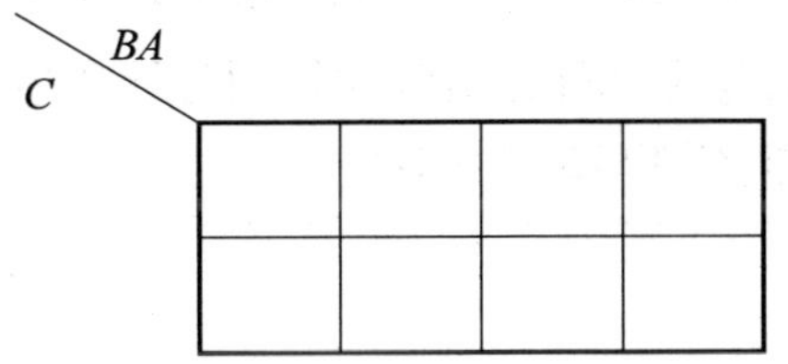

(b) 틀을 생성하고 변수명 삽입

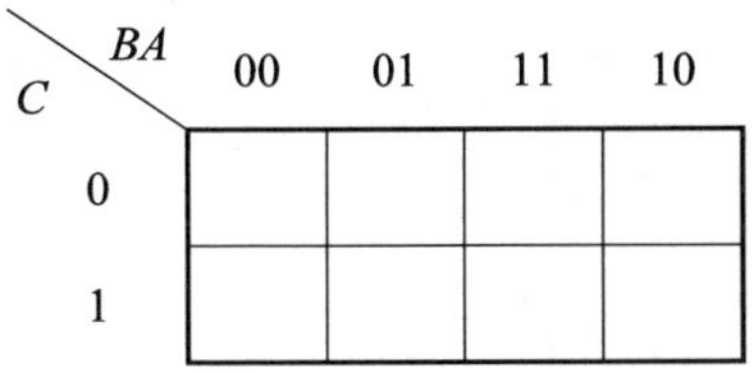

(c) 각 입력, 조합 틀 밖에 기입

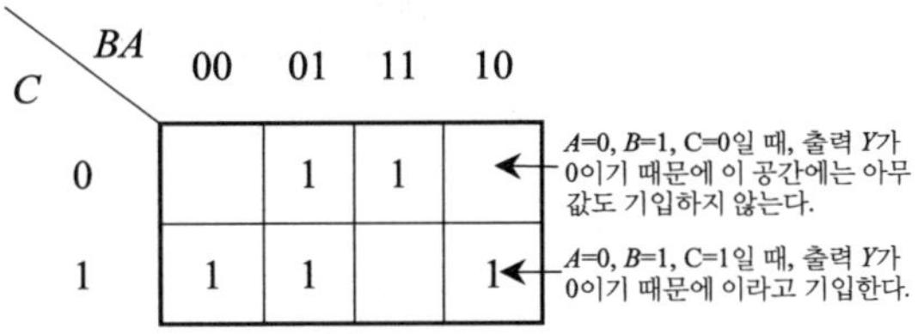

(d) 입력에 대한 출력값 기입

[그림 1.17] 카르노 맵 작성법

정리 1.9

① 카르노 맵에 기입하는 것은 출력이 '1'일 때만이다. '0'은 기입하지 않아도 된다.
② 옮겨 쓰기가 끝난 시점에서 진리표의 출력이 '1'인 수와 카르노 맵의 '1'인 수가 일치하는지를 확인해야 한다.
③ '1'을 기입할 셀은 잘못 기입하지 않도록 반드시 주의해야 한다. 잘못 기입하게 되면 이후 구할 논리식은 물론 최종적으로 회로도까지 잘못 구하게 된다.

[그림 1.18]은 [그림 1.17]의 카르노 맵으로 부터 논리식 구하는 방법을 나타낸 것이다. 사각형 형태로 묶는 규칙은 다음과 같다.

- 카르노 맵에서 '1'을 기입한 셀을 사각형 형태로 묶을 수 있다.
- 상하좌우의 이웃하는 셀은 같은 사각형으로 묶을 수 있다. 단, 대각선 방향의 셀끼리는 묶을 수가 없다.
- 1개의 셀을 여러 번 사용해서 사각형으로 묶어도 상관없다.

- 사각형으로 묶을 수 있는 셀의 수는 2^n개. 즉, 1, 2, 4, 8, 16,⋯ 개가 된다. 이것은 1개의 셀을 사각형으로 묶어도 된다는 의미한다.
- 카르노 맵의 상하좌우 끝의 셀은 그 반대측의 셀과 서로 이웃한다. 즉, 좌우 끝끼리 혹은 상하 끝끼리 셀을 묶어 사각형으로 만들 수도 있다.
- 사각형에 포함된 셀의 수는 가능한 많이(단, 네 번째 규칙에 주의), 또 사각형의 수는 가능한 적게 되도록 묶는다.

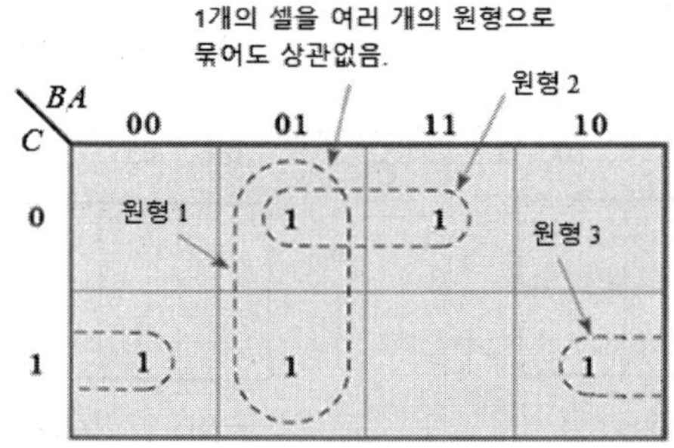

[그림 1.18] 논리식을 구하기 위한 원형 형태로 묶는 법

[그림 1.18]로부터 논리식 구하는 방법은 다음과 같다.

부울 대수의 기본법칙을 사용해서 간소화한다. 원형 1에 대한 논리식은 $A\overline{B}(C+\overline{C})=A\overline{B}$ 로 간소화한다. 원형 2에 대한 논리식은 $A(B+\overline{B})\overline{C}=A\overline{C}$ 로 간소화할 수 있다. 원형 3에 대한 논리식은 $\overline{A}(B+\overline{B})C=\overline{A}C$로 간소화할 수 있다. 따라서 전체 논리식 $Y=A\overline{B}+A\overline{C}+\overline{A}C$를 구할 수 있다.

예제 1.13 [그림 1.19]의 카르노 맵에 대한 논리식을 구하시오.

(a)

C \ BA	00	01	11	10
0		1	1	1
1	1	1		

(b)

DC \ BA	00	01	11	10
00	1			1
01		1	1	
11		1	1	
10	1			1

(c)

DC \ BA	00	01	11	10
00	1	1	1	
01	1	1	1	1
11				
10	1	1		1

[그림 1.19] [예제 1.12]의 카르노 맵

(풀이)

① [그림 1.20(a)]에 대해 원형 1에 대한 논리식은 $A\overline{B}(C+\overline{C})=A\overline{B}$로 간소화한다. 원형 2에 대한 논리식은 $(A+\overline{A})B\overline{C}=B\overline{C}$로 간소화할 수 있다. 원형 3에 대한 논리식은 $(A+\overline{A})\overline{B}C=\overline{B}C$로 간소화할 수 있다. 따라서 전체 논리식 $Y=A\overline{B}+B\overline{C}+\overline{B}C$로 구할 수 있다.

② [그림 1.20(b)]에 대해 원형 1에 대한 논리식은 $\overline{A}(B+\overline{B})\overline{C}\,\overline{D}+\overline{A}(B+\overline{B})\overline{C}D=\overline{A}\,\overline{C}(D+\overline{D})=\overline{A}\,\overline{C}$로 간소화한다. 원형 2에 대한 논리식은 $A(B+\overline{B})C\overline{D}+A(B+\overline{B})CD=AC(D+\overline{D})=AC$로 간소화할 수 있다. 따라서 전체 논리식은 $Y=\overline{A}\,\overline{C}+AC$가 된다.

③ 마찬가지 방법으로 적용하면 [그림 1.20(c)]에 대해 원형 1에 대한 논리식은 $C\overline{D}$로 간소화한다. 원형 2에 대한 논리식은 $A\overline{D}$로 간소화할 수 있다. 원형 3에 대한 논리식은 $\overline{B}\,\overline{C}$로 간소화할 수 있다. 또한, 원형 4에 대한 논리식은 $\overline{A}\,\overline{C}D$로 간소화한다. 따라서 전체 논리식은
$Y=A\overline{D}+\overline{B}\,\overline{C}+C\overline{D}+\overline{A}\,\overline{C}D$가 된다.

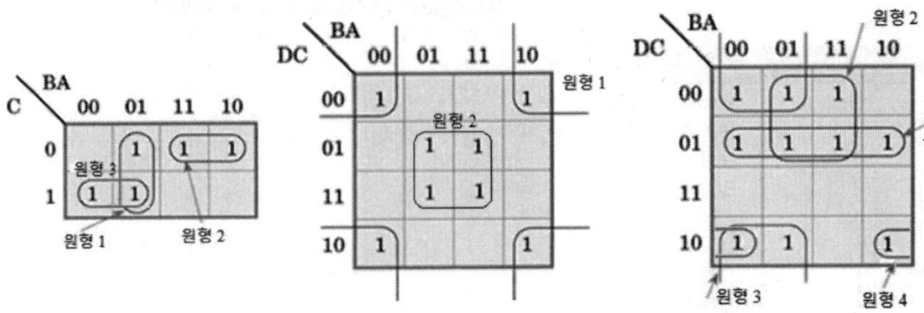

(a) (b) (c)

[그림 1.20] [예제 1.12]의 카르노 맵(원형으로 둘러싼 것)

예제 1.14

다음 카르노 맵의 논리식을 구하시오.

AB / CD	00	01	11	10
00	0	1	1	1
01	0	0	0	1
11	1	1	0	1
10	1	1	0	1

[그림 1.21] [예제 1.13]의 카르노 맵

(풀이)

① [그림 1.22(a)]에 대해 원형 1에 대한 논리식은 $\overline{A}\,C$로 간소화할 수 있다.

② [그림 1.22(b)]에 대해 원형 2에 대한 논리식은 $A\overline{B}$로 간소화할 수 있다.

③ [그림 1.22(c)]에 대해 원형 3에 대한 논리식은 $B\,\overline{C}\,\overline{D}$로 간소화할 수 있다.

$\therefore\ \overline{A}\,C + A\overline{B} + B\,\overline{C}\,\overline{D}$

CD \ AB	00	01	11	10
00	0	1	1	1
01	0	0	0	1
11	1	1	0	1
10	1	1	0	1

(a)

CD \ AB	00	01	11	10
00	0	1	1	1
01	0	0	0	1
11	1	1	0	1
10	1	1	0	1

(b)

CD \ AB	00	01	11	10
00	0	1	1	1
01	0	0	0	1
11	1	1	0	1
10	1	1	0	1

(c)

[그림 1.22] [예제 1.13]의 카르노 맵(원형으로 둘러싼 것)

BCD 코드가 입력으로 사용되는 경우에 [A]부터 [F]까지 조합의 입력은 나타날 수 없기 때문에, 이때의 출력은 '0'이든 '1'이든 뭐든지 상관이 없게 된다. 이것을 무관(don't care)항 혹은 중복항이라고 하며, 진리표나 카르노 맵에는 [표 1.10]과 같이 '－' 또는 '×'로 표시한다.

[표 1.10] 무관항을 갖는 예

입력	BCD 부호
0	0000
1	0001
2	0010
3	0011
4	0100
5	0101
6	0110
7	0111
8	1000
9	1001

(a) BCD 코드

D	C	B	A	Y
0	0	0	0	0
0	0	0	1	1
0	0	1	0	0
0	0	1	1	1
0	1	0	0	0
0	1	0	1	1
0	1	1	0	0
0	1	1	1	1
1	0	0	0	0
1	0	0	1	1
1	0	1	0	-
1	0	1	1	-
1	1	0	0	-
1	1	0	1	-
1	1	1	0	-
1	1	1	1	-

무관항

(b) 무관항이 있는 진리표

1.10. 기본 논리회로

1.10.1. AND 회로

[그림 1.23]은 AND 회로를 나타낸 것이다. 모든 입력이 H(high)일 때에만 출력이 H가 되는 회로를 AND 회로라 한다. 이러한 회로는 2개 이상의 입력단자를 가진다.

B	A	Y
L	L	L
L	H	L
H	L	L
H	H	H

C	B	A	Y
L	L	L	L
L	L	H	L
L	H	L	L
L	H	H	L
H	L	L	L
H	L	H	L
H	H	L	L
H	H	H	H

(a) 동작표

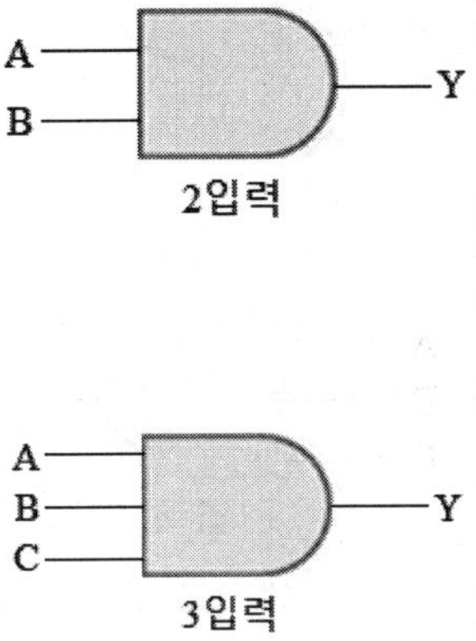

(b) 회로기호

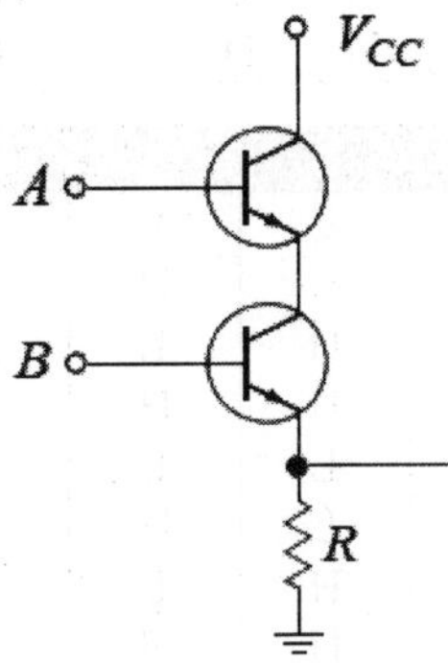

(c) 회로도

[그림 1.23] AND 회로

1.10.2. OR 회로

[그림 1.24]는 OR 회로를 나타낸 것이다. 입력 중 하나라도 H가 되면 출력이 H가 되고, 입력 모두가 L(low)일 때, 출력이 L이 되는 회로를 OR 회로라 한다.

1.10.3. NOT 회로

[그림 1.25]는 OR 회로를 나타낸 것이다. 입력이 H일 때 출력이 L이 되고, 입력이 L일 때 출력이 H가 되는 회로를 NOT 회로라 한다. 입력의 반대 신호를 출력하는 회로로 입력은 1개를 가진다.

B	A	Y
L	L	L
L	H	H
H	L	H
H	H	H

C	B	A	Y
L	L	L	L
L	L	H	H
L	H	L	H
L	H	H	H
H	L	L	H
H	L	H	H
H	H	L	H
H	H	H	H

(a) 동작표

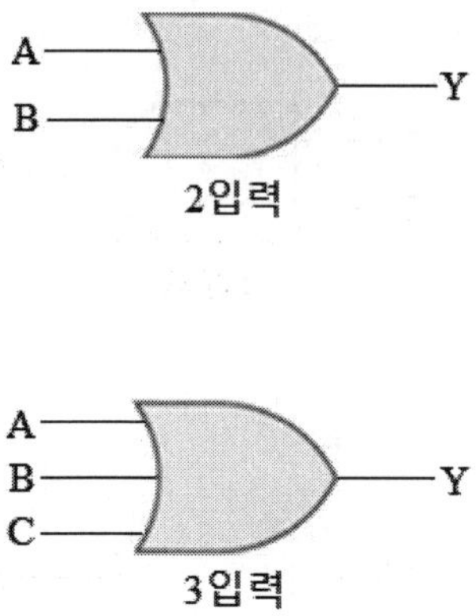

(b) 회로기호

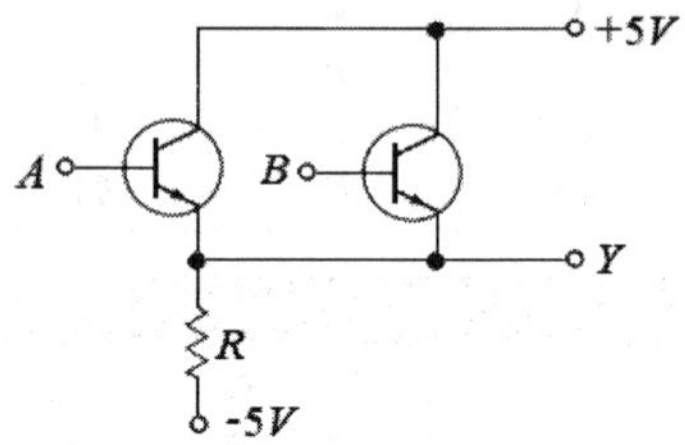

(c) 회로도

[그림 1.24] OR 회로

A	Y
L	H
H	L

(a) 동작표

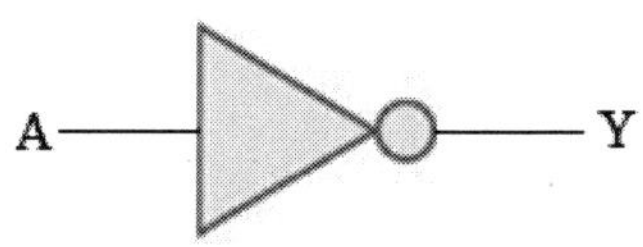

(b) 회로기호

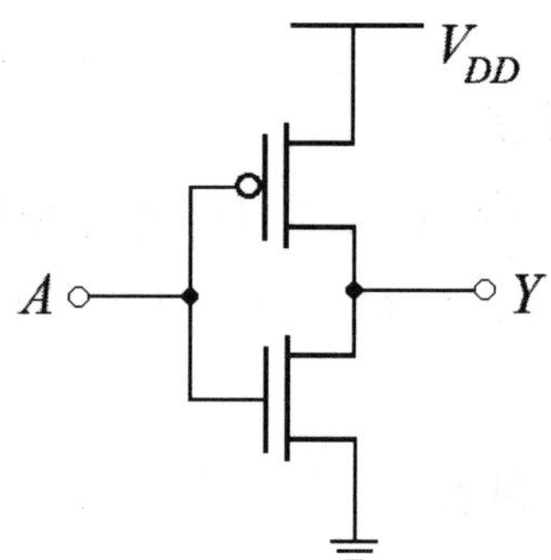

(c) 회로도

[그림 1.25] NOT 회로

1.10.4. NAND 회로

[그림 1.26]은 NAND 회로를 나타낸 것이다. AND 회로의 출력에 NOT 회로를 연결하면 NAND 회로가 된다. AND 회로의 출력인 L과 H 모두 뒤바뀐 결과를 나타낸다.

B	A	Y
L	L	H
L	H	H
H	L	H
H	H	L

(a) 동작표

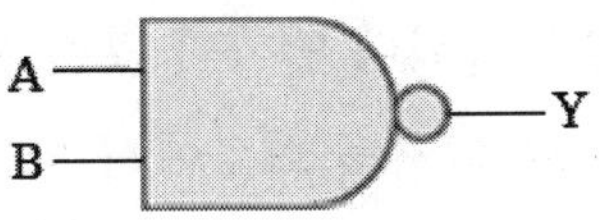

(b) 회로기호

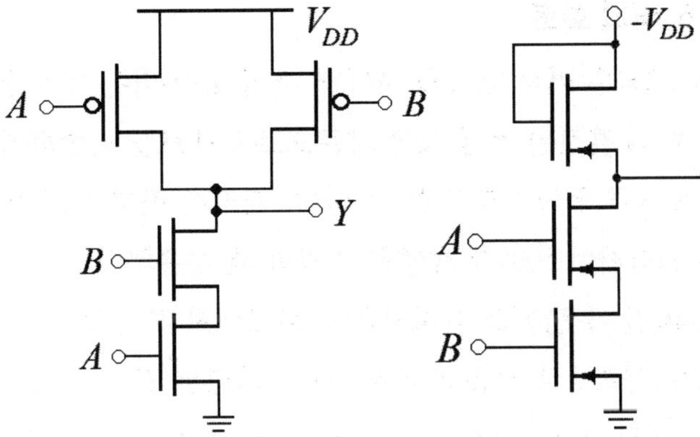

(c) 회로도

[그림 1.26] NAND 회로

1.10.5. NOR 회로

[그림 1.27]은 NOR 회로를 나타낸 것이다. OR 회로의 출력에 NOT 회로를 연결하면 NOR 회로가 된다. NOR/NAND 게이트는 다양한 논리 시스템을 설계할 수 있는 범용 논리 게이트이다.

B	A	Y
L	L	H
L	H	L
H	L	L
H	H	L

(a) 동작표

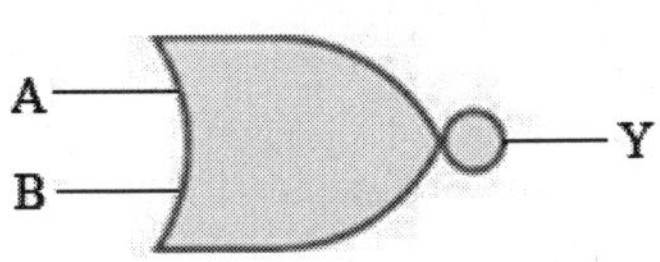

(b) 회로기호

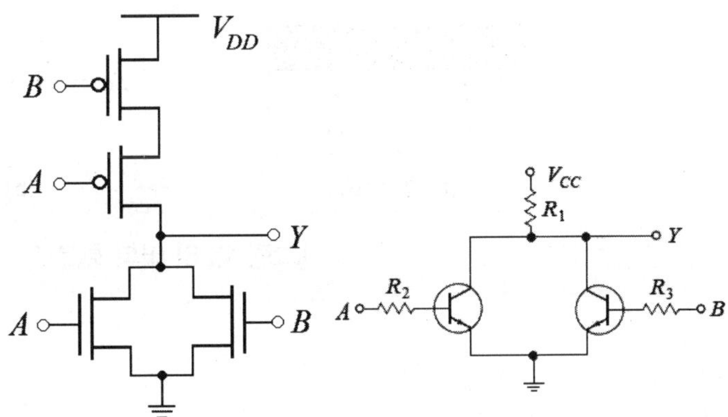

(c) 회로도

[그림 1.27] NOR 회로

1.10.6. 버퍼 회로

[그림 1.28]은 버퍼 회로를 나타낸 것이다. 버퍼는 입력 논리를 그대로 출력하는 회로를 말한다. 미리 결정된 전압 값을 기준으로 L과 H를 식별하기 때문에 단순하게 접속한 것만으로는 올바른 동작이라고 볼 수 없다. 따라서 버퍼 회로의 사용 목적은 기기와 기기를 접속할 때 인터페이스로 그 레벨을 조정할 때 사용한다.

Fan-out(팬 아웃)이란 디지털 논리회로에서 하나의 논리 게이트 출력이 얼마나 많은 논리 게이트 입력으로 사용되었는지를 나타내는 말이다. 일반적으로 디지털 회로에서 널리 사용되는 TTL(Transistor Transistor Logic)이나 CMOS와 같은 표준 논리소자들은 1개의 출력 신호에 접속할 수 있는 입력 신호의의 수에 제한이 있다. 출력단에 최대로 흐를 수 있는 전류가 제한되기 때문이다. 팬 아웃이 크다는 말은 하나의 출력이 많은 논리 게이트의 입력으로 사용될 수 있다는 것을 말한다. 팬 아웃이 너무 크면 무리가 많이 가거나 신호가 제대로 전달되지 않을 수도 있다. 팬 아웃을 초과하여 부하를 접속하게 되면 출력 전류가 과대하여 출력단의 회로가 손상될 수 있고, 그 정도가 덜 하다면 그 다음 입력단에 입력되는 신호의 논리 상태를 보장할 수 없게 된다. 팬 아웃은 다른 게이트에 비해 TTL이 가장 크다. 또한, 입력 신호에서 어떤 특정된 제어 시간의 신호만 출력되도록 할 목적으로 사용하는 회로를 **게이트(Gate) 회로**라고 한다.

A	Y
L	L
H	H

(a) 동작표

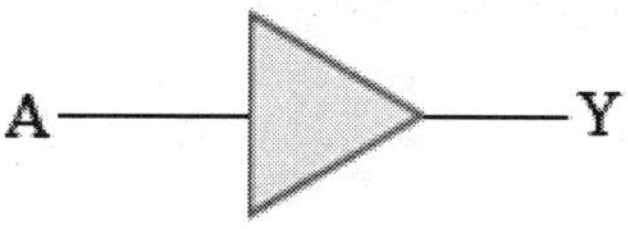

(b) 회로기호

[그림 1.28] 버퍼 회로

1.11. 논리회로 구성

1.11.1. 논리회로 설계법

논리회로는 크게 조합논리회로(combinational logic circuit)와 순차논리회로(sequential logic circuit)로 구성되어 있다. 조합논리회로는 논리식에 근거하여 AND 회로나 OR 회로 등의 게이트 소자를 조합한 것으로, 입력 값만으로 출력이 결정되고 과거 상태에는 영향을 받지 않는 특징을 가진다. 순차논리회로는 조합논리회로와 기억회로로 구성되며, 출력은 입력과 회로의 현재 상태에 따라 결정되는 특징을 가진다.

조합논리회로 설계법은 곱의 합 표준형의 설계법과 다단 논리 설계법으로 구분할 수 있다. 다음의 논리식의 회로를 곱의 합 표준형의 설계법과 다단 논리 설계법에 따라 구성을 해보자.

$$Y = [(AB + BC + AC)D + E]F$$

다단 논리 설계법은 [그림 1.29(a)]로부터 알 수 있듯이 주어진 논리식을 그대로 회로로 변환한다. 이러한 설계법은 회로의 단수가 증가하고, 지연시간이 증가하는 단점을 가진다. 곱의 합 표준형 설계법은 [그림 1.29(b)]로부터 알 수 있듯이 주어진 논리식을 곱의 합 표준형으로 변형하여 설계한다. 지연시간이 짧은 장점이 있지만 소자수가 많아지는 경우가 발생한다.

1.11.2. 정논리(positive logic)와 부논리(negative logic)

정논리(positive logic)와 부논리(negative logic)의 관계는 다음과 같다.

- 정논리 : H(참, '1'), L(거짓, '0')
- 부논리 : H(거짓, '0'), L(참, '1')

정논리/부논리와 AND/OR의 관계는 AND 회로를 변형하면 간단히 이해할 수 있다. 즉 $Y = AB$, $\overline{Y} = \overline{AB} = \overline{A} + \overline{B}$ 이다. [표 1.11]은 정논리와 부논리의 AND 회로의 진리표를 나타낸 것이다.

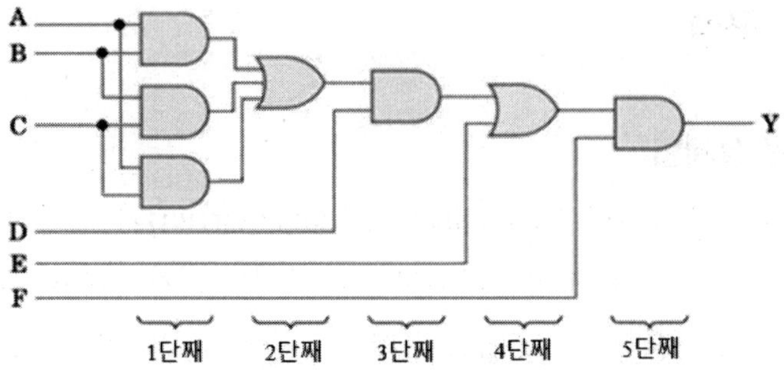

(a) 다단 논리 설계법

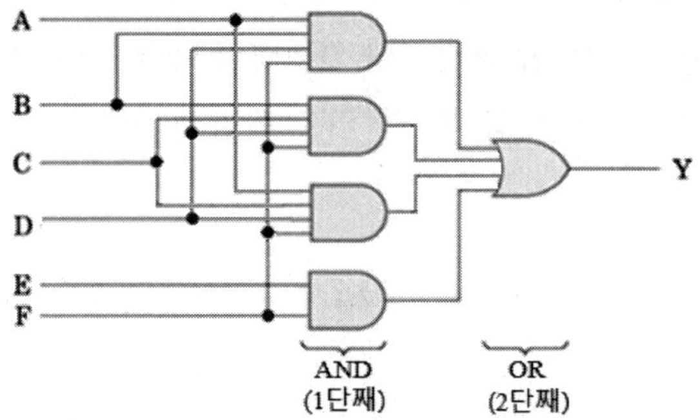

(b) 곱의 합 표준형 설계법

[그림 1.29] 다단 논리 설계법과 곱의 합 표준형 설계법

[표 1.11] 정논리와 부논리의 AND 회로의 진리표

B	A	Y
L	L	L
L	H	L
H	L	L
H	H	H

(a) AND 회로 동작표

B	A	Y
0	0	0
0	1	0
1	0	0
1	1	1

(b) 정논리 진리표

B	A	Y
1	1	1
1	0	1
0	1	1
0	0	0

(c) 부논리 진리표

[그림 1.30]은 AND 회로의 정논리와 부논리 표현을 나타낸 것이고, [그림 1.31]은 부논리 입출력의 OR 회로를 나타낸 것이다.

(a) 정논리　　　　　(b) 부논리

[그림 1.30] AND 회로의 논리기호

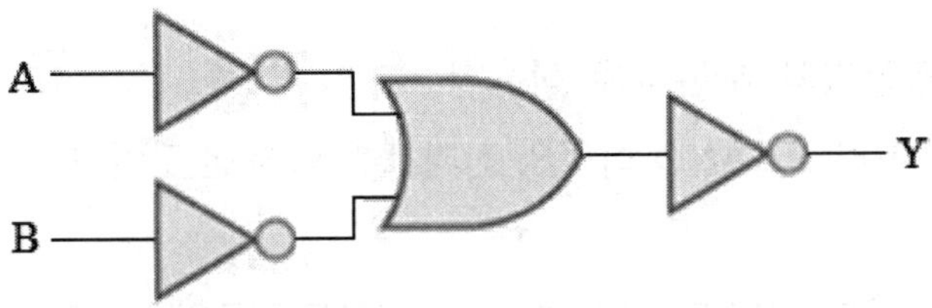

[그림 1.31] 부논리 입출력의 OR 회로

OR 회로를 정논리와 부논리에 적용할 수 있다. 즉 $Y=A+B$, $\overline{Y}=\overline{A+B}=\overline{A}\,\overline{B}$ 이다. [표 1.12]는 정논리와 부논리의 OR 회로의 진리표를 나타낸 것이다.

[표 1.12] 정논리와 부논리의 OR 회로의 진리표

B	A	Y
L	L	L
L	H	H
H	L	H
H	H	H

(a) OR 회로 동작표

B	A	Y
0	0	0
0	1	1
1	0	1
1	1	1

(b) 정논리 진리표

B	A	Y
1	1	1
1	0	0
0	1	0
0	0	0

(c) 부논리 진리표

[그림 1.32]는 OR 회로의 정논리와 부논리 표현을 나타낸 것이고, [그림 1.33]은 부논리 입출력의 AND 회로를 나타낸 것이다.

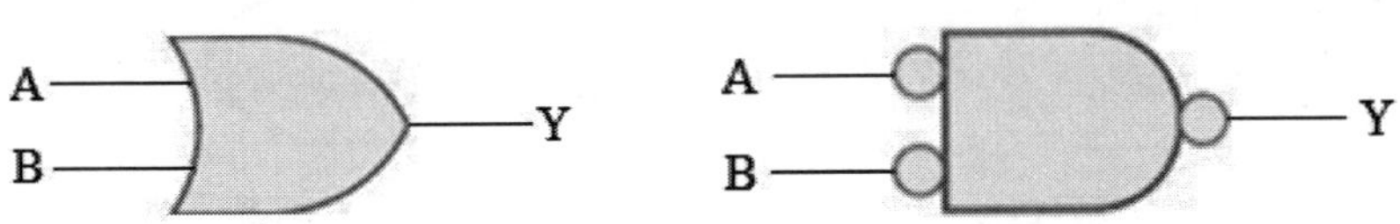

(a) 정논리　　　　　(b) 부논리

[그림 1.32] OR 회로의 논리기호

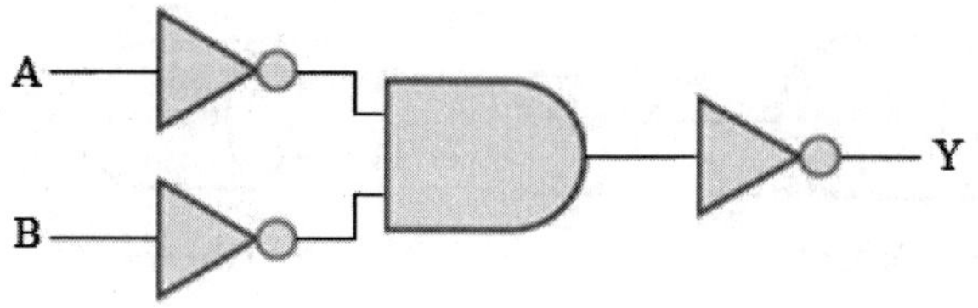

[그림 1.33] 부논리 입출력의 AND 회로

NAND 회로를 정논리와 부논리에 적용할 수 있다. 즉 $Y=\overline{AB}=\overline{A}+\overline{B}$ 이다. [표 1.13]은 정논리와 부논리의 NAND 회로의 진리표를 나타낸 것이다.

[표 1.13] 정논리와 부논리의 NAND 회로의 진리표

B	A	Y
L	L	H
L	H	H
H	L	H
H	H	L

(a) NAND 회로 동작표

B	A	Y
0	0	1
0	1	1
1	0	1
1	1	0

(b) 정논리 진리표

B	A	Y
1	1	0
1	0	0
0	1	0
0	0	1

(c) 부논리 진리표

[그림 1.34]는 NAND 회로의 정논리와 부논리 표현을 나타낸 것이고, [그림 1.35]는 NAND 회로의 논리 기호를 나타낸 것이다.

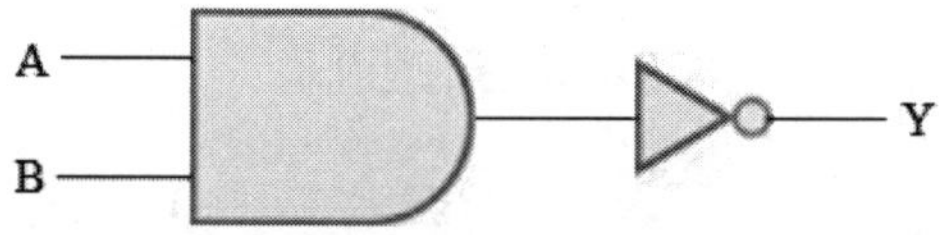

[그림 1.34] NAND 회로 = AND 회로 + NOT 회로

(a) 정논리 (b) 부논리

[그림 1.35] NAND 회로의 논리 기호

NOR 회로를 정논리와 부논리에 적용할 수 있다. 즉, $Y=\overline{A+B}=\overline{A}\,\overline{B}$ 이다. [표 1.14]는 정논리와 부논리의 NOR 회로의 진리표를 나타낸 것이다.

[표 1.14] 정논리와 부논리의 NOR 회로의 진리표

B	A	Y
L	L	H
L	H	L
H	L	L
H	H	L

(a) NOR 회로 동작표

B	A	Y
0	0	1
0	1	0
1	0	0
1	1	0

(b) 정논리 진리표

B	A	Y
1	1	0
1	0	1
0	1	1
0	0	1

(c) 부논리 진리표

[그림 1.36]은 NOR 회로의 정논리와 부논리 표현을 나타낸 것이다.

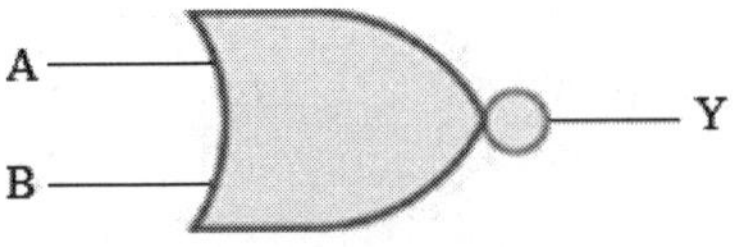

(a) 정논리

(b) 부논리

[그림 1.36] NOR 회로의 논리기호

NOT 회로를 정논리와 부논리에 적용할 수 있다. [표 1.15]는 정논리와 부논리의 NOT 회로의 진리표를 나타낸 것이다.

[표 1.15] 정논리와 부논리의 NOT 회로의 진리표

A	Y
L	H
H	L

(a) NOT 회로 동작표

A	Y
0	1
1	0

(b) 정논리 진리표

A	Y
1	0
0	1

(c) 부논리 진리표

[그림 1.37]은 NOT 회로의 정논리와 부논리 표현을 나타낸 것이다.

(a) 정논리 (b) 부논리

[그림 1.37] NOT 회로의 논리기호

또한, 버퍼 회로를 정논리와 부논리에 적용할 수 있다. [표 1.16]은 정논리와 부논리의 버퍼 회로의 진리표를 나타낸 것이다.

[표 1.16] 정논리와 부논리의 버퍼 회로의 진리표

A	Y
L	L
H	H

(a) 버퍼 회로 동작표

A	Y
0	0
1	1

(b) 정논리 진리표

A	Y
1	1
0	0

(c) 부논리 진리표

[그림 1.38]은 버퍼 회로의 정논리와 부논리 표현을 나타낸 것이다.

(a) 정논리 (b) 부논리

[그림 1.38] 버퍼 회로의 논리기호

1.11.3. 드모르간 정리에 의한 회로 변환

[그림 1.39]와 같이 NAND 회로를 OR 회로로 변환, 즉 $Y=\overline{AB}=\overline{A}+\overline{B}$ 로 변환하거나 NOR 회로를 AND 회로로 변환하여 $Y=\overline{A+B}=\overline{A}\,\overline{B}$ 로 만들 수 있다.

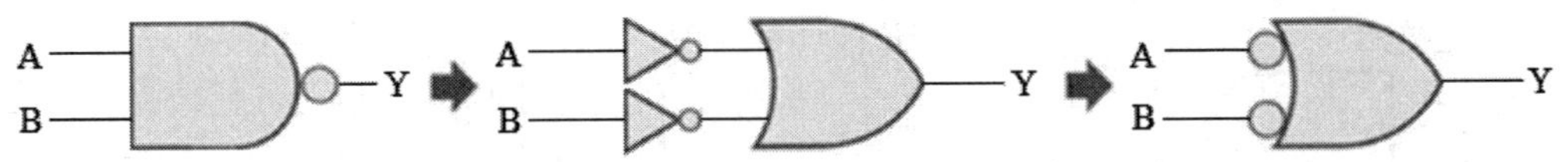

(a) 인버터 OR 회로

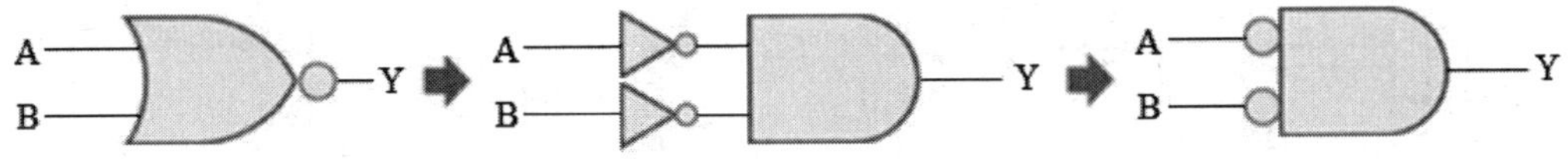

(b) 인버터 AND 회로

[그림 1.39] 드모르간의 등가 회로

1.11.4. 다양한 조합논리회로

[그림 1.40]은 다양한 조합논리회로를 나타낸다. [그림 1.40(a)]의 다수결 회로는 다수결 결정 논리를 연산할 수 있는 회로를 말하며, 3 이상의 홀수인 n개의 입력 단자와 1개의 출력 단자가 있을 때, 절반 이상의 입력이 참이면 참이 출력된다.

[그림 1.40(b)]의 일치 회로는 두 입력이 모두 같은 상태 on 또는 off로 일치할 때만 출력이 1이 되는 회로를 말한다. 즉, 두 입력 중 하나라도 다르면 출력이 발생하지 않는 회로로서 배타적 NOR 또는 XNOR라 하며, 식 (1.50)과 같이 표현된다.

$$Y = \overline{A \oplus B} = A \odot B = AB + \overline{A}\,\overline{B} \tag{1.50}$$

[그림 1.40(c)]는 그레이 부호/2진 부호 변환 회로이고, [그림 1.40(d)]는 2진 부호/그레이 부호 변환 회로를 나타낸다. 그레이 부호는 2진 비가중치 부호의 하나로, 연속된 수들의 부호가 한 비트씩만 차이가 나는 특징이 있다. 이러한 특징 때문에 아날로그 신호와 같이 연속적인 신호가 입력될 때 그레이 부호를 사용하면 신뢰성이 높아진다. 그레이 부호를 보면 0과 1이 일정한 주기로 반복되는 규칙을 확인할 수 있다. 2^3자리에서는 2진 부호와 동일하고, 2^2자리에서는 최상위 비트가 0일 때 2진 부호와 동일하며, 최상위비트가 1일 때 2진 부호와 반대이다. 2^1자리와 2^0자리에서도 마찬가지로 상위비트에 따라 2진 부호와 동일한지 반대인지가 결정된다. 즉, 2진 부호를 그레이 부호로 변환할 때는 최상위 비트는 그대로 두고 자신의 비트와 그의 상위비트를 XOR연산하면 된다. 2진 부호와 그레이 부호 간 변환은 [그림 1.5]를 참조 바란다.

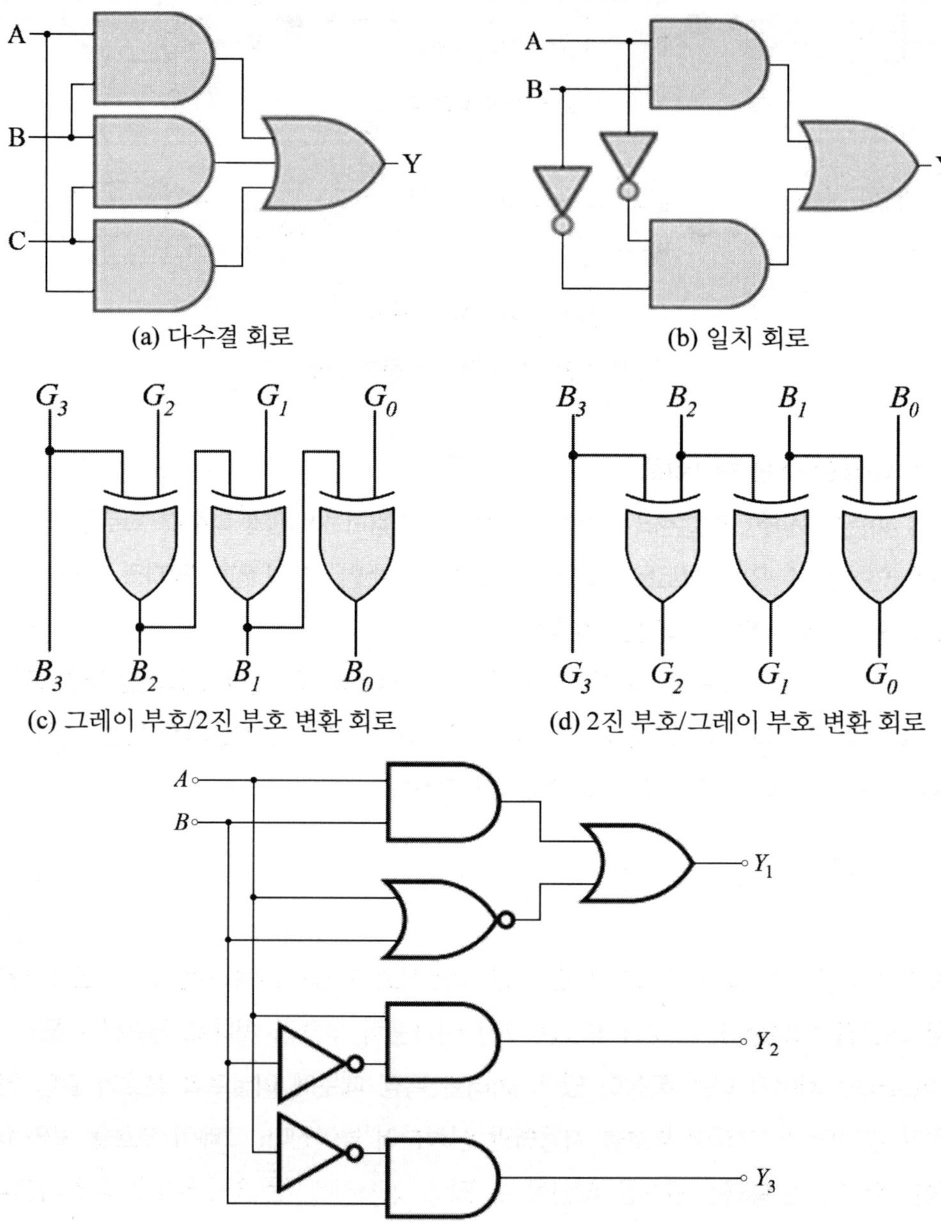

(a) 다수결 회로 (b) 일치 회로 (c) 그레이 부호/2진 부호 변환 회로 (d) 2진 부호/그레이 부호 변환 회로 (e) 비교 회로

[그림 1.40] 다양한 조합논리회로

[표 1.17] 4비트를 모두 사용한 2진 부호와 그레이 부호 비교

2진 부호	그레이 코드
0000	0000
0001	0001
0010	0011
0011	0010
0100	0110
0101	0111
0110	0101
0111	0100
1000	1100
1001	1101
1010	1111
1011	1110
1100	1010
1101	1011
1110	1001
1111	1000

[그림 1.40(d)]는 디지털 비교 회로(크기 비교기)를 나타낸다. 이러한 회로는 두 수의 크기 비교에 따라, 3 상태 값 중 하나(큰가 : A > B, 작은가 : A < B, 같은가 : A = B)를 출력하는 조합논리회로이다. 출력은 식 (1.51a~51c)로 표현할 수 있다.

$$Y_1 = AB + \overline{A}\,\overline{B} = A \odot B \tag{1.51a}$$

$$Y_2 = A\overline{B} \;\rightarrow A > B \text{ (또는 } A < B\text{)} \tag{1.51b}$$

$$Y_3 = \overline{A}B \rightarrow A < B \text{ (또는 } A > B\text{)} \tag{1.51c}$$

■ 연습문제

1.1. 다음 로직 회로(logic circuit)의 출력은?

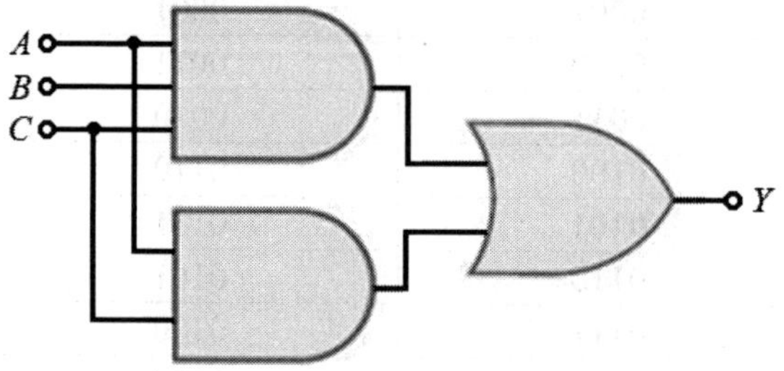

① BC ② AC ③ ABC ④ $AB+AC$

1.2. 논리회로를 구성하고자 할 때, IC에 내장되어 있는 AND, OR, NAND, NOR, NOT 등의 논리소자 중에서 선택적으로 퓨즈를 절단하는 방법으로 사용자가 직접 기록할 수 있는 PAL 또는 PLA와 같은 IC는 다음 중 어디에 속하는가?

① PLC ② PLD ③ PLL ④ RAM

1.3. 다음 중 설명이 틀린 것은?

① ECL(Emitter Coupled Logic) 회로는 표준형 TTL보다 동작속도가 빠르다.

② NOR와 NAND 게이트는 다양한 논리 시스템을 설계할 수 있는 범용 논리 게이트(universal gate)이다.

③ Fan-Out은 디지털 논리소자에서 회로 동작을 손상시키지 않으면서 출력에 연결할 수 있는 동일한 논리 게이트의 수로서 다른 게이트에 비해 TTL이 가장 크다.

④ 입력 신호에서 어떤 특정된 제어 시간의 신호만 출력되도록 할 목적으로 사용하는 회로를 일치회로라 한다.

1.4. 다음 중 논리식 $(A+B)(A+C)+AC$ 를 간략화하면?

① $A+B$ ② $A+BC$ ③ $A+B+C$ ④ $AB+AC$

1.5. 다음 중 회로에서 트랜지스터의 컬렉터-이미터 간 포화전압을 0[V]라 할 때, ❶ $A=B=C=0$ 인 경우와 ❷ $A=B=C=5[V]$ 인 경우의 출력(OUT)은?

① ❶ 0[V], ❷ 0[V] ② ❶ 0[V], ❷ 5[V]

③ ❶ 5[V], ❷ 0[V] ④ ❶ 5[V], ❷ 5[V]

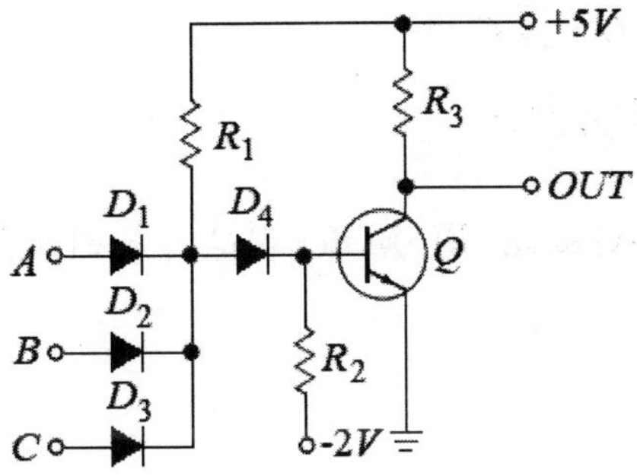

1.6. 10진수 8을 excess-3로 변환하면?

① 1000　　② 1001　　③ 1011　　④ 1111

1.7. 다음 카르노(Karnaugh)도의 논리식은?

CD \ AB	00	01	11	10
00	0	1	1	1
01	0	0	0	1
11	0	1	1	1
10	0	1	1	1

① $A\overline{B} + BC + \overline{B}D$　　② $A\overline{B} + BC + B\overline{C}\,\overline{D}$

③ $A\overline{B} + BC + B\overline{D}$　　④ $A\overline{B} + BC + \overline{B}C\overline{D}$

1.8. 다음 그림의 회로는 어떤 동작을 하는가?

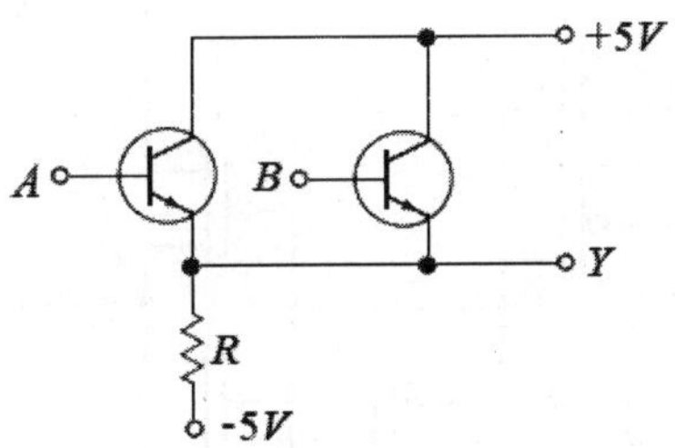

① OR　　② NOR　　③ AND　　④ NAND

1.9. 다음 논리식 중 등식이 성립되지 않는 것은?

① $A + \overline{A}BC = A + BC$

② $AB + A\overline{B} = A$

③ $AB+\overline{A}C+BC=AB+\overline{A}C$

④ $A\overline{B}+\overline{A}B=(A+B)(\overline{A}\,\overline{B})$

1.10. 다음 중 배타적 OR(Exclusive OR, XOR) 회로의 논리식으로 틀린 것은?

① $Y=A\overline{B}+\overline{A}B$

② $Y=(A+B)(\overline{AB})$

③ $Y=A\oplus B$

④ $Y=(A+B)(\overline{A+B})$

1.11. 다음 카르노맵을 논리식으로 간략화한 것은?

CD \ AB	00	01	11	10
00	1	1	0	1
01	0	1	1	0
11	0	1	1	0
10	1	1	0	1

① $\overline{A}B+BC+\overline{B}\,\overline{C}$　　② $\overline{A}\,\overline{D}+BD+\overline{B}\,\overline{D}$

③ $\overline{A}B+AC+\overline{B}\,\overline{D}$　　④ $A\overline{B}+\overline{B}\,\overline{D}+\overline{A}\,\overline{C}$

1.12. 그림과 같은 MOS 게이트의 기능을 나타내는 논리식은?

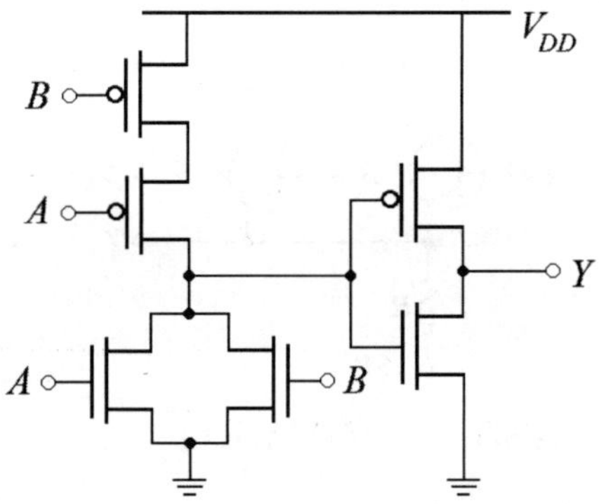

① $Y=\overline{AB}$　② $Y=\overline{A+B}$　③ $Y=AB$　④ $Y=A+B$

1.13. 불 대수식 $A+BC+\overline{B}+C\overline{D}+\overline{A}$ 를 간략화한 것은?

① 1　② A　③ B　④ C

1.14. 다음 논리 함수 $\overline{A}\,\overline{B} + \overline{A}B + AB$를 간소화하면 옳은 것은?

① $\overline{A} + B$　② $\overline{A} + \overline{B}$　③ $(A+\overline{A}) + (B+\overline{B})$　④ $A+\overline{B}$

1.15. 2-out of-5 code에 해당하지 않는 것은?

① 10010　② 11000　③ 10001　④ 11001

1.16. 십진수 10.375를 2진수로 변환하면?

① $1010.111_{(2)}$　② $1010.101_{(2)}$　③ $1010.011_{(2)}$　④ $1010.110_{(2)}$

1.17. 논리식 $A(A+B+C+BC)$ 를 간단히 하면?

① A　② 1　③ 0　④ $A+B+C$

1.18. $438_{(10)}$을 BCD(Binary Coded Decimal) 코드로 표시하면?

① 0100 0101 1000　② 0100 0011 0111

③ 0100 0011 1000　④ 0101 0011 1000

1.19. 다음 중 드모르간의 법칙에 해당하는 것은?

① $\overline{AB} = \overline{A} + \overline{B}$　② $AB = BA$

③ $A(B+C) = AB+AC$　④ $A(A+B) = A$

1.20. 다음 중 특정 비트의 값을 무조건 0으로 바꾸는 연산은?

① XOR 연산

② 선택적-세트(selective-set) 연산

③ 선택적-보스(selective-complement) 연산

④ 마스크(mask) 연산

1.21. 2진수 11을 그레이 코드(Gray Code)로 변환하면?

① 1101　② 1100　③ 0010　④ 0011

1.22. 다음 그림과 같은 회로의 명칭은?

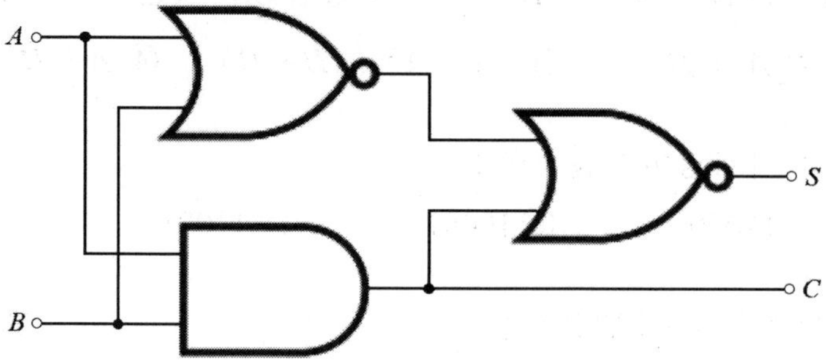

① 일치 회로 ② 다수결 회로

③ BCD-Gray 코드 변환기 ④ 반가산기

1.23. 다음 그림과 같은 논리회로의 입력이 X1X2X3X4X5=10110일 때, 출력의 값과 그 기능은?

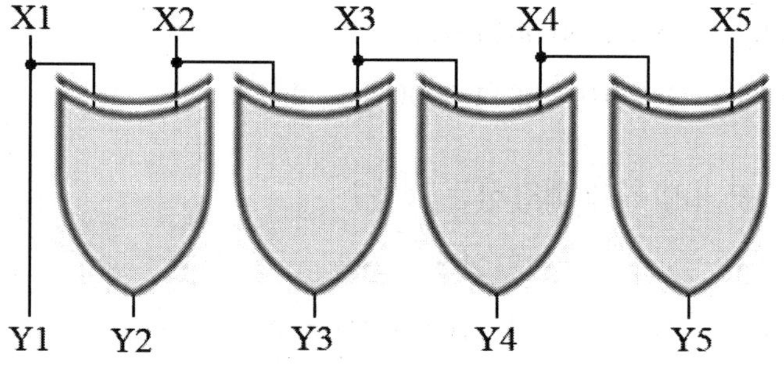

① 11011, 패리티 점검 ② 11111, 코드 변환

③ 11101, 코드 변환 ④ 100000, 패리티 변환

1.24. Gray Code 1110을 2진수로 변환하면?

① 0010 ② 1011 ③ 1010 ④ 0110

1.25. 16진수 2B를 2진수로 표시하면?

① 10110010 ② 00101010 ③ 00011010 ④ 00101011

1.26. 다음 중 부울대수의 정리가 성립되지 않는 것은?

① $A+B=B+A$ ② $AB=A(A+B)$

③ $A(B+C)=AB+AC$ ④ $A+BC=(A+B)(A+C)$

1.27. 2진수 1101을 2의 보수로 변환한 것으로 맞는 것은?

① 1010　② 1011　③ 0011　④ 0010

1.28. 2진법 곱셈 1001×0100의 계산값은?

① 0100100　② 1110001　③ 0110010　④ 0110001

1.29. 다음 중 0에서 9까지의 십진수를 표현하는데 사용되는 2진수 체계는?

① ASCII 코드　② 그레이 코드　③ 해밍 코드　④ BCD 코드

1.30. 논리식 $Y = ABC + \overline{A}BC + A\overline{B}C + B\overline{C}$ 를 간단히 하면?

① $AB + C$　② $AC + B$　③ ABC　④ $A + BC$

1.31. BCD 코드 1001에 대한 해밍 코드를 구하면?

① 0011001　② 1000011　③ 0100101　④ 0110010

1.32. 8진수 $(67)_8$을 16진수로 바르게 표기한 것은?

① $(43)_{16}$　② $(37)_{16}$　③ $(55)_{16}$　④ $(34)_{16}$

1.33. 다음 그림에서 입력 신호 *X*와 *Y*가 어떤 조건을 갖출 때 출력 신호의 값이 1이 되는가?

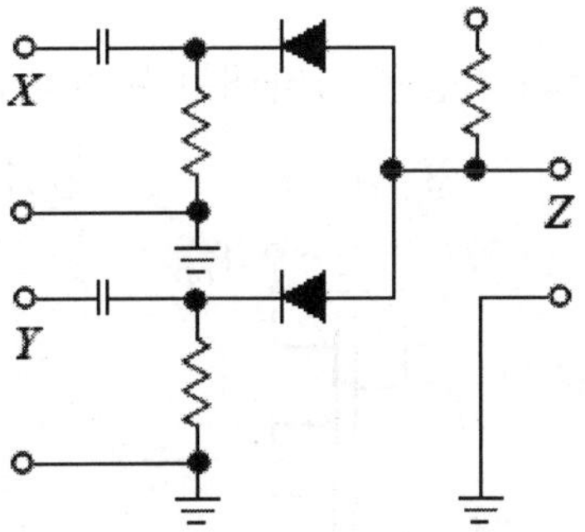

① *X*=0, *Y*=0　② *X*=1, *Y*=0　③ *X*=0, *Y*=1　④ *X*=1, *Y*=1

1.34. 계산기에서 뺄셈을 보수 덧셈으로 하기 위해서 최종적으로 필요한 보수는?

① 1의 보수　② 2의 보수　③ 7의 보수　④ 9의 보수

1.35. 다음 논리식 $AB+AC+B\overline{C}$ 을 간단히 하면?

① $AB+C$　② $AC+B$　③ $AC+B\overline{C}$　④ A

1.36. 그림의 회로에서 A=B=0이면 X_1과 X_2의 값은 각각 얼마인가?

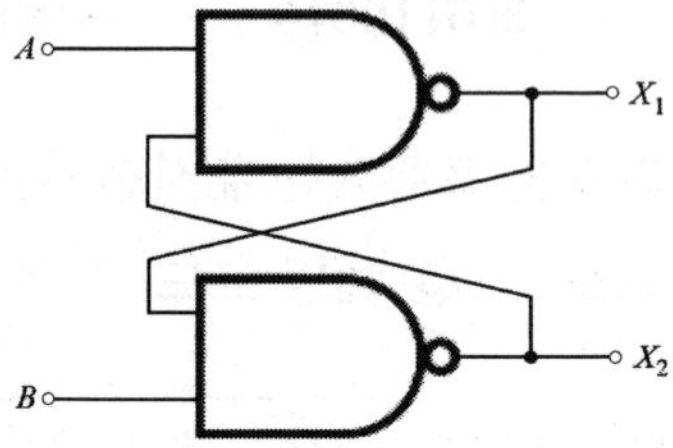

① $X_1 = 0, X_2 = 0$　② $X_1 = 0, X_2 = 1$　③ $X_1 = 1, X_2 = 0$　④ $X_1 = 1, X_2 = 1$

1.37. 다음 그림과 같은 회로의 명칭은?

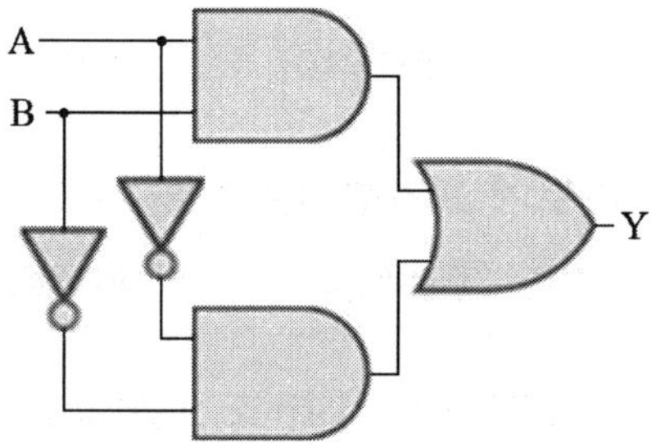

① 일치 회로　② 시프트 회로　③ 카운터 회로　④ 다수결 회로

1.38. 그림과 같은 MOS 게이트의 기능을 나타내는 논리식 Y는(단, 부논리인 경우이다.)?

① $\overline{A+B}$　② $\overline{AB}$　③ $A+B$　④ AB

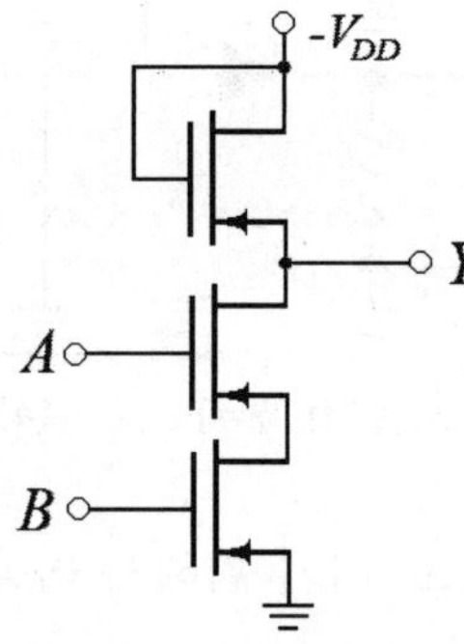

1.39. 다음 논리회로의 출력(Y)은?

① $A\overline{B}+C\overline{D}E+E\overline{F}G$　　② $A\overline{B}C+C\overline{D}E+E\overline{F}$

③ $A\overline{B}C+C\overline{D}E+E\overline{F}G$　　④ $A\overline{B}C+C\overline{D}+E\overline{F}G$

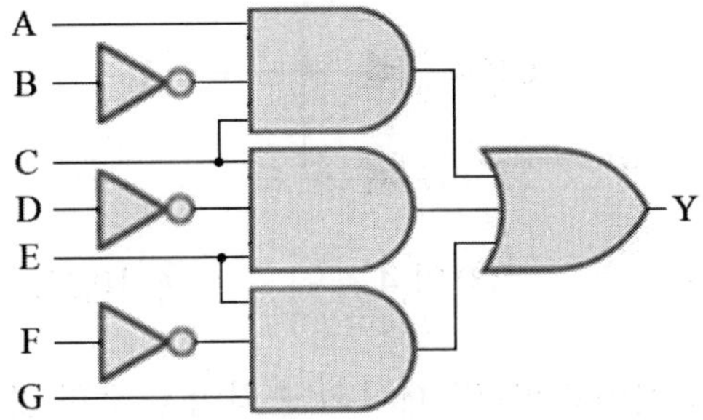

1.40. 다음 논리 회로는 어떤 논리 게이트(Logic Gate)로 동작하는가?

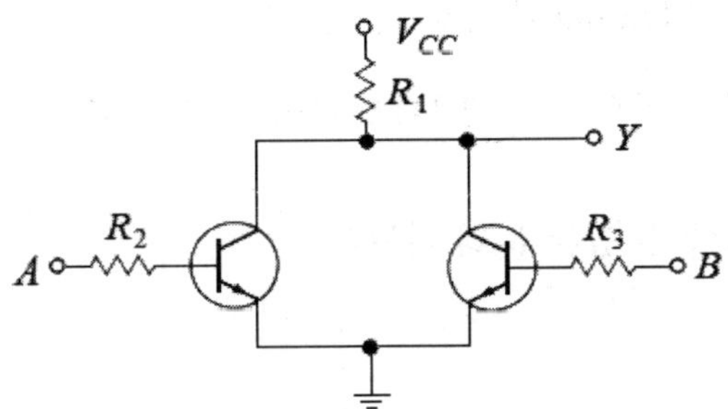

① OR　② NOR　③ AND　④ NAND

1.41. 다음 회로는 무엇을 가리키는가?

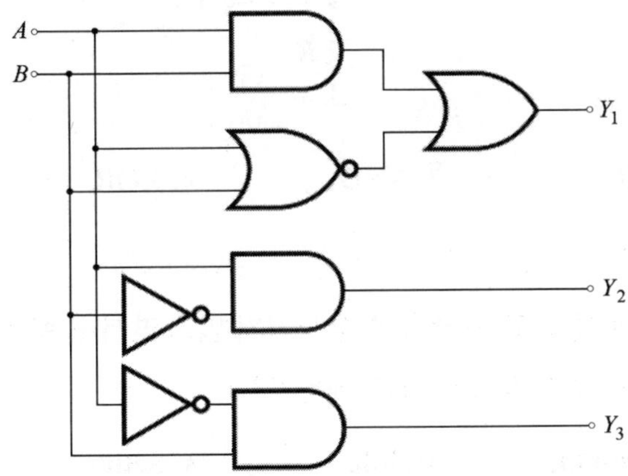

① 비교 회로　② 다수결 회로　③ 일치 회로　④ 반일치 회로

1.42. 그림과 같은 다이오드 게이트의 출력값은?

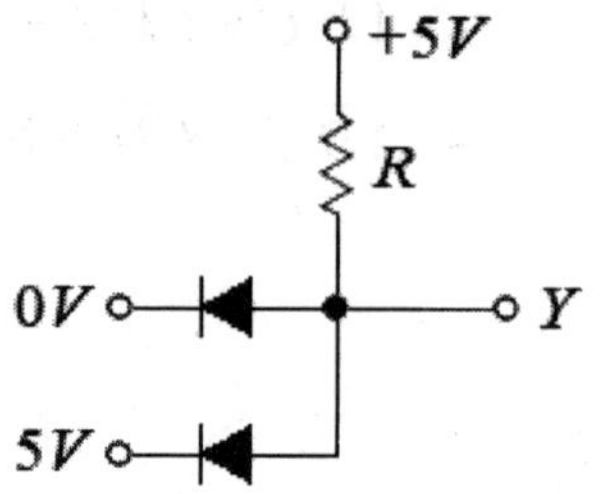

① 0[V]　② 5[V]　③ 약 4.3[V]　④ 10[V]

1.43. 다음 중 두 게이트 입력이 0과 1일 때, 1의 출력이 나오지 않는 것은?

① NOR 게이트　② OR 게이트　③ NAND 게이트　④ Exclusive OR 게이트

1.44. 다음 게이트 중에서 fan-out이 가장 큰 것은?

① RTL 게이트 ② TTL 게이트　③ DTL 게이트　④ DL 게이트

1.45. 다음 회로가 수행할 수 있는 논리 기능은?

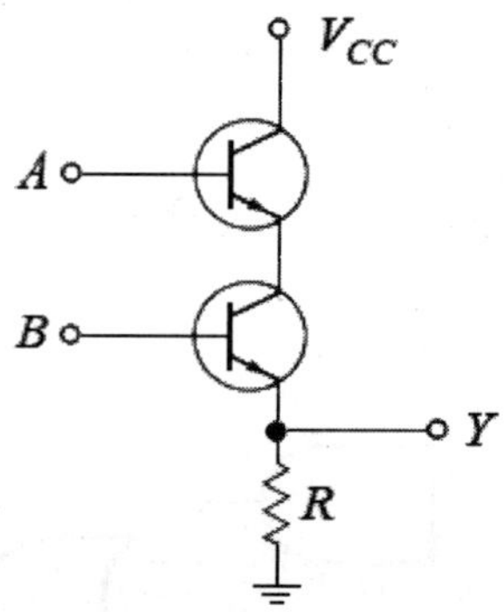

① NOT　② OR　③ AND　④ XOR

1.46. 디지털 논리 소자에서 회로 동작을 손상시키지 않으면서 출력에 연결할 수 있는 동일한 논리 게이트의 수를 무엇이라고 하는가?

① Settling　② Fan-Out　③ Hold　④ Setup

1.47. 다음 중 논리방정식이 잘못된 것은?

① $A+1=A$　② $A \cdot 0=0$　③ $A+AB=A$　④ $A(A+B)=A$

1.48. 다음 중 입력 신호에서 어떤 특정된 제어 시간의 신호만 출력되도록 할 목적으로 사용하는 회로는?

① 슬라이싱(Slicing) 회로　② 클램퍼(Clamper) 회로

③ 클리핑(Clipping) 회로　④ 게이트(Gate) 회로

1.49. 계산기에서 뺄셈을 보수 덧셈으로 하기 위해서 최종적으로 필요한 보수는?

① 1의 보수　② 2의 보수　③ 7의 보수　④ 9의 보수

1.50. 짝수 패리티 비트의 해밍코드로 0011011을 받았을 때(왼쪽에 있는 비트부터 수신됨), 오류가 정정된 정확한 코드는 무엇인가?

① 0111011　② 0011000　③ 0101010　④ 0011001

1.51. 다음 카르노 맵의 논리식을 구하시오.

CD \ AB	00	01	11	10
00	0	1	1	1
01	0	0	0	1
11	1	1	0	1
10	1	1	0	1

① $\overline{A}C+A\overline{B}+B\overline{C}\,\overline{D}$　② $A\overline{C}+A\overline{B}+B\overline{C}\,\overline{D}$

③ $\overline{A}C+\overline{A}\,\overline{B}+B\overline{C}$　④ $A\overline{C}+A\overline{B}+B\overline{D}$

1.52. 다음 카르노 맵에 대한 논리식을 구하시오(단 ×는 무관(don't care)항임).

① $\overline{A}\,\overline{D}+\overline{B}D+\overline{C}\,\overline{D}$　② $\overline{A}\,\overline{D}+\overline{B}\,\overline{D}+\overline{C}D$

③ $\overline{A}C+\overline{A}\,\overline{D}+\overline{C}\,\overline{D}$　④ $\overline{A}C+\overline{B}\,\overline{D}+\overline{C}\,\overline{D}$

CD \ AB	00	01	11	10
00	1	1	×	1
01	0	0	×	0
11	×	×	0	0
10	1	1	0	1

1.53. 그림과 같은 MOS 게이트의 기능에 대해 논리식을 구하시오(단, 부논리인 경우이다.).

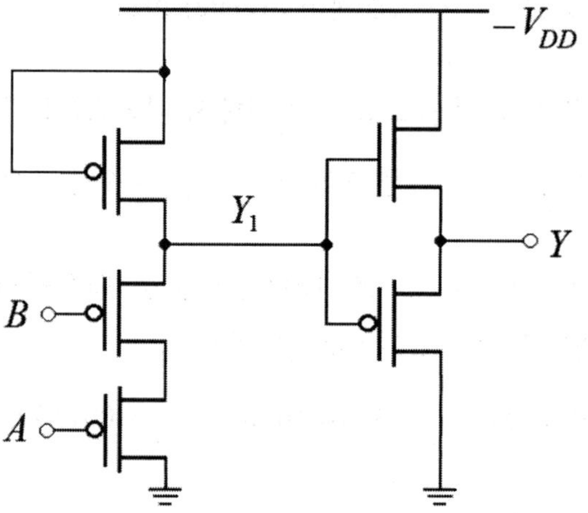

① $Y = A + B$　　② $Y = AB$

③ $Y = \overline{A+B}$　　④ $Y = \overline{AB}$

1.54. 다음 설명 중 옳지 않은 것은?

① 논리 함수 $Y = AB + A\overline{B} + \overline{A}\,B$를 간략화하면 $A + B$이다.

② 십진수 10.375를 2진수로 변환하면 1010.011이다.

③ 그레이 코드(Gray Code) 1110을 2진수로 변환하면 1001이다.

④ 십진수 437을 BCD(Binary Coded Decimal) 코드로 표시하면 0100 0011 0111이다.

Chapter 2
프로그램 설치 및 사용방법

| 학습목표 |

- 디지털 회로의 설계환경을 이해한다.
- 디지털 회로의 설계 및 합성(synthesis) 개념을 이해한다.
- FPGA 개념 및 설계 과정을 이해한다.
- FPGA 설계 소프트웨어인 Quartus Prime Lite 프로그램 설치 과정을 이해한다.
- Quartus Prime Lite에서 프로젝트 생성과정을 알아본다.
- VHDL을 이용해서 디지털 회로를 설계하고 컴파일 과정을 알아본다.
- 시뮬레이션을 통해 설계한 회로의 동작을 검증하는 방법을 알아본다.

| 목차 |

2장. 프로그램 설치 및 사용방법

2.1. Quartus Prime Lite 개요

디지털 회로를 하드웨어 기술 언어(Hardware Description Language)를 통해 설계하고 구현하는 소프트웨어는 다양하다. 설계 소프트웨어로 Intel사의 Quartus Prime Lite 버전은 무료로 사용할 수 있으며, 프로그램 가능 소자를 위한 광범위한 합성 및 구현 환경을 제공한다. 이러한 도구는 Intel 사에서 제공하는 모든 CPLD(Complex Programmable Logic Device) 및 FPGA(Field Programmable Gate Array)를 지원한다.

Quartus Prime Lite 버전은 다양한 설계환경과 프로그램 가능 소자를 위한 광범위한 합성 및 구현 환경을 제공한다. 이러한 소프트웨어는 SOPC(System-On-Programmable-Chip) 설계를 위한 환경이다. 디지털 회로를 개발하는 방법은 다양하며 그 중 VHDL(VHSIC HDL: Very High Speed Integrated Circuit HDL)을 이용하여 하드웨어 동작을 표현함으로써 디지털 회로 설계가 가능하다. Quartus Prime 버전은 VHDL 컴파일, 배치 및 시뮬레이션 환경을 제공하고, 다양한 플랫폼의 설계 환경을 제공한다.

VHDL을 이용해서 디지털 회로를 설계하는 경우에는 먼저 VHDL 코드를 작성한 후 컴파일하고, 시뮬레이션으로 동작을 검증한 후에 물리적으로 구현하는 단계로 구성된다. 기본적인 설계 절차는 [그림 2.1]에 표현되어 있듯이 Quartus Prime Lite 프로그램을 실행해서 프로젝트를 생성하고, VHDL 또는 Schematic/Block Diagram을 이용하여 설계(Design)한 후에 컴파일한다. 이 컴파일 과정에 의해 VHDL 코드를 디지털 회로로 합성(Synthesis)하고, 디바이스(FPGA)에서 동작할 수 있도록 배치 및 배선(Placement & Route)을 수행한다. 또한 타이밍 분석(Timing Analysis)을 통해 실제로 회로를 동작시키지 않고도 시뮬레이션(Simulation)으로 디바이스에서 실행했을 때의 신호의 시간지연을 계산함으로써 그 결과를 정확히 분석할 수 있다.

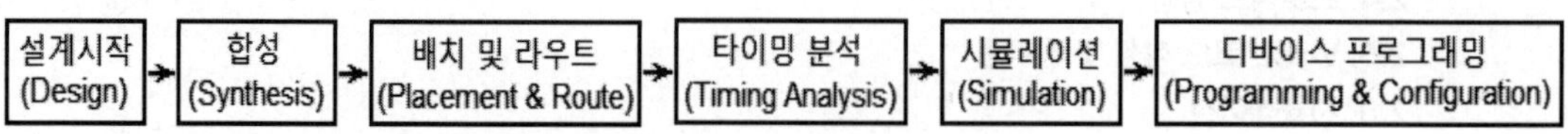

[그림 2.1] Quartus Prime Lite 버전을 이용한 설계 과정

2.2. Quartus Prime Lite 웹 버전 프로그램 다운로드 및 설치

Quartus Prime Lite 웹 버전은 아래 사이트에 접속하여 회원 가입 후 웹 버전 무료 프로그램을 다운받을 수 있다. 웹 버전 무료 프로그램을 다운받기 위해 아래 웹사이트를 방문한다.

https://www.intel.com/content/www/us/en/collections/products/fpga/software/downloads.html?s=Newest

위 웹사이트를 방문하면 [그림 2.2(a)]와 같은 화면이 나오고, [그림 2.2(b)]의 붉은색 박스(Intel Quartus Prime Lite Edition)를 클릭해서 "Quartus-lite-17.0.0.595-windows.tar" 프로그램을 다운 받는다. 윈도우에서 tar 파일을 압축 해제하기 위한 예를 참고 바란다.

윈도우에서 tar 파일 압축 풀기 방법(예시)

① [C:\Users\류지열] 디렉토리 아래에 다운받은 프로그램 파일(*.tar) 이동

② cmd를 통해 해당 파일이 있는 위치로 이동한다.

③ 압축 해제 명령어를 사용하여 압축 해제([그림 2.2(c) 참조])

tar -zxvf [압축 해제할 파일 이름.tar] -C [해제 후 저장할 폴더 이름]

C:\Users\류지열 > tar - zxvf Quartus-lite-17.0.0.595-windows.tar -C C:\RJY [Enter 키]

tar 파일을 압축 해제한 후 소프트웨어를 설치한다(C:\ 에 충분한 저장공간이 확보되어 있어야 하며, 수십분 소요됨). 설치가 완료되었다는 화면이 뜨면 [Finish] 버튼을 클릭하여 설치를 종료한다. 장치 드라이버 설치는 실습 키트와 연결해야 한다.

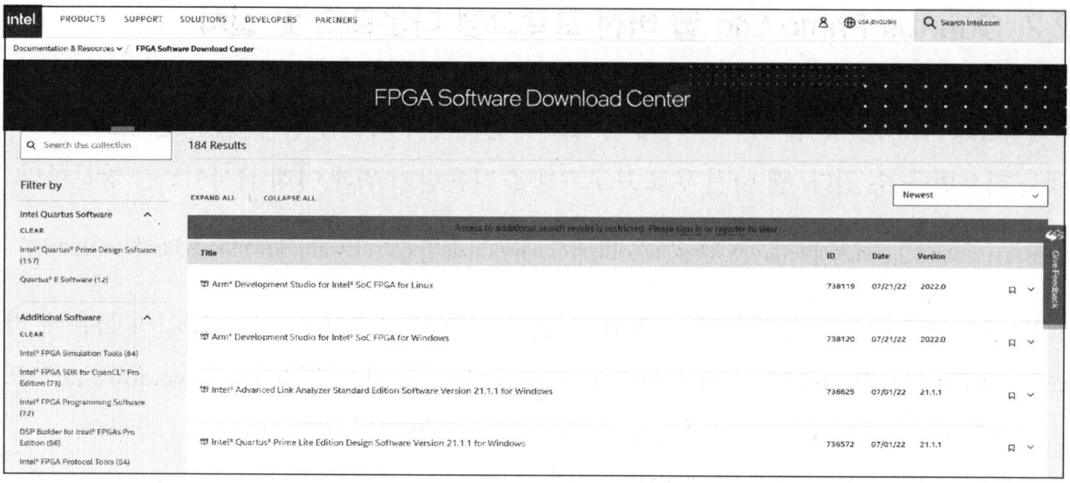

(a)

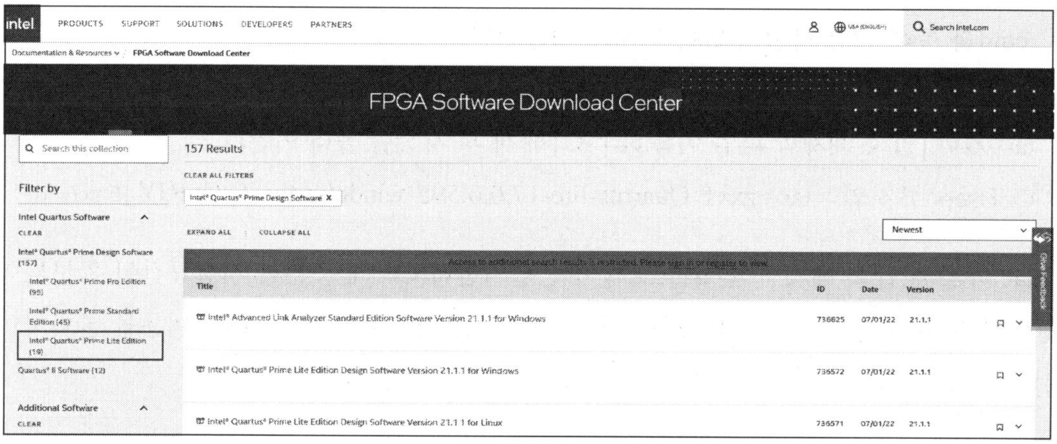

(b)

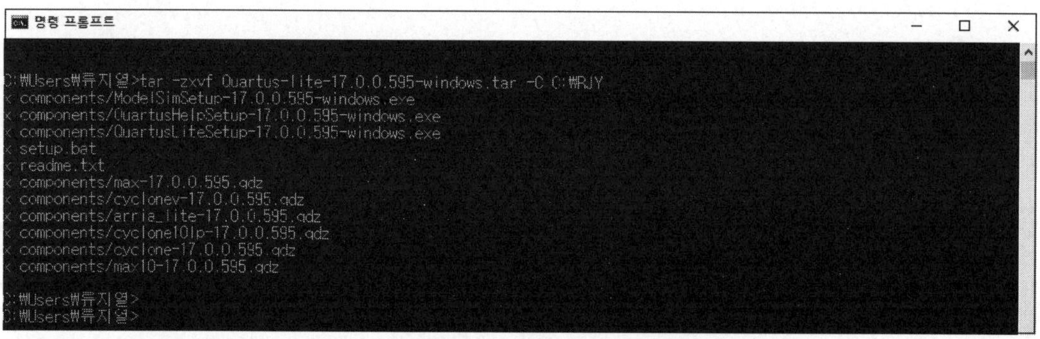

(c)

[그림 2.2] 무료 프로그램 다운 및 압축해제 방법

2.3. 프로젝트 생성

VHDL로 새로운 회로를 설계하기 위해서는 Quartus Prime에서 프로젝트를 생성해야 한다. Quartus Prime Lite Edition 실행 아이콘을 클릭하면 [그림 2.3]과 같은 초기화면이 생성된다.

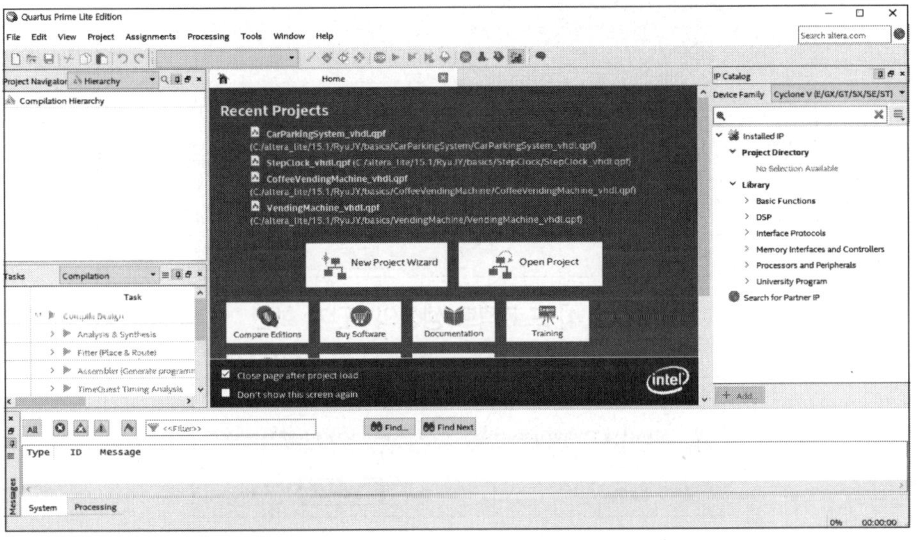

[그림 2.3] Quartus Prime Lite Edition 프로그램 초기화면

① File → New Project Wizard 또는 초기화면에서 [New Project Wizard] 클릭 → [Next] 클릭

② [그림 2.4]와 같은 대화창에서 첫 번째 항목에 작업 디렉토리를 선택하여 넣고, 두 번째 항목에 **프로젝트 이름(반드시 Entity 이름과 동일해야 함)**을 삽입한다. 마지막 항목에는 프로젝트 이름이 자동으로 들어간다(원한다면 수정 가능하다.). 예를 들어, 작업 디렉토리는 D:\RyuJY\basics\logic으로, 프로젝트 이름은 and_vhdl(각자 디렉토리 및 프로젝트 생성)로 각각 생성한다.

③ 다음 과정으로 넘어가려면 [Next] 버튼을 클릭하여 [그림 2.5]와 같은 메뉴에서 [Yes]를 클릭 → Project Type에 Empty project 체크 확인 후 [Next] 클릭

④ [그림 2.6]과 같은 대화창에서 [File name]란에 and_vhdl.vhd(*.vhd는 vhdl의 확장자)를 입력하고, [Add] 버튼 클릭 → [Next] 클릭

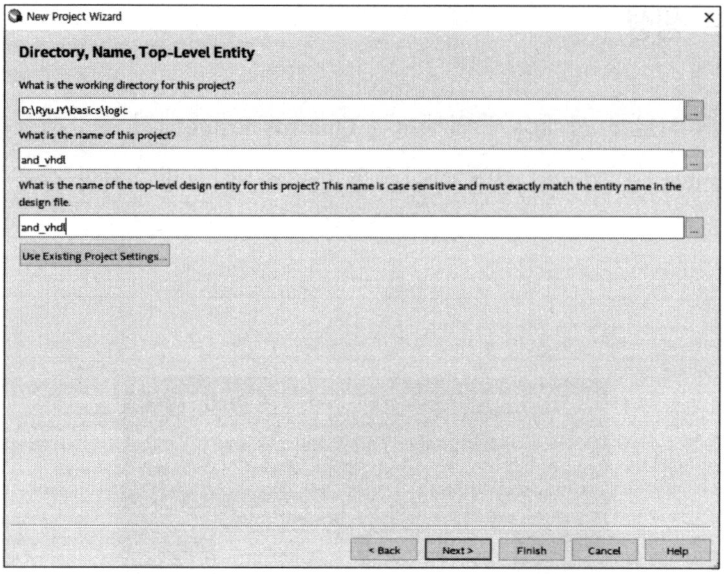

[그림 2.4] 프로젝트 생성의 1단계 화면

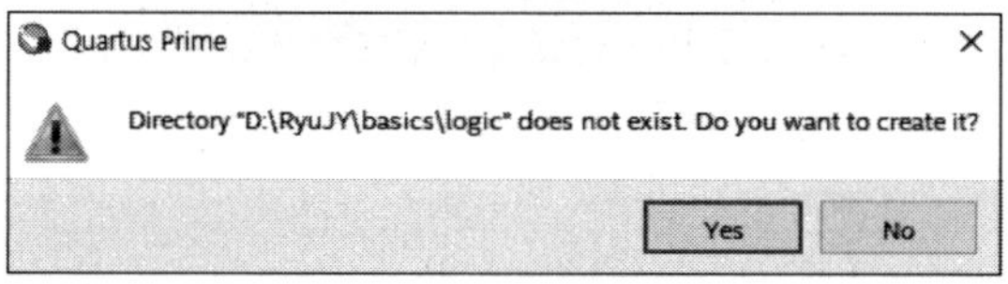

[그림 2.5] 프로젝트 생성의 2단계 화면

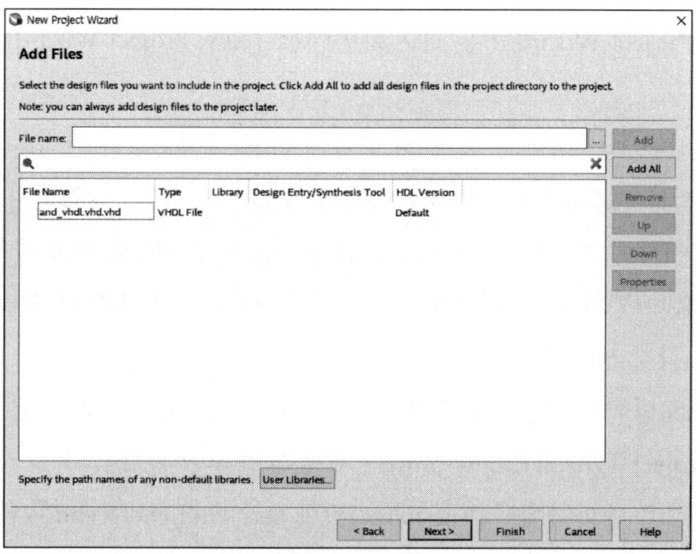

[그림 2.6] 프로젝트 생성의 3단계 화면

⑤ 목표로 하는 소자를 선택하기 위해 [그림 2.7]과 같이 Device 선택(EP4CE15F23C8, 실습 키트에 사용된 소자) 후 [Next] → [Next] → [Finish]

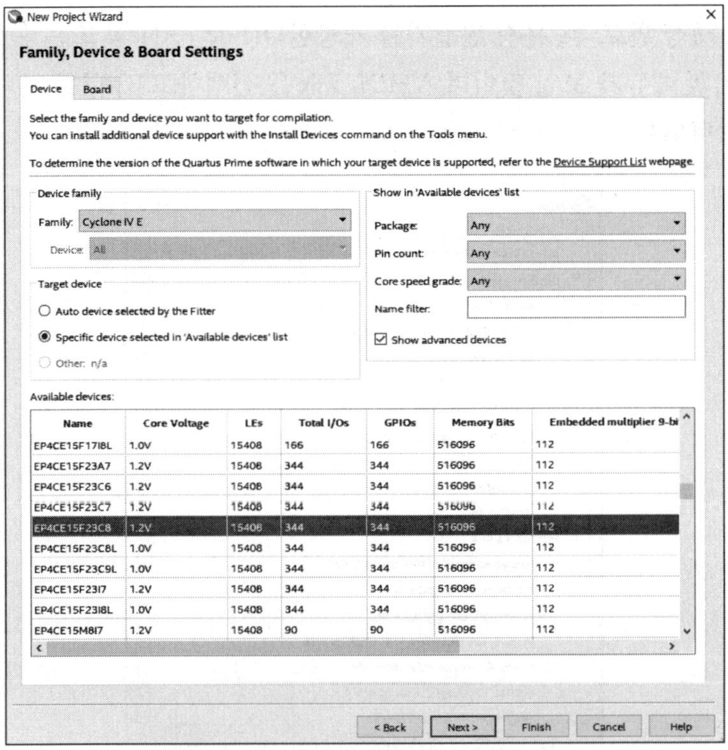

[그림 2.7] 프로젝트 생성의 4단계 화면

⑥ [그림 2.8]과 같이 새로운 프로젝트가 생성된 것을 확인한다.

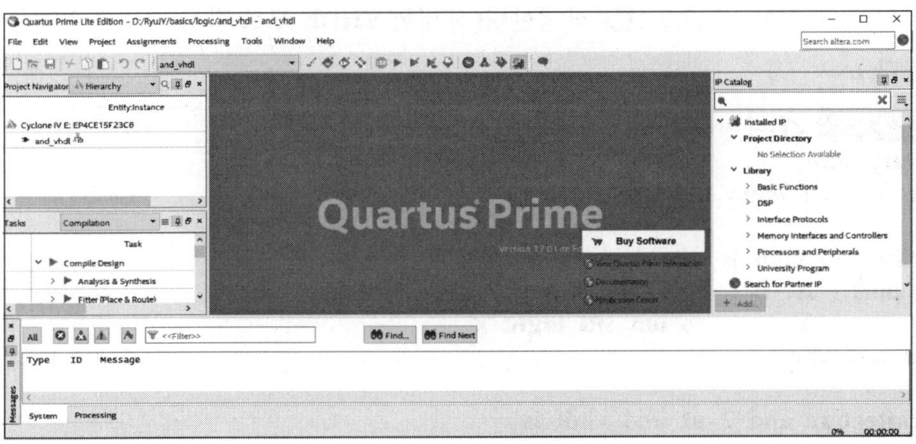

[그림 2.8] 프로젝트 생성 완료 화면

2.4. VHDL 코드 작성 및 컴파일

① 프로젝트 생성 완료 후, 문서 편집기를 개방한다(File → New 또는 를 클릭한다). [그림 2.9]의 메뉴가 보일 것이며, VHDL File을 선택하고 [OK]를 클릭한다(텅 빈 스크린이 나타남).

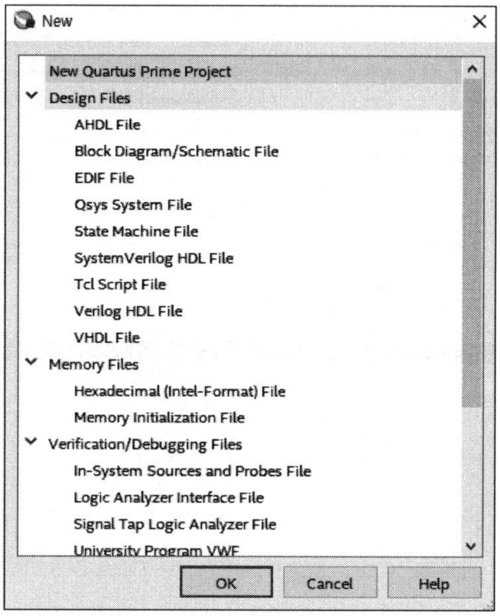

[그림 2.9] 문서 편집기 개방

② 텅 빈 스크린에 [코드 2.1]을 작성한다(상세한 VHDL 코드 작성 방법은 3장에서 설명한다.).

[코드 2.1] 2입력 AND 회로

```
library ieee;
use ieee.std_logic_1164.all;

entity and_vhdl is
    port ( A, B     : in std_logic;
           Y        : out std_logic );
end and_vhdl;

architecture and_2 of and_vhdl is
 begin
    Y <= A and B;
end and_2;
```

③ 풀다운 메뉴에서 “File → Save As··· → 저장" 선택하여 작성한 VHDL 코드를 저장한다(확장자: and_vhdl.vhd)(**entity와 동일한 이름**이 자동으로 이 파일에 부여되며, 파일명을 임의로 변경하지 말아야 한다. and_vhdl이란 프로젝트 디렉토리 아래에 저장해야 한다.).

④ 구문 오류 검사: "Processing → Start Compilation" 선택 또는 아이콘 ▶ 를 클릭한다. [그림 2.10]과 같이 컴파일 결과 성공한 메시지가 창에 나타낸다(왼쪽 작업창에 진행율(100%)이 보임. 오류가 있으면 붉은색 문장으로 표현되며, warnings는 무시해도 무방).

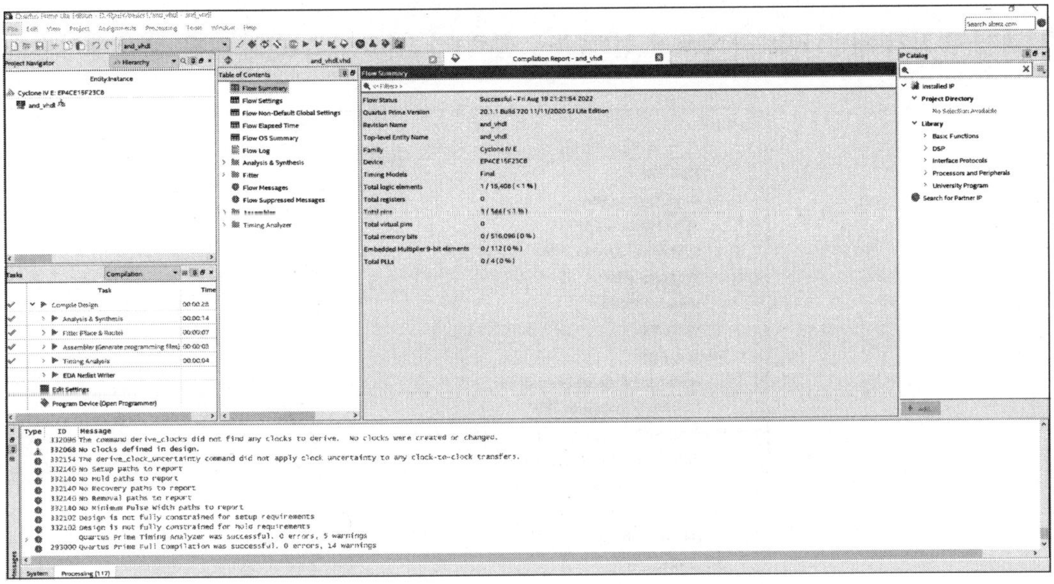

[그림 2.10] 컴파일 결과 성공한 메시지

2.5. 시뮬레이션

시뮬레이션은 VHDL로 설계한 회로를 디버깅할 수 있는 가장 좋은 방법이다. 시뮬레이션을 하지 않고 FPGA에 다운로드하여 실행할 수도 있지만 동작이 제대로 되지 않을 때에는 디버깅이 쉽지 않기 때문에 많은 시간이 소요된다. 따라서 시뮬레이션으로 설계 결과를 검증한 후에 FPGA에서 실행하는 것이 가장 확실한 방법이다. 시뮬레이션을 위해서는 다음과 같은 과정을 수행한다.

① 파형 편집기 개방: File → New를 선택(클릭)하면 [그림 2.12]와 같은 창이 형성된다.

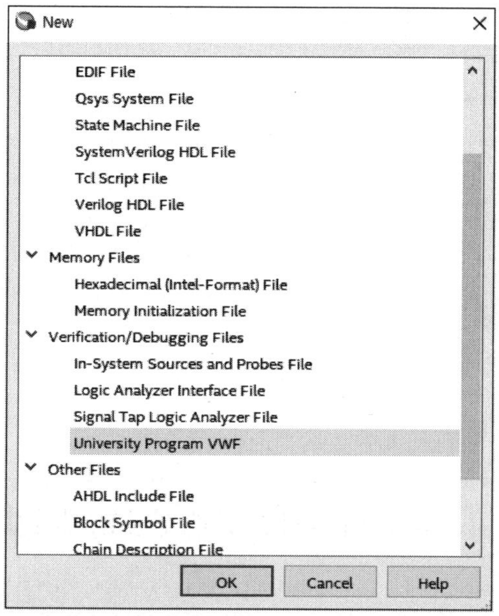

[그림 2.11] 시뮬레이션 파일(vwf 파일)의 생성

② [University Program VWF(Vector Waveform File)] 선택 → [OK] 클릭하면 시뮬레이션 파일이 생성된다.

③ 생성된 파일 화면의 Name 아래에 있는 빈 영역(왼쪽 빈 영역)에서 오른쪽 마우스 버튼 클릭 → [Insert Node or Bus...] 클릭 → [그림 2.12]와 같은 입출력 노드를 선택하는 화면이 나타나면 [Node Finder...] 클릭

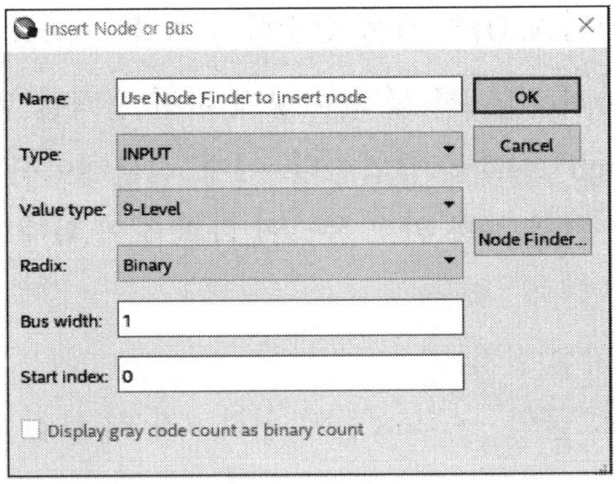

[그림 2.12] 입출력 노드를 선택하는 화면

④ [그림 2.13]과 같은 창이 나타날 경우 Filter:에서 Pins: all을 선택한 후 [List]를 클릭하면 VHDL 설계에서 지정한 입출력 단자의 이름이 나열된다.

⑤ (Nodes Found:에서 (마우스로) 모두 노드를 선택한 후) 아이콘 [>>]를 클릭하여 Selected Nodes로 이동시키고, [OK] 클릭 → [OK] 클릭한다. Name 아래에 선택된 노드의 이름이 표시된다.

입출력 노드가 포함된 시뮬레이션 파일이 생성됨을 확인한다. 파형 창은 VHDL 코드의 ENTITY에 기술한 모든 신호들의 리스트를 포함하고 있음을 확인한다. 입력 신호(A, B)는 모두 "low"로, 출력 신호(Y)는 "×××"로 표현되어 있다(나중에 입력을 넣어주고 시뮬레이션을 하면 "×××"는 "low" 또는 "high"로 나타나게 된다. 신호의 위치는 간단하게 위아래로 드래그를 하여 바꿀 수 있다.).

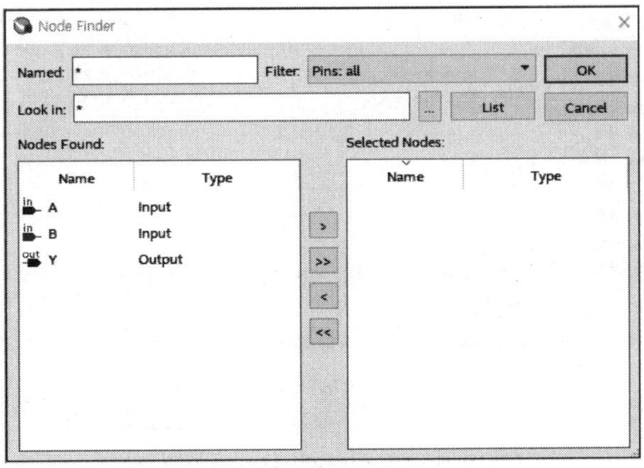

[그림 2.13] 선택되는 입출력 노드

⑥ 입력 신호([그림 2.14]의 A, B)의 값을 설정한다. A, B 신호를 설정하기 위해 마우스로 "high"를 설정한 후 아이콘 를 클릭(이렇게 하면 선택된 부분이 논리 레벨 0에서 1로 변경된다.)하여 "high" 신호를 삽입한다. 이때, 시뮬레이션 창의 시간축을 늘리거나 줄이기 위해 마우스 스크롤 바를 위로 올리면 화면 창이 확대되고, 아래로 내리면 화면이 축소된다.

[시뮬레이션 시간 축 확장 절차]

Edit → Set End Time...클릭 → Time란에 원하고자 하는 값 입력(예를 들면 10μs) → [OK] 클릭

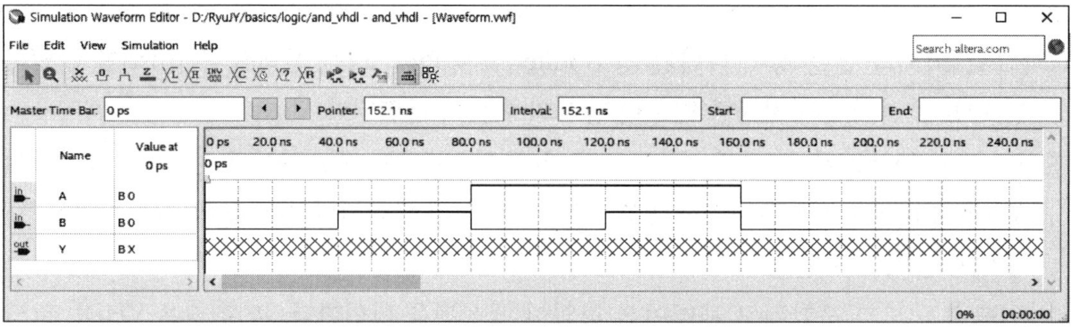

[그림 2.14] 입력 신호 값 설정 결과 화면

⑦ File → Save As를 클릭하여 [그림 2.15]와 같이 Waveform.vwf로 저장한다.

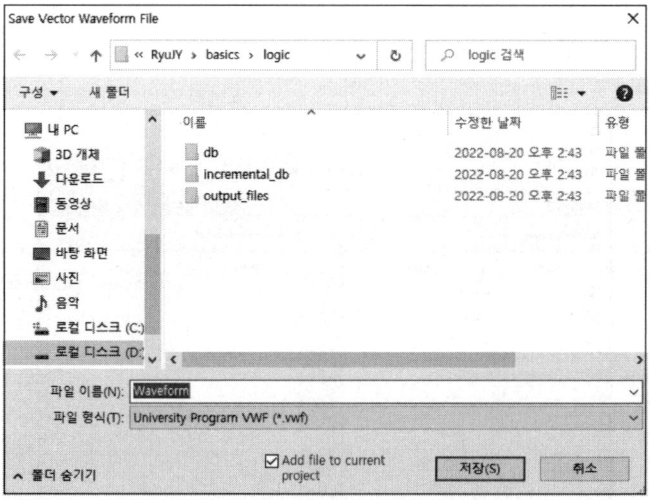

[그림 2.15] 시뮬레이션 파일 저장

⑧ 시뮬레이션 결과 확인

Simulation → Run Functional Simulation(또는 단축 아이콘)을 클릭하여 타이밍 정보가 포함되지 않은 네트리스트를 생성한다(여기서 수행한 시뮬레이션은 단지 회로의 논리적 동작만을 검증하기 위해 기능적인(functional) 시뮬레이션을 수행하였다. 일반적으로 기능 시뮬레이션을 통해 설계 회로의 동작을 먼저 검증한 후, 타이밍 시뮬레이션을 통해 목표 소자의 매핑된 회로의 지연 특성을 검증하는 두 단계 과정으로 시뮬레이션을 수행한다.)

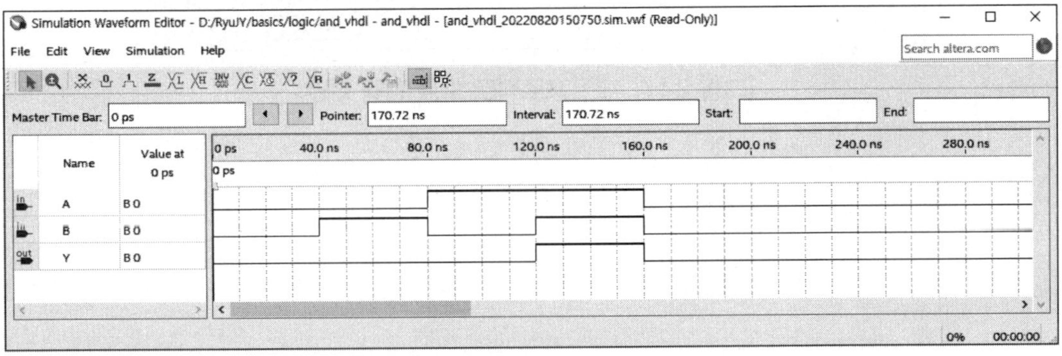

[그림 2.16] 시뮬레이션 결과 및 성공 메시지

⑬ 기존에 있는 프로젝트에서 연속해서 설계를 하거나 수정을 할 때는 기존의 프로젝트를 오픈해야 한다.

실행아이콘 더블 클릭(또는 Quartus 화면에서 File 클릭) → Open Project... 클릭 → [그림 2.17]에서 생성된 프로젝트 and_vhdl 클릭 → and_vhdl.qpf(프로젝트 실행 파일) 선택 후 [열기] 클릭 → 생성된 창에서 좌측에 있는 and_vhdl을 더블 클릭하면 오른쪽 창에 작성한 VHDL 코드를 확인할 수 있다. 시뮬레이션 결과를 확인하려면 File → New 선택(또는 클릭) → University Program VWF(Vector Waveform File) → File → [Open...] 클릭 → and_vhdl.vwf 선택 → [열기(OK)] 클릭 → Simulation → Run Functional Simulation(또는 단축 아이콘)을 클릭

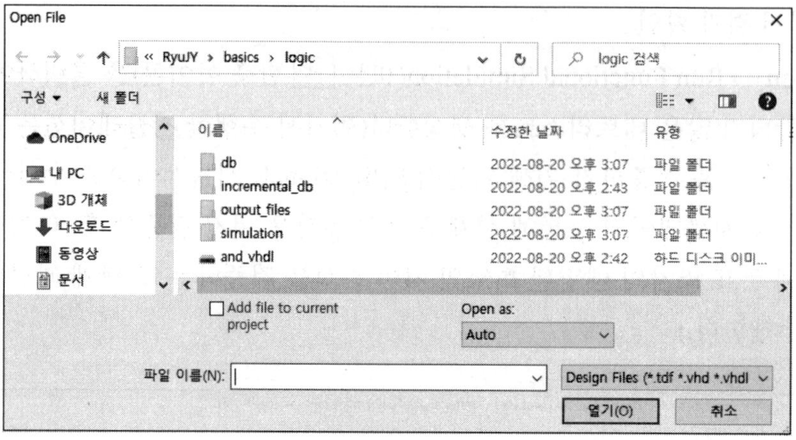

[그림 2.17] 기존 프로젝트 오픈 선택 화면

Chapter 3
하드웨어 기술 언어 및 물리적 구현

| 학습목표 |

- VHDL 정의를 이해한다.
- VHDL을 이용한 설계 흐름을 이해한다.
- EDA 도구 및 관련 회사에 대해 알아본다.
- VHDL을 이용한 코드 작성의 예를 알아본다.
- VHDL의 기본 구성과 구성 단위를 이해한다.
- 라이브러리 사용 방법을 이해한다.
- Entity와 Architecture 형식을 이해한다.
- VHDL 구조와 시뮬레이션 과정을 이해한다.
- **설계된 회로를 FPGA 디바이스에서 실행하는 방법을 알아본다.**
- **계층적인 설계방법을 학습한다.**
- **디바이스와 핀 할당 방법을 알아본다.**
- **FPGA 디바이스를 이용하여 주변 디바이스를 제어하는 방법을 이해한다.**

| 목차 |

3장. 하드웨어 기술 언어 및 물리적 구현

3.1. 하드웨어 기술 언어의 개요

3.1.1. 하드웨어 기술 언어(Hardware Description Language)

하드웨어 기술 언어(Hardware Description Language, HDL)는 회로 동작이나 구조를 기술하기 위한 언어를 말한다. 회로를 설계할 때 예전처럼 회로도를 사용하는 것이 아니라 하드웨어 기술 언어로 회로의 구조나 동작을 기술한다.

회로 시뮬레이터란 하드웨어 기술 언어로 기술된 내용을 입력으로 사용하여, 시뮬레이션 결과를 타임 차트 형식이나 리스트 형식으로 출력하는 툴을 말한다. 기술된 내용의 타당성을 확인하기 위해 예전의 회로도에 의한 방법에서는 설계 시에 책상 위에서 동작을 확인하였지만, 하드웨어 기술 언어에서는 컴퓨터에 의해 신속하고 정확한 동작 검증이 가능하다. 일반적으로 회로 시뮬레이터로 타당성을 확인한 다음에 논리 합성 툴로 회로도를 작성한다. 즉, 기본 논리 연산이나 카르노 맵, 드모르간 정리 등을 모르더라도, 하드웨어 기술 언어로 기술된 내용으로부터 자동으로 회로도 생성이 가능하다.

VHDL(VHSIC HDL: Very High Speed Integrated Circuit HDL)은 시스템에 대한 기술 능력이 탁월하고, 논리 합성을 목적으로 한 회로 동작의 기술뿐만 아니라, 시스템 동작의 시뮬레이션도 기술이 가능하다. 하드웨어 동작을 모델링하기 위한 프로그래밍 언어로서 통상적인 컴퓨터 프로그램이 순차적인 것에 반해 VHDL 문장들은 태생적으로 병행적(병렬적)이기 때문에 VHDL이 흔히 프로그램이라기 보다는 코드라 불린다. 이러한 코드는 전자회로의 설계 및 시뮬레이션에 이용한다. HDL의 종류에는 VHDL과 Verilog HDL이 있다.

ASIC은 특정 용도의 전용 IC로서 사용자가 특정 용도로 사용하기 위해 만든 IC 또는 LSI를 말한다. System C는 업계 그룹인 OSCI(Open System C Initiative)에서 시스템 수준의 설계/검증을 목적으로 C언어의 하드웨어 기술용 언어로써 개발하였고, C 언어(정확하게는 C++)를 기반으로 하고 있기 때문에 소프트웨어와 하드웨어를 조합한 기능 검증이나 시스템 수준에서의 성능 평가도 가능하다. C 언어 기반의 하드웨어 기술을 위한 언어에는 몇 가지 종류가 있지만, System C가 가장 유력하다.

HDL과 프로그램 언어의 비교하면 [그림 3.1]과 같다.

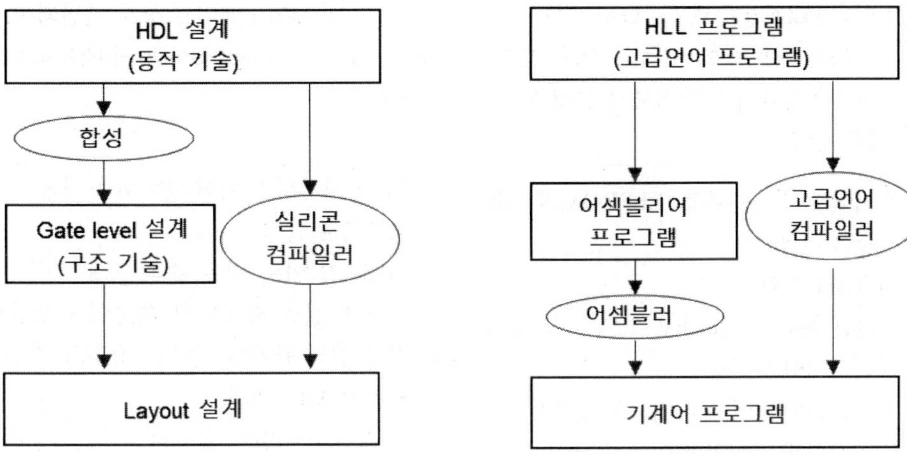

(a) HDL 설계 (b) 컴퓨터 프로그래밍

[그림 3.1] HDL과 프로그램 언어의 비교

VHDL을 사용하게 된 동기로는 기술/공급업체의 독립적인 언어로 표준화되어 이식과 재사용이 가능하며, 회로 시뮬레이션과 회로 합성이 가능하기 때문이다. 또한 프로그램 가능 소자 및 PLD(CPLD, FPGA 등)를 위한 물리적 레이아웃으로 사용된다. ASIC을 위한 마스크를 생성하거나 설계의 문서화를 수행한다.

VHDL을 바로 적용할 수 있는 두 가지 응용 분야로는 CPLD(Complex Programmable Logic Device) 및 FPGA(Field Programmable Gate Array)와 ASIC을 들 수 있다. [표 3.1]은 PLD 구분 및 요약을 나타낸 것이고, [표 3.2]는 CPLD와 FPGA를 비교한 것이다.

[표 3.1] PLD 구분 및 요약

PLD	SPLD (Simple PLD)	• PAL(Programmable Array Logic) • PLA(Programmable Logic Array) • 저장식 PAL/PLA • GAL(Generic PAL)
	CPLD (Complex PLD)	
	FPGA	

[표 3.2] CPLD와 FPGA 비교

	CPLD	FPGA
구조	• 여러 PLD(일반적으로 GAL 형) • 스위치 매트릭스: 이들을 서로 연결하고 I/O 핀들과도 연결하기 위해 사용 • I/O 핀(블록)	• 스위치 매트릭스 배열로 상호 연결되며, CLB (Configurable Logic Block)의 매트릭스로 구성
특징	• 비휘발성(안티퓨즈, EEPROM, Flash 등을 사용) • JTAG 지원 • 다른 논리 표준(1.8V, 2.5V, 5V 등)과 인터페이스 가능 • 보통 500개 이상의 매크로 셀과 10,000개 이상의 게이트로 구성	• 연결을 저장하기 위해 SRAM을 사용 → 대부분 휘발성 → FPGA가 아주 많은 수의 프로그램 가능한 상호 연결을 제공하기 때문에 공간을 절약하고 칩의 단가를 낮추는 장점을 가진 반면 외부 ROM이 필요 → 재 프로그래밍이 필요하지 않는 경우에 장점이 되는 (안티퓨즈를 가진) 비휘발성 FPGA도 존재 • 주로 대용량, 고성능 회로 구현을 목표로 함 • CPLD보다 플립플롭이 훨씬 많이 있기 때문에 보다 정교한 순차회로 구축이 가능 • JTAG 지원 및 다른 논리 표준과 인터페이스 가능 • 수천 개의 플립플롭과 수백만 개의 게이트로 구성

3.2. 설계 흐름 및 EDA 도구

VHDL 설계 흐름은 [그림 3.2]와 같이 크게 3단계, 즉 컴파일, 최적화, 배치 및 배선으로 구성된다. 컴파일은 고수준 표현을 저수준 표현으로 변환하는 과정을 말한다. 예를 들면 RTL 레벨을 게이트 레벨로 변환하는 과정이다. 최적화는 속도와/또는 면적 측면을 고려하여 이 수준에서의 시뮬레이션을 하는 과정을 말한다. 배치 및 배선은 PLD 칩을 위한 물리적 레이아웃을 생성하는 과정을 말한다. 이때 ASIC을 위한 마스크를 생성한다. EDA(Electronic Design Automation) 도구는 회로 합성, 구현 및 시뮬레이션에 사용한다.

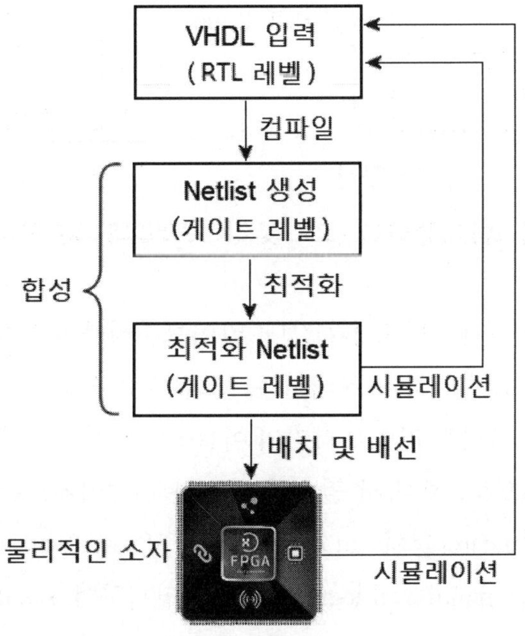

[그림 3.2] VHDL 설계 흐름 요약

3.3. 기본적인 VHDL 단위 및 라이브러리 선언

VHDL 코드를 구성하기 위한 최소한의 단위는 라이브러리(Library), 엔티티(Entity) 및 아키텍처(Architecture)가 된다. Library는 공동으로 사용되는 코드 집합체를 말하며, ieee, std, work 등을 들 수 있다. Entity는 회로의 입출력 핀을 명시하고, Architecture는 회로 동작(기능)을 기술한다.

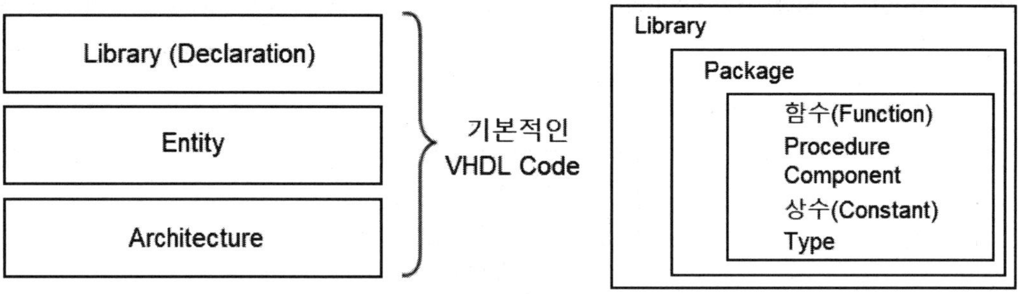

(a) VHDL 코드의 기본 구성 (b) 라이브러리의 기본 구성

[그림 3.3] VHDL 코드 및 라이브러리의 기본 구성

라이브러리 선언 방법은 [그림 3.4]와 같다. 라이브러리를 선언하기 위해서는 (즉, 라이브러리를 설계 내용에 보이게 하기 위해서는) [그림 3.4]와 같이 두 줄이 필요하다. 이 구문에서 보는 바와 같이 하나는 라이브러리의 이름(name)을 포함하고, 또 다른 하나는 use 절을 포함한다. 일반적으로, 설계 시 필요한 최소한의 패키지로는 ieee.std_logic_1164(출처: ieee 라이브러리), standard(출처: std 라이브러리) 및 work(work 라이브러리)를 들 수 있다. ieee.std_logic_1164는 multi-level logic system을 명시하며, standard는 VHDL 설계환경을 위한 자원 라이브러리(data type, text i/o 등)를 제공한다. 또한, work는 사용자가 설계한 내용(.vhd 파일과 컴파일러, 시뮬레이터 등이 생성한 모든 파일)의 저장 장소가 된다.

```
library  library_name;
use  library_name.package_name.package_parts;
```

[그림 3.4] 라이브러리 선언 방법

[그림 3.5]와 같은 라이브러리 선언 예를 보자. ieee 라이브러리(명확하게 기술해 주어야 한다.)는 std_logic(또는 std_ulogic) data type이 설계에 사용되는 경우에만 필요하다(데이터 형은 4장에서 상세히 언급된다.). std나 work 라이브러리는 default로 볼 수 있어서 굳이 선언하지 않아도 자동 포함된다.

```
library  ieee;                          -- 세미콜론(;)은 선언이나 문장의 끝을 나타냄
use  ieee.std_logic_1164.all;           -- 이중 대시(--)는 주석문을 나타냄

library  std;
use  std.standard.all;

library  work;
use  work.all;
```

[그림 3.5] 라이브러리 선언 예

ieee 라이브러리에 포함되어 있는 대표적인 패키지로는 [표 3.3]과 같이 std_logic_1164, std_logic_arith, std_logic_signed 및 std_logic_unsigned를 들 수 있다. std_logic_1164는 std_logic(8 level)과 std_ulogic(9 level)의 다중 레벨 논리 체계를 명시한다. std_logic_arith는 signed 및 unsigned 데이터 형과 이에 관련된 산술 및 비교 연산을 명시한다. 데이터 변환 함수(conv_integer(p), conv_unsigned(p,b), conv_signed(p,b) 등)를 포함한다. std_logic_signed는 std_logic_vector 데이터가 signed 형의 데이터로 연산될 수 있게 하는 함수를 포함한다. 반면 std_logic_unsigned는 std_logic_vector 데이터가 unsigned 형의 데이터로 연산될 수 있게 하는 함수를 포함한다.

[표 3.3] Quartus Prime에서 사용 가능한 라이브러리와 표준 패키지

패키지	라이브러리	내용
std_logic_1164	ieee	VHDL 모델링을 위해 향상된 데이터 형을 제공하며, std_logic 및 std_logic_vector 데이터 형을 포함
std_logic_arith	ieee	수치 연산을 위한 패키지이며, signed와 unsigned 데이터 형을 정의하고, signed 및 unsigned 데이터 형에 적용되는 산술함수를 포함
std_logic_signed	ieee	signed_logic_vector 데이터 형에 적용되는 signed 수치 연산을 제공
std_logic_unsigned	ieee	unsigned_logic_vector 데이터 형에 적용되는 unsigned 수치 연산을 제공

3.4. Entity 구문 표현

엔티티(Entity)는 회로의 모든 입출력 핀(port)을 명시해 놓은 리스트를 말한다. Entity 구문 표현은 [그림 3.6]과 같다. 엔티티 선언은 대상 회로와의 인터페이스를 의미하며, 엔티티 선언에 필요한 작업은 내부의 구조 파악과 엔티티명 정의 및 입출력 선언을 위해 수행한다. entity 구문에서 entity_name은 어떤 이름으로 명명해도 좋으나(단, VHDL 예약어 제외) 반드시 프로젝트 이름과 동일해야 한다.

end 다음의 entity_name은 생략이 가능하다. 이러한 구문에서 signal_mode는 [그림 3.7]과 같이 단방향 핀일 때는 IN-OUT, 양방향 핀일 때는 IN-INOUT을 사용하고, 출력신호가 내부적으로 사용될 때는 BUFFER를 사용한다. signal_type에는 bit, std_logic, integer 등을 사용한다.

```
entity entity_name is
    port (
          port_name : signal_mode signal_type;
          port_name : signal_mode signal_type;
            …);
end entity_name;
```

[그림 3.6] Entity 구문 표현 예

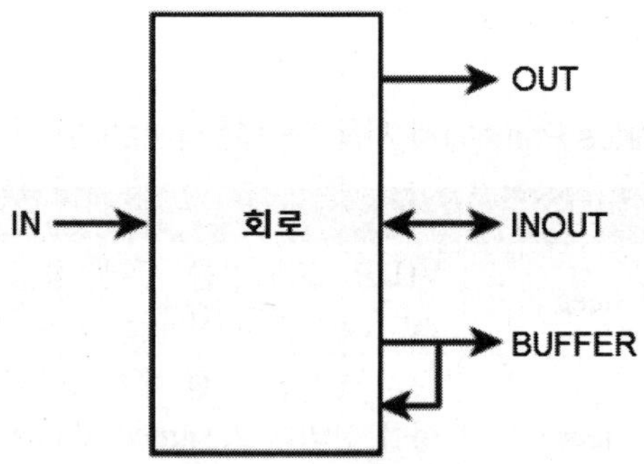

[그림 3.7] 신호 모드

entity 선언을 이해하기 위해 [그림 3.8]과 같은 간단한 2입력 AND 회로를 설계해 보자(2장 [코드 2.1] 참조).

[코드 3.1] 2입력 AND 회로

```
01  -- and_vhdl
02  entity and_vhdl is
03   port ( A, B      : in std_logic;             -- 입력선언
04          Y         : out std_logic );          -- 출력선언
05  end and_vhdl;
```

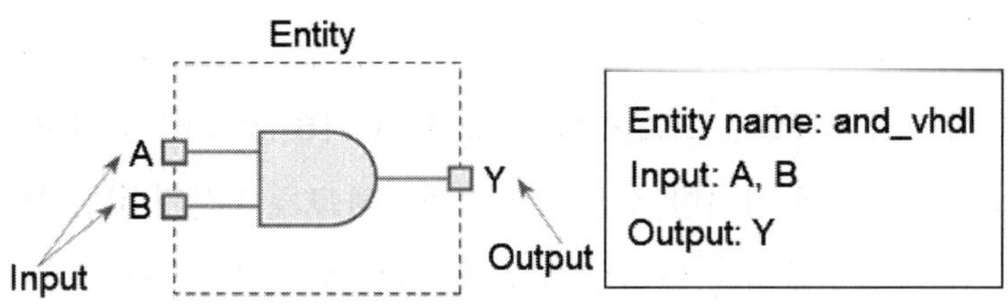

[그림 3.8] 2입력 AND 회로의 엔티티 선언

[코드 3.1]에 대한 설명

행 번호 01: 이 행은 설명문이다. VHDL의 설명문은 두 개의 〈 - 〉(하이픈)을 붙인다. 〈 -- 〉으로 시작된 부분부터 그 줄의 끝까지가 설명문이 되므로 코드에는 영향을 미치지 않는다.

행 번호 02: VHDL의 예약어인 entity이다. entity 다음의 and_vhdl은 각자가 정의한 엔티티명이다. 엔티티명 다음에 예약어 is를 붙인다. 엔티티명이나 포트명 등의 식별자(이름)를 붙이는 방법은 아래와 같다.

- 최초의 문자는 영문자로 한다.
- 사용 가능한 문자는 영문자, 숫자, 〈 _ 〉 이다
- 〈 _ 〉 은 계속해서 사용할 수 없다(예를 들면 〈 and_ _vhdl 〉 은 잘못된 표현임).
- 〈 _ 〉 은 마지막에 사용할 수 없다(예를 들면 〈 and_vhdl_ 〉 은 잘못된 표현임).
- VHDL에서는 대소문자는 구분을 하지 않는다. 즉 ENTITY와 entity는 동일한 식별자이다.

행 번호 03: 입력 [A]와 [B]를 기술한다. 포트 리스트에는 이와 같이 2개 이상의 신호를 [,](콤마)로 구분해서 기술(나열의 의미)할 수도 있다. 물론 신호의 기술 순서는 상관없다. 데이터 형 다음이나 한 문장의 끝은 [;](세미콜론)으로 끝맺는다. 세미콜론을 빼먹거나 [:](콜론)으로 잘못 기입하면 오류가 발생하므로 주의해야 한다. 또, 행의 앞에는 구문 정

의를 고려하여 스페이스나 탭으로 적당히 여백을 두는 것이 보기 쉽다.

행 번호 04: 출력 [Y]를 기술한다. port 문의 마지막 [)]과 [;]의 순서에 주의하기 바란다.

행 번호 05: entity 문의 [end], [엔티티명], [;]으로 끝맺는다. 여기서 엔티티명은 생략이 가능하지만 [entity - end]의 관계를 명확하게 하기 위해 생략하지 않는 것이 좋다. 행 번호 02와 여기서 기술한 엔티티명은 반드시 같아야 한다.

포트 문은 [그림 3.8] 및 [그림 3.9]를 예로 들면 [A], [B] 및 [Y] 지정이 가능하다. 포트 리스트의 모드는 [표 3.3]에 정의한 것으로 지정한다. [그림 3.8]의 [A], [B]는 입력이므로 [in]으로 지정하고, [Y]는 출력을 나타내기 위해 [out]으로 지정한다. 출력에는 [buffer]도 사용가능하다. [out]과 [buffer]의 차이는, [out]은 엔티티 내부에서 이용할 수 없는데 반해 [buffer]는 엔티티 내부에서도 이용할 수 있다는 점이다. 모드를 [out]이라고 한 출력은 엔티티 내의 어떤 회로의 입력에도 접속시킬 수 없지만, 모드를 [buffer]라고 한 출력은 엔티티 내의 입력에 접속시킬 수 있다.

[표 3.3] 모드의 종류

모드	기능
in	입력
out	출력, 내부 신호로 이용할 수 없다.
inout	쌍방향
buffer	출력, 내부 신호로 이용할 수 있다.
linkage	방향지정 없다.

```
port ( 포트명: 모드 데이터 형;
            …
       포트명: 모드 데이터 형 );
```

[그림 3.9] port 문의 구문 정의

3.5. Architecture 구문 표현

Architecture 구문은 회로의 동작(기능)을 기술한다. Architecture 구문 표현은 [그림 3.10]과 같다. [architecture - end] 쌍과 신호 선언, [begin] 뒤의 concurrent 문(동시 처리 신호 대입문)으로 구성된다. 선언부(declarations)(선택 사항)에는 신호와 상수 등이 선언되는 부분이다. 이 부분이 없는 경우가 많다. architecture 이름은 entity 이름처럼 어떤 것이라도 무방하다(단, VHDL 예약어 제외). 코드부(begin 이하)는 회로의 구체적인 동작을 기술하는 부분이다.

```
architecture architecture_name of entity_name is
        [선언]
 begin
        (코드)
end architecture_name;
```

[그림 3.10] Architecture 구문 표현 예

architecture 구문을 이해하기 위해 [그림 3.8]과 같은 간단한 2입력 AND 회로를 설계해 보자(2장 [코드 2.1] 참조).

[코드 3.2] 2입력 AND 회로

```
01    architecture and_2 of and_vhdl is
02     begin
03        Y <= A and B;
04    end and_2;
```

[코드 3.2]에 대한 설명

행 번호 01: VHDL의 예약어인 architecture 구문이다. architecture 다음의 and_2는 아키텍처명, of는 예약어, 그 다음의 and_vhdl은 엔티티 선언으로 정의한 엔티티명, 다음에 예약어 is를 붙인다.

행 번호 02: 이 예에서는 아키텍처 내부에서 사용할 신호가 없기 때문에 architecture 문의 구문 정의인 [그림 3.10]에 나타낼 신호 선언은 필요 없게 된다. 따라서 예약어 begin을 바로 기술한다.

행 번호 03: 입력 [A], [B]와 출력 [Y]의 관계를 논리 연산자(4장에서 자세히 언급함.)로 기술한다. VHDL의 논리 연산자 종류는 다음과 같다. [<=]는 신호 값을 (일정 지연 후에) 전달한다는 의미, 즉 우측 값을 좌측 값에 대입한다는 의미이다. [:=]는 데이터 값을 전달 또는 초기값 설정할 때 사용한다.

• and • or • nand • nor • xor • xnor

• not(not은 정확하게 말하면 논리 연산자가 아니라 기타 연산자이다.)

행 번호 04: architecture 문의 [end], [아키텍처명], [;]으로 끝맺는다. 여기서 아키텍처명은 생략가능하지만 [architecture - end]의 관계를 명확하게 하기 위해 생략하지 않는 것이 좋다. 행 번호 01과 여기서 기술한 아키텍처명은 반드시 같아야 한다.

3.6. 기본 논리회로의 HDL화

본 절에서는 라이브러리, 엔티티 선언과 아키텍처 본체를 결합하여 완성된 VHDL 코드를 작성해 보기로 한다. [그림 3.5], [코드 3.1] 및 [코드 3.2]를 결합하면 VHDL을 이용한 2입력 AND 회로가 완성된다(2장 [코드 2.1] 참조).

[코드 3.3] 2입력 AND 회로

```
library  ieee;
use  ieee.std_logic_1164.all;

entity  and_vhdl  is
    port (  A,  B        :  in  std_logic;
            Y            :  out  std_logic  );
end  and_vhdl;

architecture  and_2  of  and_vhdl  is
 begin
    Y  <=  A  and  B;
end  and_2;
```

또한, 본 절에서는 디지털 논리회로에서 가장 기본적인 AND, OR 및 NOT 게이트로 구성된 회로를 설계한다. 입력은 a와 b, 2비트이며, 게이트의 출력은 and_out 및 or_out로서 a와 b의 입력에 대한 AND 및 OR 논리연산 결과를 각각 출력하며, not_out 출력은 b 입력에 대한 NOT 결과를 출력한다. Schematic으로 설계하는 방법(구조적 레벨 설계)과 VHDL로 설계하는 방법(동작적 레벨 설계)을 각각 설명한다. Schematic으로 설계하는 과정은 다음과 같다.

① Quartus Prime 실행 아이콘 클릭

② File → New Project Wizard: [대화창에서 첫 번째 항목에 작업 디렉토리를 선택하여 넣고, 두 번째 항목에 프로젝트 이름(반드시 Entity 이름과 동일해야 함)을 삽입한다. 마지막 항목에는 프로젝트 이름이 자동으로 들어간다. 예를 들어, 작업 디렉토리는 C:\Ryujy\basics\logic으로, 프로젝트 이름은 logic_sch(각자 디렉토리 및 프로젝트 생성)로 각각 생성

③ [Next] 버튼 클릭 → [Yes] 클릭 → [Next] 버튼 클릭

④ 대화창에서 [File name]란에 logic_sch.bdf(block diagram file) 입력 → [Add] 클릭 → [Next] 클릭

⑤ 목표로 하는 소자(EP4CE15F23C8) 선택 → [Next] 클릭 → [Next] 클릭 → [Finish] 클릭

⑥ 문서 편집기 개방: File → New → Block Diagram/Schematic File 선택 → [OK] 클릭

⑦ 그리드가 있는 빈 공간에 [그림 3.11] 설계

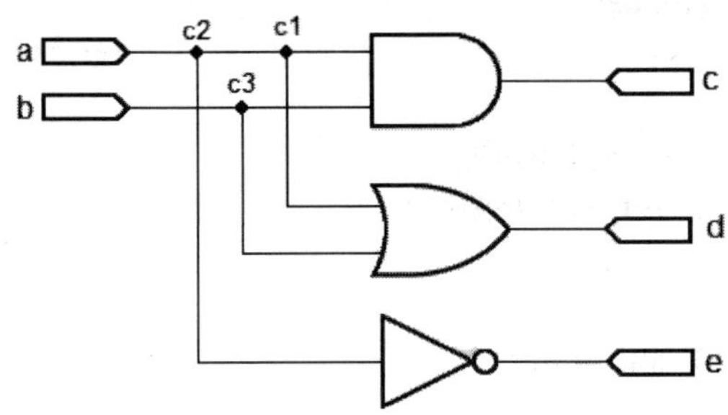

[그림 3.11] 기본 논리 게이트의 schematic 설계

⑧ 그리드 창에 마우스 왼쪽 버튼 더블 클릭([그림 3.12] 생성됨.) → libraries(또는 Symbol Tool 아이콘 클릭) → primitives → logic → [and2] 선택 후 [OK] 버튼 클릭 → 그리드 창에 마우스 왼쪽 버튼 더블 클릭 → [or2] 선택 후 [OK] 버튼 클릭 → 그리드 창에 마우스 왼쪽 버튼 더블 클릭 → [not] 선택 후 [OK] 버튼 클릭 → 그리드 창에 마우스 왼쪽 버튼 더블 클릭 → primitives → pin → input 선택 후 [OK] 버튼 클릭 → input 포트가 2개이므로 input 포트에 마우스 오른 버튼 클릭 후 각각 복사 및 창에 배치 → 그리드 창에 마우스 왼쪽 버튼 더블 클릭 → primitives → pin → output 선택 후 [OK] 버튼 클릭 → output 포트가 3개이므로 output 포트에 마우스 오른 버튼 클릭 후 각각 복사 및 창에 배치 → 창 위쪽에 있는 Orthogonal Node Tool 아이콘 을 이용하여 [그림 3.13]과 같이 모든 선을 연결(선의 정확한 연결을 위해 ctrl 키를 누른 상태에서 마우스 스크롤 바를 위로 올리면 화면을 확대할 수 있음. 다른 작업을 하기 위해 Esc 키를 누르면 됨.) → 2개의 선이 결선되는 부분([그림 2.11]의 c1, c2, c3 부분)에는 반드시 Orthogonal Node Tool 아이콘 을 이용하여 회로의 선을 연결 → 포트 입출력 이름을 삽입하기 위해 각 포트 위에 마우스 왼쪽 버튼 더블 클

릭 후 pin_name란을 a로 변경 → 다른 포트들에도 동일한 과정 반복

[그림 3.13]은 Schematic 설계 완료 후 화면을 나타낸 것이다.

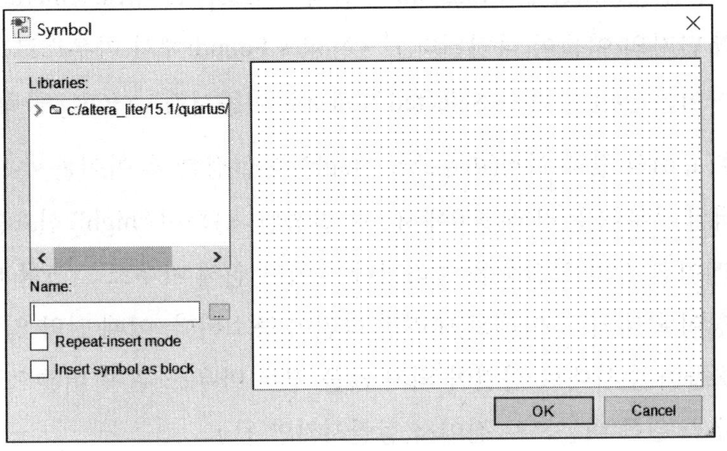

[그림 3.12] 그리드 창에 마우스 왼쪽 버튼 더블 클릭 후 생성된 화면

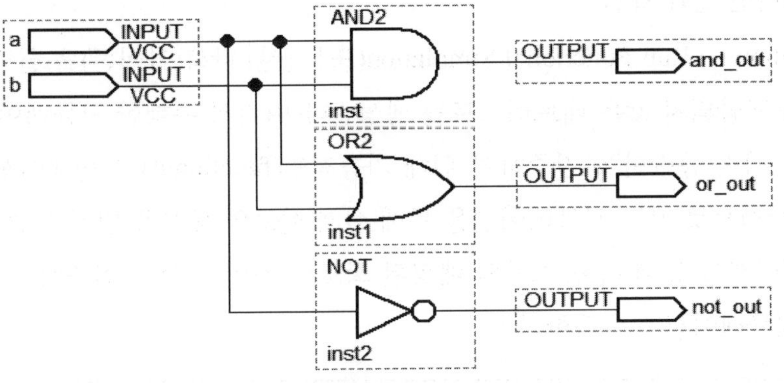

[그림 3.13] Schematic 설계 완료 후 화면

⑨ File → Save As··· → 저장(확장자: logic_sch.bdf)(파일명을 임의로 변경하지 말아야 한다.)

⑩ Processing → Start Compilation 컴파일 결과 화면을 확인

⑪ 시뮬레이션을 위해 파형 편집기 개방: File → New 선택

⑫ University Program VWF 클릭 → [OK] 클릭 → [OK] 클릭

⑬ File → Save As 클릭하여 logic_sch.vwf로 저장(*.vwf 파일 이름도 프로젝트나 vhd 파일 이름과 반드시 같게 해야 한다.)

⑭ Name 아래에 있는 빈 영역에서 오른쪽 마우스 버튼 클릭 → Insert → Insert Node or Bus... 클릭 → 입출력 노드를 선택하는 화면이 나타나면 Node Finder... 클릭

⑮ 나타나는 창에서 Filter:에서 Pins: all을 선택 → [List] 클릭(Schematic 설계에서 지정한 입출력 단자의 이름이 나열된다.) → Nodes Found:에서 마우스로 모든 노드를 선택한 후 아이콘 [»] 클릭 → Selected Nodes로 이동시킴 → [OK] 클릭 → [OK] 클릭

⑯ 입력 신호(a, b)의 값을 설정(마우스로 "high"를 설정한 후 아이콘 [1]을 클릭(이렇게 하면 선택된 부분이 논리 레벨 0에서 1로 변경된다.)하여 "high" 신호를 삽입한다. 이때, 시뮬레이션 창의 시간축을 늘리거나 줄이기 위해 마우스 스크롤 바를 위로 올리면 화면 창이 확대되고, 아래로 내리면 화면이 축소된다. 이때 만약 입력 신호(a, b)와 출력 신호들이 순서대로 정열이 되지 않을 경우 마우스 왼쪽 버튼으로 단자를 선택한 후 마우스 왼쪽 버튼으로 집어서 정렬시키면 됨.)

⑰ 변경된 파일(logic_sch.vwf*) 다시 저장

⑱ 시뮬레이션 결과 확인

Simulation → Run Functional Simulation(또는 [아이콘] 단축 아이콘)을 클릭하여 타이밍 정보가 포함되지 않은 네트리스트를 생성한다(여기서 수행한 시뮬레이션은 단지 회로의 논리적 동작만을 검증하기 위해 기능적인(functional) 시뮬레이션을 수행하였다. 일반적으로 기능 시뮬레이션을 통해 설계 회로의 동작을 먼저 검증한 후, 타이밍 시뮬레이션을 통해 목표 소자의 매핑된 회로의 지연 특성을 검증하는 두 단계 과정으로 시뮬레이션을 수행한다.)

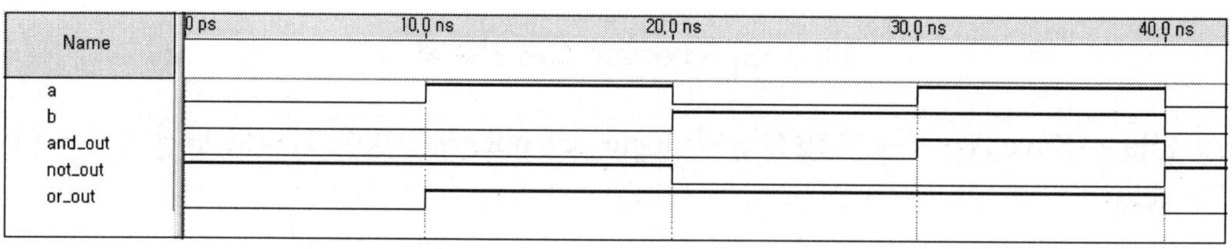

[그림 3.14] 시뮬레이션 결과 화면

지금까지 설계한 and_vhdl 또는 logic_sch 회로를 심벌로 생성하는 과정은 다음과 같다.

① 프로젝트 파일(and_vhdl.vhd 또는 logic_sch.bdf)을 연다.

② File → Create / Update → Create Symbol Files for Current File 실행 : 심벌이 자동으로 생성됨.

3.7. FPGA 실습 키트 개요

본 절에서는 VHDL이나 schematic으로 설계한 각종 회로들을 CPLD/FPGA 칩이 장착된 키트에 다운로드하여 물리적으로 구현하는 과정을 학습하고, 지금까지 설계한 회로들을 직접 키트에 구현하는 실습을 한다.

CPLD/FPGA 상에 회로를 물리적으로 구현하는 과정은 다음과 같다.

① CPLD/FPGA의 소자 종류를 선택하고 소자의 핀 할당

② 설계한 코드를 원하는 소자와 핀 할당을 위해 컴파일 및 시뮬레이션

③ 구현하고자 하는 개발 키트나 트레이닝 키트의 CPLD/FPGA에 회로 다운로드

[그림 3.15]는 본 실습에 사용할 FPGA 실습 키트의 시스템 구성도를 나타낸 것이다. 이러한 시스템에서는 일반적으로 사용할 수 있는 입출력 장치가 8개의 7-세그먼트, 16개의 푸시버튼 스위치 및 16개의 LED로 구성되어 있다. 또한 명령어 단위, 클럭 단위 또는 프로그램 단위로 실행을 제어하는 선택 스위치가 있다.

이러한 키트를 기본 컴퓨터 실습 장치로 사용할 때 16개의 푸시버튼 스위치는 키 값을 갖는 입력장치로 사용되고, 8개의 7-세그먼트 중 4개는 출력장치로 사용한다. 7-세그먼트 4개는 일반 출력과 프로세서 내부의 레지스터를 모니터링할 때 사용된다. 8개의 LED는 플립플롭을 모니터링 할 수 있다. 이러한 키트를 기본 컴퓨터 실습 장치로 사용할 때 동작 모드를 결정할 것은 슬라이드 스위치의 위치에 따라 프로그램 단위, 명령어 단위 또는 클럭 단위로 실행된다. 출력장치는 8개의 7-세그먼트를 이용하여 32비트 값을 출력할 수 있다. 프로그램 실행 도중에 이러한 레지스터 값을 동시에 보기 위해 너무 많은 7-세그먼트가 필요하므로 레지스터 선택 스위치를 이용해서 한 번에 한 개의 레지스터 값이 7-세그먼트에 출력되도록 한다. [그림 3.16]은 본 실습에 사용할 FPGA 실습 키트 구성을 나타낸 것이고, [표 3.4]는 이러한 실습 키트의 구성 및 기능에 대해 정리한 것이다.

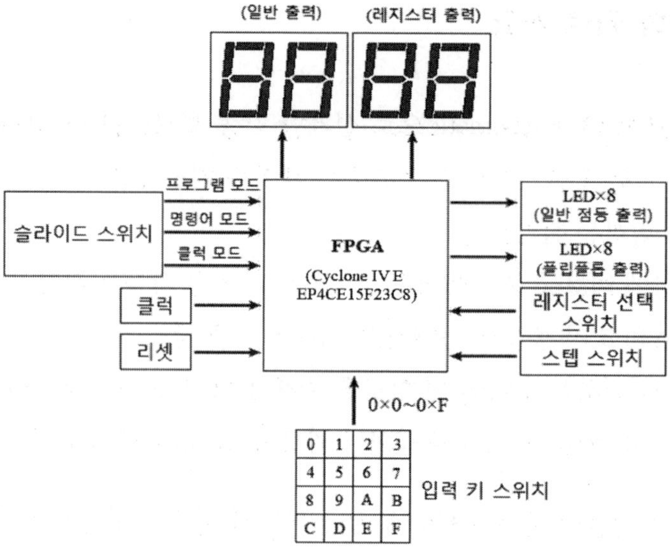

[그림 3.15] FPGA 실습 키트의 시스템 구성도

[그림 3.16] FPGA 실습 키트의 각 구성

[표 3.4] FPGA 실습 키트 구성 및 기능

구성	기능
USB-Blaster 포트, FPGA, 주전원 포트	• USB-Blaster 포트 : 작성한 VHDL 코드를 디바이스에 다운로드할 때 사용한다. Active Serial 모드로 EPCS1 configuration 디바이스에 다운로드할 때에도 사용한다. Configuration 디바이스에 다운로드가 되므로 전원이 꺼져도 내용이 지워지지 않는다. 다운로드가 된 데이터는 전원이 켜질 때 자동적으로 Cylone IV E에 프로그램된다. • FPGA : Cyclone IV E EP4CE15FC8 칩을 사용하며, VHDL로 설계한 다양한 디바이스가 프로그램되고 실행된다. • 주전원 포트 : 전원을 공급한다.
문자형 LCD (16×2 CHAR LCD)	다양한 문자를 표현할 때 사용한다.
LED (LED 16BIT OUT)	일반적으로 LED 점등 실습에 사용하며, 내부 8개의 플립플롭 상태를 표시하거나 7-세그먼트에 출력 중인 8개의 레지스터 중 하나를 표시할 때 사용한다.
USB 전원공급 (USB-SER)	USB를 이용하여 전원을 공급하며, 어댑터를 이용하거나 USB 전원을 이용할 수 있다.
INTERFACE	전압을 3V → 5V로 변경하거나 시리얼 통신할 때 사용한다.
푸시버튼 스위치	16개의 푸시버튼 스위치로 키 값을 갖는 입력장치로 사용한다.
MODE SW	논리값 '0' 또는 '1'을 입력할 수 있는 입력장치이며, 2개로 구성되어 있다.
RTC 온습도 모듈	RTC 칩 DS1307을 이용하여 시간을 설정하고, 온도 및 습도를 구하는 실습을 할 수 있다.
BEEP	초음파 모듈을 이용하여 거리를 측정하는 실습을 할 수 있다.
7-세그먼트	출력을 위해 출력 레지스터(output register)에 저장된 내용을 출력하거나 내부에 있는 8개의 레지스터 값을 보여줄 때 사용한다.
ADC 테스트 모듈	외부로부터 0~5V로 들어오는 전압 입력값을 potentiometer(CDS)를 통해 AD 핀으로 받는 방법을 실습할 수 있다.
8BIT INPUT	• 슬라이드 스위치: 논리값 '0' 또는 '1'을 입력할 수 있는 입력장치이며, 8개로 구성되어 있다. • 레지스터 선택 LED: ⑧ 레지스터 출력 7-세그먼트 출력 중인 8개의 레지스터 중 하나를 표시한다.

3.8. 물리적 구현

본 절에서는 VHDL 코드를 작성한 후 실습 키트에 다운로드하는 방법을 학습한다. 예제를 통해 물리적 구현 과정을 설명한다.

[실습 3.1] [코드 3.4]를 물리적으로 구현하시오

① 소스코드

[코드 3.4] **16개 LED 점등을 위한 VHDL 설계**

```
library ieee;
use ieee.std_logic_1164.all;

entity LED_control_vhdl is
        port( led: out std_logic_vector(7 downto 0);
              led1: out std_logic_vector(7 downto 0));
end LED_control_vhdl;

architecture LED_control_design of LED_control_vhdl is
begin
        led <= X"FF";
        led1 <= X"FF";
end LED_control_design;
```

② 디바이스 핀 할당과 실행

시뮬레이션에 의해 회로의 동작을 검증한 후에 FPGA 키트에 다운로드하여 실행한다. 설계된 회로를 실행하기 위해서는 입출력의 종류에 따라 적당한 입출력 장치를 할당해야 한다. 16개의 LED가 정상적으로 동작하는 지를 검증하기 위해서는 입력 장치는 필요없고 출력 장치인 LED만 핀을 할당하면 된다. [표 3.5]는 출력신호 이름과 할당된 출력 장치의 종류와 핀 번호를 나타낸다 ([그림 A.1], [표 A.1], [그림 A.2(i)] 참고).

[표 3.5] 신호 이름과 할당된 입출력 장치

신호 이름	입출력	장치 종류	핀 할당
LED	출력	LED	B3~B10
LED1	출력	LED	B13~B20

③ 실행결과 확인

[그림 3.17]과 같이 16개의 LED가 점등됨을 확인한다. 점등이 되지 않을 경우 핀 할당, 소스 코드 등을 확인한다.

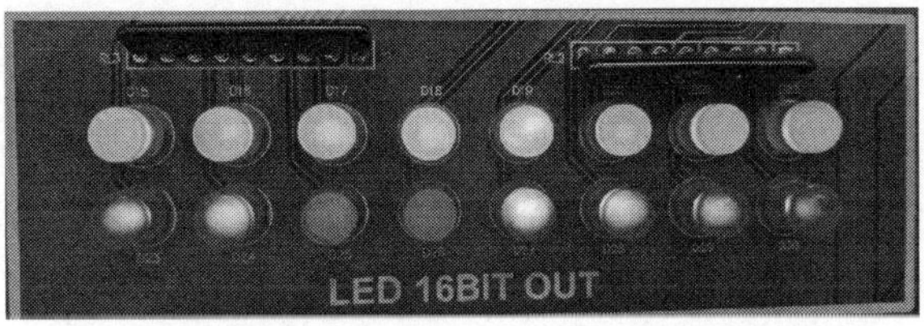

[그림 3.17] 16개의 LED 점등 화면

[풀이]

① 이전과 동일하게 Project 생성(예: LED_control)

② 목표로 하는 소자를 선택하기 위해 [그림 3.18]의 대화 창에서 원하는 소자군 선택. 본 디지털논리실습 키트에 내장된 Cyclone IV E의 EP4CE15F23C8 선택(만약 디바이스 선택이 잘 못 되었다면 Quartus 화면의 Project Navigator 탭 아래, Entity 탭 아래, 디바이스를 더블 클릭해서 Cyclone IV E → EP4CE15F23C8 선택하여 변경 또는 Quartus 화면에서 Assignment → Device 메뉴에서 Cyclone IV E → EP4CE15F23C8 선택)

③ [그림 3.18]과 같이 선택한 후 [Next] 클릭 → 프로젝트 생성완료 → VHDL 코드 작성 ([코드 3.4] 참조) → 컴파일

④ [그림 3.19]와 같이 대상 키트 연결(전원 연결 및 PC와 키트의 JTAG 포트에 연결)

⑤ 목표 소자 구현을 위한 핀 할당

핀 할당을 위해 Assignments → Pin Planner 선택 → [그림 3.20] 화면 생성 → [그림 3.21]과 같이 Location 필드에 "PIN_B3"과 같은 방식으로 FPGA와 LED 간에 물리적 연결 번호를 설정(본 실습에서는 LED를 제어하기 때문에 LED 핀에 해당하는 핀 맵 PIN_B3 ~ PIN_B10 설정: [표 A.1] 핀 맵 참조])

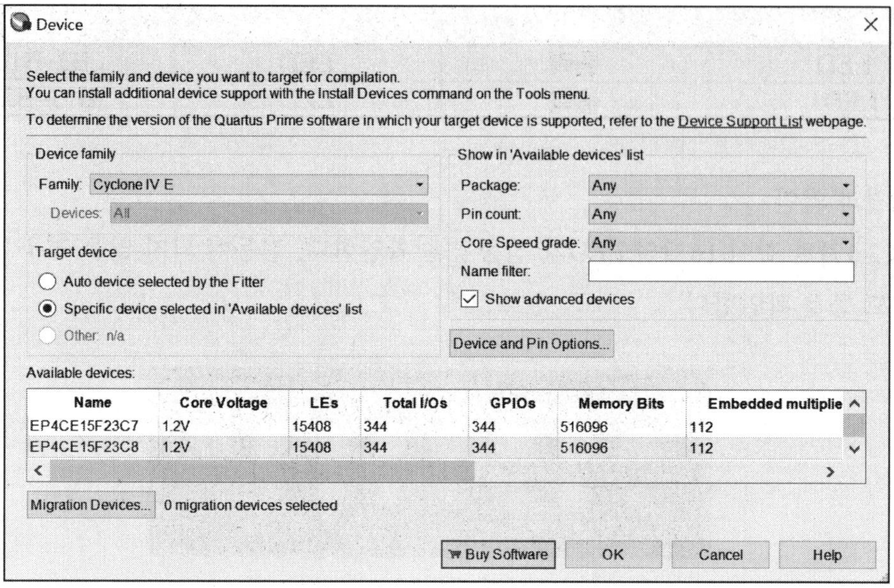

[그림 3.18] 프로젝트 생성의 3단계 화면: FPGA 디바이스 선정

[그림 3.19] 키트 연결

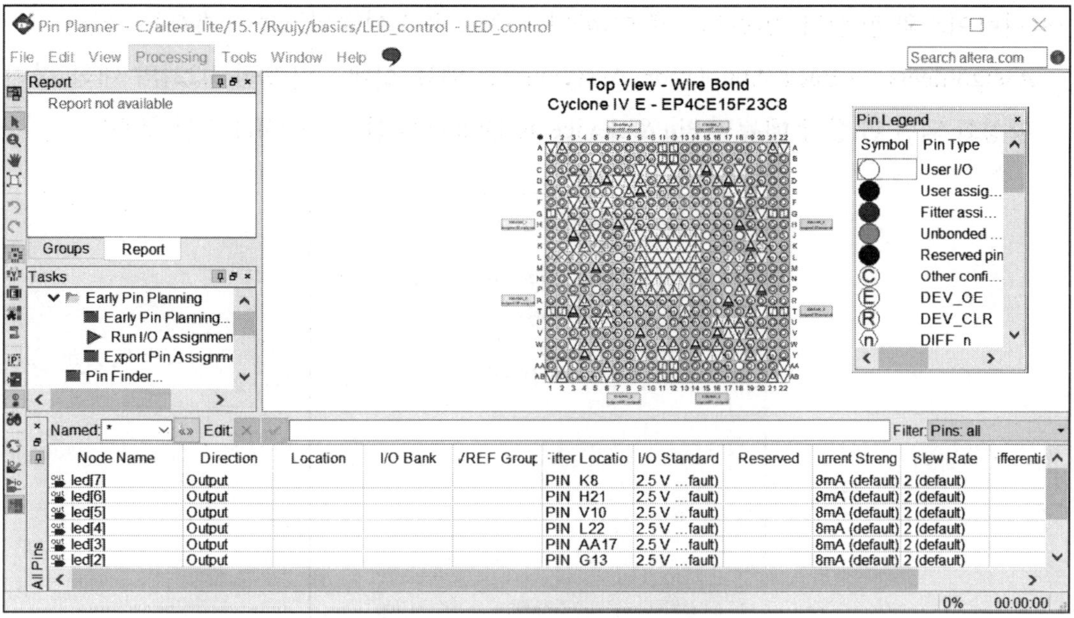

[그림 3.20] 핀 할당 화면

Node Name	Direction	Location	I/O Bank	VREF Group	Fitter Locatio	I/O Standard	Reserved	urrent Streng	Slew Rate	ifferential P
led[7]	Output	PIN_B10	8	B8_N0	PIN_K8	2.5 V ...fault)		8mA (default)	2 (default)	
led[6]	Output	PIN_B9	8	B8_N0	PIN_H21	2.5 V ...fault)		8mA (default)	2 (default)	
led[5]	Output	PIN_B8	8	B8_N0	PIN_V10	2.5 V ...fault)		8mA (default)	2 (default)	
led[4]	Output	PIN_B7	8	B8_N0	PIN_L22	2.5 V ...fault)		8mA (default)	2 (default)	
led[3]	Output	PIN_B6	8	B8_N0	PIN_AA17	2.5 V ...fault)		8mA (default)	2 (default)	
led[2]	Output	PIN_B5	8	B8_N1	PIN_G13	2.5 V ...fault)		8mA (default)	2 (default)	
led[1]	Output	PIN_B4	8	B8_N1	PIN_K17	2.5 V ...fault)		8mA (default)	2 (default)	
led[0]	Output	PIN_B3	8	B8_N1	PIN_M20	2.5 V ...fault)		8mA (default)	2 (default)	
<<new node>>										

[그림 3.21] 핀 할당 완성 화면

⑥ 핀 할당 후 화면 상단 ☒ 클릭

[그림 3.20]의 우측 상단과 같이 디바이스의 한 면에 핀이 배열되어 있으며, 각 핀에는 핀 번호가 부여되어 있고, 각 핀에는 슬라이드 스위치나 LED와 같은 입출력 장치가 연결되어 있기 때문에 입출력 노드를 디바이스의 핀에 할당하면 이 노드들이 입출력 장치와 연결된다.

⑦ 핀 할당 후 재 컴파일 : Processing → Start Compilation

핀을 할당한 후에는 다시 컴파일을 해야 하며, 컴파일을 하면 pof(programmer object file) 파일이 생성된다. pof 파일은 설계된 VHDL을 컴파일 했을 때 생성되는 다운로드 파일로 이 파일이 configuration 디바이스에 저장되고 FPGA에서 실행된다.

⑧ 디바이스와 핀 할당 (일반적으로 이 과정은 Default로 설정되므로 생략해도 가능)

Assignments → Back-Annotation Assignments 메뉴 실행 → [그림 3.22]의 대화 창이 활성화 되면 핀 할당 메뉴인 Pin & device assignments 선택 → [OK] 버튼 클릭

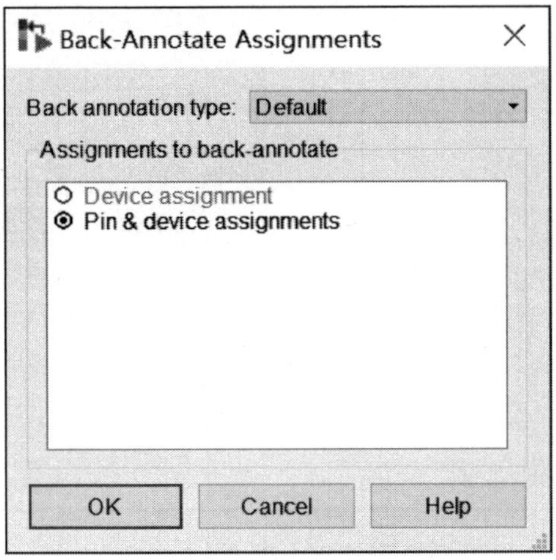

[그림 3.22] 디바이스와 핀 할당 화면

⑨ USB 드라이버 설정

(a) PC 장치관리자 → [USB-Blaster(Altera)] 오른 마우스 버튼 클릭 → [드라이버 업데이트(p)] 클릭 → [컴퓨터에서 드라이버 소프트웨어 검색(R)] 클릭 → [찾아보기] 탭에서 [C:\altera_lite\15.1\quartus\drivers] 경로 지정 → [다음] 클릭 → [이 장치 소프트웨어를 설치하시겠습니까?] 화면에서 [설치] 클릭 → 닫기 → PC 장치관리자 화면에서 [범용 직렬 버스 컨트롤러] 트리 밑에 [Altera USB-Blaster]가 설치되어 있음을 확인

(b) 다시 Quartus 화면에서 Tools → Programmer 또는 단축아이콘( ) 클릭 → [그림 3.24]와 같은 창이 나타남(화면 창에 LED_control.sof가 있는지 확인) → Hardware Setup 클릭하면 [그림 3.23]과 같은 창이 나타남. 처음에 Hardware Setup 필드에는 No Hardware로 되어 있음

(c) Hardware Setup 클릭([그림 3.23]과 같은 하드웨어 등록 창이 생성됨) → [Currently selected hardware]란에서 [그림 3.23]과 같이 USB-Blaster[USB-0] 선택 → [Close] 버튼 클릭 → [Enable real-time,…] 체크([그림 3.23] 참조)

(d) Add File...클릭 → output_files 더블 클릭 → LED_control.sof 선택 후 [open] 클릭

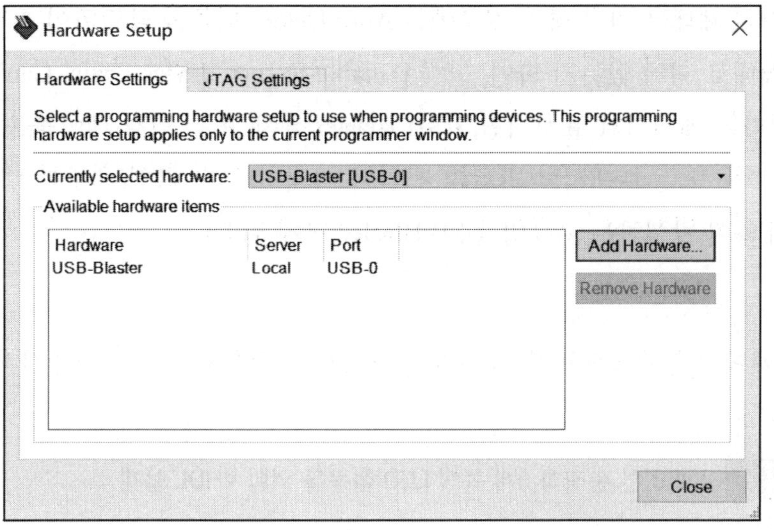

[그림 3.23] 선택된 다운로드 케이블과 하드웨어 설정 화면

⑩ FPGA에 다운로드

(a) Programmer 창이 활성화되면 File에 현재 프로젝트에서 프로그래밍을 할 수 있는 *.sof 파일과 Device 정보 등이 보이게 됨([그림 3.24] 참조). [Start] 버튼을 클릭하여 다운로드(Progress bar가 100%가 되면 다운로드 완료)

(b) 실습 키트로부터 실행 결과(녹색 LED 8개 점등) 확인

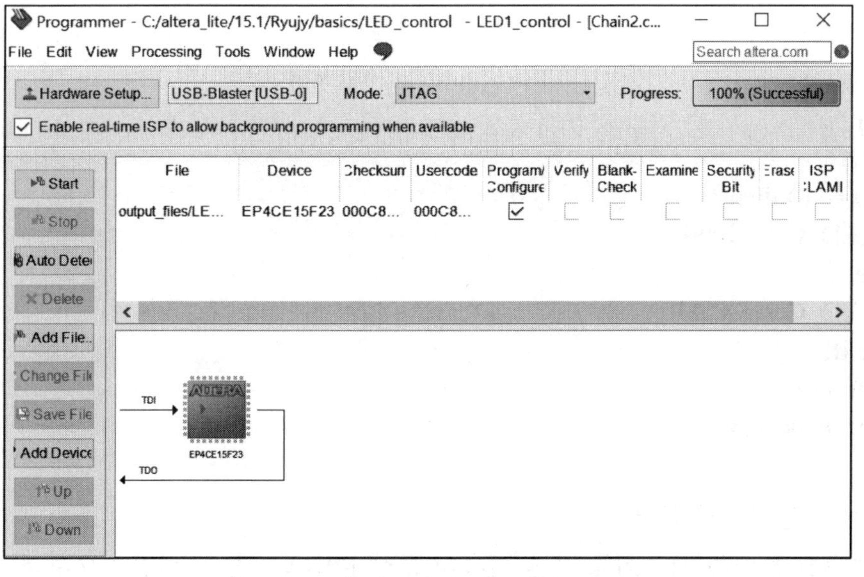

[그림 3.24] 하드웨어 설정 완료 화면

(c) 만약 동작이 제대로 되지 않는 경우에는 Auto Detect 버튼을 클릭하여 소자와 PC 간의 연결이 제대로 되어 있는지 확인. 만약 [Unable to scan device chain. Can't scan JTAG chain.]이라는 메시지가 표시되면, USB Blaster 교체 또는 연결 케이블을 다시 확인하고 소자 모듈 또는 트레이닝 키트의 전원이 켜져 있는지 확인(대부분 USB Blaster가 연결되지 않아 발생하는 오류임. USB Blaster 교체 권장)

[실습 3.2] 1개의 버튼과 8개 녹색 LED가 정상적으로 동작하는 지를 검증하시오.

① 소스코드

[코드 3.5] 1개 버튼 동작과 8개 녹색 LED 점등을 위한 VHDL 설계

```
library ieee;
use ieee.std_logic_1164.all;

entity button_test is
  port( a : in std_logic;
        LED_G   : out std_logic_vector(7 downto 0) );
end button_test;


architecture button_design of button_test is
begin

  process(a)
  begin

    if (a = '1') then
      LED_G <= X"FF";
    else
      LED_G <= X"00";
    end if;
  end process;
end button_design;
```

② 디바이스 핀 할당과 실행

시뮬레이션에 의해 회로의 동작을 검증한 후에 FPGA 키트에 다운로드하여 실행한다.

설계된 회로를 실행하기 위해서는 입출력의 종류에 따라 적당한 입출력 장치를 할당해야 한다. 1개의 버튼과 8개 녹색 LED가 정상적으로 동작하는 지를 검증하기 위해서는 1개의 입력 장치(버튼)와 출력 장치인 8개 녹색 LED 핀을 할당하면 된다. [표 3.6]은 입·출력신호 이름과 할당된 입·출력 장치의 종류와 핀 번호를 나타낸다 ([그림 A.1], [표 A.1], [그림 A.2(e)], [그림 A.2(i)] 참고).

[표 3.6] 신호 이름과 할당된 입출력 장치

신호 이름	입출력	장치 종류	핀 할당
a	입력	button	A3
LED	출력	LED	B3~B10

③ 실행결과 확인

버튼-0를 눌렀을 때 8개의 녹색 LED가 점등됨을 확인한다. 점등이 되지 않을 경우 핀 할당, 소스 코드 등을 확인한다.

[과제 3.1] VHDL을 이용해서 3입력 NAND 회로를 설계하시오.

[과제 3.2] VHDL을 이용해서 3입력 NOR 회로를 설계하시오.

[과제 3.3] VHDL을 이용해서 3입력 XOR 회로를 설계하시오.

[과제 3.4] VHDL을 이용해서 3입력 XNOR 회로를 설계하시오.

[과제 3.5] VHDL을 이용해서 버퍼(Buffer) 회로를 설계하시오.

Chapter 4

조합논리회로 설계

| 학습목표 |

- 조합논리회로의 개념 및 특성을 이해한다.
- 조합논리회로의 설계방법에 따른 장단점을 이해한다.
- VHDL을 이용해서 다양한 종류의 조합논리회로를 설계한다.
- 모델링 방법에 따른 VHDL 설계방법을 알아본다.
- VHDL의 문법을 이해하고, 설계에 적용한다.
- 조합논리회로의 동작을 이해하고 VHDL로 설계한다.

| 목차 |

4장. 조합논리회로 설계

조합논리회로(Combinational Logic Circuit)는 과거의 입력에 상관없이 현재의 입력 값에 의해 출력이 결정되는 회로를 말한다. n개의 입력 변수에 의해 2^n개의 입력 2진 조합이 가능하다. 조합논리회로 해석은 주어진 논리 회로로부터 부울함수와 진리표를 구한 후, 논리 회로의 동작을 해석한다. 조합논리회로 해석 과정은 다음과 같다.

- 입/출력에 대한 변수의 수와 변수명 결정
- n개의 입력 변수에 대해 2^n개의 2진 조합에 대한 각 게이트의 출력 부울 함수 표시
- 진리표에 의해 각 출력함수 간소화
- 출력 부울 함수와 진리표를 분석하여 논리회로의 동작 해석

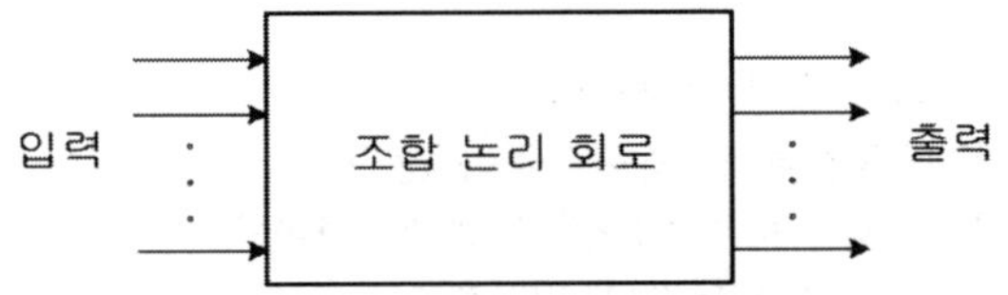

[그림 4.1] 조합논리회로

조합논리회로를 구성하는 논리회로의 설계 과정은 다음과 같다.

① 주어진 문제 분석

② 입력 변수, 출력 변수 및 출력 변수명 결정

③ 입력과 출력 조건에 적합한 진리표 작성

④ 진리표에 의해 카르노 맵 또는 그 외 방법으로 간소화

⑤ 간소화된 부울 함수에 의해 논리회로 설계

또한, 설계 시 목표 사항은 다음과 같다.

- 게이트의 입력 최소화
- 게이트의 수 최소화
- 논리회로의 전파지연 시간 최소화
- 상호 연결되는 수 최소화

디지털 논리회로 및 시스템 동작은 다양한 방법으로 표현이 가능하다. [그림 4.2]는 다양한 수준에서의 추상화 단계를 나타낸 것이다. [그림 4.2(a)]에 표현되어 있듯이 추상화 단계에서 가장 높은 단계는 동작적 레벨로 회로가 어떤 동작을 하는지를 표현(입력과 출력 사이의 관계를 규정, 이 관계는 부울 표현식으로 표현이 가능)하며, 구조적 레벨에서는 컴포넌트와 그들 사이의 연결 관계를 표현한다. 이러한 관계는 부울 표현식으로 표현할 수도 있고, 레지스터 전달 또는 알고리즘과 같은 좀 더 추상적인 표현이 될 수도 있다. 구조적 표현은 서로 연결된 논리 게이트의 schematic 설계방법과 비교될 수 있으며, 일반적으로 이러한 표현방법이 물리적으로 구현될 실제 시스템에 가깝다.

VHDL은 디지털 시스템을 구조적 또는 동작적 레벨에서 기술할 수 있도록 한다. [그림 4.2(b)]에 표현되어 있듯이 동작적 레벨은 데이터 흐름 모델과 알고리즘 모델로 구분한다. 데이터 흐름은 시스템 내에서 데이터가 어떻게 이동하는지를 표현하며, 일반적으로 레지스터 사이의 데이터 이동(RTL: Register Transfer Level)을 나타낸다. 데이터 흐름 모델은 입력이 도달하면 모든 기술문이 동시에 실행되는 병행기술문을 사용한다. 알고리즘 형태의 표현을 동작적 표현이라고도 하지만 포괄적인 의미에서 동작적 레벨은 데이터 흐름 모델과 알고리즘 모델 모두 포함한다. VHDL은 논리회로의 동작을 표현하고, 설계 절차를 편리하게 하기 위해 만들어진 언어이기 때문에 이를 이용해서 병행기술문과 순차기술문 모두 사용이 가능하다.

[표 4.1]은 각 모델링 방법에 따른 VHDL 설계 과정을 설명하는 예제가 포함된 구문과 절을 나타낸다.

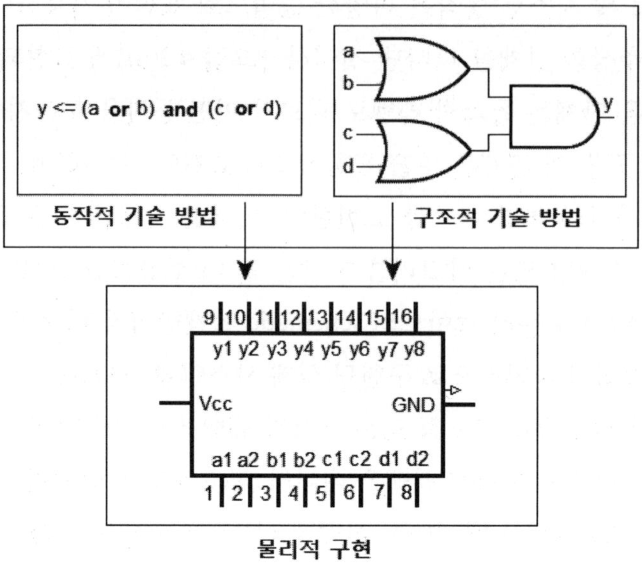

(a)

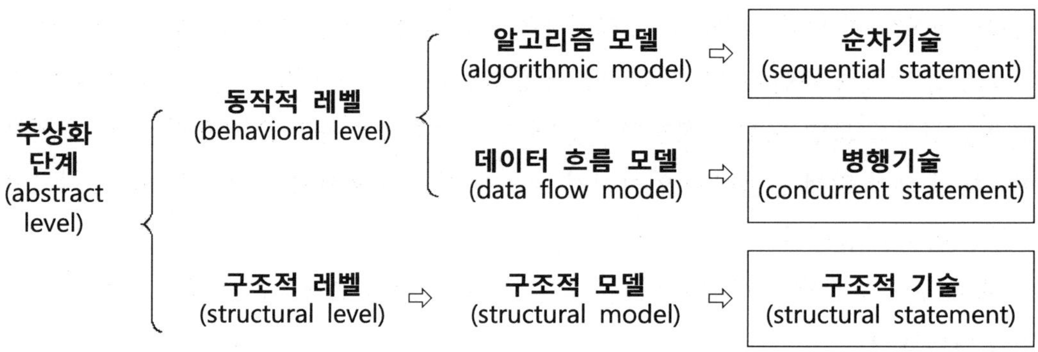

(b)

[그림 4.2] 동작적, 구조적 및 물리적인 추상화 단계

[표 4.1] 모델링 방법과 설계 예

모델링 방법	구문	절
동작적 모델링 (순차기술)	process, case~when (순차논리회로 구현에 많이 사용함.)	4.1.2. 전가산기 설계 4.3.3. 디코더 설계
데이터 흐름 모델링 (병행기술)	when~else, with~select~when	4.2.1. 멀티플렉서 설계
구조적 모델링	component, port map	4.9.2. 리플 가산기 설계

4.1. 가산기(Adder) 및 감산기(Subtractor)

4.1.1. 반가산기(Half Adder)

본 절에서는 반가산기(Half Adder, HA)에 대해 설명한다. 반가산기는 [그림 4.3]과 같이 2비트 입력(2개의 2진수 A와 B)에 대해 산술덧셈을 하여 합(sum)과 올림수(carry)를 산출하기 위한 조합논리회로이다. 즉, 1비트의 2개의 2진수를 더하는 논리회로로서 2개의 입력과 출력으로 구성된다. 2개 입력은 피연산수 B와 연산수 A이고, 출력은 두 수를 합한 결과인 합 S(sum)과 올림수 C_{out}(carry)을 발생하는 회로이다. [그림 4.3(c)] 진리표로부터 카르노 맵을 이용해 간략화하면 식 (4.1)과 같은 논리식을 구할 수 있다.

$$S = \overline{A}\,B + A\overline{B} = A \oplus B \tag{4.1a}$$

$$C_{out} = AB \tag{4.1b}$$

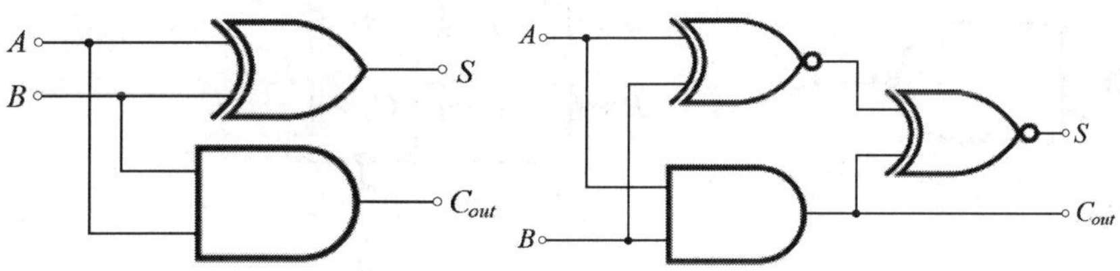

B	A	S	C_{out}
0	0	0	0
0	1	1	0
1	0	1	0
1	1	0	1

(a) 논리도1 (b) 논리도2 (c) 진리표

[그림 4.3] 반가산기

4.1.2. 전가산기(Full Adder)

전가산기(Full Adder, FA)는 [그림 4.4]와 같이 하위비트에서 발생한 올림수를 포함하여 3비트 입력에 대해 산술덧셈을 하는 조합회로이다. 이 회로는 3비트의 입력(A, B, C_{in})과 2비트의 출력(S, C_{out})으로 구성된다. 입력 중 가장 최하위 비트는 아래 자리에서 올라오는 캐리(C_{in})를 나타낸다. 3비트의 덧셈 결과는 0~3까지의 범위를 가지기 때문에 출력은 최소한 2비트가 필요하다. 출력 2비트는 각각 2진 덧셈 결과 합과 캐리를 나타내며, 캐리는 윗자리로의 올림수를 나타낸다. 전가산기를 설계하는 방법은 다양하다. 카르노 맵에 의한 간략화 전에 진리표로부터 직접 게이트 레벨에서 설계하면 [그림 4.4(a)~(d)]와 같고,

카르노 맵에 의해 간략화 후에 대한 논리도는 [그림 4.4(e)]와 같이 2개의 반가산기와 1개의 OR 게이트로 구현할 수 있다. [그림 4.4(f)] 진리표로부터 카르노 맵을 이용해 간략화하면 식 (4.2)와 같은 논리식을 구할 수 있다.

$$S = \overline{A}\,\overline{B}\,C_{in} + \overline{A}\,B\overline{C_{in}} + A\overline{B}\,\overline{C_{in}} + ABC_{in} = A \oplus B \oplus C_{in} \qquad (4.2a)$$

$$C_{out} = AB + BC_{in} + AC_{in} = AB + (A \oplus B)C_{in} \qquad (4.2b)$$

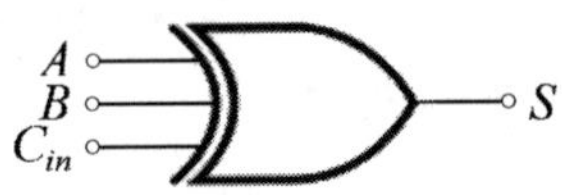

(a) S 출력

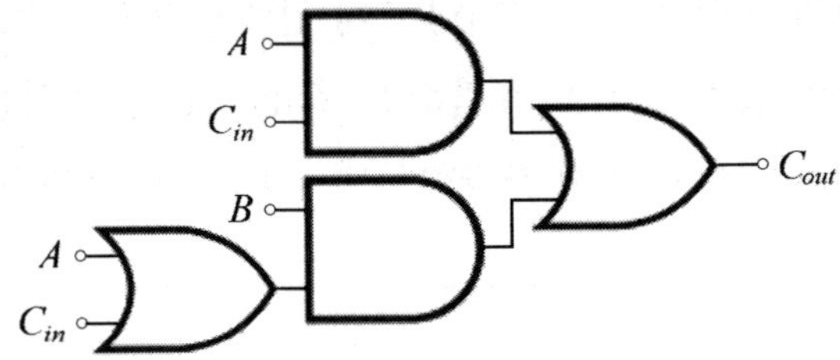

(b) C_{out} 출력

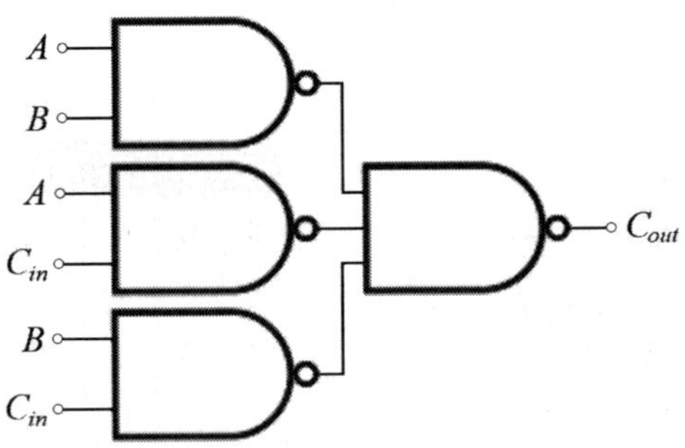

(c) C_{out} 출력

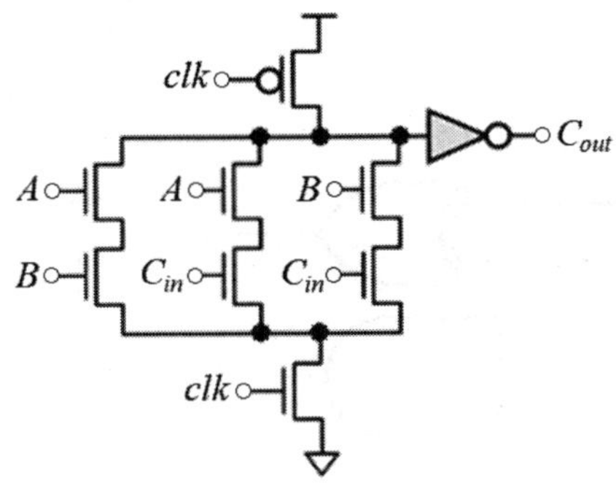

(d) C_{out} 출력

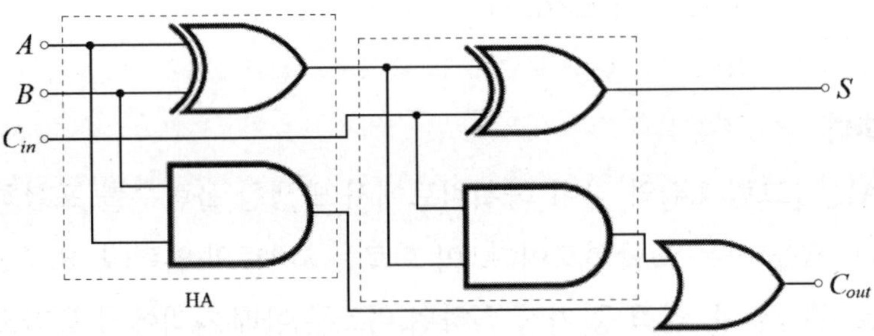

(e) 논리도

B	A	C_{in}	S	C_{out}
0	0	0	0	0
0	0	1	1	0
0	1	0	1	0
0	1	1	0	1
1	0	0	1	0
1	0	1	0	1
1	1	0	0	1
1	1	1	1	1

(f) 진리표

[그림 4.4] 전가산기 논리도와 진리표

(1) 전가산기의 Schematic 설계

전가산기를 schematic으로 설계하기 위해서는 s와 c에 대한 논리식을 구해야 한다. 전가산기에 대한 논리식을 구하기 위해서는 카르노 맵에 의해 간소화한다. [그림 4.5]는 전가산기의 카르노 맵을 나타낸 것이다. 카르노 맵에 의해 간소화된 s와 c의 논리식은 각각 식 (4.2a)와 식 (4.2b)와 같다.

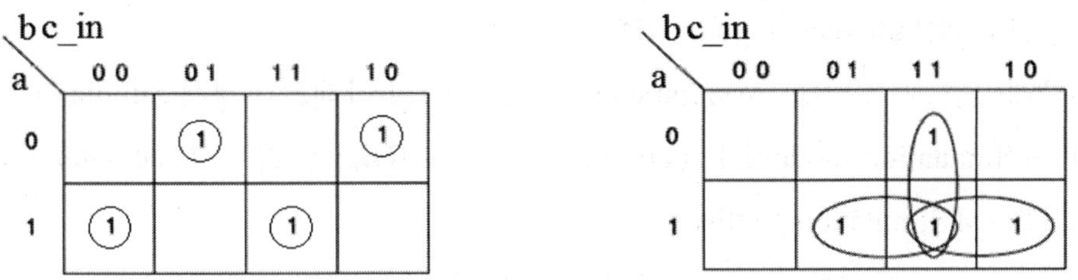

s = a'b'c_in + a'bc_in' + ab'c_in' + abc_in　　　c = ab + ac_in + bc_in

(a) 합　　　(b) 캐리

[그림 4.5] 전가산기의 카르노 맵

설계하는 상세한 과정은 [3.6. 기본 논리 게이트의 Schematic 설계] 절을 참고하기 바라며, 여기서는 간단히 언급한다.

① 작업 디렉토리는 C:\Ryujy\basics\logic\FullAdder, 프로젝트 이름은 FullAdder1_sch(각자 디렉토리 및 프로젝트 생성)로 각각 생성

② 대화창에서 [File name]란에 FullAdder1_sch.bdf 입력 → [Add] 클릭 → [Next] 클릭

③ 문서 편집기 개방: File → New → Block Diagram/Schematic File 선택 → [OK] 클릭

④ 그리드가 있는 텅 빈 공간에 [그림 4.6] 설계

⑤ 그리드 창에 마우스 왼쪽 버튼 더블 클릭하여 각종 게이트 및 포트 배치 → 창 왼쪽에 있는 **Orthogonal Node Tool 아이콘** 을 이용하여 [그림 4.6]과 같이 모든 선을 연결(선의 정확한 연결을 위해 ctrl 키를 누른 상태에서 마우스 스크롤 바를 위로 올리면 화면을 확대할 수 있음. 다른 작업을 하기 위해 Esc 키를 누르면 됨.) → 2개의 선이 결선되는 부분에는 반드시 **Orthogonal Node Tool 아이콘** 을 이용하여 회로의 선을 연결 → 포트 입출력 이름을 삽입하기 위해 각 포트 위에 마우스 왼쪽 버튼 더블 클릭 후 pin_name란을 a로 변경 → 다른 포트들에도 동일한 과정 반복

⑥ File → Save As··· → 저장(확장자: FullAdder1_sch.bdf)

⑦ Processing → Start Compilation 컴파일 결과 화면을 확인

⑧ 시뮬레이션을 위해 파형 편집기 개방: File → New 선택

⑨ Vector Waveform File(vwf 파일) → [OK] 클릭 → [OK] 클릭

⑩ File → Save As 클릭하여 FullAdder1_sch.vwf로 저장

⑪ 입력 신호(a, b, c_in)의 값을 설정

⑫ 변경된 파일(FullAdder1_sch.vwf*) 다시 저장

⑬ 시뮬레이션 모드 설정: Assignments → Settings의 카테고리에서 Simulator Settings 선택 → Simulation mode를 Functional로 설정 → [OK] 클릭 → Processing → Generate Functional Simulation Netlist 클릭

⑭ Processing → Start Simulation 선택(또는 아이콘 ▶ 클릭)

(4.2a)와 식 (4.2b)를 이용해서 설계한 schematic diagram은 [그림 4.6]과 같다.

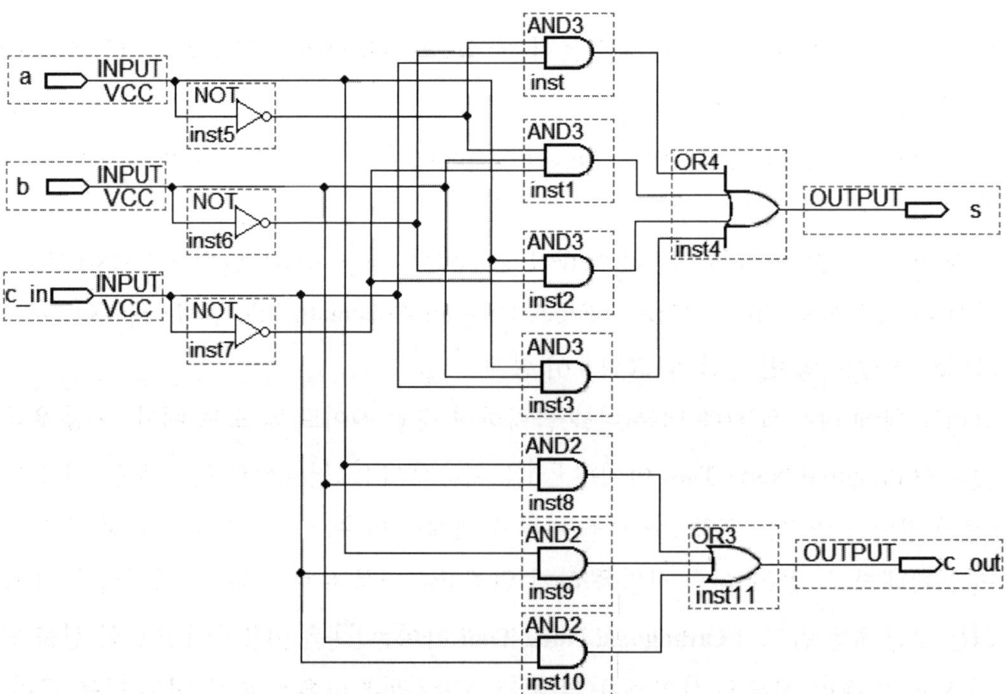

[그림 4.6] Schematic 설계 완료 후 화면

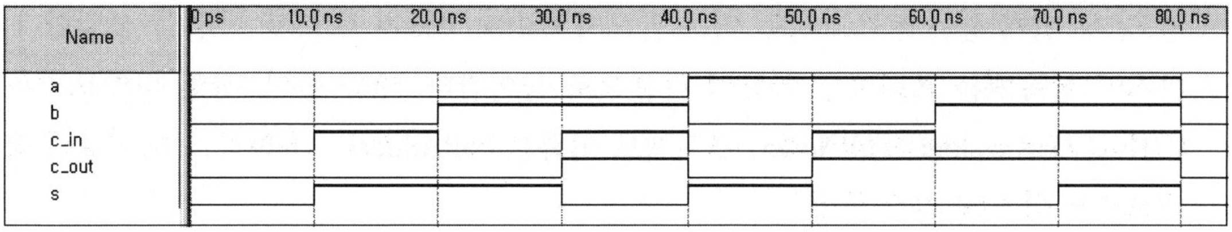

[그림 4.7] 시뮬레이션 결과 화면

(2) 전가산기의 VHDL 설계 I

본 절에서는 (1)절에서 schematic으로 구현한 논리식을 VHDL로 구현한다. [코드 4.1]은 이 과정에 의해 구현된 VHDL 코드이다. 이 방법에서 VHDL 코딩은 진리표를 그대로 VHDL로 옮기는 것이 아니라 진리표를 이용하여 논리식을 세우고 이 논리식을 VHDL로 표현하는 과정을 나타낸다. 논리식을 표현하였으므로 코드의 길이는 줄었으나 진리표를 유도하는 과정이 필요하다.

[코드 4.1] 전가산기의 VHDL 설계 I

```
library ieee;
use ieee.std_logic_1164.all;

entity FullAdder1_vhdl is
    port ( a, b, c_in     : in std_logic;
           s, c_out       : out std_logic );
end FullAdder1_vhdl;

architecture FA_design of FullAdder1_vhdl is
 begin
   s <= (not a and not b and c_in) or (not a and b and not c_in) or (a and
           not b and not c_in) or (a and b and c_in);
   c_out <= (a and b) or (a and c_in) or (b and c_in);

end FA_design;
```

VHDL로 설계하는 과정은 다음과 같다.

① Quartus II 실행 아이콘 클릭

② File → New Project Wizard: [대화창에서 첫 번째 항목에 작업 디렉터리를 선택하여

넣고, 두 번째 항목에 프로젝트 이름(반드시 Entity 이름과 동일해야 함)을 삽입한다. 마지막 항목에는 프로젝트 이름이 자동으로 들어간다. 예를 들어, 작업 디렉토리는 C:\Ryujy\basics\logic\FullAdder, 프로젝트 이름은 FullAdder1 _vhdl(각자 디렉토리 및 프로젝트 생성)로 각각 생성

③ [Next] 버튼 클릭 → [그림 2.5]와 같은 화면이 뜨면 [아니오(N)] 선택
새로운 프로젝트를 동일한 디렉터리 안에 최상위 프로젝트 이름으로 개설할 경우 같은 디렉토리에 다른 프로젝트(FullAdder1_sch)가 있으므로 다른 폴더를 선택할 것인가를 묻는 메시지가 출력되는데 [아니오]를 선택하여 같은 디렉토리에 다른 프로젝트를 생성

④ 나머지는 2장과 동일한 과정임

⑤ 시뮬레이션 결과가 [그림 4.7]과 동일한지 확인

(3) 전가산기의 VHDL 설계 II

본 절에서는 [그림 4.4(f)] 진리표로부터 간소화 작업을 하지 않고 직접 게이트 레벨에서 VHDL로 구현한다. [코드 4.2]는 이 과정에 의해 구현된 VHDL 코드이다.

[코드 4.2] 전가산기의 VHDL 설계 II

```
library  ieee;
use  ieee.std_logic_1164.all;

entity  FullAdder2_vhdl  is
    port (  a,  b,  c_in     :  in  std_logic;
              s,  c_out        :  out  std_logic  );
end  FullAdder2_vhdl;

architecture  FA_design  of  FullAdder2_vhdl  is
 begin

 s  <=  a  xor  b  xor  c_in;
 c_out  <=  (a  and  b)  or  (a  and  c_in)  or  (b  and  c_in);

end  FA_design;
```

VHDL로 설계하는 과정은 (2)절과 동일하다. 단, 같은 디렉토리 아래에 프로젝트 이름은 FullAdder2_vhdl로 설정한다. 시뮬레이션 결과가 [그림 4.7]과 동일한지 확인한다.

(4) 전가산기의 VHDL 설계 III

본 절에서는 case~when 구문을 사용하여 동작적 모델링(순차기술) 방법으로 전가산기를 VHDL로 설계하는 방법을 알아보자. [코드 4.3]은 이러한 방법으로 구현된 VHDL 코드를 나타낸 것이다.

[코드 4.3] 분석

[signal 선언]

```
signal k                          : std_logic_vector(2 downto 0);
```

signal은 VHDL을 모델링하기 위해 entity 간을 연결하는데 사용하며, 동적 데이터를 주고받기 위한 수단이다. signal 선언방법에는 두 종류가 있으며, ① 입출력 port로 선언하는 방법과 ② 내부 신호(signal)로 선언하는 방법이 있다. 입출력 port로 선언하는 방법은 entity 블록 내에 port로 선언하여 입출력 신호를 정의하는 경우이며, 내부 신호로 선언하는 방법은 signal을 architecture와 begin 사이에 선언한다. 이 선언방법에 k는 표준논리 데이터 형 3비트(std_logic_vector (2 downto 0))를 갖는 signal로 선언된 것이다.

3비트로 선언된 signal k에 입력으로 들어오는 3비트 a, b 및 c_in을 각각 대입한다. 즉 k의 각 비트는 각각 a, b, c_in의 값을 할당받는다.

```
k <= a&b&c_in;
```

[process 구문]

process 구문은 동작적 모델링에서 순차기술문을 제공하기 위한 기본 구조체이다. VHDL코드에서 process의 sensitivity list에는 k가 포함되어 있으며, k 값이 변할 때마다 process에 포함된 문장들이 순차적으로 실행된다. 동작적 모델링과 process 구문은 [4.3.3. 디코더 설계]에서 상세히 설명한다.

[case~when 구문]

전가산기와 같이 진리표를 그대로 구현하는 경우에는 case~when 구문을 이용해서 입력이 가질 수 있는 모든 경우에 대해서 출력이 가능하다. process 구문은 동작적 모델링에서 순차기술문을 제공하기 위한 기본 구조체이다. case~when 구문은 주어진 조건에 맞는 경우를 찾아서 해당하는 동작을 실행하게 하며, 다음과 같은 형태를 갖는다.

```
case <식별자> is
      when <값> =>
            <할당문>;
                  ...
      when <값> =>
            <할당문>;
                  ...
end case;
```

여기서 식별자는 when 구문 중에 하나의 경우와 일치하는 값을 리턴하며, 만약 식별자가 when 구문에 있는 여러 경우 가운데 하나와 일치하는 값을 리턴하면 "when *** =>" 다음에 오는 문장을 실행한다. 모든 문장이 실행된 후 end case로 제어가 넘어간다.

case k is ~ end case;에서 signal k는 더해지는 수 a, b, c_in을 3비트로 연결한 것이므로 모두 8가지의 경우가 발생한다. 따라서 [그림 4.4(f)]의 진리표와 같이 각 경우에 더한 결과 s와 c_out에 해당하는 출력값을 할당한다.

case~when 구문을 이용해서 진리표를 그대로 표현하는 방법은 진리표를 그대로 옮긴 것이기 때문에 별도로 간소화 과정이 필요 없으므로 간소화가 필요한 schematic 설계보다 설계 시간과 설계 과정에서 오류 확률도 감소하는 장점을 가진다. 그러나 단순히 진리표를 그대로 표현한다고 하더라고 schematic의 경우와 마찬가지로 진리표를 유도하는 과정이 필요하다. 따라서 진리표의 입력 비트수가 많아지면 그만큼 경우의 수도 많아지고 코드의 길이도 증가하는 단점을 가진다.

[코드 4.3] 전가산기의 VHDL 설계 III

```
library  ieee;
use  ieee.std_logic_1164.all;

entity  FullAdder3_vhdl  is
        port  ( a,  b,  c_in      :  in  std_logic;
                s,  c_out         :  out  std_logic  );
end  FullAdder3_vhdl;

architecture  FA_design  of  FullAdder3_vhdl  is
        signal  k                        :  std_logic_vector(2  downto  0);
 begin
        k  <=  a&b&c_in;            --  &:  연쇄연결  연산자

        process(k)
        begin
                case  k  is
                        when  "000"  =>  s  <=  '0';  c_out  <=  '0';
                        when  "001"  =>  s  <=  '1';  c_out  <=  '0';
                        when  "010"  =>  s  <=  '1';  c_out  <=  '0';
                        when  "011"  =>  s  <=  '0';  c_out  <=  '1';
                        when  "100"  =>  s  <=  '1';  c_out  <=  '0';
                        when  "101"  =>  s  <=  '0';  c_out  <=  '1';
                        when  "110"  =>  s  <=  '0';  c_out  <=  '1';
                        when  "111"  =>  s  <=  '1';  c_out  <=  '1';
                end  case;
        end  process;
end  FA_design;
```

[기 정의된 데이터 형]

VHDL 코드를 효율적으로 작성하기 위해서는 어떤 데이터 형이 허용되며, 어떻게 정의되고 사용되는지를 아는 것이 필수적이다. 즉 합성 가능한 기본적인 데이터 형, 데이터 호환성, 데이터 변환 등을 알아야 한다.

[기 정의된 데이터 형에 대한 설명]

- bit/bit_vector: 2 level 논리('0', '1')
- std_logic/std_logic_vector: IEEE 1164 표준의 8 level 논리체계

'X': Forcing Unknown(합성 가능한 unknown)

'0': Forcing Low(합성 가능한 논리 '0')

'1': Forcing High(합성 가능한 논리 '1')

'Z': High impedance(합성 가능한 3상 버퍼)

'W': Weak Unknown

'L': Weak Low

'H': Weak High

'-': Don't care

합성 가능한 논리 값: 'X', '0', '1', 'Z'(그 나머지는 정확한 시뮬레이션용이며, 대부분의 std_logic 레벨은 시뮬레이션을 위한 것)

[표 4.2] 기 정의된 데이터 형

패키지	라이브러리	내용
std.standard	std	bit, boolean(T, F), integer(32비트 정수), real(실수) 데이터 형을 정의
std_logic_1164	ieee	std_logic(8레벨), std_ulogic(9레벨) 및 std_logic_vector 데이터 형을 정의
std_logic_arith	ieee	signed 및 unsigned 데이터 형을 정의(관련된 산술 및 비교 연산 명시)하고, 다음 데이터 변환 함수를 정의 conv_integer(p), conv_unsigned(p,b), conv_signed(p,b), conv_std_logic_vector(p,b) 등
std_logic_signed	ieee	signed_logic_vector 데이터 형에 적용되는 signed 수치 연산을 제공
std_logic_unsigned	ieee	unsigned_logic_vector 데이터 형에 적용되는 unsigned 수치 연산을 제공

[표 4.3] bit/bit_vector 적용 예

데이터 형	의미
signal x : bit;	x를 bit 형의 한 자리 신호로 선언(:)
signal y : bit_vector(3 downto 0);	y를 최좌측 비트가 MSB인 4비트 벡터로 선언
signal w : bit_vector(0 to 7);	w를 최우측 비트가 MSB인 8비트 벡터로 선언

[표 4.4] 신호 할당문에 적용 예

신호 할당문	의미
x <= '1';	x는 단일 비트 신호로서, 그 값은 '1' (작은 따옴표(' ')는 단일 비트에 사용)
y <= "0111";	y는 4비트 신호로서, 그 값은 "0111" (큰 따옴표(" ")는 벡터(복수 비트)에 사용)
w <= "01110001";	w는 8비트 신호로서, 그 값은 "01110001"

[표 4.5] std_logic/std_logic_vector 적용 예

데이터 형	의미
signal x : std_logic;	x는 std_logic 형의 한 자리(스칼라) 신호로 선언
signal y : std_logic_vector (3 downto 0) := "0001";	y는 최상위(최좌측) 비트가 MSB인 4비트 벡터로 선언 y의 초기값(선택사항)은 "0001"(초기값 지정을 위해 연산자 ":="을 사용)

어떤 두 개의 std_logic 신호가 동일한 노드에 연결된 경우, 서로 충돌하는 논리레벨은 [표 4.6]의 결정논리체계에 따라 자동 결정된다.

[표 4.6] std_logic 신호에 대한 결정 논리 체계

	X	0	1	Z	W	L	H	-
X	X	X	X	X	X	X	X	X
0	X	0	X	0	0	0	0	X
1	X	X	1	1	1	1	1	X
Z	X	0	1	Z	W	L	H	X
W	X	0	1	W	W	W	W	X
L	X	0	1	L	W	L	W	X
H	X	0	1	H	W	W	H	X
-	X	X	X	X	X	X	X	X

- std_ulogic/std_ulogic_vector: IEEE 1164 표준의 9 level 논리체계

std_logic 시스템은 std_ulogic 시스템의 subtype이다. std_logic과는 달리 충돌 논리레벨들은 자동 결정되지 않으므로 출력 선들이 직접적으로 동일 노드에 연결되어서는 안 된다. 다만, 두 출력선이 같이 연결되어 있지 않다는 가정 하에, 회로 오류 검출하는데 사용 가능하다.

std_ulogic: std_logic(8 level logic) + 'U'(Unresolved, 미결정)

- Boolean: 두 개의 값(True, False)
- Integer: 32 비트 정수(-2,147,483,647~+2,147,483,647)
- Natural: 자연수(0~+2,147,483,647)
- Real: 실수(-1.0E38~+1.0E38), 합성불가
- Physical literal: 시간, 전압 등 물리량 표현에 사용, 합성불가, 시뮬레이션용
- Character literal: ASCII 문자/문자열, 합성불가
- Signed/Unsigned: ieee 라이브러리의 std_logic_arith 패키지에 정의된 데이터 형. 이들은 std_logic_vector 형태이지만, 전형적으로 Integer 데이터 형에 사용되는 산술연산을 허용한다.

[**예제 4.1**] 다음은 여러 데이터 형에 대한 정의를 나타낸 것이다. 여러 데이터 형 간의 올바른 연산과 잘못된 연산을 구별하시오.

```
signal a : bit;
signal b : bit_vector(7 downto 0);
signal c : std_logic;
signal d : std_logic_vector(7 downto 0);
signal e : integer range 0 to 255;
```

(a) a <= b(5); (b) b(0) <= a; (c) c <= d(5); (d) d(0) <= c; (e) a <= c;
(f) b <= d; (g) e <= b; (h) e <= d;

[풀이]

(a) a <= b(5);	올바른 표현(같은 스칼라 형: bit)
(b) b(0) <= a;	올바른 표현(같은 스칼라 형: bit)
(c) c <= d(5);	올바른 표현(같은 스칼라 형: std_logic)
(d) d(0) <= c;	올바른 표현(같은 스칼라 형: std_logic)
(e) a <= c;	잘못된 표현(형 불일치: bit x std_logic)
(f) b <= d;	잘못된 표현(형 불일치: bit_vector × std_logic_vector)

(g) e <= b;	잘못된 표현(형 불일치: integer × bit_vector)
(h) e <= d;	잘못된 표현(형 불일치: integer × std_logic_vector)

- signed/unsigned 데이터 형

라이브러리 ieee의 패키지 std_logic_arith에 정의되어 있다. unsigned 값은 양수범위이고, signed 값은 2의 보수형태로 양수/음수를 표현한다. std_logic_vector와는 달리 산술연산이 가능하다. 또 논리연산이 불가능하지만 관계(비교)연산이 가능하다.

(예)

"0101": unsigned로 선언된 값이라면 십진수 5이고, signed로 선언된 경우도 동일

"1101": unsigned로 선언된 값이라면 십진수 13이고, signed로 선언된 값이라면 십진수 -3(0010+0001=0011)

(사용 예) 구문은 std_logic_vector와 유사

signal x : signed (7 downto 0);

signal y : unsigned (0 to 3);

[표 4.7] 합성 가능한 데이터 형(요약 표)

데이터 형	합성 가능한 bit, bit_vector
bit, bit_vector	'0', '1'
std_logic, std_logic_vector	'X', '1', '0', 'Z' (결정)
std_ulogic, std_ulogic_vector	'X', '1', '0', 'Z' (비결정)
boolean	참, 거짓
natural	0부터 +2,147,483,647까지
integer	-2,147,483,647부터 +2,147,483,647까지
signed	-2,147,483,647부터 +2,147,483,647까지
unsigned	0부터 +2,147,483,647까지
사용자 정의 정수 형	integer의 서브 세트
사용자 정의 열거형	사용자에 의해 열거된 집합체
subtype	(기 정의 또는 사용자 정의의) 모든 형의 서브 세트
array	위에서 언급한 모든 형 중 한 형의 집합체
record	위에서 언급한 모든 형 중 여러 형의 집합체

[VHDL 연산자]

VHDL에 기 정의되어 있는 연산자로는 할당 연산자, 논리 연산자, 산술 연산자, 관계 연산자, 연쇄연결 연산자, 시프트 연산자와 같이 여섯 개의 연산자가 사용된다.

① 할당 연산자(assignment operator)

할당 연산자는 신호, 변수, 상수 등에 값을 할당하기 위해 사용한다.

(사용 예)

신호 및 변수 선언 예

```
signal x : std_logic;
variable y : std_logic_vector(3 downto 0);    -- 최좌측 비트가 MSB
signal w : std_logic_vector(0 to 7);          -- 최우측 비트가 MSB
```

(올바른 사용 예)

```
x <= '1';                          -- "<="을 사용하여 signal x에 '1'을 할당
y := "0000";                       -- ":="을 사용하여 variable y에 "0000"을 할당
w <= "10000000";                   -- LSB가 '1'이고, 그 나머지는 모두 '0'
w <= (0 =>'1', others => '0');     -- LSB가 '1'이고, 그 나머지는 모두 '0'
```

[표 4.8] 할당 연산자

연산자	의미
<=	signal 객체에 어떤 값을 할당
:=	variable, constant, generic에 어떤 값을 할당, 초기값 지정
=>	개개의 벡터 요소에 값을 할당, others로 값을 할당

② 논리 연산자(logical operator)

논리 연산자는 논리 연산을 수행하기 위해 사용한다. 피연산자 데이터는 bit, std_logic, std_ulogic 형(확장 형인 bit_vector, std_logic_vector, std_ulogic_vector)을 사용한다. 논리 연산자로는 NOT, AND, OR, NAND, NOR, XOR, XNOR 등이 있으며, NOT 연산자의 우선순위가 가장 높다.

(사용 예)

y <= NOT a AND b;　　　(a'·b)

y <= NOT (a AND b);　　(a·b)'

y <= a NAND b;　　　　(a·b)'

③ 산술 연산자(arithmetic operator)

산술 연산자는 산술 연산을 수행하기 위해 사용한다. 피연산자 데이터는 integer, signed, unsigned, real 형이 있다. real 형은 합성이 불가능하다. ieee.std_logic_signed, ieee.std_logic_unsigned 패키지를 이용하면, 빼셈/덧셈 연산에 std_logic_vector를 직접 사용 할 수 있다. [표 4.9]는 산술 연산자를 나타낸 것이다.

[표 4.9] 산술 연산자

연산자	의미	연산자	의미
+	덧셈	**	지수승
-	빼셈	mod	모듈러스 (나머지 값을 리턴)
*	곱셈	rem	나머지
/	나눗셈	abs	절대값

여기서, +, -, *는 합성가능하고, /은 두 수가 멱승관계(시프트 연산 가능)인 경우에만 합성 가능하다. **은 밑수와 지수에 정적 값만 허용한다. y mod x의 결과는 x 부호이며 y/x의 나머지를 의미하고, y rem x의 결과는 y 부호이며 y/x의 나머지를 의미한다. 나머지 연산자 rem의 결과는 첫 번째 피연산자와 동일한 부호를 갖지만 모듈로 연산의 결과는 두 번째 피연산자의 부호를 갖는다. mod, rem, abs는 일반적으로 합성 지원이 아예 없거나 거의 없다.

(사용 예)

11 rem 4 → 3

(-11) rem 4 → -3

9 mod 4 → 1

7 mod (-4) → -1 (7 - 4*2 = -1)

④ 관계(비교) 연산자(relational operator)

두 수간의 비교 연산 수행을 위해 관계 연산자를 사용한다. VHDL 관계 연산자는 [표 4.10]과 같다. 피연산자 데이터는 어떤 형도 가능하다.

[표 4.10] 관계 연산자

연산자	연산	피연산자 데이터 형	연산 결과
=	같다	모든 데이터 형	부울 형
/=	같지 않다	모든 데이터 형	부울 형
<	작다	모든 데이터 형	부울 형
<=	작거나 같다	모든 데이터 형	부울 형
>	크다	모든 데이터 형	부울 형
>=	크거나 같다	모든 데이터 형	부울 형

⑤ 연쇄연결 연산자(concatenation operator)

연쇄연결 연산자는 값을 묶어 합치는데 사용한다. 서로 연결한다는 의미를 가진 연산자이다. 피연산자 데이터는 논리 연산에 사용되는 어떤 형도 가능하다. 연산자로는 "&"을 사용한다. C에서는 and 연산자인 것이 VHDL에서는 다르게 쓰여서 사용자들이 많이 실수하는 부분 중의 하나이니 주의 바란다.

(사용 예)

```
z <= x & "1000000";          -- x <= '1'이라 하면, z <= "11000000"
z <= ('1','1','0','0','0','0','0','0');     -- z <= "11000000"
signal A_vec, B_vec : std_logic_vector(7 downto 0);
signal Z_vec : std_logic_vector(15 downto 0);
Z_vec <= A_vec & B_vec;
```

⑥ 시프트 연산자(shift operator)

시프트 연산자는 데이터 시프트를 위해 사용한다(VHDL93에 새로 도입). 1차원 배열의 구성요소에 대해서 비트 단위의 시프트 또는 회전 연산을 수행한다.

• 구문: <left operand> <shift operation> <right operand>

여기서 left operand는 반드시 bit_vector 형, right operand는 integer 형을 사용해야 한다.

[표 4.11] 시프트 연산자

구분	연산자	의미
논리 시프트	sll	Shift left logic(논리적 왼쪽 방향으로 이동): 오른쪽 비트는 '0'으로 채워짐.
	srl	Shift right logic(논리적 오른쪽 방향으로 이동): 왼쪽 비트는 '0'으로 채워짐.
산술 시프트	sla	Shift left arithmetic(산술적 왼쪽 방향으로 이동): 최우측 비트가 오른쪽으로 되풀이됨. 즉 오른쪽 비트는 오른쪽 끝의 비트로 채워짐.
	sra	Shift right arithmetic(산술적 오른쪽 방향으로 이동): 최좌측 비트가 왼쪽으로 되풀이됨. 즉 왼쪽 비트는 왼쪽 끝의 비트로 채워짐.
순환 시프트 (rotation)	rol	Rotate left logic(왼쪽 회전)
	ror	Rotate right logic(오른쪽 회전)

(사용 예) x <= "01001"이라 하자.

시프트 연산	의미	연산 결과
(a) y <= x sll 2;	2만큼 왼쪽으로 논리 시프트	y <= "001**00**"
(b) y <= x sla 2;	2만큼 왼쪽으로 산술 시프트	y <= "001**11**"
(c) y <= x srl 3;	3만큼 오른쪽으로 논리 시프트	y <= "**000**01"
(d) y <= x sra 3;	3만큼 오른쪽으로 산술 시프트	y <= "**000**01"
(e) y <= x rol 2;	2만큼 왼쪽으로 순환 시프트	y <= "001**01**"
(f) y <= x srl -2;	sll 2와 동일	y <= "001**00**"
(g) y <= x ror 2;	2만큼 오른쪽으로 순환 시프트	y <= "**01**010"

(5) 전가산기의 VHDL 설계 IV

(2)~(4)절에서 언급한 앞의 세 방법은 진리표를 유도한 후에 설계를 한다는 점에서 schematic 방법과 크게 차이가 없기 때문에 굳이 VHDL을 사용해서 설계를 해야 하는 필요성을 못 느낀다. VHDL을 이용해서 하드웨어를 설계하는 가장 큰 장점은 회로의 동작을 그대로 표현함으로써 설계를 하는 것이다. [코드 4.4]는 동작의 모델링에 의한 설계

방법으로써 진리표를 작성하는 과정 없이 더하는 동작을 직접 표현함으로써 설계가 가능하다.

[코드 4.4] 전가산기의 VHDL 설계 IV

```
library ieee;
use ieee.std_logic_1164.all;
use ieee.std_logic_arith.all;   -- 변환 함수가 std_logic_arith 패키지에 포함되어
                                   있으므로 선언

entity FullAdder4_vhdl is
        port ( a, b, c_in   : in integer range 0 to 1;
               s, c_out     : out std_logic );
end FullAdder4_vhdl;

architecture FA_design of FullAdder4_vhdl is
        signal sum : std_logic_vector(1 downto 0); -- sum(1), sum(0) 선언
 begin
  process(a, b, c_in)
   begin
   sum <= conv_std_logic_vector(a+b+c_in, 2);
       -- a+b+c_in은 변환할 정수 데이터를 나타내며, 각 수는 0 또는 1의 값을 가지므로 최대값은 3
          임. 2는 변환할 벡터의 비트 수를 나타냄
   end process;
    s <= sum(0);              -- sum(0): LSB
    c_out <= sum(1);          -- sum(1): MSB
end FA_design;
```

[코드 4.4] 분석

[변환 함수]

```
sum <= conv_std_logic_vector(a+b+c_in, 2);
```

conv_std_logic_vector 함수는 파라미터로 사용된 integer 형을 std_logic_vector 형으로 변환하는 역할을 한다. 즉 정수를 비트로 변환하는 역할을 한다. 이 함수의 첫 번째 파라미

터인 a+b+c_in은 변환할 정수 데이터를 나타내며, 각 수는 0 또는 1의 값을 가지므로 최대값이 3이 된다. 따라서 2비트 논리값으로 표현이 가능하다. 이 함수의 두 번째 파라미터인 2는 변환할 벡터의 비트 수를 나타낸다. 변환 함수는 std_logic_arith 패키지에 포함되어 있으며, 이 함수를 포함하여 [표 4.12]와 같은 변환 함수를 사용할 수 있다.

[표 4.12] 변환 함수

변환 함수	내용
conv_integer	unsigned, signed 또는 std_ulogic 값을 integer 값으로 변환한다. 이 함수의 범위는 -2,147,483,647~+2,147,483,647로 31비트 unsigned 값 또는 32비트 signed 값에 해당한다.
conv_unsigned	변환할 비트의 수와 함께 integer, unsigned, signed 또는 std_ulogic 값을 unsigned 값으로 변환한다.
conv_signed	변환될 비트의 수와 함께 integer, unsigned, signed 또는 std_ulogic 값을 signed 값으로 변환한다.
conv_std_logic_vector	변환될 비트의 수와 함께 integer, unsigned, signed 또는 std_logic 값을 std_logic_vector 값으로 변환한다.

[데이터 변환]

VHDL에서는 서로 다른 데이터 형에 대한 직접 연산(산술, 논리연산 등)이 허용되지 않는다. 해결 방법은 VHDL 코드를 목적에 맞게 재작성 또는 기 정의된 패키지에서 데이터 변환 함수를 사용하는 것이다. 또한 서로 유사한 관계(형이 다르나 기준 형이 동일)의 데이터에 즉각 적용하기 위해 라이브러리 ieee의 패키지 std_logic_1164에 정의된 변환 함수를 사용한다. 다음과 같이 type long과 type short 선언 예를 보자.

```
type long is integer range -100 to 100;
type short is integer range -10 to 10;
signal x : short;
signal y : long;
...
y <= 2*x + 5;                    이 경우 오류 발생, 형 불일치
y <= long(2*x + 5);              잘 정의됨, 결과가 long 형으로 변환됨
```

데이터 변환 시 라이브러리 ieee의 패키지 std_logic_arith에 정의된 변환 함수를 사용해야 한다. 대표적인 데이터 변환 함수는 다음과 같다.

conv_integer(p) : 매개변수 p를 integer 값으로 변환

conv_unsigned(p, b) : 매개변수 p를 b비트의 unsigned 값으로 변환

conv_signed(p, b) : 매개변수 p를 b비트의 signed 값으로 변환

conv_std_logic_vector(p, b) : 매개변수 p를 b비트의 std_logic_vector 값으로 변환

매개 변수 p는 모든 함수에서 integer, unsigned, signed 형이 가능하다. conv_std_logic_vector는 std_logic 형이고, 그 나머지는 std_ulogic 형이다.

(데이터 변환 함수의 사용 예)

```
library ieee;
use ieee.std_logic_1164.all;
use ieee.std_logic_arith.all;
...
signal a : in unsigned (7 downto 0);
signal b : in unsigned (7 downto 0);
signal y : out std_logic_vector(7 downto 0);
...
y <= conv_std_logic_vector((a+b), 8);
```

이러한 예는 (a+b)는 unsigned에서 8비트 std_logic_vector 값으로 변환되어 y에 할당됨을 의미한다.

[코드 4.4]와 같이 동작 기술에 의한 VHDL 설계 방법은 덧셈동작(단지 입출력 관계를 산술연산을 사용해서 표현) 기술에 의한 설계 방법으로써 진리표를 작성할 필요가 없기 때문에 설계 시간을 줄일 수 있다. 이와 같이 VHDL을 이용해서 기능적 모델에 의한 설계가 가능하며, 이런 모델의 경우 디지털 회로의 구현에 대한 세부적인 내용보다는 수학적

인 연산자들이 그대로 사용된다. 특히 이러한 기능적 모델에 의한 설계 방법은 신호의 비트 수가 커지더라도 동일한 동작을 한다면 비트 수에 관계없이 VHDL 코드의 양이 커지지 않는다는 장점을 가진다. 이러한 예는 입력과 출력이 한 비트인 가산기이지만 일반적인 n비트 입력과 출력에 대한 가산기를 구현할 때도 전체 코드 길이는 크게 길어지지 않는다.

[실습 4.1] 전가산기를 구현**하시오**

① 소스코드

[코드 4.1]~[코드 4.4]를 이용하여 전가산기를 설계한다.

② 디바이스 핀 할당과 실행

시뮬레이션에 의해 회로의 동작을 검증한 후에 FPGA 키트에 다운로드하여 실행한다. 설계된 회로를 실행하기 위해서는 입출력의 종류에 따라 적당한 입출력 장치를 할당한다. 이 회로는 3비트의 입력과 2비트의 출력을 갖는다. [표 4.13]은 입출력에 할당된 장치의 종류와 핀 번호를 나타낸다 ([그림 A.1], [표 A.1], [그림 A.2(g)] 참고).

[표 4.13] 신호 이름과 할당된 입출력 장치

신호 이름	입출력	장치 종류	핀 할당
a	입력	모드 스위치	M2
b	입력	모드 스위치	J2
c_in	입력	푸시버튼 스위치	A3
s	출력	LED	B4
c_out	출력	LED	B3

③ 실행결과 확인

전가산기의 입력에 모드 스위치(M2, J2)와 버튼 스위치(A3)를 할당해서 입력을 변화시켰을 때 LED 점등 여부를 확인한다. **스위치가 모두** off("low") **상태일 때 2개의** LED**가 점등되지 않음을 확인한다.**

4.1.3. 반감산기(Half Subtractor)

감산기(Subtractor)를 구성하는 방법에는 연산수(A)의 보수를 피연산수(B)와 더하여 구하는 방법(2의 보수 사용)과 피연산수에서 연산수를 빼서 구하는 방법이 있다.

[그림 4.8]은 반감산기(Half Subtractor, HS)를 나타낸 것으로서, [그림 4.8]과 같이 2비트 입력(2개의 2진수 A와 B)에 대해 산술뺄셈을 하여 차(difference)과 빌림수(borrow)를 산출하기 위한 조합논리회로이다. 즉, 1비트의 2개의 2진수를 빼는 논리회로로서 2개의 입력과 출력으로 구성된다. 2개 입력은 피감수 B와 감수 A이고, 출력은 두 수를 뺀 결과인 차 D(difference)와 빌림수 B_{out}(borrow)을 발생하는 회로이며, $B-A$ 동작을 한다. [그림 4.8(b)] 진리표로부터 카르노 맵을 이용해 간략화하면 식 (4.3)과 같은 논리식을 구할 수 있다.

$$D = \overline{A}\,B + A\overline{B} = A \oplus B \qquad (4.3a)$$

$$B_{out} = A\overline{B} \qquad (4.3b)$$

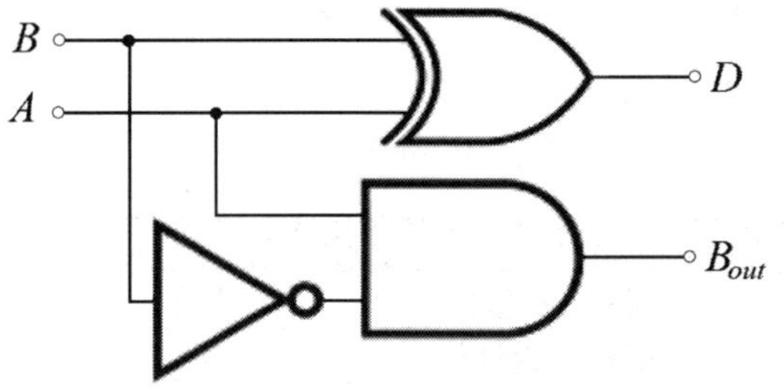

(a) 논리도

B	A	D	B_{out}
0	0	0	0
0	1	1	1
1	0	1	0
1	1	0	0

(b) 진리표

[그림 4.8] 반감산기

4.1.4. 전감산기(Full Subtractor)

전감산기(Full Subtractor, FS)는 [그림 4.9]와 같이 하위비트에서 발생한 빌림수를 포함하여 3비트 입력에 대해 산술뺄셈을 하는 조합회로이다. 이 회로는 3비트의 입력(A, B, B_{in})과 2비트의 출력(D, B_{out})으로 구성된다. 입력 중 가장 최하위 비트는 아래 자리에서 빌려오는 빌림수(B_{in})를 나타낸다. 3비트의 뺄셈 결과는 -2~0까지의 범위를 가지기 때문에 출력은 최소한 2비트가 필요하다. 출력 2비트는 각각 2진 뺄셈 결과 차와 빌림수를 나타내며, B_{out}은 윗자리로의 빌림수를 나타낸다. 3개 입력은 피연산수 B와 연산수 A이고, 빌려준 빌림수 B_{in}이며, $B-A-B_{in}$ 동작을 한다. 카르노 맵에 의해 간략화 후에 대한 논리도는 [그림 4.9(a)]와 같이 2개의 반감산기와 1개의 OR 게이트로 구현할 수 있다. [그림 4.9(b)] 진리표로부터 카르노 맵을 이용해 간략화하면 식 (4.4)와 같은 논리식을 구할 수 있다.

$$D=\overline{A}\,\overline{B}\,C_{in}+\overline{A}\,B\overline{C_{in}}+A\overline{B}\,\overline{C_{in}}+ABC_{in}=A\oplus B\oplus C_{in} \tag{4.4a}$$

$$B_{out}=A\overline{B}+\overline{B}\,C_{in}+AC_{in}=A\overline{B}+\overline{(A\oplus B)}\,C_{in} \tag{4.4b}$$

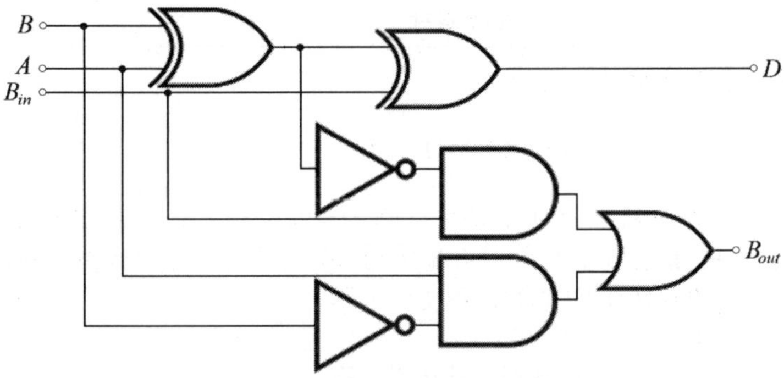

(a) 논리도

B	A	B_{in}	D	B_{out}
0	0	0	0	0
0	0	1	1	1
0	1	0	1	1
0	1	1	0	1
1	0	0	1	0
1	0	1	0	0
1	1	0	0	0
1	1	1	1	1

(b) 진리표

[그림 4.9] 전감산기 논리도와 진리표

[Lab 01] 전감산기 설계

전가산기와 동일한 과정으로 전감산기에 대해서 schematic과 VHDL로 설계를 하고, 감산 동작을 VHDL로 표현하는 방법을 실습한다.

Schematic 설계

① 전가산기에서 새로운 프로젝트를 생성한 것과 같은 과정으로 FullSubtractor 폴더를 생성하고, 새로운 프로젝트 FullSubtractor_sch를 생성

② 생성된 FullSubtractor 폴더에 새로운 프로젝트 FullSubtractor_vhdl을 생성하고, VHDL 코드를 작성 및 컴파일

③ 4.1.2절의 전가산기의 schematic 설계와 같은 과정으로 BSF 파일(file name: FullSubtractor_sch.bdf)을 생성

VHDL 설계 실습 보고서

VHDL Lab_01

일 시		학 번		이 름	
제 목	전감산기 설계				
실습 목적	전감산기는 한 자리 2진수 뺄셈을 할 때 전가산기에서 더한 결과 캐리가 발생하는 것과는 반대로 아래 자리에서 발생하는 빌림수를 고려해야 한다. 또한 결과는 감산한 결과와 위에서 빌림수를 나타내야 한다. 전감산기를 설계하는 과정을 통해 조합논리회로를 VHDL로 설계하는 방법을 공부한다.				
실습 내용	**실습 결과**				

전감산기의 논리식

1. 전감산기의 연산은 다음 식과 같다.

$$D_i = (X_i - B_i) - Y_i$$

위 식에서 X_i에서 Y_i를 빼는 것이며, B_i는 아래 자리에서 빌림수가 발생한 것이다. 연산 결과는 D_i이며, 출력에는 위 자리에서 빌림수가 발생하는 것을 나타내는 B가 나타나야 한다. 전감산기의 [표 1]을 작성하시오.

[표 1] 전감산기 진리표

Xi	*Yi*	*Bi*	*Di*	*B*
0	0	0		
0	0	1		
0	1	0		
0	1	1		
1	0	0		
1	0	1		
1	1	0		
1	1	1		

전감산기의 설계

2. 카르노맵을 이용하여 전감산기에 대한 감소화된 논리식을 구하시오.

X_i \ Y_iB_i	00	01	11	10
0				
1				

Di =

X_i \ Y_iB_i	00	01	11	10
0				
1				

B =

	3. 위의 논리식을 기본 게이트를 이용하여 전감산기의 회로도(schematic)를 그리시오.
전감산기의 schematic 설계	1. 전감산기를 schematic으로 설계하고, 설계한 schematic diagram을 캡쳐하여 아래에 보이시오. 2. schematic으로 설계한 전감산기의 모든 입력에 대해서 시뮬레이션하고 시뮬레이션 결과 화면을 캡쳐하여 아래에 보이시오. 3. 시뮬레이션 결과를 분석하여 진리표와 비교하고 분석결과에 대해 토의하시오.
전감산기의 VHDL 설계	1. 전감산기를 VHDL로 설계하고 아래에 VHDL 코드를 작성하시오. 2. VHDL로 설계한 전감산기에 대해 시뮬레이션 결과를 캡쳐하여 아래에 보이시오. 3. VHDL로 설계한 전감산기 시뮬레이션 결과와 schematic으로 설계한 시뮬레이션 결과를 비교하시오.

4.2. 멀티플렉서(Multiplexer)와 디멀티플렉서(Demultiplexer)

4.2.1. 멀티플렉서(Multiplexer)

[그림 4.10]은 4×1 멀티플렉서(Multiplexer)를 나타낸 것으로 n개의 입력을 받아서 제어 신호에 의해 그 중 1개만을 선택하여 출력하는 회로이다. 즉, 많은 입력 정보에서 필요한 정보를 선택하여 출력하는 조합논리회로이다. 여러 개의 데이터 입력 중 하나를 선택하여 출력하기 때문에 데이터 선택기(data selector)라고도 한다. 선택 신호(제어 신호)를 이용하여 입력 신호를 선택하며, 2^n×1 멀티플렉서는 n개의 선택신호로 2^n개의 입력 중 하나를 출력하는 회로가 된다. 진리표로부터 카르노 맵을 이용해 간략화하면 식 (4.5)와 같은 논리식을 구할 수 있다.

$$Y = \overline{S_1}\,\overline{S_0}I_0 + \overline{S_1}S_0I_1 + S_1\overline{S_0}I_2 + S_1S_0I_3 \tag{4.5}$$

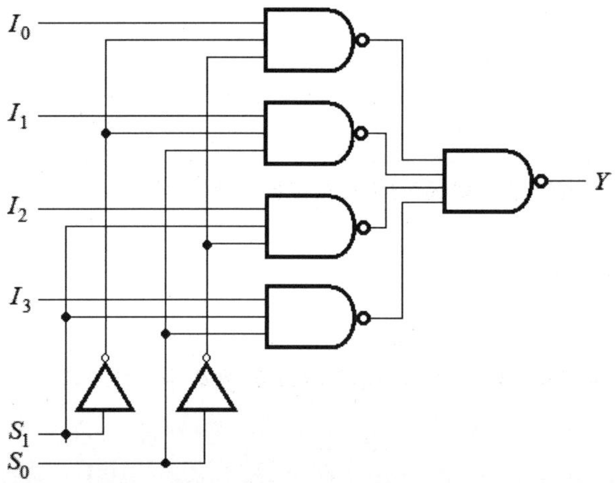

(a) 논리도

S_1	S_0	Y
0	0	I_0
0	1	I_1
1	0	I_2
1	1	I_3

(b) 진리표

[그림 4.10] 4×1 멀티플렉서

[그림 4.11]은 8×1 멀티플렉서의 블록도와 진리표를 나타낸 것이다. [그림 4.11]에서 입력이 8비트이므로 선택 신호는 3비트가 필요하고, 출력은 선택 신호의 값에 따라 8개의 입력 중에 하나를 선택하여 출력한다.

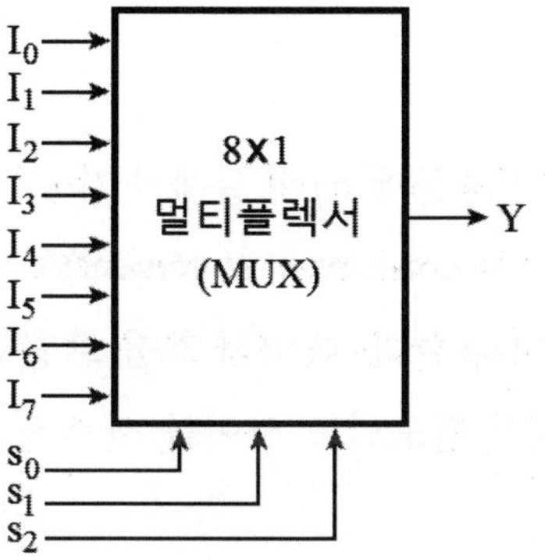

(a) 블록도

s_2	s_1	s_0	Y
0	0	0	I_0
0	0	1	I_1
0	1	0	I_2
0	1	1	I_3
1	0	0	I_4
1	0	1	I_5
1	1	0	I_6
1	1	1	I_7

(b) 진리표

[그림 4.11] 8×1 멀티플렉서의 블록도와 진리표

[코드 4.5] 8×1 멀티플렉서의 VHDL 설계 I

```
library  ieee;
use  ieee.std_logic_1164.all;

entity  Multiplexer_vhdl  is
        port  (  s  :  in   std_logic_vector(2  downto  0);
                 i  :  in   std_logic_vector(7  downto  0);
                 y  :  out  std_logic  );
end  Multiplexer_vhdl;

architecture  MUX_design  of  Multiplexer_vhdl  is
 begin
        y  <=  i(0)  when  s  =  "000"  else        -- ;(세미콜론)이 없음에 주의한다.
               i(1)  when  s  =  "001"  else
               i(2)  when  s  =  "010"  else
               i(3)  when  s  =  "011"  else
               i(4)  when  s  =  "100"  else
               i(5)  when  s  =  "101"  else
               i(6)  when  s  =  "110"  else
               i(7);
end  MUX_design;
```

[코드 4.5] 분석

[동작적 모델링과 병행기술문]

동작적 모델링에서는 process 구문을 사용하는 순차기술문에 의해 설계가 가능하며, 이 방법은 디코더를 설계할 때 이미 설명하였다. 병행기술문(concurrent statement)도 동작적 모델링의 한 표현 방법이며, 이를 데이터 흐름 모델링이라 한다. 데이터 흐름 모델링은 회로를 함수와 데이터 흐름의 관점에서 표현한다는 점에서 컴포넌트 사이를 서로 연결하여 회로를 표현하는 구조적 모델링과 차이가 있다.

병행기술문에서는 트리거가 발생할 때마다 신호에 값이 할당되며, 신호의 변화와 동시에 실행된다. when~else 구문은 조건에 따라 실행되는 병행기술문이다. when~else 구문과 case~when 구문은 매우 유사하다. 하지만 when~else 구문은 병행기술문으로 process 밖에서 사용되지만 case~when 구문은 순차기술문이므로 process 내에서 사용되어야 한다.

[when~else 구문]

when~else 구문은 진리표 형태의 논리함수를 표현하는데 매우 유용하다. 이러한 구문의 기본 형식은 다음과 같다.

```
<출력 신호> <= <표현> when <boolean 조건> else
               <표현> when <boolean 조건> else
                           …
                           …
               <표현>;
```

<출력 신호>는 가장 처음으로 만족하는 조건에 해당하는 <표현>을 할당받게 되며, 만일 아무런 조건도 만족하지 못하면 가장 뒤에 나오는 <표현>을 할당 받는다. 만일 하나 이상의 조건을 만족하면 가장 처음으로 만족하는 값을 할당 받는다. 이 구문에서 else는 [그 이외의 경우에(그 외에 그렇지 않으면)]의 의미가 된다. 멀티플렉서의 VHDL 코드에서는 선택 신호 s에 따라 8개의 입력 중 하나를 출력하기 때문에 s = "010"이면 y <= i(2)를 출력한다. 입력이 3비트이므로 반드시 i(0)~i(7) 중의 한 입력을 출력한다.

멀티플렉서를 with~select~when 구문으로도 설계가 가능하다. [코드 4.6]은 이러한 구문을 이용하여 설계한 예를 나타낸 것이다.

[코드 4.6] 분석

[with~select~when 구문]

with~select~when 구문도 병행기술문에 포함된다. 이러한 구문은 다음과 같은 형식을 갖는다.

[코드 4.6] 8×1 멀티플렉서의 VHDL 설계 II

```
library ieee;
use ieee.std_logic_1164.all;

entity Multiplcxcr_vhdl is
        port( s : in std_logic_vector(2 downto 0);
              i : in std_logic_vector(7 downto 0);
              y : out std_logic );
end Multiplexer_vhdl;

architecture MUX_design of Multiplexer_vhdl is
 begin
  with s select
        y <= i(0) when "000",            -- ,(콤마)는 또는(or)의 의미
             i(1) when "001",
             i(2) when "010",
             i(3) when "011",
             i(4) when "100",
             i(5) when "101",
             i(6) when "110",
             i(7) when "111";
end MUX_design;
```

```
with <identifier> select
          <할당> when <값>,
          <할당> when <값>,
                      …;
```

이 구문이 사용될 때는 가능한 모든 조건이 테스트되어야 한다. 이와 같이 with~ select~ when 구문을 사용해서 멀티플렉서를 설계하면 다음과 같이 변경이 가능하다.

```
with s select
        y <= i(0) when "000",
             i(1) when "001",
                         …,
                         …,
             i(7) when "111";
```

위 멀티플렉서의 VHDL에서는 [코드 4.7]과 같이 순차기술문인 case~when 구문을 사용해도 기능적으로 동일하게 동작한다.

[코드 4.7] 8×1 멀티플렉서의 VHDL 설계 III

```
library ieee;
use ieee.std_logic_1164.all;

entity Multiplexer_vhdl is
        port( s : in std_logic_vector(2 downto 0);
              i : in std_logic_vector(7 downto 0);
              y : out std_logic );
end Multiplexer_vhdl;

architecture MUX_design of Multiplexer_vhdl is
 begin
        process(s, i)
        begin
                case s is
                        when "000" => y <= i(0);
                        when "001" => y <= i(1);
                        when "010" => y <= i(2);
                        when "011" => y <= i(3);
                        when "100" => y <= i(4);
                        when "101" => y <= i(5);
                        when "110" => y <= i(6);
                        when "111" => y <= i(7);
                end case;
```

```
        end process;
end MUX_design;
```

[시뮬레이션 결과]

[그림 4.12]는 8×1 멀티플렉서의 시뮬레이션 결과를 나타낸 것이다. 각 입력에 대해 선택 신호를 "000"~"111"까지 순서대로 변경하면 입력의 각 비트 값이 순서대로 출력되는 것을 확인할 수 있다.

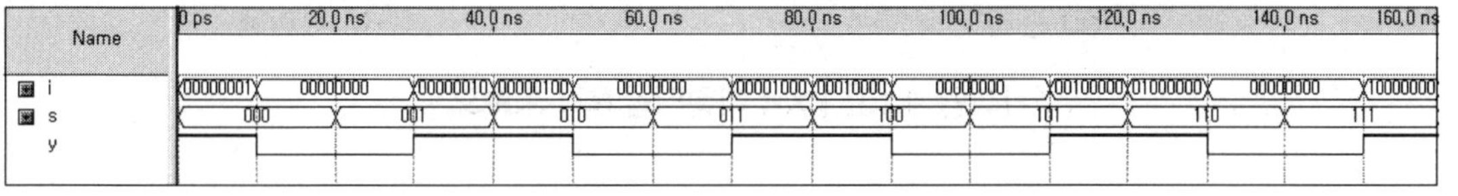

[그림 4.12] 8×1 멀티플렉서 시뮬레이션 결과

[과제 4.1] when~else 구문을 이용하여 16×1 멀티플렉서를 VHDL로 설계하시오.

[과제 4.2] with~select~when 구문을 이용하여 16×1 멀티플렉서를 VHDL로 설계하시오.

[과제 4.3] case~when 구문을 이용하여 16×1 멀티플렉서를 VHDL로 설계하시오.

4.2.2. 디멀티플렉서(Demultiplexer)

[그림 4.13]은 1×4 디멀티플렉서(Demultiplexer)를 나타낸 것으로 멀티플렉서와는 반대로 하나의 입력을 여러 개의 출력 중의 하나로 전송한다. 멀티플렉서의 역동작을 하기 때문에 데이터 분배기라고도 한다. 1×2^n 디멀티플렉서는 n개의 선택신호로 하나의 입력을 2^n 중의 하나로 출력하는 회로가 된다.

[그림 4.14]는 1×8 디멀티플렉서의 블록도와 진리표를 나타낸 것이다. [그림 4.14]에서 출력이 8비트 중의 하나이므로 선택 신호는 3비트가 필요하고, 출력은 선택 신호의 값에 따라 8개 서로 다른 출력으로 결정된다.

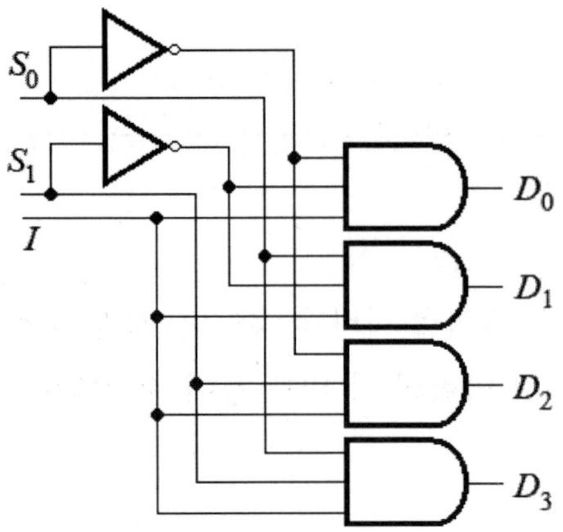

(a) 논리도

S_1	S_0	출력
0	0	$D_0 = I$
0	1	$D_1 = I$
1	0	$D_2 = I$
1	1	$D_3 = I$

(b) 진리표

[그림 4.13] 1×4 디멀티플렉서 회로도

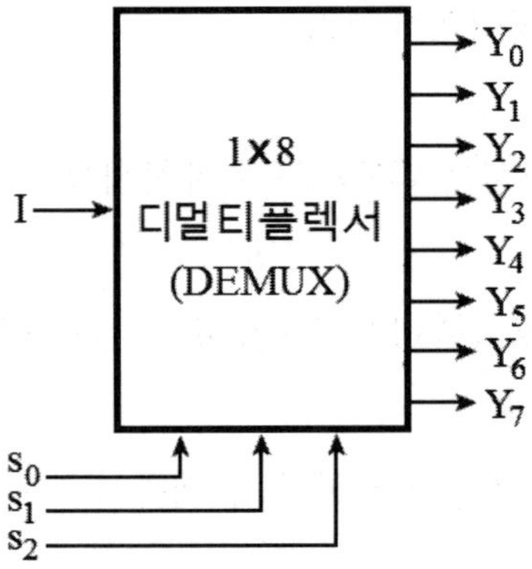

(a) 블록도

s_2	s_1	s_0	출력
0	0	0	$Y_0 = I$
0	0	1	$Y_1 = I$
0	1	0	$Y_2 = I$
0	1	1	$Y_3 = I$
1	0	0	$Y_4 = I$
1	0	1	$Y_5 = I$
1	1	0	$Y_6 = I$
1	1	1	$Y_7 = I$

(b) 진리표

[그림 4.14] 1×8 디멀티플렉서의 블록도와 진리표

디멀티플렉서에서는 선택 신호에 따라 하나의 입력을 여러 개의 출력 중 하나로 전송하므로 if~end if 또는 case~when 구문을 이용해서 설계해야 한다. case~when을 이용할 경우에 다음과 같이 두 가지 방법으로 설계가 가능하다. 첫 번째 방법은 다음과 같다.

```
case s is
            when "000" => y(0) <= i;
            when "001" => y(1) <= i;
            when "010" => y(2) <= i;
            …;
            when "111" => y(7) <= i;
end case;
```

또 다른 방법은 다음과 같다. 두 방법의 차이는 첫 번째 방법에서는 입력이 할당되는 출력만 지정했으며 나머지 출력에 대해서는 별도로 값을 할당하지 않았으나 두 번째 방법에서는 나머지 출력에 대해서도 'Z'를 지정한다. 'Z'는 VHDL이 가질 수 있는 하나의 데이터형이며, "high impedance" 상태를 나타낸다.

```
case s is

  when "000" =>
        y(0) <= i; y(1) <= 'Z'; y(2) <= 'Z'; y(3) <= 'Z'; … y(7) <= 'Z';
  when "001" =>
        y(0) <= 'Z'; y(1) <= i; …
        …;
        …;
end case;
```

[시뮬레이션 결과]

시뮬레이션에서는 첫 번째 방법에서는 선택되지 않은 출력에는 값을 지정하지 않으며, 두 번째 방법에서는 high impedance를 출력하도록 하였으므로 첫 번째 방법에서 별도로 값이 할당되지 않은 출력이 어떤 값을 갖는지를 관찰한다. 즉 s = "000"이면 Y_0에 출력 I가 출력되지만 나머지 Y_1~Y_7에는 별도의 값을 할당하지 않는다. 두 번째 방법의 시뮬레이션 결과와 비교한다.

[Lab 02] VHDL을 이용해서 디멀티플렉서를 설계하시오.

VHDL 설계 실습 보고서

VHDL Lab_02

<table>
<tr><td>일 시</td><td></td><td>학 번</td><td></td><td>이 름</td><td></td></tr>
<tr><td>제 목</td><td colspan="5">디멀티플렉서 설계</td></tr>
<tr><td>실습 목적</td><td colspan="5">디멀티플렉서는 하나의 입력을 여러 개의 출력 중의 하나로 전송한다. 1×8 디멀티플렉서는 하나의 입력을 8개의 출력 중의 하나로 전송하며, 선택된 출력에 입력을 전송할 때 나머지 출력은 그 전에 할당받은 값을 유지한다. 이것은 VHDL이 합성하는 과정에서 그 전의 값을 유지하기 위해 래치(정보의 1비트를 저장하는 회로이며, 입력이 enable되면 입력과 같은 값이 출력되지만 disable 상태에서는 입력 값에 상관없이 출력 값을 유지)를 포함시키기 때문이다. 따라서 본 실습에서는 디멀티플렉서의 동작을 이해하고, VHDL이 회로로 합성되는 과정을 이해한다.</td></tr>
<tr><td>실습 내용</td><td colspan="5">실습 결과</td></tr>
<tr><td>디멀티플렉서의 VHDL 설계</td><td colspan="5">1. [그림 4.14]와 같이 동작하는 디멀티플렉서를 설계하시오.
이때 순차문인 if~end if 또는 case~when을 사용해서 강의 자료와 같이 두 가지 방법(코드 1, 코드 2)으로 설계하시오.
(1) 디멀티플렉서 VHDL 코드 1

(2) 디멀티플렉서 VHDL 코드 2

2. 두 가지 방법으로 설계된 디멀티플렉서를 컴파일, 시뮬레이션하고 그 결과를 보이시오. 그리고 두 가지 시뮬레이션 결과를 비교하시오.
(1) 디멀티플렉서 시뮬레이션 결과 (방법 1)

(2) 디멀티플렉서 시뮬레이션 결과 (방법 2)

</td></tr>
</table>

4.3. 인코더(Encoder)와 디코더(Decoder)

4.3.1. 인코더(Encoder)

[그림 4.15]에 나타낸 4×2 인코더(Encoder)는 조합 논리 회로 중 0과 1의 조합으로 부호화를 행하는 회로로 2^n개의 입력선과 n개의 출력 선으로 구성된다. 즉, 최대 $M(2^n)$개의 입력과 n개의 출력으로 구성되며, M개의 입력 중 한 개의 입력이 동작하여 그에 대응하는 n 비트의 출력코드를 생성하는 조합논리회로이다. 이러한 인코더의 문제점은 4개의 입력에서 2개 이상의 입력이 '1'이 되었을 때 각각에 해당하는 인코딩 결과가 모두 출력된다는 점이다.

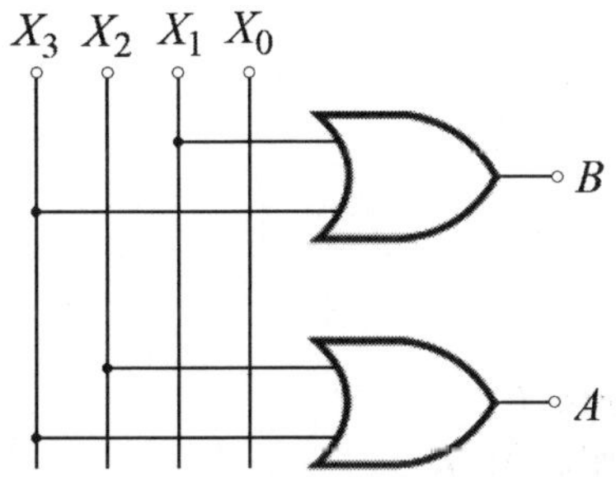

(a) 논리도

X_3	X_2	X_1	X_0	A	B
0	0	0	1	0	0
0	0	1	0	0	1
0	1	0	0	1	0
1	0	0	0	1	1

(b) 진리표

[그림 4.15] 4×2 인코더

[그림 4.16]은 8×3 인코더의 블록도와 진리표를 나타낸 것이다. 이러한 인코더의 문제점은 8개의 입력에서 2개 이상의 입력이 '1'이 되었을 때 각각에 해당하는 인코딩 결과가 모두 출력된다는 점이다. 본 절에서는 인코더의 한 예로서 2_3(=8)개의 입력을 받아서 3개의 출력을 발생하는 8×3 인코더를 설계한다.

[코드 4.8]은 이러한 인코더의 동작을 VHDL로 표현한 것이다. [코드 4.8]로 컴파일하면 일반적인 인코더의 문제점인 8개의 입력에서 2개 이상의 입력이 '1'이 되었을 때 각각에 해당하는 인코딩 결과가 모두 출력되기 때문에 오류가 발생한다. when "10000000" => D <= "111";와 end case; 사이에 한 문장의 코드를 삽입해야 한다(4.3.4. BCD/7-세그먼트 디코더 참조). 각자 오류가 없도록 수정하고, 시뮬레이션 결과가 [그림 4.17]처럼 나오는지 확인한다.

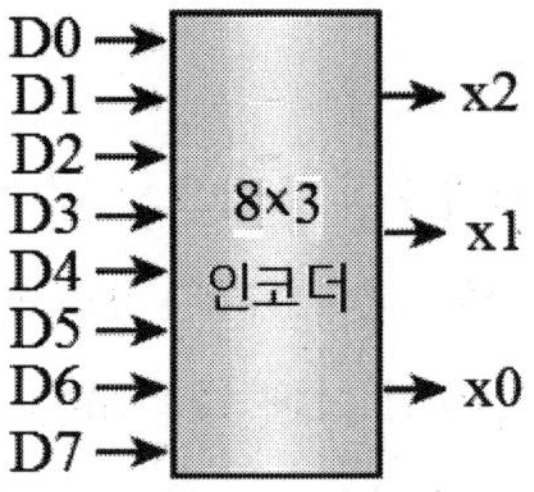

(a) 블록도

입력								출력		
D7	D6	D5	D4	D3	D2	D1	D0	x2	x1	x0
0	0	0	0	0	0	0	1	0	0	0
0	0	0	0	0	0	1	0	0	0	1
0	0	0	0	0	1	0	0	0	1	0
0	0	0	0	1	0	0	0	0	1	1
0	0	0	1	0	0	0	0	1	0	0
0	0	1	0	0	0	0	0	1	0	1
0	1	0	0	0	0	0	0	1	1	0
1	0	0	0	0	0	0	0	1	1	1

(b) 진리표

[그림 4.16] 8×3 인코더의 블록도와 진리표

[코드 4.8] 8×3 인코더의 VHDL 설계

```
library ieee;
use ieee.std_logic_1164.all;

entity Encoder_vhdl is
        port ( D : in  std_logic_vector(7 downto 0);
               x : out std_logic_vector(2 downto 0) );
end Encoder_vhdl;

architecture Enc_design of Encoder_vhdl is
 begin
        process(D)
        begin
            case D is
                when "00000001" => x <= "000";
                when "00000010" => x <= "001";
                when "00000100" => x <= "010";
                when "00001000" => x <= "011";
                when "00010000" => x <= "100";
                when "00100000" => x <= "101";
                when "01000000" => x <= "110";
                when "10000000" => x <= "111";
                ...
            end case;
        end process;
end Enc_design;
```

[그림 4.17]은 8×3 인코더의 시뮬레이션 결과를 나타낸 것이다. 시뮬레이션은 8개의 입력에서 1개의 입력이 '1'이 되었을 때에 대해 출력 결과를 나타낸다. 시뮬레이션 결과에서 입력 D는 "00000001"에서 "10000000"으로 순차적으로 입력되었고, 출력 *x*는 "000"에서 "111"까지 출력되어 *x*0~*x*2가 순차적으로 출력되는 것을 확인할 수 있다.

[시뮬레이션 결과]

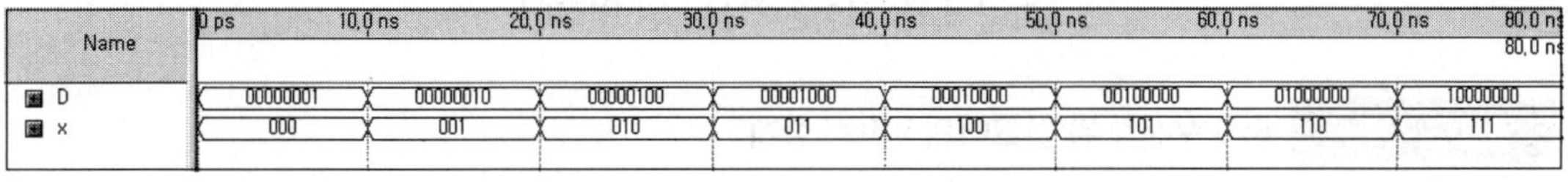

[그림 4.17] 8×3 인코더 시뮬레이션 결과

4.3.2. 우선순위 인코더(Priority Encoder)

[그림 4.15]에 나타낸 일반적인 인코더는 두 개의 입력이 동시에 '1'이면 각각의 입력이 인코딩하여 출력하므로 정확한 결과를 인코딩할 수 없다. 예를 들어 X_1과 X_2가 동시에 '1'이면 X_1에 대한 출력 "01"과 X_2에 대한 출력 "10"이 동시에 출력되므로 결과는 "11"이 된다. 그러나 이 값은 X_3 입력에 대한 출력과 같기 때문에 정확하게 어떤 입력에 의한 인코딩된 결과가 출력되었는지를 구분할 수 없다. 따라서 이러한 문제점을 보완한 회로가 우선순위 인코더(Priority Encoder)이다. [그림 4.18]은 4×2 우선순위 인코더의 블록도와 진리표를 나타낸 것이다. 우선순위 인코더는 여러 개의 입력이 동시에 인가되었을 때(두 개 이상의 입력이 '1'일 때) 우선 순위(priority)를 주어 높은 우선 순위를 가지는 입력 값에 대한 코드만 출력한다. 인코딩 우선순위가 $X_3 > X_2 > X_1 > X_0$이며, 우선순위가 가장 높은 입력에 대해서만 인코딩을 하고 다른 입력은 무시한다. 출력에는 출력값이 유효한지를 판단하는 *V*(valid) 비트를 추가한다. 예를 들어, 입력이 없을 때 출력은 "00"이 되지만 X_0가 '1'일 때도 출력은 "00"이 되는데, 이를 구분하기 위해 입력이 있을 때만 *V*를 '1'로 출력하여 현재 출력이 유효함을 알린다. [그림 4.18(b)]에서 ×는 값이 '0' 또는 '1' 중에서 무관(don't care)항을 나타낸다.

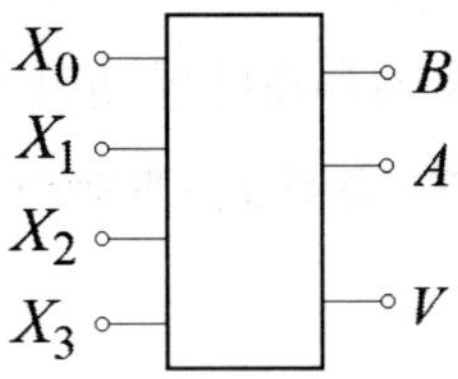

(a) 블록도

X_3	X_2	X_1	X_0	A	B	V
0	0	0	0	×	×	0
0	0	0	1	0	0	1
0	0	1	×	0	1	1
0	1	×	×	1	0	1
1	×	×	×	1	1	1

(b) 진리표

[그림 4.18] 4×2 우선순위 인코더

[코드 4.9] 8×3 우선순위 인코더의 VHDL 설계

```
library ieee;
use ieee.std_logic_1164.all;
          ...
if D(7) = '1' then V <= '1'; A <= "111";
elsif D(6) = '1' then V <= '1'; A <= "110";
          ...
else
          V <= '0'; A <= "000";
end if;
          ...
```

[코드 4.9] 분석

architecture에서 우선순위 인코딩 동작을 표현하기 위해 조건문 if~end if 구문을 사용한다. 이 구문은 처음 조건을 만족하면 해당하는 문장을 실행한 후 나머지 조건을 생략하고 조건문을 종료한다. 만일 처음의 조건을 만족하지 못할 때는 다음 조건을 만족하는지를 판단한다. 따라서 입력의 가장 상위 비트부터 검사를 해 가면서 조건을 만족하면 아래 비트를 검사하지 않으므로 우선순위 기능을 쉽게 구현할 수 있다. 이런 경우 if~end if 구문이 구현하기에 편리하다. if는 순차기술문을 나타내며, process 내에서 사용된다.

[시뮬레이션 결과]

시뮬레이션 실행 결과를 [그림 4.18(b)]의 진리표와 비교한다. 이때 동시에 2개 이상의 입력을 '1'로 주었을 때 어떤 결과가 나오는지 관찰한다.

[Lab 03] VHDL을 이용해서 우선순위 인코더를 설계하시오.

일 시		학 번		이 름	
제 목	우선순위 인코더 설계				
실습 목적	인코더는 n개의 입력을 받아서 2^n개의 인코딩 결과를 출력한다. 그러나 일반 인코더는 두 개 이상의 입력이 동시에 주어졌을 때 각각의 입력에 대한 인코딩 결과를 모두 출력하므로 정확한 결과를 기대하기 어렵다. 따라서 본 실습에서는 입력에 우선순위를 두고 우선순위가 높은 입력에 대해서만 인코딩 결과를 출력하는 우선순위 인코더를 설계한다.				
실습 내용	**실습 결과**				

우선순위 인코더의 진리표 작성

1. 8×3 우선순위 인코더의 진리표 [표 1]을 작성하시오.

[표 1] 8×3 우선순위 인코더의 진리표

입력								출력			
D7	**D6**	**D5**	**D4**	**D3**	**D2**	**D1**	**D0**	**x2**	**x1**	**x0**	**V**
0	0	0	0	0	0	0	0	×	×	×	0
0	0	0	0	0	0	0	1	0	0	0	1
0	0	0	0	0	0	1	×	0	0	1	1

우선순위 인코더의 VHDL 설계

우선순위 인코더 시뮬레이션	1. VHDL로 설계한 우선순위 인코더를 컴파일, 시뮬레이션하고 그 결과를 진리표와 비교한 후 아래에 보이시오. 시뮬레이션 결과를 분석하여 진리표와 비교하고 분석결과에 대해 토의 하시오. 시뮬레이션 입력은 동시에 두 개 이상의 입력이 '1'이 될 때 어떤 값이 인코딩되어 출력되는지를 보여야 한다.

4.3.3. 디코더(Decoder)

디지털 시스템에서 정보는 2진수에 의해 표현되는데, n비트의 2진 코드는 모두 2^n개의 코드화된 정보를 나타낼 수 있다. [그림 4.19]에 나타낸 디코더(Decoder)는 n개의 입력을 받아서 최대 2^n개의 최소 항을 발생시키는 인코더(Encoder)와 반대동작을 하는 조합논리 회로를 말한다. $n \times 2^n$ 디코더는 n개의 입력과 2^n개의 출력을 생성한다. 디코더는 다른 종류의 코드를 변환할 때 사용되기도 하며, BCD 값을 7-세그먼트에 출력하는 BCD/7-세그먼트 디코더 등이 있다.

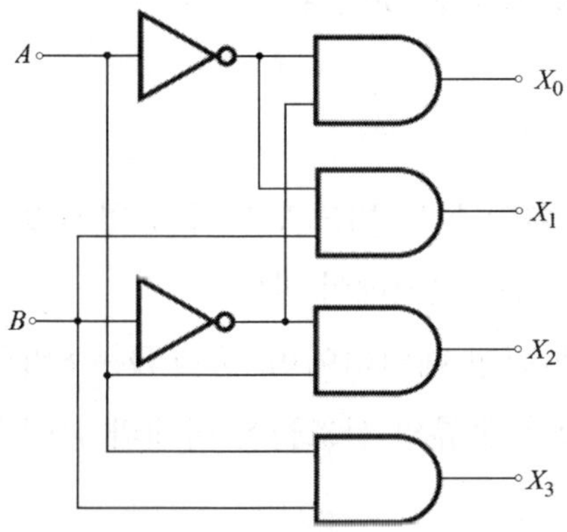

(a) 논리도

A	B	X_3	X_2	X_1	X_0
0	0	0	0	0	1
0	1	0	0	1	0
1	0	0	1	0	0
1	1	1	0	0	0

(b) 진리표

[그림 4.19] 2×4 디코더

본 절에서는 디코더의 한 예로서 3개의 입력을 받아서 $2^3(=8)$개의 출력을 발생하는 3×8 디코더를 설계한다. [그림 4.20]은 3×8 디코더의 블록도와 진리표를 나타낸 것이다.

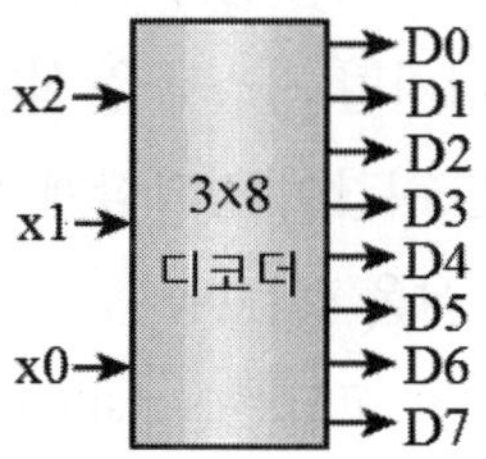

(a) 블록도

입력			출력							
x2	x1	x0	D7	D6	D5	D4	D3	D2	D1	D0
0	0	0	0	0	0	0	0	0	0	1
0	0	1	0	0	0	0	0	0	1	0
0	1	0	0	0	0	0	0	1	0	0
0	1	1	0	0	0	0	1	0	0	0
1	0	0	0	0	0	1	0	0	0	0
1	0	1	0	0	1	0	0	0	0	0
1	1	0	0	1	0	0	0	0	0	0
1	1	1	1	0	0	0	0	0	0	0

(b) 진리표

[그림 4.20] 3×8 디코더의 블록도와 진리표

[그림 4.20(b)]는 3×8 디코더의 진리표를 나타낸다. 3개의 입력이므로 모두 8가지의 경우가 발생하며, 각 입력에 대해 최소 항에 해당하는 출력이 발생한다. 그러므로 각 출력에 대한 논리식은 식 (4.6)과 같다.

D0=x2'x1'x0', D1=x2'x1'x0, D2=x2'x1x0', D3=x2'x1x0, D4=x2x1'x0', D5=x2x1'x0, D6=x2x1x0', D7=x2x1x0	(4.6)

[코드 4.10]은 이러한 디코더의 동작을 VHDL로 표현한 것이다.

[코드 4.10] 분석

[논리형 벡터 선언]

앞의 기본 논리 게이트 설계의 경우 입력과 출력이 모두 비트 단위로 선언되었으나 디코더의 경우는 입출력이 모두 여러 비트이므로 벡터로 선언해야 한다.

[코드 4.10]에서 입력 *x*는 3비트 크기를 갖는 논리형 데이터이며, 출력 D는 8비트를 갖는 논리형 데이터로 선언한 것이다. 이와 같이 같은 종류의 신호들은 아래와 같이 벡터로 선언하는 것이 편리하다.

```
port ( x    : in   std_logic_vector(2 downto 0);
       D    : out  std_logic_vector(7 downto 0) );
```

[동작적 모델링과 process 문]

앞에서도 설명했듯이 process 문은 동작적 모델링에서 순차기술문을 제공하기 위한 기본 구조체(construct)이다. process 문을 이용하여 복잡하고 다양한 디지털 시스템을 설계할 수 있으며, 특히 순차논리회로를 설계할 때 사용한다. process 문은 시간이 경과함에 따라 동작을 순차적으로 표현할 수 있게 하고, 다음과 같은 일반적인 형식을 갖는다.

이 형식에서 [ ] 안에 있는 부분은 선택 사양이다. process 내의 순차 코드는 sensitivity list의 값이 바뀔 때마다 실행된다. [코드 4.10]의 경우 sensitivity list에는 입력 x가 있으며, 입력 값이 변할 때마다 디코딩된 결과가 D로 출력된다.

```
[라벨 :] process(<sensitivity list>)
      [변수 명 형 [범위] [:= 초기값;]]
       begin
           <순차 코드>

end process [라벨];
```

[코드 4.10] 3×8 디코더의 VHDL 설계

```
library ieee;
use ieee.std_logic_1164.all;

entity Decoder_vhdl is
        port ( x    : in  std_logic_vector(2 downto 0);
               D    : out std_logic_vector(7 downto 0) );
end Decoder_vhdl;

architecture Dec_design of Decoder_vhdl is
 begin
        process(x)
        begin
            case x is
                when "000" => D <= "00000001";
                when "001" => D <= "00000010";
                when "010" => D <= "00000100";
                when "011" => D <= "00001000";
                when "100" => D <= "00010000";
                when "101" => D <= "00100000";
                when "110" => D <= "01000000";
                when "111" => D <= "10000000";
            end case;
        end process;
end Dec_design;
```

디코더와 같은 조합논리회로는 아래와 같이 case~when을 이용하면 간단히 설계할 수 있다. 전가산기를 진리표대로 설계할 때와 같은 방법으로 모든 입력의 경우에 대해 출력이 발생한다. 3×8 디코더는 3비트 입력을 가지기 때문에 8가지 경우에 대해서 출력을 하며, x가 "000"이면 출력 D는 "00000001"을 할당받으므로 D0를 출력한다. 같은 방법으로 입력이 가질 수 있는 8가지 경우에 대해 D0~D7을 출력한다.

```
case x is
        when "000" => D <= "00000001";
        when "001" => D <= "00000010";
                  ...
                  ...
        when "111" => D <= "10000000";
end case;
```

[시뮬레이션 결과]

[그림 4.21]은 3×8 디코더의 시뮬레이션 결과를 나타낸 것이다. 시뮬레이션 시 창의 [Name]란의 입출력 단자에 마우스를 대고 오른쪽 버튼 클릭 → Properties → Radix: 부분을 [binary]로 선택한다. 시뮬레이션은 x가 가질 수 있는 모든 입력에 대해 출력 결과를 나타낸다. 시뮬레이션 결과에서 입력 x는 "000"에서 "111"까지 증가하였고, 출력 D는 "00000001"에서 "10000000"이 출력되므로 D0~D7이 순차적으로 출력되는 것을 확인할 수 있다.

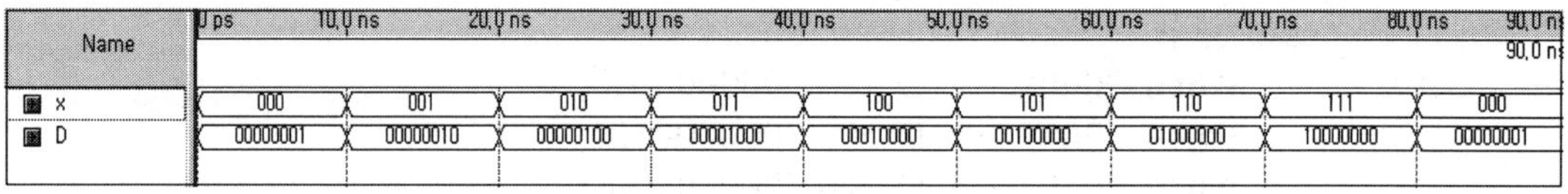

[그림 4.21] 3×8 디코더의 시뮬레이션 결과

4.3.4. 푸시버튼 스위치 인코더

16개의 푸시버튼 스위치를 가지며 단순하게 한 비트를 입력하기 위한 장치로 사용될 수 있지만 16개가 있으므로 인코딩을 함으로써 16진수를 입력하는 장치로 활용할 수 있다. 즉 7-세그먼트를 이용하여 16진수 출력이 가능하다. 본 절에서는 16진수를 입력하기 위한 푸시버튼 스위치 인코더를 VHDL로 설계하고자 한다.

[실습 4.2] [코드 4.11]을 수정하여 푸시버튼 스위치 인코더를 구현**하시오.**

① 소스코드

[코드 4.11] 푸시버튼 스위치 인코더의 VHDL 설계

```
library ieee;
use ieee.std_logic_1164.all;

entity SwitchEncoder_vhdl is
        port( key: in std_logic_vector(15 downto 0);
              key_out     : out std_logic_vector(3 downto 0) );
end SwitchEncoder_vhdl;

architecture SwitchEncoder of SwitchEncoder_vhdl is
 begin
        process(key)
        begin
           case key(15 downto 0) is
               when "0000000000000001" => key_out <= "0000";
               when "0000000000000010" => key_out <= "0001";
               when "0000000000000100" => key_out <= "0010";
               when "0000000000001000" => key_out <= "0011";
               when "0000000000010000" => key_out <= "0100";
               when "0000000000100000" => key_out <= "0101";
               when "0000000001000000" => key_out <= "0110";
               when "0000000010000000" => key_out <= "0111";
               when "0000000100000000" => key_out <= "1000";
               when "0000001000000000" => key_out <= "1001";
               when "0000010000000000" => key_out <= "1010";
               when "0000100000000000" => key_out <= "1011";
               when "0001000000000000" => key_out <= "1100";
               when "0010000000000000" => key_out <= "1101";
               when "0100000000000000" => key_out <= "1110";
               when "1000000000000000" => key_out <= "1111";
               when others => null;
           end case;
        end process;
end SwitchEncoder;
```

[코드 분석]

실습에 사용할 키트에서 푸시버튼 스위치를 누르면 해당하는 키 값을 LED에 출력하게 된다. 예를 들면 case~when 구문에서 아래 부분은 16진수 0A의 2진수 값 "1010"을 LED에 출력한다.

```
when "0000010000000000" => key_out <= "1010";
```

입력 스위치는 16개이므로 입력은 16비트가 된다. 따라서 모든 입력에 대해서 발생할 수 있는 경우의 수는 모두 256가지의 경우이지만 2개 이상의 스위치가 눌리는 경우를 제외하면 이 중에서 16가지의 경우에 대해서만 인코딩을 해야 한다. case~when 구문에서 사용되지 않는 경우에 대해서 처리해 주어야 한다. [코드 4.11]에서 1개의 스위치가 on되는 경우를 가정하였으므로 두 개 이상의 스위치가 on되는 예약어 "null"을 사용해서 동작이 일어나지 않도록 처리한다.

[시뮬레이션 결과]

[그림 4.22]는 VHDL을 이용해 설계한 푸시버튼 스위치 인코더의 시뮬레이션 결과를 나타낸 것이다. [그림 4.22]의 시뮬레이션 결과로부터 알 수 있듯이 출력(key_out)은 클럭의 상승에지에서 실행되며, "0000000000000010"일 때 "0001 (16진수 1)"이 출력됨을 확인할 수 있다.

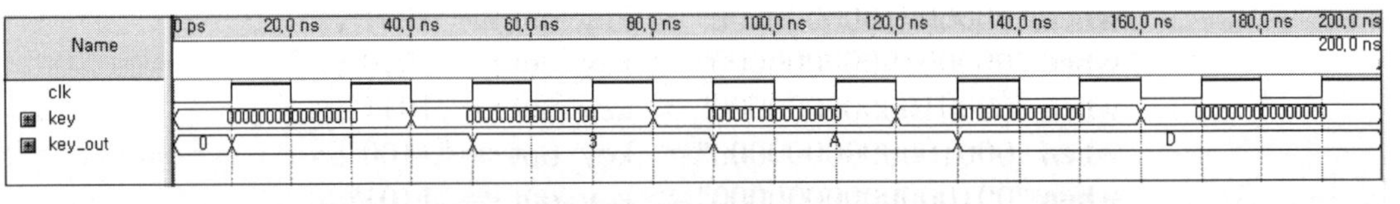

[그림 4.22] 푸시버튼 스위치 인코더의 시뮬레이션 결과

② 디바이스 핀 할당과 실행

시뮬레이션에 의해 회로의 동작을 검증한 후에 FPGA 키트에 다운로드하여 실행한다. 설계된 회로를 실행하기 위해서는 입출력의 종류에 따라 적당한 입출력 장치를 할당한다. 이 회로는 16개의 입력 스위치(**푸시버튼 스위치**)와 4개의 출력 LED가 필요하다. [표 4.14]는 입출력에 할당된 장치의 종류와 핀 번호를 나타낸다([그림 A.1], [표 A.1], [그림 A.2(e)], [그림 A.2(f)], [그림 A.2(i)] 참고).

[표 4.14] 신호 이름과 할당된 입출력 장치

신호 이름	입출력	장치 종류	핀 할당
key00~key15	**입력**	**입력 스위치**	A3~A10, A13~A20
key_out	**출력**	LED	B3~B6

③ 실행결과 확인

16개의 입력 스위치(**푸시버튼 스위치**)를 변화시켰을 때 LED 출력을 확인한다.

4.3.5. BCD/7-세그먼트 디코더

[그림 4.23]은 BCD 코드를 7-세그먼트에 출력하는 회로를 나타낸 것이다. 하나의 7-세그먼트에서는 한 자리 16진수 출력이 가능하다. 16진수를 저장하기 위한 비트의 크기는 4비트이며, 4비트에 저장된 수를 7-세그먼트로 출력하기 위해서는 디코딩 과정이 필요하다. [그림 4.23(a)]의 세그먼트를 조합하여 [그림 4.23(b)]와 같이 0×0~0×F까지의 16진수를 출력한다. 16진수 중 A~F는 대·소문자 모두 표현이 가능하다. 또한, 세그먼트의 공통단자에 따라 [그림 4.23(c)]와 같이 active low logic 동작을 하는 CA(common anode) 방식과 [그림 4.23(d)]와 같이 active high logic 동작을 하는 CC(common cathode) 방식이 있다.

[표 4.15] BCD/7-세그먼트 디코더 진리표

입력				출력						
D	C	B	A	$\overline{a}$	$\overline{b}$	$\overline{c}$	$\overline{d}$	$\overline{e}$	$\overline{f}$	$\overline{g}$
0	0	0	0	0	0	0	0	0	0	1
0	0	0	1	1	0	0	1	1	1	1
0	0	1	0	0	0	1	0	0	1	0
0	0	1	1	0	0	0	0	1	1	0
0	1	0	0	1	0	0	1	1	0	0
0	1	0	1	0	1	0	0	1	0	0
0	1	1	0	1	1	0	0	0	0	0
0	1	1	1	0	0	0	1	1	1	1
1	0	0	0	0	0	0	0	0	0	0
1	0	0	1	0	0	0	1	1	0	0
1	0	1	0	×	×	×	×	×	×	×
1	0	1	1	×	×	×	×	×	×	×
1	1	0	0	×	×	×	×	×	×	×
1	1	0	1	×	×	×	×	×	×	×
1	1	1	0	×	×	×	×	×	×	×
1	1	1	1	×	×	×	×	×	×	×

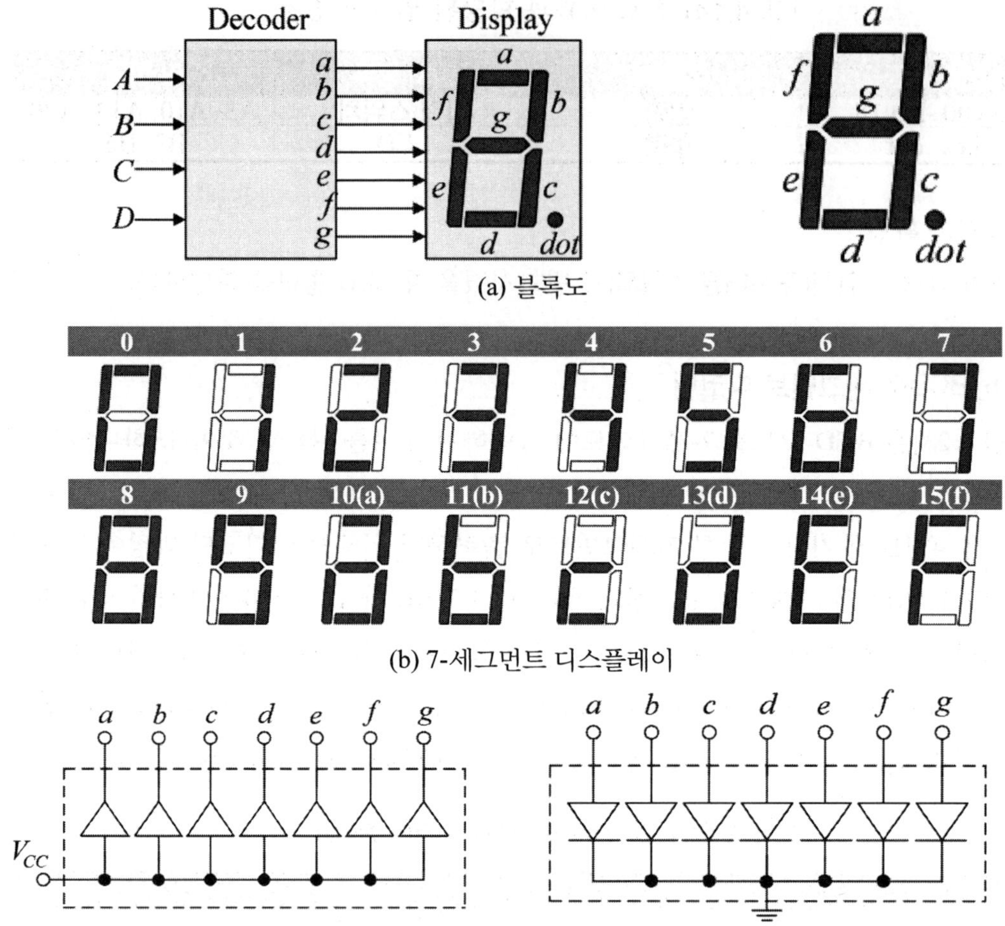

(a) 블록도

(b) 7-세그먼트 디스플레이

(c) CA(common anode)

(d) CC(common cathode)

[그림 4.23] BCD/7-세그먼트 디코더

진리표로부터 카르노 맵을 이용해 간략화하면 식 (4.7)과 같은 논리식을 구할 수 있다.

$$\bar{a} = \overline{D}\,\overline{C}\,\overline{B}A + C\overline{A} \quad (4.7a)$$

$$\bar{b} = C\overline{B}A + CB\overline{A} = C(B \oplus A) \quad (4.7b)$$

$$\bar{c} = \overline{C}B\overline{A} \quad (4.7c)$$

$$\bar{d} = \overline{C}\,\overline{B}A + C\overline{B}\,\overline{A} + CBA \quad (4.7d)$$

$$\bar{e} = A + C\overline{B} \quad (4.7e)$$

$$\bar{f} = BA + \overline{C}B + \overline{D}\,\overline{C}A \quad (4.7f)$$

$$\bar{g} = \overline{D}\,\overline{C}\,\overline{B} + CBA \quad (4.7g)$$

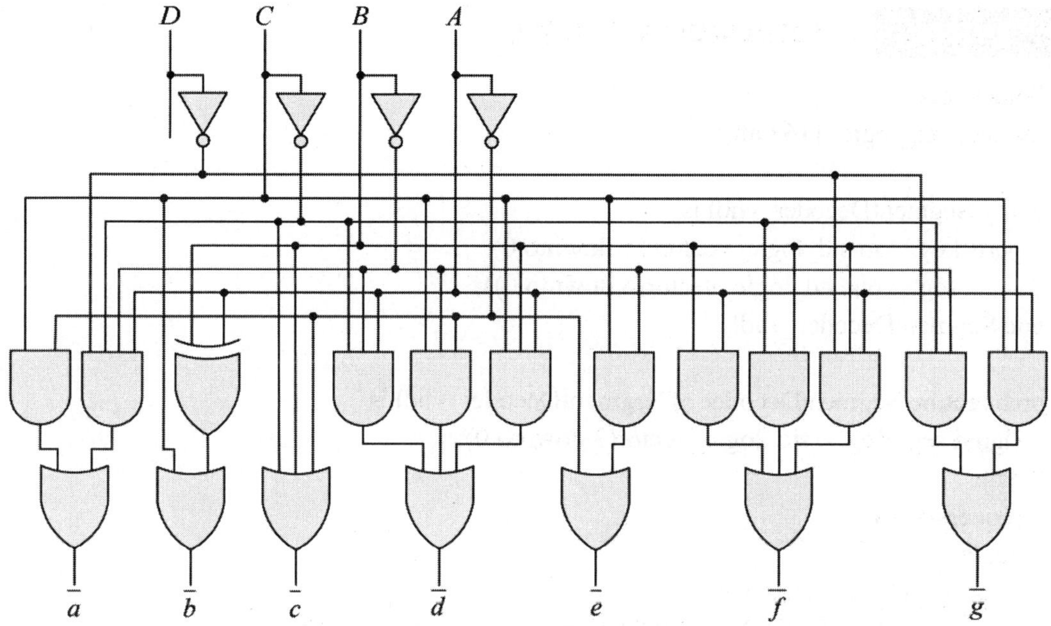

[그림 4.24] BCD to 7-세그먼트 디코더 회로도

[실습 4.3] 16개의 푸시 버튼 스위치(button-0~button-f)를 순서대로 눌렀을 때, 7-세그먼트 디스플레이에 16진수(0~F)가 디스플레이 되도록 회로를 설계하시오. 예를 들면 button-0를 누르면 7-세그먼트 디스플레이에 '0'이 디스플레이 되고, button-f를 누르면 7-세그먼트 디스플레이에 'F'가 디스플레이 되도록 설계하시오.

① 소스코드

스위치로 입력된 값을 16진수로 7-세그먼트에 출력되도록 설계한다. 스위치에 입력된 키 값은 signal seg에 저장되고, case~when에서 seg에 저장된 값에 따라 7-세그먼트에 출력할 값을 지정한다. [코드 4.12]의 푸시버튼 스위치 인코더에 다음과 같이 디코딩을 실행하는 프로세스를 추가한다. 아래 코드에서 seg에 출력은 클럭의 상승에지에서 발생하고, 모든 입력이 가질 수 있는 값에 대해 디코딩을 수행한다. seg에 저장된 값이 "0010"인 경우에 7-세그먼트에 16진수 0×2가 출력되어야 한다.

[코드 4.12] 7-세그먼트 디코더의 VHDL 설계

```
library ieee;
use ieee.std_logic_1164.all;

entity SegmentDecoder_vhdl is
  port( key   : in std_logic_vector(15 downto 0);
        seg   : out std_logic_vector(6 downto 0));
end SegmentDecoder_vhdl;

architecture SegmentDecoder of SegmentDecoder_vhdl is
  signal seg_Reg   : std_logic_vector(3 downto 0);
 begin
  process(key)
  begin
    case key(15 downto 0) is
             when "0000000000000001" => seg_Reg <= "0000";
             when "0000000000000010" => seg_Reg <= "0001";
             when "0000000000000100" => seg_Reg <= "0010";
             when "0000000000001000" => seg_Reg <= "0011";
             when "0000000000010000" => seg_Reg <= "0100";
             when "0000000000100000" => seg_Reg <= "0101";
             when "0000000001000000" => seg_Reg <= "0110";
             when "0000000010000000" => seg_Reg <= "0111";
             when "0000000100000000" => seg_Reg <= "1000";
             when "0000001000000000" => seg_Reg <= "1001";
             when "0000010000000000" => seg_Reg <= "1010";
             when "0000100000000000" => seg_Reg <= "1011";
             when "0001000000000000" => seg_Reg <= "1100";
             when "0010000000000000" => seg_Reg <= "1101";
             when "0100000000000000" => seg_Reg <= "1110";
             when "1000000000000000" => seg_Reg <= "1111";
             when others => null;
  end case;
 end process;

  process(seg_Reg)
  begin
    case seg_Reg is                 -- -gfedcba, active low
```

```
            when "0000" => seg <= "1000000";
            when "0001" => seg <= "1111001";
            when "0010" => seg <= "0100100";
            when "0011" => seg <= "0110000";
            when "0100" => seg <= "0011001";
            when "0101" => seg <= "0010010";
            when "0110" => seg <= "0000010";
            when "0111" => seg <= "1011000";
            when "1000" => seg <= "0000000";
            when "1001" => seg <= "0010000";
            when "1010" => seg <= "0001000";
            when "1011" => seg <= "0000011";
            when "1100" => seg <= "0100111";
            when "1101" => seg <= "0100001";
            when "1110" => seg <= "0000110";
            when "1111" => seg <= "0001110";
        end case;
    end process;
end SegmentDecoder;
```

[시뮬레이션 결과]

[그림 4.25]는 7-세그먼트 디코더의 시뮬레이션 결과를 나타낸 것이다. 시뮬레이션에서 입력은 16비트 푸시버튼 스위치이며, 이 중에서 한 비트만 '1'로 입력했을 때, 7-세그먼트에 어떤 값이 출력되는지 확인한다. when others에 의해 해당하는 입력이 없을 때는 아무 동작을 하지 않도록 했으며, 이를 확인하기 위해 동시에 두 비트에 '1'을 입력했을 때 출력이 어떻게 변하는지 관찰한다.

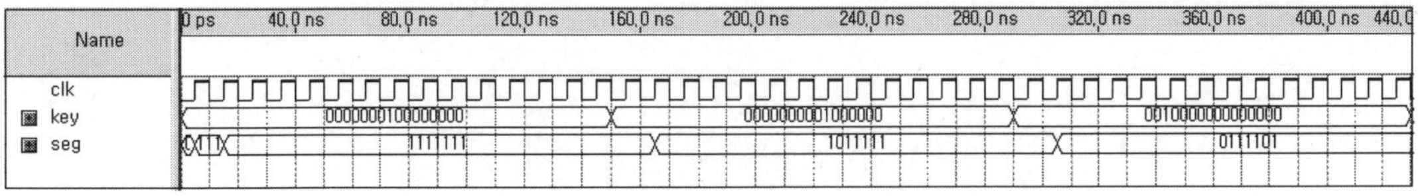

[그림 4.25] 7-세그먼트 디코더의 시뮬레이션 결과

② 디바이스 핀 할당과 실행

FPGA 키트에서 실행하기 위해 핀 번호를 할당한다. 입력은 푸시버튼 스위치의 키값에 맞게 할당한다. [표 4.16]에는 8개의 7-세그먼트가 동시에 키값에 따라 변화는 회로를 구현한다. [표 4.16]은 입출력에 할당된 장치의 종류와 핀 번호를 나타낸다([그림 A.1], [표 A.1], [그림 A.2(a)], [그림 A.2(e)], [그림 A.2(f)] 참고).

[표 4.16] 신호 이름과 할당된 입출력 장치

신호 이름	입출력	장치 종류		핀 할당
key00~key15	**입력**	**입력 스위치**		A3~A10, A13~A20
seg	**출력**	**7-세그먼트**	a	AB20
			b	AB19
			c	AB18
			d	AB17
			e	AB16
			f	AB15
			g	AB14

③ 실행결과 확인

입력 스위치를 변화시켰을 때 8개 7-세그먼트 모두 출력되는지를 확인한다. 또한, 소스 코드를 수정하여 좌측 7-세그먼트 1개와 우측 7-세그먼트 1개만을 점등하는 실습도 수행한다.

4.4. 2진 크기 비교기(Comparator)

[그림 4.26]은 2진 크기 비교기(Comparator)로서 입력되는 두 수의 크기를 비교하는 조합논리회로이다. 입력되는 두 수 중에서 한 수가 크거나($X>Y$), 작거나($X<Y$), 같거나($X=Y$), 또는 같지 않거나($X \neq Y$)를 결정하는 동작을 수행한다.

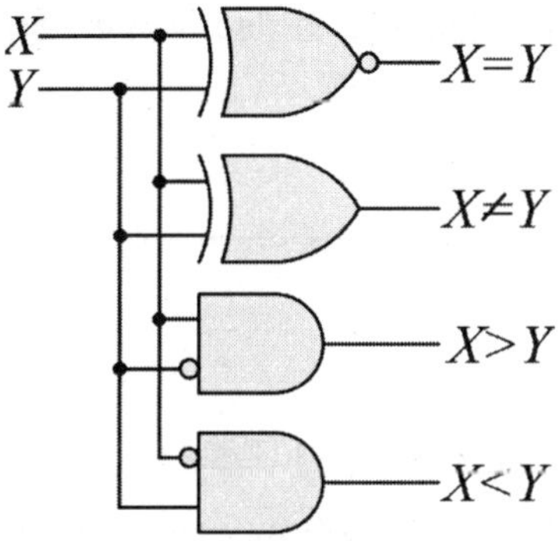

(a) 논리도

X	Y	$X=Y$ F_1	$X \neq Y$ F_2	$X>Y$ F_3	$X<Y$ F_4
0	0	1	0	0	0
0	1	0	1	0	1
1	0	0	1	1	0
1	1	1	0	0	0

(b) 진리표

$$F_1 = \overline{X \oplus Y}$$

$$F_2 = X \oplus Y$$

$$F_3 = X\overline{Y}$$

$$F_4 = \overline{X}Y$$

(c) 결과 식

[그림 4.26] 크기 비교기

크기 비교기의 VHDL에서는 [코드 4.13]과 같이 두 입력 a와 b는 각각 4비트를 가지며, 출력은 a > b, a = b 또는 a < b인 경우에 대해서 각각 한 비트씩 출력한다.

[코드 4.13] 분석

[패키지 선언]

패키지를 선언함으로써 사용자 함수를 선언하거나 사용자 데이터 형을 선언할 수 있다. [코드 4.13]의 예에서는 use_package라는 이름으로 패키지를 선언하였다. 패키지 내에서 ab_width는 정수형 상수로 여기서는 4의 값으로 초기화되었다. VHDL에서는 subtype을 정의할 수 있고, subtype은 한 데이터 형에서 파생되는 형은 서로 호환이 된다. 다음 예를 이용하여 설명한다.

```
type integer_a is range 0 to 31;
subtype integer_b is range 0 to 7;
```

"integer_b"는 "integer_a"의 subtype으로 정의하였다. 이때 "integer_b"는 5비트 "integer_a"의 하위 4비트 정렬이 될 수 있으며, 두 데이터가 호환이 가능함을 의미한다. 따라서 [코드 4.13]의 패키지 내에 subtype으로 정의된 "ab_value"는 integer 형과 호환이 되며, 수의 범위는 0에서 15(=2^{ab_width}-1=2^4-1)의 크기를 갖는다는 의미하고, "ab_value"는 integer의 subtype이며 가질 수 있는 수의 범위가 0~15까지임을 의미한다. 만일 [코드 4.13]에서 "ab_value"를 subtype 대신에 type을 사용하면 integer와는 관련 없이 0~15까지의 수를 갖는 새로운 형을 정의하는 것이므로 integer type과 호환되지 않는다. 즉 "ab_value" 형의 signal과 integer 형의 signal은 서로 호환되지 않는다.

```
use work.use_package.all;
```

work 라이브러리는 사용자가 정의한 라이브러리이며, 현재 작업 중인 프로젝트에 자동 저장된다. 사용자가 설계한 패키지에서 선언된 데이터 형 또는 부함수를 사용하기 위해 사용자가 설계한 work library에서 use_package를 사용하겠다고 선언해야 한다. 따라서 패키지 내에 선언한 "ab_value" 데이터 형을 design entity에서 사용이 가능하다.

[코드 4.13] 크기 비교기의 VHDL 설계

```
package use_package is
constant ab_width : integer :=4;
subtype ab_value is integer range 0 to 2**ab_width-1;
end use_package;

library ieee;
use ieee.std_logic_1164.all;
use work.use_package.all;

entity Comparator_vhdl is
        port( a, b                        : in ab_value;
                a_greater_b, a_equal_b, a_less_b : out std_logic );
end Comparator_vhdl;

architecture Comp_design of Comparator_vhdl is
 begin
        process(a, b)
        begin
```

```
            if (a>b) then                   -- 관계 연산자 >, =가 사용됨
                    a_greater_b <= '1';
                    a_equal_b <= '0';
                    a_less_b <= '0';
            elsif (a=b) then
                    a_greater_b <= '0';
                    a_equal_b <= '1';
                    a_less_b <= '0';
            else
                    a_greater_b <= '0';
                    a_equal_b <= '0';
                    a_less_b <= '1';
            end if;
        end process;
end Comp_design;
```

[시뮬레이션 결과]

[그림 4.27]은 크기 비교기의 시뮬레이션 결과를 나타낸 것이다. 시뮬레이션 시 창의 [Name]란의 입출력 단자에 마우스를 대고 오른쪽 버튼 클릭 → Properties → Radix: 부분을 [Unsigned Decimal]로 선택해서 해석하면 편리하다. a가 b보다 클 경우, a와 b가 같을 경우, a가 b보다 자을 경우에 대해 각각 '1'이 출력됨을 확인한다.

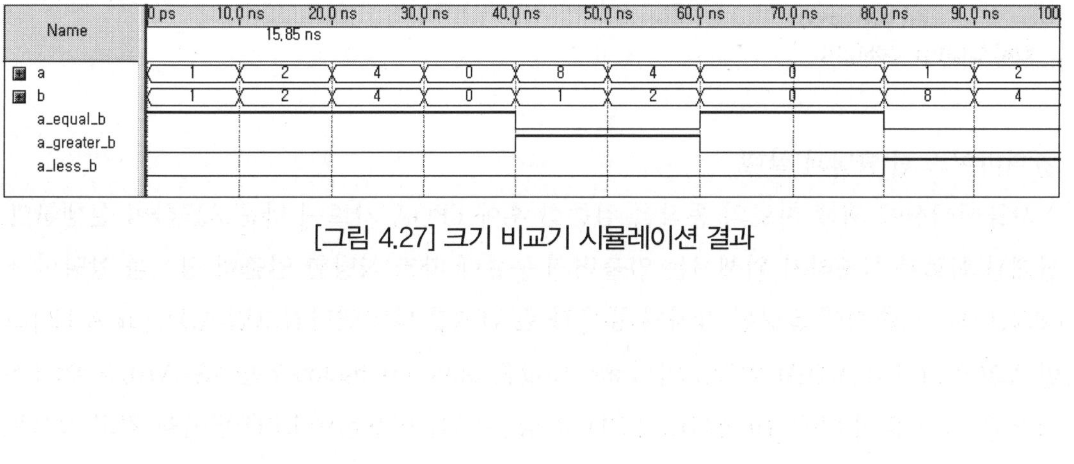

[그림 4.27] 크기 비교기 시뮬레이션 결과

[실습 4.4] 크기 비교기를 구현**하시오**

① 소스코드

[코드 4.14] **크기 비교기를 위한 VHDL 설계**

```
library ieee;
use ieee.std_logic_1164.all;

entity Comparator_vhdl is
        port(a, b               : in std_logic_vector(3 downto 0);
             LED_G, LED_R       : out std_logic_vector(7 downto 0));
end Comparator_vhdl;

architecture Comp_design of Comparator_vhdl is
 begin
        process(a, b)
        begin
                if (a>b) then
                        LED_G <= X"FF";
                        LED_R <= X"00";
                elsif (a=b) then
                        LED_G <= X"FF";
                        LED_R <= X"FF";
                elsif (a<b) then
                        LED_G <= X"00";
                        LED_R <= X"FF";
                end if;
        end process;
end Comp_design;
```

② 디바이스 핀 할당과 실행

시뮬레이션에 의해 회로의 동작을 검증한 후에 FPGA 키트에 다운로드하여 실행한다. 설계된 회로를 실행하기 위해서는 입출력의 종류에 따라 적당한 입출력 장치를 할당한다. [표 4.17]은 입출력에 할당된 장치의 종류와 핀 번호를 나타낸다 ([그림 A.1], [표 A.1], [그림 A.2(e)], [그림 A.2(i)] 참고). 입력 a와 b 값을 button-0~button-7핀(A3~A10)을 이용하여 받은 다음 출력 LED_G(녹색)과 LED_R(붉은색)을 이용하여 LED 핀들을 켜고 끔으로써 a와 b의 크기를 비교하도록 설계한다.

[표 4.17] 신호 이름과 할당된 입출력 장치

신호 이름	입출력	장치 종류	핀 할당
a	**입력**	**버튼 스위치**	A3~A6
b	**입력**	**버튼 스위치**	A7~A10
LED_G	**출력**	LED	B3~B10
LED_R	**출력**	LED	B13~B20

③ 실행결과 확인

다음과 같이 동작이 제대로 구현되는지 확인한다.

(a) a = $1000_{(2)}$ = $8_{(10)}$, b = $0001_{(2)}$ = $1_{(10)}$: $a>b$ → LED_G <= X“FF”, LED_R <= X“00”

(b) a = $1000_{(2)}$ = $8_{(10)}$, b = $1000_{(2)}$ = $8_{(10)}$: $a=b$ → LED_G <= X“FF”, LED_R <= X“FF”

(c) a = $0001_{(2)}$ = $1_{(10)}$, b = $1000_{(2)}$ = $8_{(10)}$: $a<b$ → LED_G <= X“00”, LED_R <= X“FF”

4.5. N비트 가산/감산기 및 BCD 가산기

4.5.1. N비트 가산/감산기

이미 전가산기와 전감산기를 각각 설계하였다. 그러나 앞에서 설계한 내용은 1비트에 대한 설계이며, 실제 회로에 적용되기 위해서는 1비트 이상의 입력에 대해 연산이 행해져야 한다. 따라서 본 절에서는 다수의 비트 입력을 갖는 가산기/감산기를 schematic과 VHDL로 설계함으로써 두 방법의 차이를 이해한다. Schematic으로 설계할 때는 일반적인 n비트로 설계할 수 없으므로 여기서는 4비트 가산기/감산기를 설계한다. 4.1.2절에서 이미 설계한 1비트 전가산기의 VHDL 회로를 심벌로 생성한 후에 이를 이용해서 4비트 전가산기를 설계한다. 1비트 전가산기의 VHDL 회로를 심벌로 생성하는 과정은 다음과 같다.

① 프로젝트 파일(FullAdder2.vhdl)을 연다.

② File → Create/Update → Create Symbol File for Current File 실행: BSF 파일이 자동으로 생성됨[그림 4.28].

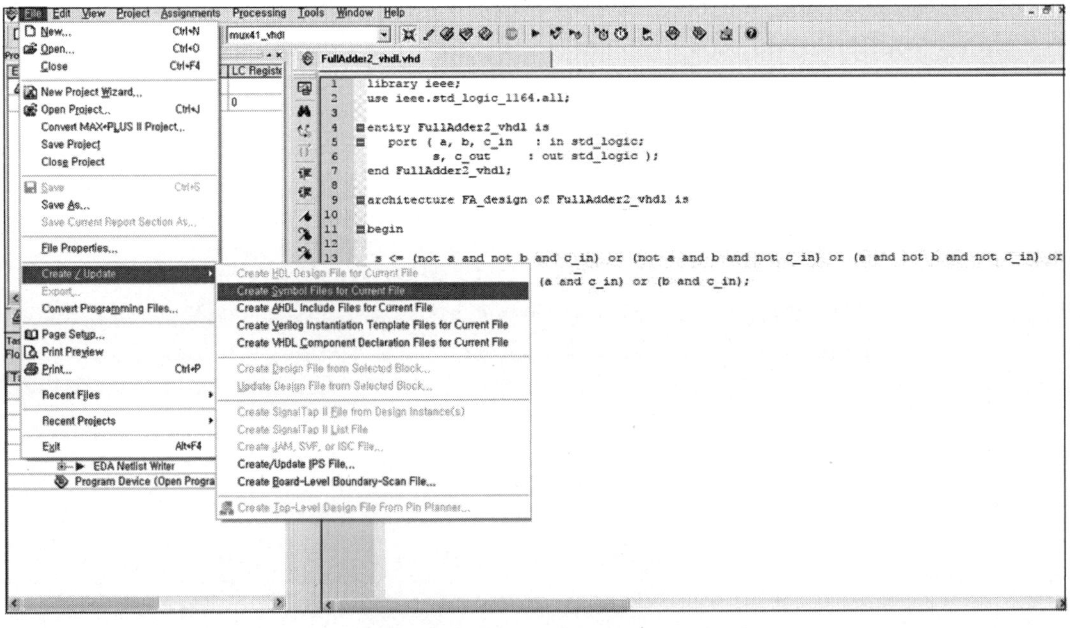

[그림 4.28] BSF 파일의 생성

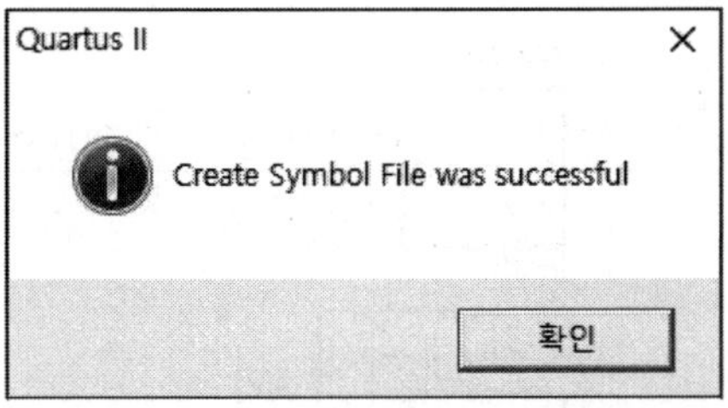

[그림 4.29] 심벌 생성 성공 메시지

(1) n비트 가산/감산기의 schematic 설계

모드 입력 M에 따라 가산기 또는 감산기로 동작하게 회로를 구성할 수 있다. 그 원리는 다음과 같다.

M(모드 입력) = '0'

$A+(B\oplus 0) = A+B$ → 가산기

M(모드 입력) = '1'

$A+(B\oplus 0)+(C_0 = 1) = A+(B'+1)$ → 감산기

① File → New Project Wizard → 작업 디렉토리는 C:\Ryujy\basics\logic\FullAdder, 프로젝트 이름은 nBitAddSub_sch(반드시 VHDL 및 심벌이 생성된 디렉토리와 같은 디렉토리에 프로젝트를 생성해야 심벌을 불러왔을 때 오류가 발생하지 않음)

[그림 4.30]은 4비트 가산/감산기의 schematic/bdf로 설계한 것이다. [그림 4.30]에서 회로의 기본적인 구성은 4비트 입력 a와 b가 피연산자이며, 입력 M이 '0'이면 가산기 동작을 하고 '1'이면 감산기 동작을 한다. 가산기와 감산기는 조합논리회로에서 가장 기본이 되는 회로지만 뺄셈동작에서 음수결과가 나올 때를 고려하면 간단하지는 않다. 본 설계에서는 여러 비트 입력을 갖는 가산기/감산기를 schematic과 VHDL로 각각 설계하고 각각의 특징을 분석한다. [그림 4.30]의 회로에서 FullAdder_sch는 심벌로 생성된 것이며, 창에서 심벌위에 마우스를 더블클릭하면 4.1.2절에서 설계한 전가산기의 VHDL 코드임을 확인할 수 있다. 만약 더블클릭했을 때 경로가 나오거나 바로 코드로 넘어가지 않으면 컴파일하면 오류가 발생한다(FullAdder_vhdl과 nBitAddSub_sch가 동일한 작업 디렉토리에 생성되어 있지 않으면 오류 발생함). 선이 결선이 되는 부분 또는 4비트를 표현해야 하므로 a[3..0], b[3..0] 및 s[3..0]의 굵은 선 부분에는 반드시 Orthogonal Bus Tool(아이콘)을 사용해서 연결해야 한다.

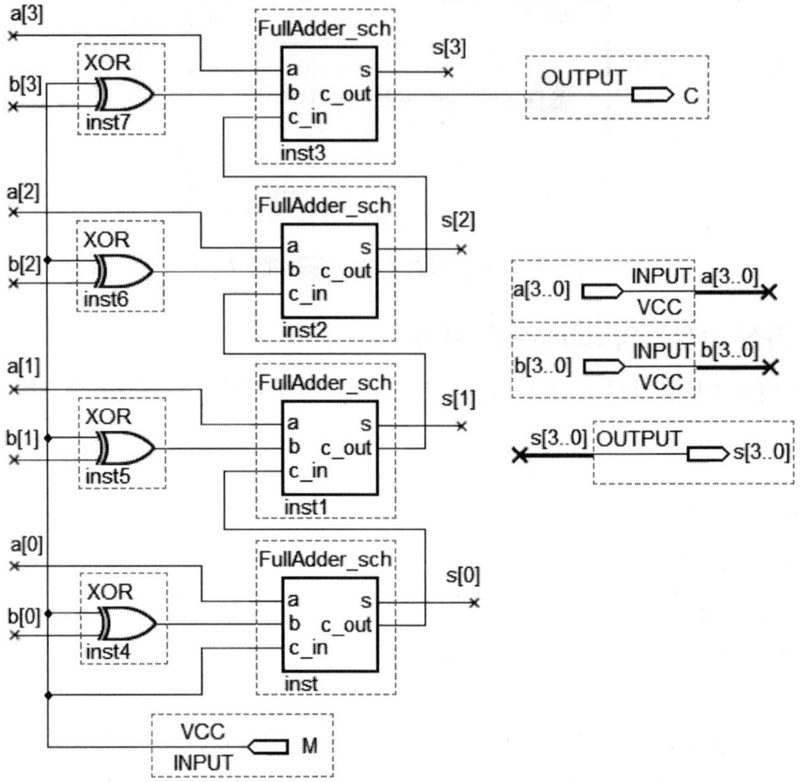

[그림 4.30] 4비트 가산/감산기의 schematic 설계

[시뮬레이션 결과]

[그림 4.31]은 4비트 가산/감산기의 시뮬레이션 결과를 나타낸 것이다. 50ns 간격으로 입력을 변화시켜가며 덧셈과 뺄셈을 계산하였다. [표 4.18]은 [그림 4.31]의 시뮬레이션 결과를 정리한 것이다.

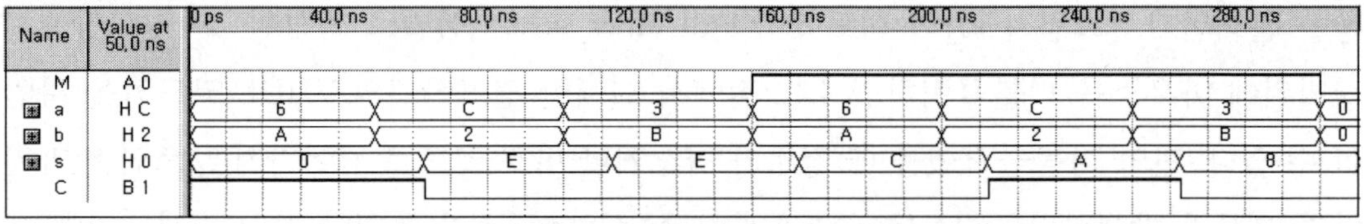

[그림 4.31] 4비트 가산/감산기의 시뮬레이션 결과

[표 4.18] 4비트 가산/감산기의 입력에 대한 출력 결과

M	a	b	s	C
'0'	"0110"	"1010"	"0000"	'1'
	"1100"	"0010"	"1110"	'0'
	"0011"	"1011"	"1110"	'0'
'1'	"0110"	"1010"	"1100"	'0'
	"1100"	"0010"	"1010"	'1'
	"0011"	"1011"	"1000"	'0'

[표 4.18]에서 가산기로 동작할 때 각각의 2진수 연산을 16진수로 나타내면 다음과 같다.

```
"0110" + "1010" = "10000" → 6 + 10 = 16(16진수 0)
"1100" + "0010" = "01110" → 12 + 2 = 14(16진수 E)
"0011" + "1011" = "01110" → 3 + 11 = 14(16진수 E)
```

[그림 4.31]에서 감산기로 동작할 때는 빼는 수의 2의 보수를 취해서 더해야 한다. 따라서 각 연산을 2의 보수를 취해서 계산하면 다음과 같다.

"0110" - "1010" = "0110" + ("1010"의 2의 보수) = "0110" + "0110" = "<u>**0**</u>1100"
"1100" - "0010" = "1100" + ("0010"의 2의 보수) = "1100" + "1110" = "<u>**1**</u>1010"
"0011" - "1011" = "0011" + ("1011"의 2의 보수) = "0011" + "0101" = "<u>**0**</u>1000"

위의 첫 번째 연산을 16진수로 나타내면 6-10=-4이다. 2진 연산 결과는 "1100"이고, 캐리가 없으므로 이런 경우에는 '-'부호를 붙이고 연산 결과의 2의 보수를 취하면 된다. 따라서 "1100"의 2의 보수는 "0100"이며 16진수로 나타내면 -4가 된다. 두 번째 연산을 16진수로 표현하면 12-2 = 10이다. 2진 연산의 결과는 캐리가 발생하고 "1010"이므로 캐리를 무시한 나머지 값 10(16진수 A)이 연산 결과이다. 마지막 연산에서도 결과가 음수가 나오므로 "1000"의 2의 보수를 취하면 "1000"이 되므로 연산 결과는 -8이 된다.

(2) n비트 가산/감산기의 VHDL 설계

일반적인 비트 수를 갖는 n비트 가산기/감산기 회로를 VHDL을 이용해서 설계한다. 가산회로의 경우에는 부호를 고려하지 않아도 되므로 크게 문제가 되지 않지만 감산의 경우는 부호를 고려해야 한다. 특히 VHDL에서 정수형 데이터를 이용해서 연산을 할 때는 덧셈과 뺄셈 연산에 있어 부호를 고려하지 않고 일반 산술처럼 계산하지만, 이때 연산 결과가 가질 수 있는 범위의 수를 벗어나면 올바른 연산 결과를 얻을 수 없으므로 연산 결과가 가질 수 있는 수의 범위를 정확하게 정해야 한다. [코드 4.15]는 단순한 가산/감산 산술연산을 하는 것에 비해 복잡할 수 있지만 VHDL에서 산술연산을 이해하는 데 많은 도움이 될 것으로 판단된다.

[코드 분석]

[signal과 variable]

VHDL에서는 고정되지 않는 데이터 값으로 signal과 variable을 사용한다. signal은 architecture와 begin 사이에 선언되는 전역 데이터이고, VHDL 코드 어디에서나 사용이 가능하다. variable은 지역 데이터로서 해당되는 순차코드 내에서만 사용되고 다른 영역에서는 직접 사용될 수 없고, 새로운 값이 할당되면 다음 줄에서 즉시 사용이 가능하다. signal과 variable에는 분명한 차이가 있으나 어떤 것을 사용해야 하는지에 대해서 명확하게 구분하기가 쉽지 않기 때문에 상황에 따라서 선택을 해야 한다. [표 4.19]는 두 데이터의 차이점을 나타낸다.

[코드 4.15] n비트 가산/감산기의 VHDL 설계 I

```
library ieee;
use ieee.std_logic_1164.all;

package use_package is
    constant add_width : integer :=4;
    constant result_width : integer :=5;
    constant max_result : integer :=2**result_width-1;
    constant min_result : integer :=-2**result_width;
    subtype add_value is integer range 0 to 2**add_width-1;
    subtype result_value is integer range -2**result_width to 2**result_width-1;
```

```
end use_package;

library ieee;
use ieee.std_logic_1164.all;
use ieee.std_logic_arith.all;
use work.use_package.all;

entity nBitAddSub_vhdl is
        port( a, b                    : in add_value;
              m                       : in std_logic;
              sum                     : out result_value;
              underflow, overflow     : out std_logic );
end nBitAddSub_vhdl;

architecture nBitAddSub_design of nBitAddSub_vhdl is
    signal over, under        : std_logic;
 begin
        process(a, b, m, over, under)
              variable res : result_value;
        begin
              if(m = '0') then res := a + b;
              else res := a - b;
              end if;
              if(res > max_result) then over <= '1';
              else over <= '0';
              end if;
              if(res < min_result) then under <= '1';
              else under <= '0';
              end if;
              if(over = '0' and under = '0') then sum <= res;
              end if;
         overflow <= over;
         underflow <= under;
    end process;
end nBitAddSub_design;
```

[표 4.19] signal과 variable 비교

	signal	variable
용도	회로의 연결을 표시	지역(local) 데이터를 표시
할당	<=	:=
범위	전역(global), 전 코드에 사용 가능	선언된 구역(예: process)에서만 사용 가능
동작	사용된 구역(process 단위)의 실행이 종료될 때 새로운 데이터로 변경	새로운 값이 할당되면 즉시 반영됨
사용	패키지, entity 또는 architecture 내에서 사용, 모든 포트는 signal임	순차코드(예: process) 내에서만 사용

[n비트 가산기/감산기에 대한 설명]

Design entity에서 입력은 패키지에서 정의된 add_value로 선언되고, 출력은 result_value로 선언하였다. 입출력의 범위를 integer subtype으로 정의된 수의 범위를 통해서 자동으로 비트의 크기가 할당된다.

subtype adder_value is integer range 0 to 2**add_width-1에서 입력 a와 b는 add_width =4, 따라서 0에서 15(0~2^4-1)까지의 범위를 가지므로 각각 4비트씩 할당된다. subtype result_value is integer range -2**result_width to 2**result_width-1에서는 result_width=5로 정의하였다. 입력은 각각 4비트 정수이므로 두 수를 더했을 때 최대 30이 될 수 있으며, 뺄셈을 했을 때는 최소 -15까지 결과가 나올 수 있다. 따라서 출력 결과 범위는 -15~30까지 가지므로 부호를 제외하면 5비트가 할당되므로, 실제로 출력범위는 -32~31까지 가질 수 있다. 만일 패키지에서 subtype으로 데이터 형을 정의하지 않고 integer 데이터 형을 사용할 경우 두 데이터 간에 호환이 되지 않으므로 a와 b의 연산 결과를 sum에 저장할 수 없다.

```
entity nBitAddSub_vhdl is
       port( a, b                  : in add_value;
             m                     : in std_logic;
             sum                   : out result_value;
             underflow, overflow   : out std_logic );
end nBitAddSub_vhdl;
```

덧셈 또는 뺄셈 연산 결과가 가질 수 있는 수의 범위 즉 최대 또는 최소의 범위를 넘을 때는 overflow 또는 underflow가 된다. 이 경우 결과 값이 의미가 없기 때문에 overflow 또는 underflow 비트를 출력하고, 결과 sum에 출력되는 값은 의미가 없다.

```
if(res > max_result) then over <= '1';
else over <= '0';
end if;
if(res < min_result) then under <= '1';
else under <= '0';
end if;
if(over = '0' and under = '0') then sum <= res;
end if;
```

[시뮬레이션 결과]

[그림 4.32]는 VHDL을 이용해 설계한 4비트 가산/감산기의 시뮬레이션 결과를 나타낸 것이다. 앞에서 schematic으로 설계했을 때는 덧셈 결과가 4비트이고, 캐리가 출력으로 나오기 때문에 시뮬레이션에서 부호까지 고려해서 결과를 확인하기 어렵다. 그러나 VHDL로 설계했을 경우에는 시뮬레이션 출력의 property를 "signed decimal"로 설정하면 정확한 값의 확인이 가능하다. 설정할 입출력 신호를 선택하고 마우스 오른쪽 버튼을 누른 후 properties를 선택하여 설정한다. [그림 4.32]의 시뮬레이션 결과로부터 알 수 있듯이 출력 sum은 부호까지 고려해서 [표 4.18]의 결과와 일치한다. 이와 같이 VHDL로 산술연산을 할 때에는 부호를 고려하지 않고 연산 결과가 가질 수 있는 수의 범위만 정확하게 지정하면 정확한 결과를 얻을 수 있다.

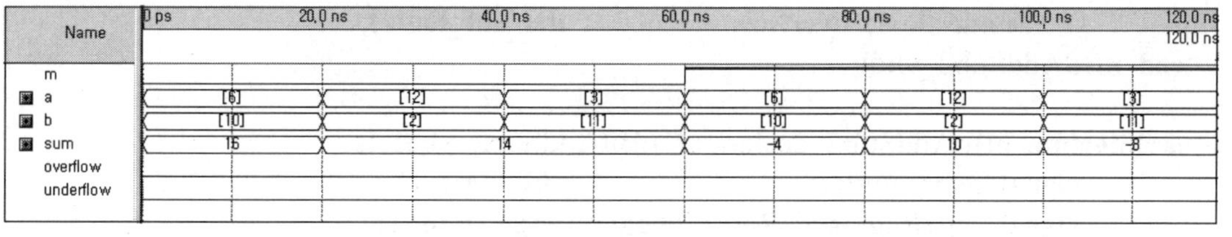

[그림 4.32] VHDL을 이용해 설계한 4비트 가산/감산기의 시뮬레이션 결과

이제 [코드 4.15]의 4비트 가산/감산기에 7-세그먼트에 출력하기 위한 연산 결과를 디코딩하는 부분을 학습한다. 추가해야 할 출력 포트는 부호를 나타내는 'sign'과 7비트의 7-세그먼트 출력 'seg1'과 'seg2'이다. 출력은 최대 16진수 2자리이므로 2개의 7-세그먼트(seg1Reg, seg2Reg)에 출력된다.

[코드 4.16] n비트 가산/감산기의 VHDL 설계 II

```
library ieee;
use ieee.std_logic_1164.all;

package use_package is
    constant add_width          : integer :=4;
    constant result_width       : integer :=5;
    constant max_result         : integer :=2**result_width-1;
    constant min_result         : integer :=-2**result_width;
    subtype add_value is integer range 0 to 2**add_width-1;
    subtype result_value is integer range -2**result_width to 2**result_width-1;
end use_package;

library ieee;
use ieee.std_logic_1164.all;
use ieee.std_logic_unsigned.all;
use ieee.std_logic_arith.all;
use work.use_package.all;

entity nBitAddSub2_vhdl is
      port( a, b                 : in add_value;
            m                    : in std_logic;
            seg1, seg2           : out std_logic_vector(6 downto 0);
            sign                 : out std_logic;
            sum                  : out result_value;
            underflow, overflow  : out std_logic);
end nBitAddSub2_vhdl;

architecture nBitAddSub2_design of nBitAddSub2_vhdl is
        signal over, under              : std_logic;
        signal seg1Reg, seg2Reg : integer range 0 to 15;
 begin
        process(m, a, b, over, under)
                variable res                    : result_value;
```

```
        begin
          if (m = '0') then res := a + b;
          else res := a - b;
          end if;
          if (res > max_result) then over <= '1';
          else over <= '0';
          end if;
          if (res < min_result) then under <= '1';
          else under <= '0';
          end if;
          if (over = '0' and under = '0') then sum <= res;
          end if;
          if (res < 0) then
            sign <= '1';
            seg1Reg <= -res / 16;          -- /: 나눗셈 연산자
            seg2Reg <= -res mod 16;        -- mod: 모듈로 연산자(나머지 값 리턴)
          else
            sign <= '0';
            seg1Reg <= res / 16;
            seg2Reg <= res mod 16;
          end if;

          overflow <= over;
          underflow <= under;
        end process;

-- process for 7-segment display
        process(seg1Reg, seg2Reg)
        begin
            case seg1Reg is
                                          -- "abcdefg"
                when 0 => seg1 <= "1111110";
                when 1 => seg1 <= "0110000";
                when 2 => seg1 <= "1101101";
                          .........
                when 14 => seg1 <= "1101111";
                when 15 => seg1 <= "1000111";
            end case;
            case seg2Reg is
                                          -- "abcdefg"
                when 0 => seg2 <= "1111110";
                when 1 => seg2 <= "0110000";
```

```
                when 2 => seg2 <= "1101101";
                        .........
                when 14 => seg2 <= "1101111";
                when 15 => seg2 <= "1000111";
            end case;
        end process;
end nBitAddSub2_design;
```

[코드 분석]

seg1Reg와 seg2Reg는 7-세그먼트에 출력될 16진수 값을 저장하는 레지스터로 설정하였다. 입력을 더한 결과 res가 음수이면 'sign'에 '1'을 출력하고 두 자리의 16진수 중 첫 번째 자리(seg1Reg)에 res를 16으로 나눈 몫을 저장한다. 피연산자는 모두 정수형이므로 결과도 정수형이며, 소수점 이하는 버린다. 두 번째 자리(seg2Reg)에는 res를 16으로 나눈 나머지 값을 저장하기 때문에 결과적으로 seg1Reg와 seg2Reg에는 7-세그먼트에 출력될 결과의 절대값을 저장한다. [코드 4.16]에서 process는 seg1Reg와 seg2Reg에 저장된 값에 따라서 7-세그먼트에 값을 출력시키기 위해 디코딩하는 부분이다. 레지스터에 저장된 16진수 값에 따라서 7-세그먼트에 해당하는 2진수를 출력한다.

[실습 4.5] 4비트 가산/감산기를 구현(구현 예#1)하시오.

① 소스코드

버튼 16개 중 버튼-0에 핀을 할당하여 버튼-0을 누르면 가산기, 아무 키도 누르지 않으면 감산기로 작동하게 구성한다.

[코드 4.17] 4비트 가산기/감산기의 VHDL 설계

```
library ieee;
use ieee.std_logic_1164.all;

package use_package is
constant add_width : integer :=4;
constant result_width : integer :=5;
constant max_result : integer :=2**result_width-1;
constant min_result : integer :=-2**result_width;
```

```
subtype add_value is integer range 0 to 2**add_width-1;
subtype result_value is integer range -2**result_width to 2**result_width-1;
end use_package;

library ieee;
use ieee.std_logic_1164.all;
use ieee.std_logic_arith.all;
use work.use_package.all;

entity nbitaddsub_vhdl is
    port( a, b : in add_value;
          key : in std_logic_vector(15 downto 0);
          led1, led2 : out std_logic_vector(7 downto 0);
          seg1, seg2 : out std_logic_vector(6 downto 0);
          sign : out std_logic;
          sum : out result_value;
          underflow, overflow  : out std_logic);
end nbitaddsub_vhdl;

architecture design of nbitaddsub_vhdl is
            signal over, under : std_logic;
            signal seg1Reg, seg2Reg : integer range 0 to 15;
      begin
        process(key, a, b, over, under)
          variable res : result_value;
            begin
            if (key = "0000000000000001") then res := a + b;
            else res := a - b;
            end if;
            if (res > max_result) then over <= '1';
            else over <= '0';
            end if;
            if (res < min_result) then under <= '1';
            else under <= '0';
            end if;
            if (over = '0' and under = '0') then sum <= res;
            end if;
            if (res < 0) then
             sign <= '1';
             led1 <= X"FF";
             seg1Reg <= -res / 16;
             seg2Reg <= -res mod 16;
```

```
            else
             led1 <= X"00";
             sign <= '0';
             seg1Reg <= res / 16;
             seg2Reg <= res mod 16;
             if (seg1Reg = 1) then
                    led2 <= "00000001";
             else
                    led2 <= "00000000";
             end if;
            end if;

overflow <= over;
underflow <= under;
end process;

process(seg1Reg, seg2Reg)
  begin
          case seg2Reg is
            when 0   => seg2 <= "1000000";
            when 1   => seg2 <= "1111001";
            when 2   => seg2 <= "0100100";
            when 3   => seg2 <= "0110000";
            when 4   => seg2 <= "0011001";
            when 5   => seg2 <= "0010010";
            when 6   => seg2 <= "0000010";
            when 7   => seg2 <= "1011000";
            when 8   => seg2 <= "0000000";
            when 9   => seg2 <= "0010000";
            when 10   => seg2 <= "0001000";
            when 11   => seg2 <= "0000011";
            when 12   => seg2 <= "0100111";
            when 13   => seg2 <= "0100001";
            when 14   => seg2 <= "0000110";
            when 15   => seg2 <= "0001110";
           end case;
        end process;
end design;
```

② 디바이스 핀 할당과 실행

FPGA 키트에 실행하기 위해 핀 번호를 할당한다. [표 4.20]은 입출력에 할당된 장치의 종류와 핀 번호를 나타낸다([그림 A.1], [표 A.1], [그림 A.2(a)], [그림 A.2(e)] 참고). 버튼 16개 중 버튼-0에 핀을 할당하여 버튼-0을 누르면 가산기, 아무 키도 누르지 않으면 감산기로 작동하게 하였다(나머지 15개 버튼에는 사용하지 않으므로 핀을 할당할 필요 없다.).

[표 4.20] 신호 이름과 할당된 입출력 장치

신호 이름	입출력	장치 종류	핀 할당
a	입력	슬라이드 스위치	P21, N21, M21, L21
b	입력	슬라이드 스위치	K21, J21, H21, F21
m(key)	입력	버튼 스위치	A3
led1	출력	LED	B3~B10
led2	출력	LED	B13
overflow	출력	LED	B19
underflow	출력	LED	B20
seg2	출력	7-세그먼트	AB20~AB14

③ 실행결과 확인

Key0(버튼-0)을 누르면 가산기, 아무 키도 누르지 않으면 감산기로 작동하게 하였고, 녹색 LED가 점등되면 음수를 나타내며, 점등이 되지 않을 시 양수를 나타낸다. 또, 가산기의 값이 16이상이면 붉은색 LED가 점등되고, 최우측 LED만 점등되면 결과값에 16을 뺀 나머지 값이 출력이 되도록 하였다. 1100(12) - 1000(8) = +4, 0100(4) - 1000(8) = -4, 0101(5) + 0010(2) = + 7, 1100(12) + 1010(10) = 22 (16 + 6)가 출력되는지 확인한다.

[실습 4.6] 4비트 가산기/감산기를 구현(구현 예#2)하시오.

① 소스코드

입력 값으로 7과 15를 주어서 22가 출력되는 회로를 구현한다. mod는 0을 주어 가산기로 작동하도록 구현한다. mod를 1로 줄 경우 감산기로 동작하게 구현한다. 즉, 7-15 = -8이 되도록 구현한다. 녹색 led를 이용해서 overflow와 underflow를 나타내도록 구현한다. 모든 불이 들어와 있지만 overflow가 발생하면 제일 앞의 led가 꺼지고, underflow가 발생하면 제일 뒤의 led가 꺼지도록 구현한다.

[코드 4.18] 4비트 가산기/감산기의 VHDL 설계

```
library ieee;
use ieee.std_logic_1164.all;
package use_package is
        constant add_width : integer := 4;
        constant result_width : integer :=5;
        constant max_result : integer :=2**result_width-1;
        constant min_result : integer :=-2**result_width;
        subtype add_value is integer range 0 to 2**add_width-1;
        subtype result_value is integer range -2**result_width to 2**result_width-1;
end use_package;

library ieee;
use ieee.std_logic_1164.all;
use ieee.std_logic_arith.all;
use work.use_package.all;

entity nbitaddsub1_vhdl is
        port(a, b       : in add_value;
             m          : in std_logic;                         -- change button
             led        : out std_logic_vector(7 downto 0);  -- overflow, underflow
             seg        : out std_logic_vector(6 downto 0);  -- 7-segment
             en         : out std_logic_vector(6 downto 0)); -- 7-segment click
end nbitaddsub1_vhdl;

architecture design of nbitaddsub1_vhdl is
        signal over, under : std_logic;
        signal overflow, underflow : std_logic;
        signal output : integer range 0 to 3 ;
        signal outputmod : integer range 0 to 9;
        signal sum : result_value;
begin
        process(a, b, m, over, under)
                variable res : result_value;
        begin
                if(m = '0') then res := a+b;
                else res := a-b;
                end if;

                if(res > max_result) then over <= '1';
                else over <= '0';
                end if;

                if(res < min_result) then under <= '1';
```

```
                    else under <= '0';
                    end if;

                    if(over = '0' and under = '0') then sum <= res;
                    end if;

overflow <= over;
underflow <= under;
end process;

 process(output, outputmod, sum)
          variable count  : integer := 0;
          begin

          count := count + 1;

          if count = 300000 then
                    if sum < 0 then
                              seg <= "0111111";
                              en  <= "0111111";
                    end if;
          end if;

          if count = 600000 then
                    if sum > 0 then
                              output <= sum / 10;
                              outputmod <= sum mod 10;
                              case output is
                               when 0 => seg <= "1000000"; en<= "1011111";
                               when 1 => seg <= "1111001"; en<= "1011111";
                               when 2 => seg <= "0100100"; en<= "1011111";
                               when 3 => seg <= "0110000"; en<= "1011111";
                              end case;
                    else
                              output <= abs(sum / 10);
                              outputmod <= abs(sum rem 10);
                              case output is
                               when 0 => seg <= "1000000"; en<= "1101111";
                               when 1 => seg <= "1111001"; en<= "1101111";
                               when others => null;
                              end case;
                    end if;
          end if;
```

```
if count = 900000 then
            if sum > 0 then
              case outputmod is
                 when 0  => seg <= "1000000"; en<= "1110111";
                 when 1  => seg <= "1111001"; en<= "1110111";
                 when 2  => seg <= "0100100"; en<= "1110111";
                 when 3  => seg <= "0110000"; en<= "1110111";
                 when 4  => seg <= "0011001"; en<= "1110111";
                 when 5  => seg <= "0010010"; en<= "1110111";
                 when 6  => seg <= "0000010"; en<= "1110111";
                 when 7  => seg <= "1011000"; en<= "1110111";
                 when 8  => seg <= "0000000"; en<= "1110111";
                 when 9  => seg <= "0010000"; en<= "1110111";
                 when others => null;
            end case;
    else

case outputmod is
                 when 0  => seg <= "1000000"; en<= "1111011";
                 when 1  => seg <= "1111001"; en<= "1111011";
                 when 2  => seg <= "0100100"; en<= "1111011";
                 when 3  => seg <= "0110000"; en<= "1111011";
                 when 4  => seg <= "0011001"; en<= "1111011";
                 when 5  => seg <= "0010010"; en<= "1111011";
                 when 6  => seg <= "0000010"; en<= "1111011";
                 when 7  => seg <= "1011000"; en<= "1111011";
                 when 8  => seg <= "0000000"; en<= "1111011";
                 when 9  => seg <= "0010000"; en<= "1111011";
                   when others => null;
            end case;
        end if;
    count := 0;
 end if;
if overflow = '1' then
                  led <= "01111111";
            elsif underflow = '1' then
                  led <= "11111110";
            else led <= "11111111";
end if;
  end process;
end design;
```

② 디바이스 핀 할당과 실행

FPGA 키트에 실행하기 위해 핀 번호를 할당한다. [표 4.21]은 입출력에 할당된 장치의 종류와 핀 번호를 나타낸다 ([그림 A.1], [표 A.1], [그림 A.2(a)], [그림 A.2(e)] 참고).

[표 4.21] 신호 이름과 할당된 입출력 장치

신호 이름	입출력	장치 종류	핀 할당
a	입력	슬라이드 스위치	P21, N21, M21, L21
b	입력	슬라이드 스위치	K21, J21, H21, F21
m	입력	모드 스위치	M2
overflow, underflow	출력	LED	B3~B10
seg	출력	7-세그먼트	AB20~AB14
en	출력	7-세그먼트	AA13~AA19

③ 실행결과 확인

mod가 0일 때 입력 값으로 7과 15를 주어서 22가 출력되는지 확인한다. mod가 1일 때 7-15 = -8이 출력되는지 확인한다. 녹색 led를 이용해서 overflow와 underflow를 확인한다. 모두 불이 들어와 있지만 overflow가 발생하년 제일 앞의 led가 꺼시고, underflow가 발생하면 제일 뒷자리의 led가 꺼지는 지 확인한다.

[실습 4.7] 4비트 가산기/감산기를 구현(구현 예#3)하시오.

① 소스코드

[코드 4.18] **4비트 가산기/감산기의 VHDL 설계**

```
library ieee;
use ieee.std_logic_1164.all;
package use_package is
        constant add_width : integer := 4;
        constant result_width : integer :=5;
        constant max_result : integer :=2**result_width-1;
        constant min_result : integer :=-2**result_width;
        subtype add_value is integer range 0 to 2**add_width-1;
        subtype result_value is integer range -2**result_width to 2**result_width-1;
end use_package;
```

```
library ieee;
use ieee.std_logic_1164.all;
use ieee.std_logic_arith.all;
use work.use_package.all;

entity nbitaddsub2_vhdl is
        port( a, b                          : in add_value;
              m                             : in std_logic;
              seg                           : out std_logic_vector(6 downto 0);
              sign                          : out std_logic;
              ena                           : in std_logic;
              underflow, overflow           : out std_logic);
end nbitaddsub2_vhdl;

architecture design of nbitaddsub2_vhdl is
        signal over, under              : std_logic;
        signal seg1Reg, seg2Reg : integer range 0 to 15;
         begin
                process(m, a, b, over, under)
                        variable res                    : result_value;
                begin
                 if ( m = '0') then res := a+b;
                 else res := a-b;
                 end if;
                 if (res > max_result) then over <= '1';
                 else over <= '0';
                 end if;
                 if (res < min_result) then under <= '1';
                 else under <= '0';
                 end if;
                 if (over = '0' and under = '0') then
                 end if;
                 if (res < 0) then
                  sign <= '1';
                  seg1Reg <= -res / 16;
                  seg2Reg <= -res mod 16;
                 else
                  sign <= '0';
                  seg1Reg <= res / 16;
                  seg2Reg <= res mod 16;
                 end if;
```

```
 overflow <= over;
 underflow <= under;
end process;

process(ena, seg1Reg, seg2Reg)
begin
 if ena ='1' then
        case seg1Reg is
    when 0   => seg <= "1000000";
    when 1   => seg <= "1111001";
    when 2   => seg <= "0100100";
    when 3   => seg <= "0110000";
    when 4   => seg <= "0011001";
    when 5   => seg <= "0010010";
    when 6   => seg <= "0000010";
    when 7   => seg <= "1011000";
    when 8   => seg <= "0000000";
    when 9   => seg <= "0010000";
    when 10   => seg <= "0001000";
    when 11   => seg <= "0000011";
    when 12   => seg <= "0100111";
    when 13   => seg <= "0100001";
    when 14   => seg <= "0000110";
    when 15   => seg <= "0001110";
  end case;
 else
case seg2Reg is
    when 0   => seg <= "1000000";
    when 1   => seg <= "1111001";
    when 2   => seg <= "0100100";
    when 3   => seg <= "0110000";
    when 4   => seg <= "0011001";
    when 5   => seg <= "0010010";
    when 6   => seg <= "0000010";
    when 7   => seg <= "1011000";
    when 8   => seg <= "0000000";
    when 9   => seg <= "0010000";
    when 10   => seg <= "0001000";
    when 11   => seg <= "0000011";
    when 12   => seg <= "0100111";
```

```
                    when 13  => seg <= "0100001";
                    when 14  => seg <= "0000110";
                    when 15  => seg <= "0001110";
        end case;
      end if;
    end process;
end design;
```

② 디바이스 핀 할당과 실행

FPGA 키트에 실행하기 위해 핀 번호를 할당한다. [표 4.22]은 입출력에 할당된 장치의 종류와 핀 번호를 나타낸다([그림 A.1], [표 A.1], [그림 A.2(a)], [그림 A.2(g)], [그림 A.2(j)] 참고).

③ 실행결과 확인

a="1010"=10, b="1100"=12의 입력을 주었을 때 m='0'이면 가산기로 작동하여 a+b=22를 출력한다. ena='1'이면 seg1Reg(합을 16으로 나눈 몫)의 세그먼트(=1)가 7-세그먼트에 나타난다. ena='0'이면 seg2Reg(합을 16으로 나눈 나머지)의 세그먼트(=6)가 7-세그먼트에 나타난다.

m='1' 이면 감산기로 작동하여 a-b=-2이다. ena='1' 이면 seg1Reg의 세그먼트(=0)가 7-세그먼트에 나타난다. ena='0'이면 seg2Reg의 세그먼트(=2)가 7-세그먼트에 나타난다. 결과가 음수이면 sign 값에 '1'이 들어가 led로 표시되게끔 설정한다.

[표 4.22] 신호 이름과 할당된 입출력 장치

신호 이름	입출력	장치 종류	핀 할당
clk	입력	클럭	P2
a	입력	슬라이드 스위치	P21, N21, M21, L21
b	입력	슬라이드 스위치	K21, J21, H21, F21
m	입력	모드 스위치	M2
ena	입력	모드 스위치	J2
sign	출력	LED	B3
underflow	출력	LED	B4
overflow	출력	LED	B5
seg	출력	7-세그먼트	AB20~AB14

4.5.2. BCD 가산기

디지털 회로는 2진수를 사용하기 때문에 2진수 또는 16진수의 연산을 하지만 일상생활에서는 10진수를 사용한다. 일상생활에서 사용하는 수의 체계를 디지털 회로에서 연산하기 위해서는 10진수를 2진수로 바꾸거나 반대로 2진수로 표현된 수를 10진수로 변환해야 한다. BCD(binary-coded decimal: 2진화 10진법)는 2진수 네 자리를 묶어 10진수 한 자리로 사용하는 기수법을 말한다. 2진화 10진법은 특히 숫자의 10진 출력을 요하는 전자 회로와 마이크로프로세서에서 많이 사용되는데, 이는 순수 2진법으로 표현된 숫자를 10진법으로 출력하기 위해서는 복잡한 나눗셈 회로가 필요하기 때문이다. BCD를 사용할 경우 각 자리 별로 하나씩 간단한 변환 회로를 만들어서 7-세그먼트 표시 장치 등에 바로 연결할 수 있기 때문에 전체적인 구현을 간편하게 할 수 있다.

[그림 4.33]은 BCD 가산기(Adder)의 블록도를 나타낸 것이다.

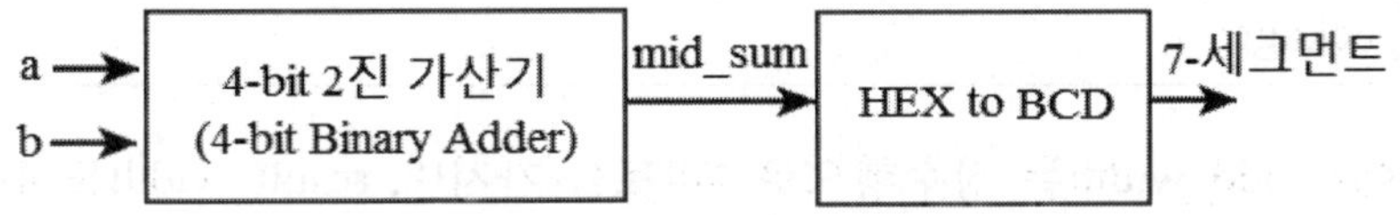

[그림 4.33] BCD 가산기의 블록도

[과제 4.4] BCD 가산기를 VHDL로 설계하시오.

본 과제에서는 10진수로 입력되는 두 입력을 더해서 다시 10진수로 출력하는 BCD 가산기를 설계한다. 10진수의 한 자리로 표현할 수 있는 수의 범위는 0~9이므로 2진수로 표현하기 위해서는 4비트가 필요하지만 4비트로 표현할 수 있는 수의 범위는 0×0~0×F까지이므로 BCD에서 0×A~0×F는 사용되지 않는다. BCD 가산기는 입력되는 두 개의 10진수를 더해서 10진수 출력을 내는 가산기이다.

입력되는 수는 최대 10을 넘지 않으나 두 수를 더했을 때는 최대 17(=0×11)까지 크기를 가질 수 있기 때문에 덧셈 결과가 10(0×A) 이상일 때는 BCD로 변환을 해 주어야 한다. 2진수를 BCD로 변환하는 과정은 다음과 같다. 2개의 BCD를 더했을 때 결과의 최대값은 17이다. 이 결과를 다시 BCD로 바꾸기 위해 다음과 같은 경우에 따라서 결과를 처리해야 한다.

- 더한 결과가 9를 넘지 않을 때: 값을 변환하지 않고 그대로 출력

• 더한 결과가 9를 넘었을 때: 캐리를 발생하고 더한 결과에 6을 더해서 출력

예를 들어 더한 결과가 6이면 9보다 작기 때문에 그대로 출력한다. 그러나 결과가 14(0×E)이면 캐리를 발생하고 4를 출력한다. 0×E에 6을 더하면 0×14(0×E+6=20=16+4)가 되어 캐리가 발생하고 뒷자리 4를 출력한다.

[VHDL을 이용한 설계방법-설계 가이드]

새로운 프로젝트를 생성하고 VHDL 코드를 작성한다. 입력과 BCD 덧셈의 결과의 범위를 정하기 위해 다음과 같은 패키지를 선언한다.

```
package use_package is
    constant add_width          : integer :=4;
    constant result_width       : integer :=4;
    subtype add_value is integer range 0 to 2**add_width-1;
    subtype result_value is integer range 0 to 2**result_width-1;
end use_package;
```

위 패키지에서 add_width는 정수형으로 4비트를 가지며, result_width도 4비트의 정수형을 갖는다고 선언한다. 다음 두 입력을 더한 결과를 저장하는 변수를 다음과 같이 선언한다.

```
variable mid_sum        : integer
```

두 입력은 더해져서 mid_sum이라는 variable에 저장된다. 이 값은 0에서 최대 18까지의 값을 가질 수 있으며, 이 중간값이 10 미만이면 덧셈 결과가 그대로 signal result에 저장되지만 10에서 18사이의 값이면 BCD로 변환해야 한다. 이때 중간 결과와 변환되어 최종결과로 출력되어야 할 값들은 [표 4.23]과 같다.

수를 보정하는 방법은 2진 중간값에 6을 더해서 16진수 첫 번째 자리 수를 캐리 c로 출력하고, 두 번째 자리 수를 result에 저장한다. 예를 들어 중간 결과 12(0×C)에 6을 더하면 18(0×12)이 되고, 캐리 c에 1을 출력하고 result에 1을 저장한다. n비트 가산/감산기와 마찬가지로 결과를 7-세그먼트로 출력하기 위해 디코딩해야 한다. signal result는 0~9까지의 수를 가질 수 있으므로 이 범위 내에서만 디코딩을 해주며, 캐리가 발생했을 때는 10자리에 1이 출력되도록 7-세그먼트의 b와 c 위치에 '1'을 출력한다.

[표 4.23] 가산기의 중간값과 결과

중간값(mid_sum)	캐리(c)	덧셈 결과(result)
10(0×A)	1	0
11(0×B)	1	1
12(0×C)	1	2
13(0×D)	1	3
14(0×E)	1	4
15(0×F)	1	5
16(0×10)	1	6
17(0×11)	1	7
18(0×12)	1	8

[시뮬레이션 결과]

시뮬레이션에서는 입력 a와 b에 각각 0~9까지 입력을 주었을 때 출력되는 7-세그먼트 디코드 결과를 확인한다. [표 4.24]에 나타낸 것과 같은 두 입력에 대한 7-세그먼트에 출력되는 2진 값이 시뮬레이션 결과에 포함되어야 한다. [그림 4.34]는 BCD 가산기의 시뮬레이션 결과를 나타낸 것이다. 9+9의 중간값이 18(0×12)이 나오는지 확인한다.

[표 4.24] BCD 가산기 입력에 대한 출력 결과

a	b	7-세그먼트(10자리)	7-세그먼트(1자리)	mid_sum_out
"0111"(7)	"0111"(7)	"0110000"	"0110011"	14(0×E)
"1000"(8)	"0001"(1)	"1111110"	"1110011"	9
"0110"(6)	"1000"(8)	"0110000"	"0110011"	14(0×E)
"0101"(5)	"0011"(3)	"1111110"	"1111111"	8
"1001"(9)	**"1001"(9)**	**"0110000"**	**"1111111"**	**18(0×12)**
"0000"(0)	"0000"(0)	"1111110"	"1111110"	0

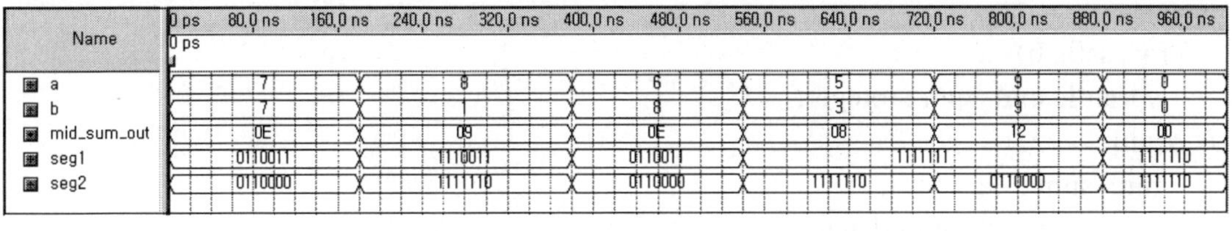

[그림 4.34] BCD 가산기의 시뮬레이션 결과

[실습 4.8] BCD 가산기를 구현(구현 예#1)하시오.

① 소스코드

[코드 4.20] BCD 가산기의 VHDL 설계

```
package use_package is
  constant adder_width : integer := 4;
  constant result_width : integer := 4;
  subtype adder_value is integer range 0 to 2**adder_width-1;
  subtype result_value is integer range 0 to 2**result_width-1;
end use_package;

library ieee;
use ieee.std_logic_1164.all;
use ieee.std_logic_arith.all;
use work.use_package.all;

entity BCDadder_vhdl is
  port( a, b : in adder_value;
        seg_m : in std_logic;
        mid_sum_out : out integer range 0 to 31;
        seg : out std_logic_vector(6 downto 0);
        seg_en : out std_logic_vector(6 downto 0);
        led   : out std_logic_vector(7 downto 0));
end BCDadder_vhdl;

architecture BCDadder_design of BCDadder_vhdl  is
  signal result : result_value;
  signal c : integer range 0 to 9;
begin
  process(a, b)
    variable mid_sum : integer;
  begin
    mid_sum := a + b;
    mid_sum_out <= mid_sum;

    result <= mid_sum mod 10;
    c <= mid_sum / 10;
  end process;
```

```
  process(seg_m, result, c)
  begin
    if(seg_m = '1') then
      case result is
                  when 0   => seg <= "1000000"; seg_en <= "1111111";
                  when 1   => seg <= "1111001"; seg_en <= "1111111";
                  when 2   => seg <= "0100100"; seg_en <= "1111111";
                  when 3   => seg <= "0110000"; seg_en <= "1111111";
                  when 4   => seg <= "0011001"; seg_en <= "1111111";
                  when 5   => seg <= "0010010"; seg_en <= "1111111";
                  when 6   => seg <= "0000010"; seg_en <= "1111111";
                  when 7   => seg <= "1011000"; seg_en <= "1111111";
                  when 8   => seg <= "0000000"; seg_en <= "1111111";
                  when 9   => seg <= "0010000"; seg_en <= "1111111";
                  when others => seg <= "0000000"; seg_en <= "0000000";
      end case;
    else
      case c is
        when 0 => led <= "00000000";
        when 1 => led <= "00000001";
        when 2 => led <= "00000010";
        when 3 => led <= "00000100";
        when 4 => led <= "00001000";
        when 5 => led <= "00010000";
        when 6 => led <= "00100000";
        when 7 => led <= "01000000";
        when 8 => led <= "10000000";
        when others => led <= "00000000";
      end case;
    end if;
  end process;
end BCDadder_design;
```

② 디바이스 핀 할당과 실행

FPGA 키트에 실행하기 위해 핀 번호를 할당한다. [표 4.25]는 입출력에 할당된 장치의 종류와 핀 번호를 나타낸다([그림 A.1], [표 A.1], [그림 A.2(a)], [그림 A.2(i)], [그림 A.2(g)] 참고).

[표 4.25] 신호 이름과 할당된 입출력 장치

신호 이름	입출력	장치 종류	핀 할당
a	입력	슬라이드 스위치	P21, N21, M21, L21
b	입력	슬라이드 스위치	K21, J21, H21, F21
led	출력	LED	B3~B10
seg	출력	7-세그먼트	AB20~AB14
seg_en	출력	7-세그먼트	AA13~AA19

③ 실행결과 확인

1의 자리를 세그먼트로 10의 자리를 LED로 표현했다. 실행결과가 0010(2) + 0001(1) = 3, 0010(2) + 1101(13) = 15, 1111(15) + 1111(15) = 30이 됨을 확인한다.

[실습 4.9] BCD 가산기를 구현(구현 예#2)하시오.

① 소스코드

[코드 4.21] BCD 가산기의 VHDL 설계

```
package use_package is
constant adder_width : integer := 4;
constant result_width : integer := 4;
subtype adder_value is integer range 0 to 2**adder_width-1;
subtype result_value is integer range 0 to 2**result_width-1;
end use_package;

library ieee;
use ieee.std_logic_1164.all;
use ieee.std_logic_arith.all;
use work.use_package.all;

entity BCDadder1_vhdl is
        port (a, b          : in adder_value;
              en            : out std_logic_vector(6 downto 0);
              seg           : out std_logic_vector(6 downto 0));
end BCDadder1_vhdl;

architecture BCDadder1_design of BCDadder1_vhdl is
        signal result : result_value;
        signal c     : std_logic;

begin
```

```
        process(a, b)
                variable mid_sum                : integer;
            begin
                mid_sum := a+b;

                if mid_sum < 10 then
                        result <= mid_sum;
                        c <= '0';
                else
                        if ( a < 10 and b < 10 ) then
                        result <= (mid_sum +6) mod 16;
                        c <= '1';
                        else
                        result <= 10;
                        c <= '0';
                        end if;
                end if;
            end process;

process(result , c)
variable count : integer := 0;
begin
        count := count + 1 ;
            if( count = 500000 ) then
              case result is
                 when 0   => seg <= "1000000"; en <="1011111";
                 when 1   => seg <= "1111001"; en <="1011111";
                 when 2   => seg <= "0100100"; en <="1011111";
                 when 3   => seg <= "0110000"; en <="1011111";
                 when 4   => seg <= "0011001"; en <="1011111";
                 when 5   => seg <= "0010010"; en <="1011111";
                 when 6   => seg <= "0000010"; en <="1011111";
                 when 7   => seg <= "1011000"; en <="1011111";
                 when 8   => seg <= "0000000"; en <="1011111";
                 when 9   => seg <= "0010000"; en <="1011111";
                 when others => seg <= "1111110"; en <="1011111";
              end case;
            end if;

            if ( count = 1000000) then
            case c is
```

```
                        when '1' => seg <= "1111001"; en <= "0111111";
                        when others => seg <= "1111110"; en <= "0111111";
                    end case;
                    count := 0;
                end if;
        end process;
end BCDadder1_design;
```

② 디바이스 핀 할당과 실행

FPGA 키트에 실행하기 위해 핀 번호를 할당한다. [표 4.26]은 입출력에 할당된 장치의 종류와 핀 번호를 나타낸다 ([그림 A.1], [표 A.1], [그림 A.2(a)], [그림 A.2(g)] 참고).

[표 4.26] 신호 이름과 할당된 입출력 장치

신호 이름	입출력	장치 종류	핀 할당
a	입력	슬라이드 스위치	P21, N21, M21, L21
b	입력	슬라이드 스위치	K21, J21, H21, F21
seg	출력	7-세그먼트	AB20~AB14
en	출력	7-세그먼트	AA13~AA19

③ 실행결과 확인

b가 9를 넘는 수 일 때 출력은 00, 입력이 3+3일 때 6이 나오는지, 7+3=10이 출력되는지 각각 확인한다. 15+15일 때 둘다 9를 넘어서 00값이 출력되는지 확인한다.

[실습 4.10] BCD 가산기를 구현(구현 예#3)하시오.

① 소스코드

[코드 4.22] BCD 가산기의 VHDL 설계

```
package use_package is
  constant adder_width   : integer :=4;
  constant result_width  : integer :=4;
  subtype adder_value is integer range 0 to 2**adder_width-1;
  subtype result_value is integer range 0 to 2**result_width-1;
end use_package;

library ieee;
use ieee.std_logic_1164.all;
```

```
use ieee.std_logic_arith.all;
use work.use_package.all;

entity BCDadder2_vhdl is
  port( a, b              : in adder_value;
        mid_sum_out  : out integer range 0 to 31;
        seg               : out std_logic_vector(6 downto 0);
        ena               : in std_logic );
end BCDadder2_vhdl;

architecture BCDadder2_design of BCDadder2_vhdl is
  signal result : result_value;
  signal c     : std_logic;
begin
  process(a, b)
      variable mid_sum   : integer;
  begin
      mid_sum := a+b;
      mid_sum_out <= mid_sum;

      if mid_sum < 10 then
          result <= mid_sum;
          c <= '0';
      else
          result <= mid_sum +6;
          c <= '1';
      end if;
  end process;

  process(result, c)
  begin
  if ena ='1' then
      case result is
                        when 0  => seg <= "1000000";
                        when 1  => seg <= "1111001";
                        when 2  => seg <= "0100100";
                        when 3  => seg <= "0110000";
                        when 4  => seg <= "0011001";
                        when 5  => seg <= "0010010";
                        when 6  => seg <= "0000010";
                        when 7  => seg <= "1011000";
```

```
                    when 8   => seg <= "0000000";
                    when 9   => seg <= "0010000";
                    when others => seg <= "1111111";
        end case;

      else
        case c is
          when '1' => seg <= "1111001";
          when others => seg <= "1111111";
       end case;
     end if;
   end process;
end BCDadder2_design;
```

② 디바이스 핀 할당과 실행

FPGA 키트에 실행하기 위해 핀 번호를 할당한다. [표 4.27]은 입출력에 할당된 장치의 종류와 핀 번호를 나타낸다 ([그림 A.1], [표 A.1], [그림 A.2(a)], [그림 A.2(g)], [그림 A.2(j)] 참고). mid_sum_out은 사용하지 않기 때문에 핀을 할당할 필요가 없다.

[표 4.27] 신호 이름과 할당된 입출력 장치

신호 이름	입출력	장치 종류	핀 할당
a	입력	슬라이드 스위치	P21, N21, M21, L21
b	입력	슬라이드 스위치	K21, J21, H21, F21
ena	입력	모드 스위치	M2
seg	출력	7-세그먼트	AB20~AB14

③ 실행결과 확인

a="0101", b="0100"으로 입력하였을 때, result=a+b="1001"=9가 출력되는지 확인한다. 합이 10미만이므로 결과는 그대로 출력된다. 즉, 캐리=0, 결과=9. ena='1'이면 result값(=9)이 7-세그먼트에 출력되고, ena='0'이면 c값(=0)이 7-세그먼트에 출력된다.

a="0110", b="1000"으로 입력하였을 때, result=a+b="1110"=14가 출력되는지 확인한다. 합이 10이상이므로 결과값에 6을 더한값을 출력한다. 즉 20이고, 캐리=1, 결과=4이다. 이때 ena='1'이면 result값(=4)이 7-세그먼트에 출력되고, ena='0'이면 c값(=1)이 7-세그먼트에 출력된다.

4.6. 수의 정렬 회로(Sorting Circuit)

수의 정렬 회로(Sorting Circuit)는 두 수를 입력 받아 크기를 비교한 후에 큰 수를 max 7-세그먼트에 출력하고 작은 수를 min 7-세그먼트에 출력한다. [그림 4.35]는 수의 정렬 회로의 블록도를 나타낸 것이다. 이러한 회로는 크기 비교기 회로와 매우 유사하게 입력되는 두 수를 비교해서 큰 수와 작은 수로 분류를 한 후 출력하는 회로를 말한다.

[과제 4.5] if~end if 구문을 사용하여 수의 정렬 회로를 VHDL로 설계하시오.

수를 정렬하는 것은 입력되는 수를 오름차순 또는 내림차순으로 재배열하는 것이며, 본 과제에서 두 입력을 받아서 큰 수와 작은 수를 max와 min에 출력하는 회로를 설계한다. 본 실습에서는 각각의 입력은 4개의 슬라이드 스위치를 이용하며, 입력되는 수와 출력되는 수를 쉽게 확인할 수 있도록 7-세그먼트에서 입력과 출력을 모두 관찰할 수 있도록 설계한다.

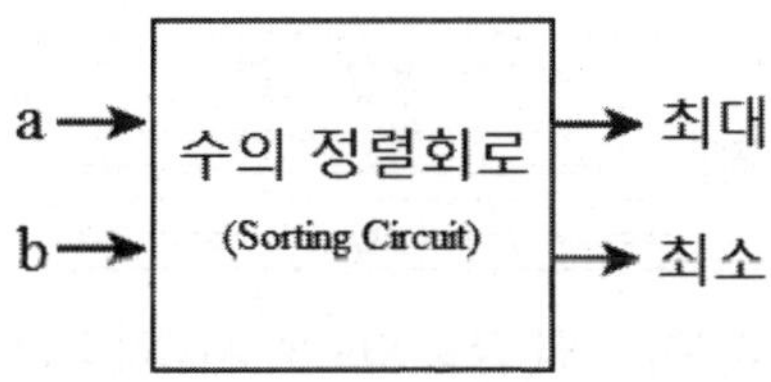

[그림 4.35] 수의 정렬 회로의 블록도

[VHDL을 이용한 설계방법-설계 가이드]

새로운 프로젝트를 생성하고 VHDL 코드를 작성한다. 입력과 출력의 범위를 정하기 위해 다음과 같이 패키지에 입력 데이터의 비트수와 입력이 가질 수 있는 수의 범위를 정하고, 패키지를 선언한다. 이러한 패키지에서 sorting_in_width는 정수형으로 4비트를 가지며, sorting_out_width도 4비트의 정수형을 갖는다고 선언한다. 입력은 슬라이드 스위치를 4비트씩 할당하며, 입력 값이 그대로 두 개의 7-세그먼트에 출력된다.

```
package use_package is
  constant sorting_in_width            : integer :=4;
  constant sorting_out_width           : integer :=4;
  subtype sorting_in_value is integer range 0 to 2**sorting_in_width-1;
  subtype sorting_out_value is integer range 0 to 2**sorting_out_width-1;
end use_package;
```

입력을 한 후에 큰 수와 작은 수를 정렬하기 위해 enable 스위치를 눌렀을 때 수를 정렬하기 위한 VHDL 코드는 다음과 같다. enable 스위치를 눌렀을 때 수를 정렬하기 위한 VHDL 코드는 다음과 같으며 if~end if 사이에 정렬을 위한 문장들을 포함시킨다.

```
if enable = '1' then
        if a > b then
                max <= a;
                min <= b;
        else
                max <= b;
                min <= a;
        end if;
end if;
```

시뮬레이션 입력에는 a와 b에 각각 0×0~0×F까지의 수를 입력할 수 있다.

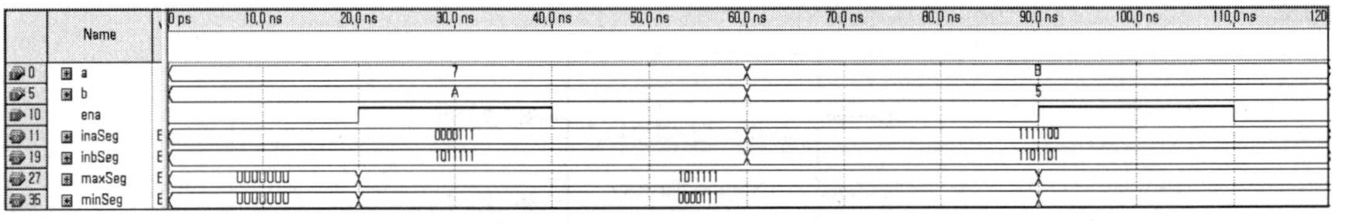

[그림 4.36] 수의 정렬 회로의 시뮬레이션 결과

[실습 4.11] 결과가 7-세그먼트 디스플레이에 표시되도록 수의 정렬 회로를 구현하시오.

① 소스코드

if~end if 구문을 사용하여 수의 정렬 회로를 VHDL로 설계한다. 수를 정렬하는 것은 입력되는 수를 오름차순 또는 내림차순으로 재배열하는 것이며, 본 과제에서 두 입력을 받아서 큰 수와 작은 수를 max와 min에 출력하는 회로를 설계한다. 본 실습에서는 각각의 입력은 4개의 슬라이드 스위치를 이용하며, 입력되는 수와 출력되는 수를 쉽게 확인할 수 있도록 7-세그먼트에서 입력과 출력을 모두 관찰할 수 있도록 설계한다. key의 값을 할당하여 key00버튼 시 max값이 7-세그먼트로 표시되고, key01버튼을 누를 시 min값이 7세그먼트로 표시되도록 한다. 따라서 maxseg 와 minseg는 7-세그먼트에 직접적으로 표시되지 않기 때문에 시그널로 선언한다. 또한 포트의 입력값 a와 b는 임의로 a = 5, b = 9로 지정하고 구현한다.

[코드 4.23] 수의 정렬 회로의 VHDL 설계

```
package use_package is
  constant sorting_in_width : integer := 4;
  constant sorting_out_width : integer := 4;
  subtype sorting_in_value is integer range 0 to 2**sorting_in_width-1;
  subtype sorting_out_value is integer range 0 to 2**sorting_in_width-1;
end use_package;

library ieee;
use ieee.std_logic_1164.all;
use ieee.std_logic_arith.all;
use work.use_package.all;

entity SortingCircuit_vhdl is
 port( a    : in sorting_in_value := 5;
       b    : in sorting_in_value := 9;
       key : in std_logic_vector(15 downto 0);
       seg : out std_logic_vector(6 downto 0));
end SortingCircuit_vhdl;

architecture sorting_design of SortingCircuit_vhdl is
  signal enable   : std_logic;
  signal max      : sorting_out_value;
  signal min      : sorting_out_value;
  signal key_out : std_logic_vector(3 downto 0);
  signal maxseg, minseg : std_logic_vector(6 downto 0);
  begin
   process(key)
  begin
    case key(15 downto 0) is
          when "0000000000000001" => key_out <= "0000";
          when "0000000000000010" => key_out <= "0001";
          when others => null;
     end case;
    end process;
  process(a, b)
     begin
       if a > b then
         max <= a;
```

```
        min <= b;
      else
        max <= b;
        min <= a;
      end if;
  end process;
process(max, min)
    begin
    case max is
          when 0   => maxseg <= "1000000";
          when 1   => maxseg <= "1111001";
          when 2   => maxseg <= "0100100";
          when 3   => maxseg <= "0110000";
          when 4   => maxseg <= "0011001";
          when 5   => maxseg <= "0010010";
          when 6   => maxseg <= "0000010";
          when 7   => maxseg <= "1011000";
          when 8   => maxseg <= "0000000";
          when 9   => maxseg <= "0010000";
          when 10   => maxseg <= "0001000";
          when 11   => maxseg <= "0000011";
          when 12   => maxseg <= "0100111";
          when 13   => maxseg <= "0100001";
          when 14   => maxseg <= "0000110";
          when 15   => maxseg <= "0001110";
     end case;
    case min is
          when 0   => minseg <= "1000000";
          when 1   => minseg <= "1111001";
          when 2   => minseg <= "0100100";
          when 3   => minseg <= "0110000";
          when 4   => minseg <= "0011001";
          when 5   => minseg <= "0010010";
          when 6   => minseg <= "0000010";
                        …
          when 15   => minseg <= "0001110";
          when others => minseg <= "0000000";
       end case;
     end process;
```

```
    process(key_out)
  begin
    case key_out is
            when "0000" => seg <= maxseg;
            when "0001" => seg <= minseg;
            when others => null;
      end case;
    end process;
end sorting_design;
```

② 디바이스 핀 할당과 실행

FPGA 키트에 실행하기 위해 핀 번호를 할당한다. 입력은 푸시버튼 스위치의 키값에 맞게 할당한다. [표 4.28]은 입출력에 할당된 장치의 종류와 핀 번호를 나타낸다 ([그림 A.1], [표 A.1], [그림 A.2(a)], [그림 A.2(e)] 참고). Key02~Key15에는 핀을 사용하지 않기 때문에 할당할 필요가 없다.

[표 4.28] 신호 이름과 할당된 입출력 장치

신호 이름	입출력	장치 종류		핀 할당
key00~key01	입력	입력 스위치		A3~A4
a	입력	슬라이드 스위치		P21, N21, M21, L21
b	입력	슬라이드 스위치		K21, J21, H21, F21
seg	출력	7-세그먼트	a	AB20
			b	AB19
			c	AB18
			d	AB17
			e	AB16
			f	AB15
			g	AB14

③ 실행결과 확인

key00 버튼을 누를 때, a = 5이므로 seg에 minseg가 할당되어 5가 나오고, key01 버튼을 누를 때, b = 9이므로 seg에 maxseg가 할당되어 9가 나오는지 확인한다.

4.7. 개수 카운터(Counter)

4.7.1. '1'개수 카운터(One's Counter)

'1'개수 카운터(one's counter)는 입력되는 신호 중에서 '1'의 개수를 세는 회로를 말한다. 입력은 8비트이며, 이 중에서 '1'의 개수를 카운트해서 출력하는 회로를 설계한다. 입력 신호가 '1'인지를 반복적으로 검사하는 동작을 구현하기 위해 for~loop 문을 사용한다.

[코드 4.24] '1'개수 카운터의 VHDL 설계

```
library ieee;
use ieee.std_logic_1164.all;

entity OneCounter_vhdl is
      port( d                          : in std_logic_vector(7 downto 0);
            seg                        : out std_logic_vector(6 downto 0));
end OneCounter_vhdl;

architecture OneCounter_design of OneCounter_vhdl is
begin
        process(d)
              variable OneCount : integer;
      begin
              OneCount := 0;
              for k in d'range loop          -- d의 벡터 범위를 반환
                    if d(k) = '1' then
                       OneCount := OneCount +1;
                 end if;
              end loop;

           case OneCount is
                                             -- "abcdefg"
               when 0  => seg <= "1111110";
               when 1  => seg <= "0110000";
               when 2  => seg <= "1101101";
               .........
               when 7 => seg <= "1110000";
               when 8 => seg <= "1111111";
               when others => seg <= "0000000";
          end case;
        end process;
end OneCounter_design;
```

[코드 분석]

[for~loop 문]

loop 문은 같은 코드가 여러 번 반복될 때 매우 유용하다. loop 문도 if 문 및 case 문과 같이 순차적인 실행이므로 process 안에서만 사용이 가능하다. loop 문에는 기본적인 loop 문, for~loop 문 및 while~loop 문과 같이 다양한 방법이 존재한다. 일반적인 형식은 다음과 같다.

```
[라벨:] for <식별자> in range loop
      <순차기술문>;
…
…
end loop [라벨];
```

for~loop 문은 반복하는 횟수가 정해졌을 때 사용하기 편리하다. 위의 형식에서 식별자는 자동으로 선언되며, 이 값은 loop 안에서만 사용 가능하다. range 형식은 다음과 같다.

```
- <정수표현> to <정수표현>
- <정수표현> downto <정수표현>
```

[Attributes(속성)]

Attributes는 signal, variable 또는 데이터 형에 관한 정보를 리턴한다. 인용부호(') 다음에 attribute 이름으로 구성된다. 앞의 VHDL 코드에서는 반복문의 range 정보를 얻기 위해 d'range attribute가 사용되었으며 d의 범위를 리턴한다. 입력 포트(signal) d는 8비트 벡터로 선언되었으므로 "d'range"는 일반적인 형식으로 변경하면 "7 downto 0"와 동일하다. Attributes 종류에는 data attributes, signal attributes 등이 있다.

[코드 4.24]의 VHDL에서 사용되는 for~loop 반복문의 형식은 다음과 같다.

```
for k in d'range loop
            if d(k) = '1' then
                  OneCount := OneCount +1;
            end if;
end loop;
```

d'range는 7~0이므로 for 안에서 if~end if 문장을 8번 반복한다. for 반복문 안의 문장에서는 d의 각 입력을 검사해서 '1'일 때는 OneCount를 하나 증가시키고, '1'의 개수에 해당하는 수를 7-세그먼트에 출력한다.

Attributes에 대해서 상세한 설명을 한다. 신호 속성은 신호를 감시하는데 적합(참/거짓을 반환)하고, 데이터 속성은 데이터 벡터에 대한 정보(어떤 값)를 반환한다. [표 4.29]는 기 정의되어 있는 합성 가능한 속성을 나타낸 것이다.

(사용 예): x <= "01001"이라 하자.

signal d : std_logic_vector(7 downto 0);

d'low=0, d'high=7, d'left=7, d'right=0, d'length=8,

d'range=(7 downto 0), d'reverse_range=(0 to 7)

[표 4.29] 기 정의되어 있는 합성 가능한 속성

속성	의미
d'low	가장 낮은 배열 색인을 반환
d'high	가장 높은 배열 색인을 반환
d'left	최좌측 데이터 색인을 반환
d'right	최우측 데이터 색인을 반환
d'length	벡터 크기를 반환
d'range	벡터 범위를 반환
d'reverse_range	벡터 범위를 역순으로 반환

[표 4.30]은 열거형 데이터 형(합성 불가능)을 나타낸 것이다.

[표 4.30] 열거형 데이터 형(합성 불가능)

속성	의미
d'val(pos)	명시된 위치의 값 반환
d'pos(value)	명시된 값의 위치 반환
d'leftof(value)	명시된 값의 왼쪽 위치 값 반환
d'val(row, column)	명시된 위치의 값 반환

신호 속성은 신호를 감시하는데 적합(참/거짓을 반환)하다. Event는 새로운 값으로 갱신되어, 값의 변화가 발생한 경우를 의미하고, active는 새로운 값으로 갱신되는 경우를 의미(값의 변화가 없어도 무방)한다. [표 4.31]은 신호 속성을 나타낸 것이다.

[표 4.31] 신호 속성

속성	의미	비고
s'event	신호 s에 event 발생하면 참을 반환	합성 가능
s'stable[t]	신호 s에 event 발생 후 ([t]시간 동안) false이고, 이후 시간에 true 표시	합성 가능
s'active	신호 s에 active 발생하면 참을 반환	시뮬레이션만
s'quiet[t]	신호 s에 active 발생 후 ([t]시간 동안) false이고, 이후 시간에 true 표시	시뮬레이션만
s'last_event	마지막 event 발생 후 경과된 시간을 반환	시뮬레이션만
s'last_active	나지막 active 발생 후 경과된 시간을 반환	시뮬레이션만
s'last_value	마지막 이벤트 이전의 s 값을 반환	시뮬레이션만

[시뮬레이션 결과]

[그림 4.37]은 [코드 4.24]에 대한 시뮬레이션 결과를 나타낸 것이다. 시뮬레이션 결과에서 "10101000", "00101001", "11100011", "00000000"을 차례로 입력하였다. 처음 두 입력에서는 '1'이 각각 3개씩이기 때문에 7-세그먼트에 정수 3이 출력됨을 의미하는 "1111001"을 보였다. 다음 입력에는 1이 5개 있으며, 출력에 정수 5가 출력되며, 마지막 입력에는 '1'이 없으므로 0이 출력됨을 확인할 수 있다.

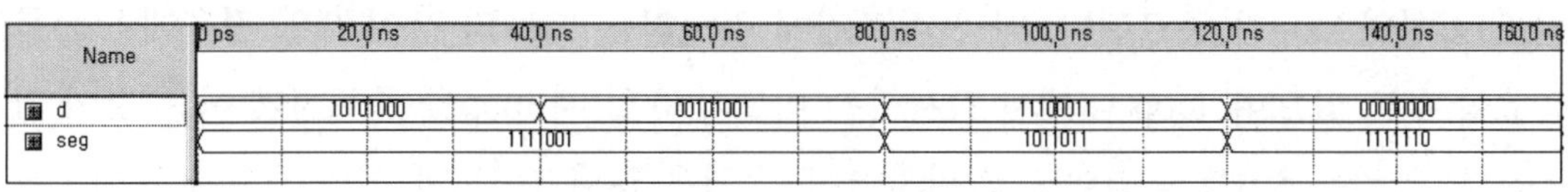

[그림 4.37] '1'개수 카운터의 시뮬레이션 결과

4.7.2. Leading One's 카운터(Counter)

Leading one's 카운터는 입력되는 2진 벡터에서 앞에 나오는 '1'의 개수를 세는 조합논리회로를 말한다. 4.7.1절에서는 입력되는 2진 벡터에 있는 모든 '1'의 개수를 세는 회로였지만 본 절에서는 중간에 '0'이 있으면 카운트 동작을 멈추고 결과 값을 출력한다. 앞에 나오는 '1'의 개수만을 세기 때문에 loop 문 안에서 다른 조건을 적용해야 한다. 본 예제를 통해 다양하게 loop 문을 활용하는 방법을 습득한다. Leading one's 카운터를 설계하기 위해 본 절에서는 loop 문의 하나로 while~loop 문을 사용해서 VHDL로 설계한다. [코드 4.25]은 leading one's 카운터의 VHDL 설계를 나타낸 것이다.

[코드 분석]

loop 문의 하나로 while~loop의 사용이 가능하다. 아래는 while~loop 형식을 나타낸 것이다.

```
[라벨:] while <조건> loop
                <순차기술문>
                    …
                    …
end loop [라벨];
```

while~loop 문은 조건을 검사해서 반복 수행을 하며 조건을 만족하면 loop를 반복하고, 그렇지 않으면 loop를 중단한다. loop의 조건은 매번 loop가 실행될 때마다 검사되고 조건이 false이면 loop가 종료된다. 따라서 조건에 검사하는 비트의 값이 '0'일 경우에 loop를 종료할 수도 있으며, loop 내에서 검사하는 비트가 '0'일 때 loop를 종료하게 하는 것이 가능하다. 입력은 8비트 슬라이드 스위치이며, 출력은 7-세그먼트에 '1'의 개수가 보이도록 설계한다. 두 번째 방법에서는 exit를 사용해야 하며, loop 안에서 exit를 만나면 loop를 빠져 나온다. 아래는 exit 형식을 나타낸 것이다.

```
exit [라벨] [when   <조건>];
```

세 번째 방법은 기본 loop 문을 사용한다. 기본 loop 문은 exit 또는 next를 만날 때까지 반복을 계속한다. 다음은 기본 loop의 형식을 나타낸 것이다.

```
[라벨:] loop
                  <순차기술문>
                      …
                      …
        [next [라벨] [when  <조건>];
        [exit [라벨] [when  <조건>];
end loop [라벨];
```

이 형식에서 exit는 loop의 나머지 부분 수행을 중단하고 loop를 종료하지만 next는 나머지 부분 수행을 중단하고 그 다음 반복문을 실행한다.

[코드 4.25] Leading One's 카운터의 VHDL 설계

```
library ieee;
use ieee.std_logic_1164.all;

entity LeadingOneCounter_vhdl is
        port(   data    : in    std_logic_vector(7 downto 0);
                seg     : out   std_logic_vector(6 downto 0));
end LeadingOneCounter_vhdl;

architecture LeadingOneCounter_design of LeadingOneCounter_vhdl is
 begin
        process(data)
                variable count  : integer range 0 to 8;
                variable k      : integer range -1 to 7;
        begin
         count := 0;
          k := 7;
          while (k >= data'right) loop
           case data(k) is
           when '1' => count := count + 1; -- MSB부터 1의 개수를 세는 코드
           when others => exit;
           end case;
                  k := k - 1;
           end loop;
```

```
            case count is
                                        -- "abcdefg"
                when 0 => seg <= "1111110";
                when 1 => seg <= "0110000";
                when 2 => seg <= "1101101";
                when 3 => seg <= "1111001";
                when 4 => seg <= "0110011";
                when 5 => seg <= "1011011";
                when 6 => seg <= "1011111";
                when 7 => seg <= "1110000";
                when 8 => seg <= "1111111";
                when others => seg <=  "0000000";
            end case;
        end process;
end LeadingOneCounter_design;
```

[시뮬레이션 결과]

[그림 4.38]은 leading one's 카운터의 시뮬레이션 결과를 나타낸 것이다. 시뮬레이션에서는 슬라이드 스위치에 할당된 입력 값을 변경시키면서 앞에서부터 연속되는 '1'의 개수가 7-세그먼트에 출력되는지를 확인한다. 시뮬레이션 입력을 순서대로 "10101000", "00101001", "11100011", "00000000"과 같이 주었을 때 7-세그먼트에 출력되는 2진 코드가 제대로 카운트된 값인지 확인한다.

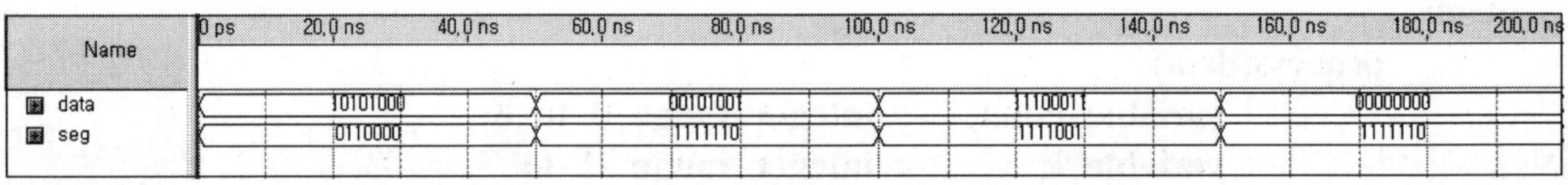

[그림 4.38] Leading one's 카운터의 시뮬레이션 결과

[과제 4.6] [코드 4.25]는 leading one's 카운터를 나타낸 것이다. 이 코드는 d(0)이 LSB, d(7)이 MSB를 의미하고, MSB 비트부터 '1'의 개수를 세는 회로를 나타낸다. LSB비트부터 '1'의 개수를 세는 회로를 VHDL로 설계하시오.

4.8. 패리티 발생기(Parity Generator) 및 검사기(Parity Checker)

4.8.1. 패리티 발생기(Parity Generator)

패리티 비트(parity bit)는 정보의 전달 과정에서 오류를 검사하기 위해 데이터에 추가되는 비트를 말한다. 크게 짝수(even) 패리티와 홀수(odd) 패리티로 구분할 수 있다. 짝수 패리티는 전체 비트 수가 짝수가 되도록 패리티 비트를 추가하는 것을 말하며, 홀수 패리티는 전체 비트의 수가 홀수가 되도록 패리티 비트를 추가하는 것이다. 이렇게 패리티 비트를 정하여 데이터를 보내면 받는 쪽에서는 수신된 데이터의 전체 비트에서 '1'의 개수를 카운트하여 데이터 오류 발생 여부를 확인한다.

짝수 패리티를 발생하기 위해서는 데이터의 모든 비트에 XOR 연산을 한 결과를 원래 데이터에 추가해야 한다. XOR은 1의 개수가 홀수일 때 '1'이 되므로 전체 '1'의 개수는 짝수가 되지만 홀수 패리티의 경우에는 원래 데이터에 XNOR한 결과를 추가해야 한다. '1'의 개수가 짝수(홀수)가 되도록 하면 짝수(홀수) 패리티 데이터가 결정된다.

[표 4.32]는 패리티가 포함되지 않은 7비트 데이터에 대해 짝수 및 홀수 패리티가 각각 포함되었을 때의 8비트 짝수 및 홀수 패리티 데이터를 나타낸 것이다.

[표 4.32] 짝수 및 홀수 패리티 데이터

데이터	짝수 패리티 비트를 포함	홀수 패리티 비트를 포함
0000000	<u>0</u>0000000	<u>1</u>0000000
1010101	<u>0</u>1010101	<u>1</u>1010101
1101000	<u>1</u>1101000	<u>0</u>1101000
1111111	<u>1</u>1111111	<u>0</u>1111111

[그림 4.39]는 8비트 패리티 발생회로를 나타낸 것이고, [그림 4.40]은 8비트 직렬회로에서의 짝수/홀수 패리티 발생회로를 나타낸 것이다.

[그림 4.41]은 패리티 발생기(Parity Generator) 블록도를 나타낸 것이다. 총 n비트의 입력에 대해 패리티 발생기는 패리티 비트를 추가하여 (n+1)개의 출력을 발생한다.

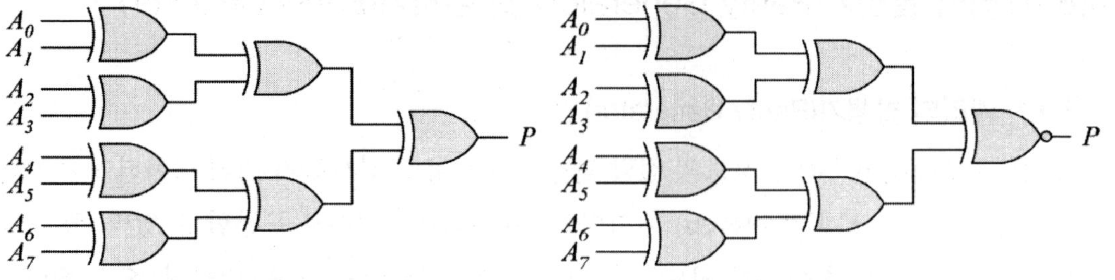

(a) 짝수 패리티 발생회로　　(b) 홀수 패리티 발생회로

[그림 4.39] 8비트 패리티 발생회로

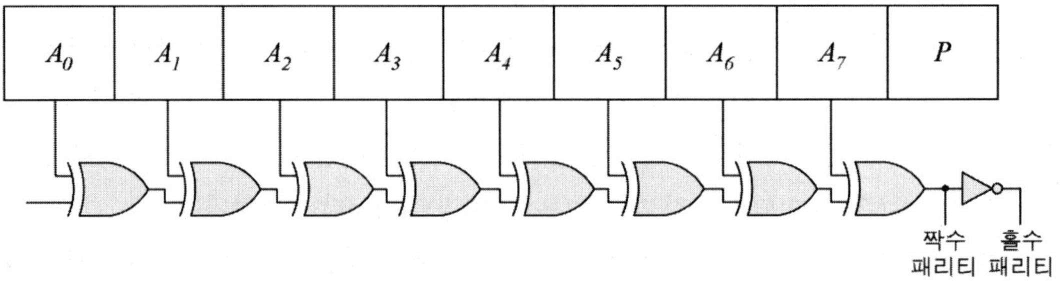

[그림 4.40] 8비트 직렬회로에서의 짝수/홀수 패리티 발생회로

[그림 4.41] 패리티 발생기의 블록도

[코드 분석]

[generic 구문]

generic 구문은 데이터 비트의 수를 지정할 때 사용하며, 파라미터의 값을 결정할 수 있게 한다. 일반적인 형식은 파라미터의 값을 결정할 수 있게 하며, 수정이 쉽다. entity 내에서 선언되어야 한다. generic은 다음과 같은 형식을 가진다.

```
generic(파라미터 명 : 파라미터 형 := 파라미터 값);
```

[코드 4.26]에서는 generic은 입력 데이터의 비트수 n에 7을 할당함으로써 VHDL 코드의 나머지 부분에서 n이 7임을 알려준다.

```
for k input'range loop
temp1 := temp1 xor input(k);
temp2(k) := input(k);
end loop;
```

loop의 반복횟수를 정하기 위해 attribute가 사용되었으며, input이 7비트이므로 7번 반복된다. input이 "n-1 downto 0"에 의해 n비트 signal vector로 선언한다. generic에 의해 n에 7이 할당되었음을 확인할 수 있다. loop 내에서는 input의 각 비트를 XOR 연산을 해서 temp1에 저장하고 input의 각 비트를 temp2에 저장한다. 따라서 loop를 종료했을 때 temp1에는 입력 각 비트를 XOR한 결과 값이 저장되고, temp2의 6~0번째 비트에는 input의 값이 저장된다. temp2의 가장 마지막 비트 temp2(7)에 XOR 연산 결과를 저장한다. 따라서 [코드 4.26]은 짝수 패리티를 발생한다.

[코드 4.26] 패리티 발생기의 VHDL 설계

```
library ieee;
use ieee.std_logic_1164.all;
use ieee.std_logic_arith.all;

entity ParityGenerator_vhdl is
        generic( n          : integer := 7);
        port(    input      : in     std_logic_vector(n-1 downto 0);
                 output     : out    std_logic_vector(n downto 0));
end ParityGenerator_vhdl;

architecture ParityGenerator_design of ParityGenerator_vhdl is
begin
        process(input)
                variable temp1   : std_logic;
                variable temp2   : std_logic_vector(n downto 0);
        begin
            temp1 := '0';
            for k in input'range loop
            temp1 := temp1 xor input(k);   -- input의 각 비트를 XOR 연산해서
                                             temp1에 저장
```

```
                temp2(k) := input(k);
                end loop;
                temp2(n) := temp1;
                output <= temp2;
        end process;
end ParityGenerator_design;
```

[시뮬레이션 결과]

[그림 4.42]는 패리티 발생기의 시뮬레이션 결과를 나타낸 것이다. 결과에서 4개의 입력에 대해서 입력의 7비트와 출력의 처음 7비트가 동일하고, 출력에서 '1'의 개수가 모두 짝수이므로 짝수 패리티 발생기로 동작하는 것을 확인한다.

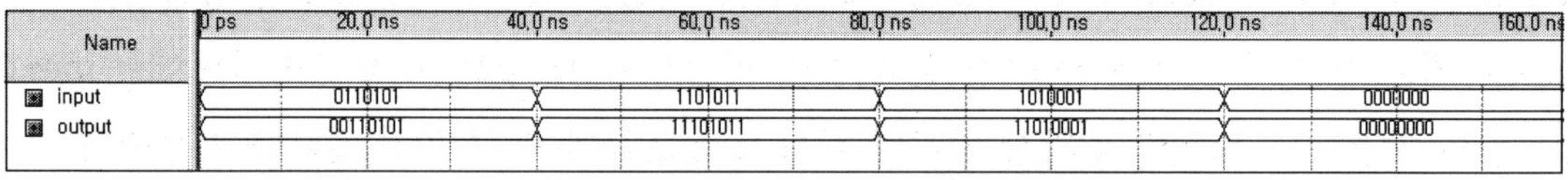

[그림 4.42] 패리티 발생기 시뮬레이션 결과

[과제 4.7] 홀수 패리티 발생기를 VHDL로 설계하시오.

4.8.2. 패리티 검사기(Parity Checker)

패리티 검사기(Parity Checker)는 수신 측에서 오류를 수정하지는 못하고 오류를 검출하기 위해 사용한다. 송신부에서는 짝수 또는 홀수 패리티 비트를 원래 데이터에 추가해서 전송하면 수신측에서는 데이터에 포함된 '1'의 개수를 카운트해서 오류의 발생 여부를 판단한다. [그림 4.43]는 패리티 검사기의 블록도를 나타낸 것이다.

[그림 4.43] 패리티 검사기 블록도

[Lab 04] VHDL을 이용해서 패리티 검사기를 설계하시오.

짝수 패리티를 사용한다면 입력된 데이터에서 '1'의 개수가 짝수여야 하기 때문에 데이터의 오류를 검사하기 위해서는 데이터의 모든 비트를 XOR 연산한 결과가 '0'이면 오류가 없는 것이고, '1'이면 오류가 발생한 것을 의미한다.

[VHDL을 이용한 설계]

패리티 발생기를 설계할 때와 마찬가지로 원래 데이터는 7비트이고 패리티 비트가 포함된 데이터는 8비트이며, generic을 사용하여 데이터 비트의 수를 지정한다. 출력은 오류가 발생하면 '1'을 출력하고 오류가 없으면 '0'을 출력한다. variable은 temp만 지정하면 된다(temp1, temp2 필요 없음). loop 내에서는 input의 각 비트를 XNOR 연산을 해서 temp에 저장한다.

[시뮬레이션 결과]

시뮬레이션에서는 입력은 패리티 발생기의 시뮬레이션 결과에서 나온 값 "00000000", "10010110" 및 "11111111"을 사용한다.

VHDL 설계 실습 보고서

VHDL Lab_04

<table>
<tr><th>일 시</th><td></td><th>학 번</th><td></td><th>이 름</th><td></td></tr>
<tr><th>제 목</th><td colspan="5">패리티 검사기 설계</td></tr>
<tr><th>실습 목적</th><td colspan="5">패리티 비트는 데이터를 전송하는 도중에 오류가 발생했는지를 검사하기 위해 사용된다. 송신측에서는 전송한 데이터를, 수신측에서는 데이터에 포함된 '1'의 개수를 카운트하여 오류가 발생했는지 판단한다. 본 실습에서는 데이터의 오류를 검사하기 위해 사용되는 패리티 비트에 대해서 알아본다.</td></tr>
<tr><th>실습 내용</th><th colspan="5">실습 결과</th></tr>
<tr><td>패리티 검사기의 VHDL 설계</td><td colspan="5">1. 짝수 패리티 비트가 포함된 8비트를 입력받아 오류가 없으면 '0'을 출력하고 오류가 발생하면 '1'을 출력하는 패리티 검사기를 VHDL로 설계하시오.

2. 설계된 패리티 검사기를 컴파일하고 시뮬레이션을 실행하시오. 시뮬레이션 입력을 패리티 발생기에서 만든 8비트로 했을 때 결과를 [표 1]에 채우고 시뮬레이션 결과를 보이시오.

[표 1] 입력 데이터의 패리티 검사 결과
<table><tr><th>입력데이터</th><th>결과</th></tr><tr><td>00000000</td><td></td></tr><tr><td>10100011</td><td></td></tr><tr><td>11010010</td><td></td></tr><tr><td>11111111</td><td></td></tr></table></td></tr>
</table>

4.9. 병렬 가산기(Parallel Adder)

4.9.1. 병렬 2진 가산기/감산기

[그림 4.44]는 4비트 병렬 가산기/감산기 블록도를 나타낸 것이다. 2진수의 뺄셈은 보수법을 이용하여 연산하는데 병렬 가산기에 사용하는 경우 보수는 y를 NOT 연산한 값과 병렬 가산기의 올림수에 논리 1을 입력하여 2의 보수를 구한다. 즉, S=0일 때 $x+y$의 가산기 동작을 하고, S=1일 때 $x+\bar{y}+1$(2의 보수 뺄셈) 감산기 동작을 한다.

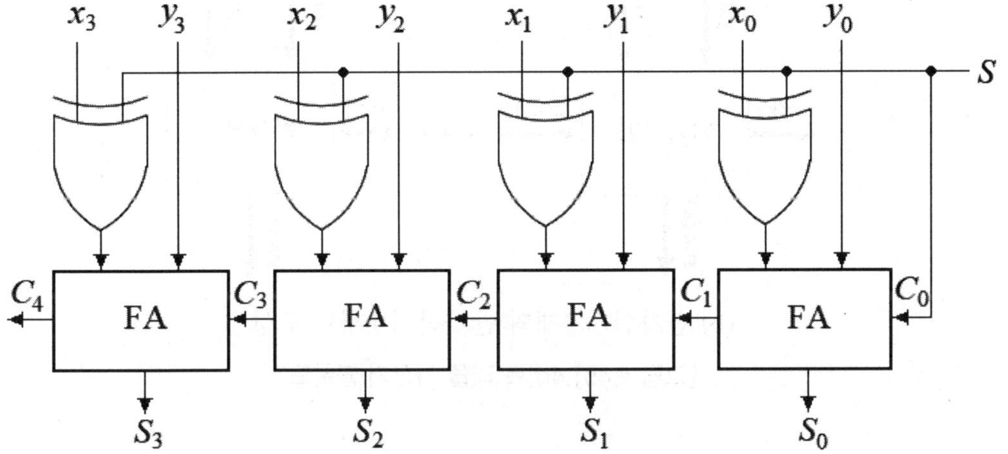

[그림 4.44] 병렬 2진 가산기/감산기 블록도

4.9.2. 병렬 가산기(Parallel Adder)

병렬 가산기(Parallel Adder)는 n개의 FA를 사용하여 n비트 병렬덧셈을 수행한다. 본 절에서는 4개의 전가산기를 사용하여 4비트 병렬 가산기를 설계한다.

[그림 4.45]는 4비트 리플 가산기의 블록도를 나타낸 것이다. 이러한 가산기는 하위비트 FA에서 생성되는 올림수 출력이 다음 상위비트 FA의 올림수 입력으로 연결되는 리플 캐리 가산기(Ripple Carry Adder) 특성을 지닌다. 즉, 각 전가산기는 아래 자리 전가산기에서 전달되는 캐리를 입력과 함께 더해서 더한 결과를 출력하고 캐리는 위 자리 가산기로 전달한다. 이러한 회로는 낮은 자리에서 캐리가 발생하여 위의 자리로 전파되기 때문에 최종 결과가 나오기 위해서는 캐리가 가장 높은 자리까지 전파되는 시간 동안(최종 연산 결과가 출력될 때까지) 지연 시간이 발생하는 단점을 가진다.

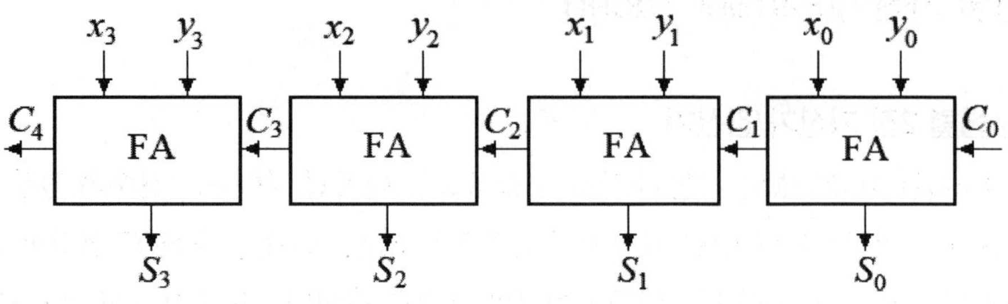

(a) 전가산기 4개로 구성

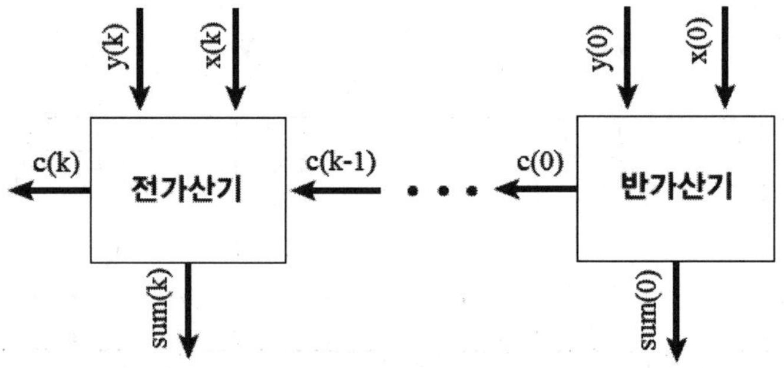

(b) 전가산기 3개와 반가산기 1개로 구성

[그림 4.45] 4비트 리플 가산기 블록도

본 절에서는 구조적 모델링으로 설계하는 방법을 학습한다. 구조적 모델링은 어떠한 논리소자가 사용되고 그 소자들이 어떻게 연결되는지를 규정함으로써 설계하는 것이다. 이를 위한 코드는 크게 3단계로 구성한다. 즉 컴포넌트(여기서는 리플 가산기) 호출과 포트 매핑, 컴포넌트의 서브 컴포넌트(여기서는 전가산기와 반가산기) 선언, 컴포넌트의 서브 컴포넌트에 대한 동작 정의(기술)로 구성한다.

또한, 구조적 모델링 방법으로 4비트 리플 가산기를 설계하고, 최종 결과를 7-세그먼트에 출력하는 회로를 설계한다. 구조적 모델링으로 설계하는 방법을 좀 더 잘 이해하기 위해 [그림 4.46]을 이용한다. 4비트 리플 가산기를 설계하기 위해서는 전가산기 3개와 1개의 반가산기가 필요하다. [코드 4.27]은 VHDL을 이용한 4비트 리플 가산기 설계를 나타낸 것이다.

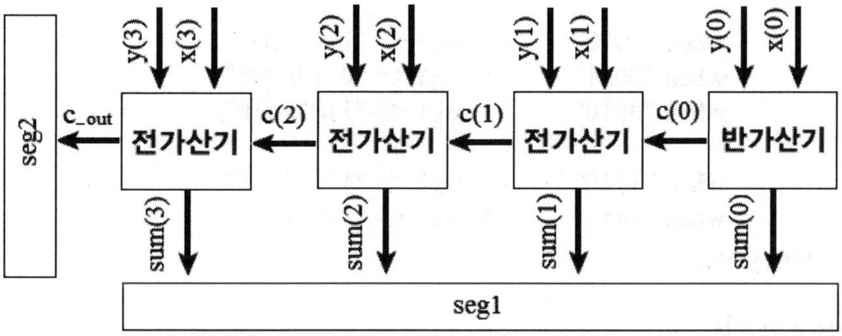

[그림 4.46] 4비트 리플 가산기 블록도

[코드 4.27] 4비트 리플 가산기의 VHDL 설계

```
library ieee;
use ieee.std_logic_1164.all;

library work;
use work.userAdder.all;

entity RippleAdder_vhdl is
   port( x, y                : in std_logic_vector(3 downto 0);
         seg1, seg2                : out std_logic_vector(6 downto 0) );
end RippleAdder_vhdl;

architecture RippleAdder_design of RippleAdder_vhdl is
        signal c            : std_logic_vector(2 downto 0);
        signal sum          : std_logic_vector(3 downto 0);
        signal c_out        : std_logic;
 begin
-- c0~c3는 리플 가산기에 대한 컴포넌트 호출과 포트 매핑
        c0 : HalfAdder                          -- 컴포넌트 이름
       port map (x(0), y(0), sum(0), c(0));
        c12 : for k in 1 to 2 generate          -- for~generate 구문은 병행기술문
       c1to2: FullAdder port map (x(k), y(k), c(k-1), sum(k), c(k));
       end generate;
        c3 : FullAdder port map (x(3), y(3), c(2), sum(3), c_out);

         process(sum, c_out)
      begin
       case sum is
                                                  -- "abcdefg•"
```

```
                when "0000"         => seg1 <= "11111100";
                when "0001"         => seg1 <= "01100000";
                when "0010"         => seg1 <= "11011010";
                   ………
                when "1110"         => seg1 <= "11011110";
                when "1111"         => seg1 <= "10001110";
          end case;

      case c_out is
                when '0'            => seg2 <= "11111100";
                when '1'            => seg2 <= "01100000";
                when others         => seg2 <= "00000000";
       end case;
         end process;
end RippleAdder_design;

library ieee;
use ieee.std_logic_1164.all;

-- 리플 가산기의 전가산기 및 반가산기에 대한 컴포넌트 선언
package userAdder is
   component FullAdder
    port( a, b, c_in                          : in std_logic;
            sum, c_out                        : out std_logic );
   end component;

   component HalfAdder
    port( a, b                      : in std_logic;
            sum, c_out                        : out std_logic );
   end component;
end userAdder;

library ieee;
use ieee.std_logic_1164.all;

-- 리플 가산기의 전가산기 및 반가산기에 대한 동작 정의(기술)
entity FullAdder is
    port( a, b, c_in                          : in std_logic;
            sum, c_out                        : out std_logic );
end FullAdder;

architecture FullAdder_design of FullAdder is
```

```
 begin
   sum <= (not a and not b and c_in) or (not a and b and not c_in) or
         (a and not b and not c_in) or (a and b and c_in);
   c_out <= (a and b) or (a and c_in) or (b and c_in);
end FullAdder_design;

library ieee;
use ieee.std_logic_1164.all;

entity HalfAdder is
    port( a, b                      : in std_logic;
          sum, c_out                    : out std_logic );
end HalfAdder;

architecture HalfAdder_design of HalfAdder is
 begin
   sum <= (not a and b) or (a and not b);
   c_out <= a and b;
end HalfAdder_design;
```

[코드 분석]

[컴포넌트 선언]

컴포넌트는 사용자가 정의하는 패키지 내에 정의할 수 있다. 따라서 리플 가산기에서 사용자 패키지 내에 전가산기와 반가산기를 컴포넌트로 각각 선언할 수 있다. 아래 코드에서 알 수 있듯이 컴포넌트들이 갖는 입출력이 명시되어 있다.

```
package userAdder is
   component FullAdder
    port( a, b, c_in                    : in std_logic;
          sum, c_out                    : out std_logic );
   end component;

   component HalfAdder
    port( a, b                      : in std_logic;
          sum, c_out                    : out std_logic );
   end component;
end userAdder;
```

위 패키지 이름은 userAdder이며, 패키지는 리플 가산기의 라이브러리 헤더 부분에 다음과 같이 포함되어야 한다.

```
library work;
use.work.userAdder.all;
```

[컴포넌트 동작의 정의(기술)]

컴포넌트 선언 후 컴포넌트에 대한 동작을 기술해야 한다. 리플 가산기의 경우에 전가산기에 대한 동작의 기술은 다음과 같다. 반가산기에 대한 동작도 비슷한 구성으로 기술한다. 전가산기 입출력은 entity에서 선언되고, architecture에서 동작을 표현한다.

```
entity FullAdder is
    port( a, b, c_in                        : in std_logic;
            sum, c_out                      : out std_logic );
end FullAdder;

architecture FullAdder_design of FullAdder is
begin
   sum <= (not a and not b and c_in) or (not a and b and not c_in) or
         (a and not b and not c_in) or (a and b and c_in);
   c_out <= (a and b) or (a and c_in) or (b and c_in);
end FullAdder_design;
```

[컴포넌트 호출과 포트 매핑]

리플 가산기에서는 컴포넌트를 호출하여 포트 매핑을 통해 전가산기와 반가산기를 연결함으로써 전체 회로를 설계한다. 다음 코드는 컴포넌트를 호출하고 포트를 매핑하는 부분을 나타낸 것이다. 리플 가산기의 두 입력은 각각 4비트이므로 3개의 전가산기와 1개의 반가산기를 사용한다. 반가산기는 캐리 입력이 없는 가장 낮은 자리의 두 비트를 더할 때 사용하며, 앞의 두 입력 x(0), y(0)를 더해서 더한 결과 sum(0)와 캐리 c(0)를 출력한다. 중간의 두 비트는 아래 자리에서 발생한 캐리와 두 입력을 더하는 것이므로 두 자리에 대해서 loop 문을 사용하여 포트 매핑을 한다. 가장 높은 자리에서는 캐리 출력 매핑을 전체 설계의 캐리 출력 c_out에 매핑한다.

```
c0 : HalfAdder
    port map (x(0), y(0), sum(0), c(0));
c12 : for k in 1 to 2 generate
    c1to2: FullAdder port map (x(k), y(k), sum(k), c(k));
    end generate;
c3 : FullAdder port map (x(3), y(3), c(2), sum(3), c_out);
```

[시뮬레이션 결과]

[그림 4.47]은 리플 가산기에 대한 시뮬레이션 결과를 나타낸 것이다. 여기서 x와 y에 각각 0×6과 0×F를 입력했을 때 더한 결과는 0×15이며, 7-세그먼트 "0110000"과 "1011011"을 출력한다. 이 값은 각각 16진수 0×1과 0×5를 7-세그먼트 디코딩한 값으로 두 수를 더한 결과를 나타낸다.

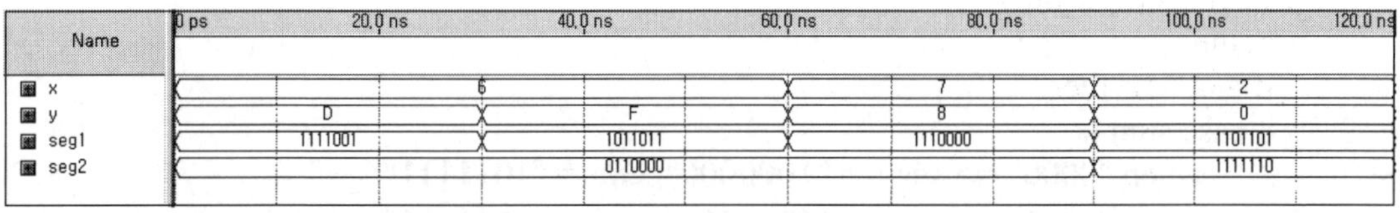

[그림 4.47] 리플 가산기의 시뮬레이션 결과

[실습 4.12] 4비트 리플 가산기(구현 예#1)를 구현하시오.

① 소스코드

리플 가산기의 코드와 더불어 ena을 추가하여 핀을 부여한다. 맨 마지막에 도출되는 캐리와 합의 결과값을 나타내기 위해서 ena가 1일때 결과값이 도출되며, ena가 0일때는 캐리 아웃이 7-세그먼트 디스플레이에 출력되도록 설계한다.

[코드 4.28] **4비트 리플 가산기의 VHDL 설계**

```
library ieee;
use ieee.std_logic_1164.all;

library work;
use work.userAdder.all;

entity Rippleadder_vhdl is
```

```
  port(x, y : in std_logic_vector(3 downto 0);
        ena : in std_logic;
        seg : out std_logic_vector(6 downto 0);
        en : out std_logic_vector(6 downto 0));
end Rippleadder_vhdl;

architecture Rippleadder_design of Rippleadder_vhdl is
  signal c       : std_logic_vector(2 downto 0);
  signal sum   : std_logic_vector(3 downto 0);
  signal c_out : std_logic;

    begin
      c0 : HalfAdder
        port map(x(0), y(0), sum(0), c(0));
      c12 : for k in 1 to 2 generate
        c1to2: FullAdder port map (x(k), y(k), c(k-1), sum(k), c(k));
        end generate;
      c3 : FullAdder port map (x(3), y(3), c(2), sum(3), c_out);
    process(sum, c_out)
      begin
      if ena = '1' then
        case sum is
           when "0000" => seg <= "1000000"; en <= "1011111";
           when "0001" => seg <= "1111001"; en <= "1011111";
           when "0010" => seg <= "0100100"; en <= "1011111";
           when "0011" => seg <= "0110000"; en <= "1011111";
           when "0100" => seg <= "0011001"; en <= "1011111";
           when "0101" => seg <= "0010010"; en <= "1011111";
           when "0110" => seg <= "0000010"; en <= "1011111";
           when "0111" => seg <= "1011000"; en <= "1011111";
           when "1000" => seg <= "0000000"; en <= "1011111";
           when "1001" => seg <= "0010000"; en <= "1011111";
           when "1010" => seg <= "0001000"; en <= "1011111";
           when "1011" => seg <= "0000011"; en <= "1011111";
           when "1100" => seg <= "0100111"; en <= "1011111";
           when "1101" => seg <= "0100001"; en <= "1011111";
           when "1110" => seg <= "0000110"; en <= "1011111";
           when "1111" => seg <= "0001110"; en <= "1011111";
         end case;

        else
    case c_out is
```

```
            when '0' => seg <= "1000000"; en <= "0111111";
            when '1' => seg <= "1111001"; en <= "0111111";
            when others => seg <= "1111111"; en <= "0111111";
        end case;
      end if;
   end process;
end Rippleadder_design;

library ieee;
use ieee.std_logic_1164.all;

package userAdder is
   component FullAdder
   port(a,b,c_in : in std_logic;
      sum, c_out : out std_logic);
   end component;

   component HalfAdder
   port(a,b : in std_logic;
      sum, c_out : out std_logic);
   end component;
end userAdder;

library ieee;
use ieee.std_logic_1164.all;

entity FullAdder is
   port(a,b,c_in : in std_logic;
      sum, c_out : out std_logic);
   end FullAdder;

architecture FullAdder_design of Fulladder is
   begin
      sum <= (not a and not b and c_in) or ( not a and b and not c_in) or (a and not b
and not c_in) or (a and b and c_in);
      c_out <= (a and b) or ( a and c_in) or (b and c_in);
end FullAdder_design;

library ieee;
use ieee.std_logic_1164.all;

entity HalfAdder is
   port(a,b : in std_logic;
      sum, c_out : out std_logic);
```

```
  end HalfAdder;

architecture HalfAdder_design of HalfAdder is
  begin
    sum <= (not a and b) or (a and not b);
    c_out <= a and b;
end HalfAdder_design;
```

② 디바이스 핀 할당과 실행

FPGA 키트에 실행하기 위해 핀 번호를 할당한다. [표 4.33]은 입출력에 할당된 장치의 종류와 핀 번호를 나타낸다([그림 A.1], [표 A.1], [그림 A.2(a)], [그림 A.2(g)] 참고). x와 y는 버튼을 할당하여 입력을 가능하도록 한다. ena는 모드 스위치를 할당한다.

[표 4.33] 신호 이름과 할당된 입출력 장치

신호 이름	입출력	장치 종류	핀 할당
x	입력	슬라이드 스위치	P21, N21, M21, L21
y	입력	슬라이드 스위치	K21, J21, H21, F21
ena	입력	모드 스위치	M2
seg	출력	7-세그먼트	AB20~AB14
en	출력	7-세그먼트	AA13~AA19

③ 실행결과 확인

"0100"과 "0010"을 합해 "0110"즉 10진법으로 6이 출력되는지 확인한다. "1000"과 "0100"을 합해 "1100", 즉 10진법으로 12가 출력되는지 확인한다. 7-세그먼트 디스플레이에는 16진수 c가 출력되는지 확인한다. "1000"과 "1000"을 합해 "10000", 즉 c_out이 발생하여 reset버튼을 누를 때 1이 나타나는지 확인한다.

[실습 4.13] 4비트 리플 가산기(구현 예#2)를 구현하시오.

① 소스코드

[코드 4.29] 4비트 리플 가산기의 VHDL 설계

```
library ieee;
use ieee.std_logic_1164.all;

library work;
use work.useradder.all;

entity Rippleadder1_vhdl is
port( x, y                    : in std_logic_vector(3 downto 0);
      en                      : out std_logic_vector(6 downto 0);
      seg                     : out std_logic_vector(6 downto 0) );
end Rippleadder1_vhdl;

architecture Rippleadder1_design of Rippleadder1_vhdl is
signal c          : std_logic_vector(2 downto 0);
signal sum        : std_logic_vector(3 downto 0);
signal c_out      : std_logic;
begin

        c0 : halfadder
        port map (x(0), y(0), sum(0), c(0));
        c12 : for k in 1 to 2 generate
        c1to2 : fulladder port map ( x(k), y(k), c(k-1),sum(k), c(k));
        end generate;
        c3 : fulladder port map (x(3), y(3), c(2), sum(3), c_out);

        process(sum,c_out)
        variable count : integer := 0;
        begin
   count := count + 1;
        if count = 500000 then
                case sum is
                     when "0000" => seg <= "1000000"; en <= "1011111";
                     when "0001" => seg <= "1111001"; en <= "1011111";
                     when "0010" => seg <= "0100100"; en <= "1011111";
                     when "0011" => seg <= "0110000"; en <= "1011111";
                     when "0100" => seg <= "0011001"; en <= "1011111";
                     when "0101" => seg <= "0010010"; en <= "1011111";
```

```
                    when "0110" => seg <= "0000010"; en <= "1011111";
                    when "0111" => seg <= "1011000"; en <= "1011111";
                    when "1000" => seg <= "0000000"; en <= "1011111";
                    when "1001" => seg <= "0010000"; en <= "1011111";
                    when "1010" => seg <= "0001000"; en <= "1011111";
                    when "1011" => seg <= "0000011"; en <= "1011111";
                    when "1100" => seg <= "0100111"; en <= "1011111";
                    when "1101" => seg <= "0100001"; en <= "1011111";
                    when "1110" => seg <= "0000110"; en <= "1011111";
                    when "1111" => seg <= "0001110"; en <= "1011111";
                end case;
        end if;

        if count = 1000000 then
                case c_out is
                    when '0' => seg <="1000000"; en<= "0111111";
                    when '1' => seg <= "1111001"; en<= "0111111";
                    when others => seg <= "1111111"; en<= "0111111";
         end case;
         count := 0;
        end if;
    end process;
end Rippleadder1_design;

library ieee;
use ieee.std_logic_1164.all;

package useradder is
        component fulladder
        port(a,b,c_in        : in std_logic;
             sum,c_out       : out std_logic);
        end component;

        component halfadder
        port(a,b             : in std_logic;
             sum, c_out : out std_logic);
        end component;
end useradder;

library ieee;
use ieee.std_logic_1164.all;
```

```
entity fulladder is
        port( a, b, c_in      : in std_logic;
              sum, c_out   : out std_logic);
end fulladder;

architecture full of fulladder is
begin
        sum <= (not a and not b and c_in) or (not a and b and not c_in) or ( a and not
b and not c_in ) or ( a and b and c_in);
        c_out <= (a and b) or ( a and c_in) or (b and c_in);
end full;

library ieee;
use ieee.std_logic_1164.all;

entity halfadder is
        port( a,b              : in std_logic;
        sum,c_out              : out std_logic);
end halfadder;

architecture half of halfadder is
        begin
                sum<= (not a and b) or ( a and not b);
                c_out<= a and b;
        end half;
```

② 디바이스 핀 할당과 실행

FPGA 키트에 실행하기 위해 핀 번호를 할당한다. [표 4.34]는 입출력에 할당된 장치의 종류와 핀 번호를 나타낸다 ([그림 A.1], [표 A.1], [그림 A.2(a)], [그림 A.2(g)] 참고).

[표 4.34] 신호 이름과 할당된 입출력 장치

신호 이름	입출력	장치 종류	핀 할당
x	입력	슬라이드 스위치	P21, N21, M21, L21
y	입력	슬라이드 스위치	K21, J21, H21, F21
seg	출력	7-세그먼트	AB20~AB14
en	출력	7-세그먼트	AA13~AA19

③ 실행결과 확인

15+7를 입력했을 때 캐리 1과 6(출력=22)이 출력되는지 확인한다. 3+3을 입력했을 때 출력 값이 6인지, 7+7을 입력했을 때 16진수 e가 출력되는지 확인한다.

[실습 4.13] 4비트 리플 가산기(구현 예#3)를 구현하시오.

① 소스코드

[코드 4.30] 4비트 리플 가산기의 VHDL 설계

```
library ieee;
use ieee.std_logic_1164.all;
library work;
use work.UserAdder.all;

entity Rippleadder2_vhdl is
        port( x, y          : in std_logic_vector(3 downto 0);
              seg           : out std_logic_vector(6 downto 0);
              ena           : in std_logic );
end Rippleadder2_vhdl;

architecture Rippleadder2_design of Rippleadder2_vhdl is
        signal c            : std_logic_vector(2 downto 0);
        signal sum          : std_logic_vector(3 downto 0);
        signal c_out        : std_logic;
begin
        c0 : HalfAdder
                port map(x(0), y(0), sum(0), c(0));
        c12 : for i in 1 to 2 generate
                c1to2 : FullAdder port map(x(i), y(i), c(i-1), sum(i), c(i));
                end generate;
        c3 : FullAdder port map(x(3), y(3), c(2), sum(3), c_out);

process(sum,c_out)
begin
        if ena ='1' then
        case sum is
                        when "0000" => seg <= "1000000";
                        when "0001" => seg <= "1111001";
                        when "0010" => seg <= "0100100";
                        when "0011" => seg <= "0110000";
                        when "0100" => seg <= "0011001";
```

```
                    when "0101" => seg <= "0010010";
                    when "0110" => seg <= "0000010";
                    when "0111" => seg <= "1011000";
                    when "1000" => seg <= "0000000";
                    when "1001" => seg <= "0010000";
                    when "1010" => seg <= "0001000";
                    when "1011" => seg <= "0000011";
                    when "1100" => seg <= "0100111";
                    when "1101" => seg <= "0100001";
                    when "1110" => seg <= "0000110";
                    when "1111" => seg <= "0001110";
          end case;

          else
          case c_out is
                 when '0' => seg <= "1000000";
                 when '1' => seg <= "1111001";
                 when others => seg <= "1111111";
          end case;
        end if;
      end process;
end Rippleadder2_design;

library ieee;
use ieee.std_logic_1164.all;
package UserAdder is
        component FullAdder
                port(a, b, c_in    : in std_logic;
                     sum, c_out : out std_logic);
        end component;

        component HalfAdder
                port(a, b          : in std_logic;
                     sum, c_out : out std_logic);
        end component;
   end UserAdder;

library ieee;
use ieee.std_logic_1164.all;

entity FullAdder is
```

```
        port( a, b, c_in      : in std_logic;
                sum, c_out  : out std_logic);
        end FullAdder;

architecture designFA of FullAdder is
begin
        sum <= (not a and not b and c_in) or (not a and b and not c_in)
                    or (a and not b and not c_in) or (a and b and c_in);
        c_out <= (a and b) or (a and c_in) or (b and c_in);
end designFA;

library ieee;
use ieee.std_logic_1164.all;

entity HalfAdder is
        port(a, b           : in std_logic;
              sum,c_out : out std_logic);
end HalfAdder;

architecture designHA of HalfAdder is
begin
        sum <= (not a and b) or (a and not b);
        c_out <= a and b;
end designHA;
```

② 디바이스 핀 할당과 실행

FPGA 키트에 실행하기 위해 핀 번호를 할당한다. [표 4.35]는 입출력에 할당된 장치의 종류와 핀 번호를 나타낸다 ([그림 A.1], [표 A.1], [그림 A.2(a)], [그림 A.2(g)], [그림 A.2(j)] 참고).

[표 4.35] 신호 이름과 할당된 입출력 장치

신호 이름	입출력	장치 종류	핀 할당
x	입력	슬라이드 스위치	P21, N21, M21, L21
y	입력	슬라이드 스위치	K21, J21, H21, F21
ena	입력	모드 스위치	M2
seg	출력	7-세그먼트	AB20~AB14

③ 실행결과 확인

x="1111", y="1111"를 입력했을 때, x+y="11110"가 출력되는지 확인한다. ena='1'일 때는 7-세그먼트에 sum의 값이 출력된다. sum="1110"=16진수 e. ena='0'일때는 7-세그먼트에 캐리의 값이 출력(c=1)된다.

x="1011", y="0011"를 입력했을 때, x+y="01110"가 출력되는지 확인한다. ena='1'일 때는 7-세그먼트에 sum의 값이 출력된다. sum="1110"=16진수 e. ena='0'일때는 7-세그먼트에 캐리의 값이 출력(c=0)된다.

[과제 4.8] 8비트 리플 가산기를 VHDL로 설계하시오.

[과제 4.9] [그림 4.48]에 대해 구조적 모델링 방법으로 VHDL을 이용해서 설계하시오.

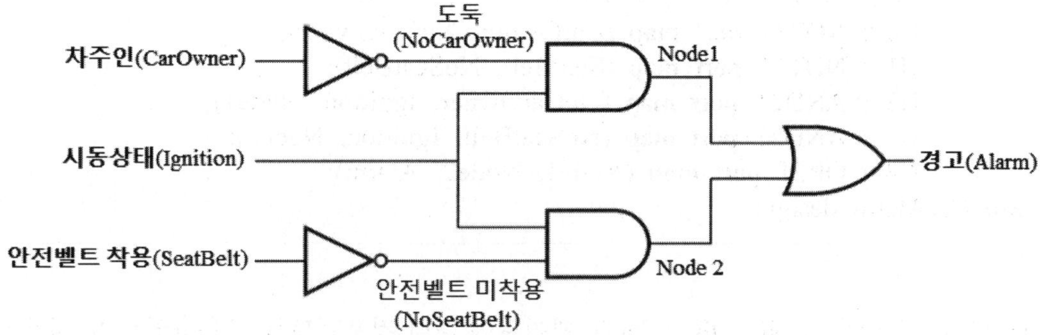

[그림 4.48] 경고회로의 구조적 표현

[설계 가이드]

[그림 4.48]에서 나타낸 자동차 경고회로는 게이트 레벨에서 표현한 것이며, 이 회로를 VHDL을 이용해서 구조적 모델링으로 표현하면 [코드 4.31]과 같다. 이 코드는 완전한 코드는 아니며, 자동차 경고회로에 대한 컴포넌트 호출과 포트 매핑 부분만을 나타낸 것이다.

[코드 4.31] 자동차 경고회로의 VHDL 설계

```
library ieee;
use ieee.std_logic_1164.all;

library work;
use work.userAlarmLogic.all;

entity CarAlarm_vhdl is
      port( CarOwner, Ignition, SeatBelt : in std_logic;
            Alarm                        : out std_logic );
end CarAlarm_vhdl;

architecture CarAlarm_design of CarAlarm_vhdl is
      signal NoCarOwner, NoSeatBelt, Node1, Node2   : std_logic;
begin
-- U0~U4는 자동차 경고회로에 대한 컴포넌트 호출과 포트 매핑
        U0 : NOT11 port map (CarOwner, NoCarOwner);
        U1 : NOT11 port map (SeatBelt, NoSeatBelt);
        U2 : AND21 port map (NoCarOwner, Ignition, Node1);
        U3 : AND21 port map (NoSeatBelt, Ignition, Node2);
        U4 : OR21 port map (Node1, Node2, Alarm);
end CarAlarm_design;
```

[코드 4.31]에서는 AND, OR 및 NOT 게이트에 대한 컴포넌트를 사용하였으며, 사용자 패키지 내에 AND21, OR21 및 NOT11의 컴포넌트로 선언하였다. 이와 같이 구조적 모델링을 하기 위해서는 먼저 컴포넌트의 동작이 정의되어야 한다.

아래 AND21 컴포넌트와 같이 사용자 패키지 내에서 컴포넌트의 입출력을 선언한 후 동작을 기술하여야 한다.

```
library ieee;
use ieee.std_logic_1164.all;

package userAlarmLogic is
-- 컴포넌트 선언
    component AND21
     port( in1, in2                     : in std_logic;
           out1                         : out std_logic );
    end component;
```

```
    component OR21
     …
    end component;

    component NOT11
     …
    end component;
end userAlarmLogic;

library ieee;
use ieee.std_logic_1164.all;

entity AND21 is
    port( in1, in2                  : in std_logic;
          out1                      : out std_logic );
end AND21;

architecture AND21_design of AND21 is
begin
    out1 <= in1 and in2;
end AND21_design;

library ieee;
use ieee.std_logic_1164.all;

entity OR1 is
    …
    …
```

자동차 경고회로의 설계에서 아래 형식에 따라 컴포넌트 동작 기술[아래의 첫 번째 코드]에서 정의된 컴포넌트들을 호출하고 이 컴포넌트들이 서로 어떻게 연결되었는지를 표현한다. 각 줄은 U0와 같은 instance name으로 시작하고, 그 다음에 컴포넌트 이름이 나오고, port map에서 컴포넌트에서 신호들이 어떻게 연결되었는지를 정의한다.

```
라벨: <컴포넌트 이름> port map (<포트 리스트>);
```

4.9.3. 고속 가산기

아랫단에서 윗단으로 전달되는 자리 올림수 때문에 리플 가산기는 지연 시간 발생하며, 더하는 수가의 자리수가 많아질수록 지연이 길어지고 속도가 매우 느린 단점이 있다. 이것을 해결하기 위한 회로로서 Carry-Lookahead(캐리예측) 가산기는 캐리의 전파 지연을 없앰으로써 지연과 같은 단점을 보완한 가산기이다. 이 가산기를 설계하기 위해 반가산기를 이용해서 설계해야 한다. 본 절에서는 컴포넌트 선언과 포트 매핑에 의해 설계함으로써 구조적 모델링에 의한 설계방법을 습득한다.

반가산기의 진리표에 의한 논리식 표현은 식 (4.8a) 및 식 (4.8b)와 같다.

$$s = \bar{a}b + a\bar{b} = a \oplus b \qquad (4.8a)$$

$$c_{out} = ab \qquad (4.8b)$$

전가산기는 아래 자리에서 올라오는 캐리를 반가산기의 결과에 더해야 하므로 이를 이용하여 전가산기의 합을 유도할 수 있다. 또한 반가산기의 캐리는 $c_{out} = ab$이며, 전가산기에 적용하면 전가산기는 반가산기의 결과와 다시 캐리를 더하는 것이므로 반가산기에서 캐리가 발생하거나 반가산기의 결과와 전가산기의 캐리를 더한 결과에서 캐리가 발생할 때 전가산기의 캐리가 발생한다. 따라서 전가산기의 합과 캐리는 각각 식 (4.9a)와 식 (4.9b)로 표현된다.

$$s = a \oplus b \oplus c \qquad (4.9a)$$

$$c_{out} = ab + (a \oplus b)c \qquad (4.9b)$$

[그림 4.49]는 식 (4.9a) 및 식 (4.9b)에 대한 게이트 레벨의 블록도를 나타낸 것이다. 이러한 회로는 i번째 자리에 대한 전가산기 회로이다.

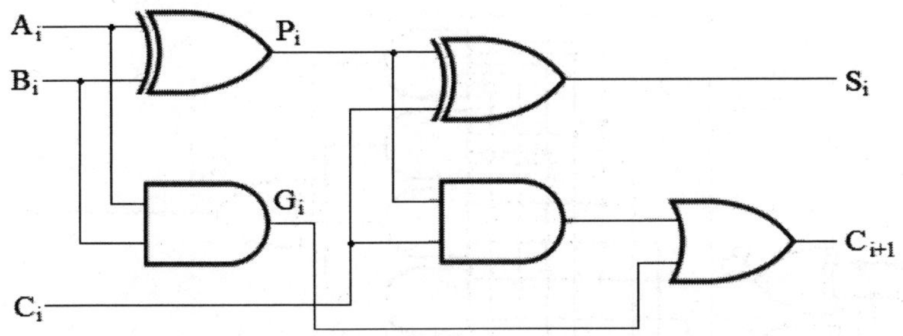

[그림 4.49] 두 개의 반가산기로 구현한 전가산기

[그림 4.49]에서 두 개의 중간 값 P_i와 G_i의 논리식은 식 (4.10a)와 식 (4.10b)로 표현할 수 있다.

$$P_i = A_i \oplus B_i \quad (4.10a)$$

$$G_i = A_i B_i \quad (4.10b)$$

가산 결과 출력과 캐리 표현식은 다음과 같다.

$$S_i = P_i \oplus G_i \quad (4.11a)$$

$$C_{i+1} = G_i + P_i C_i \quad (4.11b)$$

위의 논리식에서 P_i와 G_i는 입력이 주어지면 지연 없이 나오는 중간 값이며 이 중간 값만을 이용한 논리식은 식 (4.12a)~(4.12d)와 같다.

$$C_1 = G_0 \quad (4.12a)$$

$$C_2 = G_1 + P_1 C_1 = G_1 + P_1 G_0 \quad (4.12b)$$

$$C_3 = G_2 + P_2 C_2 = G_2 + P_2 G_1 + P_2 P_1 G_0 \quad (4.12c)$$

$$C_4 = G_3 + P_3 C_3 = G_3 + P_3 G_2 + P_3 P_2 G_1 + P_3 P_2 P_1 G_0 \quad (4.12d)$$

위 식들에서 캐리들은 입력과 동시에 값이 나오는 G_i와 P_i로만 구성이 되었으므로 캐리의 전파지연 없이 가산기 설계가 가능하다. 따라서 [그림 4.50]은 Carry-Lookahead를 이용한 4비트 가산기 논리도를 나타낸 것이다.

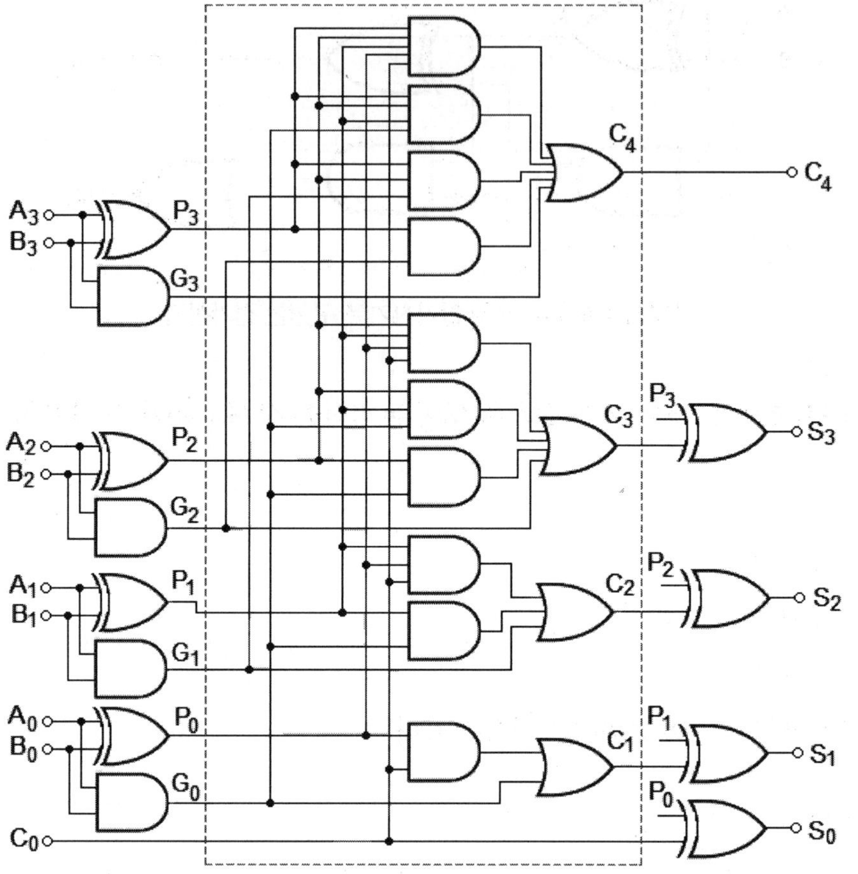

[그림 4.50] Carry-Lookahead를 이용한 4비트 가산기 블록도

[코드 4.32]는 Carry-Lookahead를 이용한 4비트 가산기의 VHDL 설계를 나타낸 것이다. 앞에서 설명한 가산기를 구조적 모델링에 의해 컴포넌트와 포트 매핑을 이용해서 설계하기 위해 G_i와 P_i를 발생시키는 부분, Carry-Lookahead 발생회로 및 XOR 등 3개의 컴포넌트를 정의하고, 패키지에 포함시켜 호출한 후 포트를 매핑하여 설계한다.

[코드 4.32] Carry-Lookahead를 이용한 4비트 가산기의 VHDL 설계

```
library  ieee;
use  ieee.std_logic_1164.all;

library  work;
use  work.user_package.all;
```

```
entity CarryLookAheadAdder_vhdl is
    port( a, b          :       in std_logic_vector(3 downto 0);
          seg1, seg2    :       out std_logic_vector(6 downto 0));
end CarryLookAheadAdder_vhdl;

architecture CLA_design of CarryLookAheadAdder_vhdl is
            signal p, g     :       std_logic_vector(3 downto 0);
            signal sum      :       std_logic_vector(3 downto 0);
            signal c        :       std_logic_vector(4 downto 1);
 begin
            mid       :     for i in 0 to 3 generate
            mid1to4 :       middle port map(a(i), b(i), p(i), g(i));
                             end generate;

            carry     :     CarryAheadGen port map(g, p, c);
            out0      :     XOR2 port map(p(0), '0', sum(0));
            out1to3   :     for j in 1 to 3 generate
            xor1to3 :       XOR2 port map(p(j), c(j), sum(j));
                            end generate;

      process(sum, c(4))
       begin
            case sum is
                                                -- "abcdefg"
                  when "0000"     => seg1 <= "1111110";
                  when "0001"     => seg1 <= "0110000";
                                   ......
                  when "1111"     => seg1 <= "1000111";
            end case;
             case c(4) is
                  when '0'      => seg2 <= "1111110";
                  when '1'      => seg2 <= "0110000";
                  when others => seg2 <= "0000000";
            end case;
      end process;
end CLA_design;

library ieee;
use ieee.std_logic_1164.all;

package use_package is
```

```
        component CarryAheadGen
          port( g, p      : in     std_logic_vector(3 downto 0);
                c         : out    std_logic_vector(4 downto 1));
        end component;

        component middle is
                port( a, b        : in     std_logic;
                      p, g        : out    std_logic );
        end component;

        component XOR2 is
                port( p, c        : in     std_logic;
                      s           : out    std_logic );
        end component;
end use_package;

library ieee;
use ieee.std_logic_1164.all;

entity CarryAheadGen is
        port( g, p        : in     std_logic_vector(3 downto 0);
              c           : out    std_logic_vector(4 downto 1));
end CarryAheadGen;

architecture Carry_design of CarryAheadGen is
 begin
        c(1) <= g(0);
        c(2) <= g(1) or (p(1) and g(0));
        c(3) <= g(2) or (p(2) and g(1)) or (p(2) and p(1) and g(0));
        c(4) <= g(3) or (p(3) and g(2)) or (p(3) and p(2) and g(1))
                or (p(3) and p(2) and p(1) and g(0));
end Carry_design;

library ieee;
use ieee.std_logic_1164.all;

entity XOR2 is
        port( p, c        : in     std_logic;
              s           : out    std_logic );
end XOR2;

architecture XOR2_design of XOR2 is
 begin
```

```
        s <= p xor c;
end XOR2_design;

library ieee;
use ieee.std_logic_1164.all;

entity middle is
        port( a, b        : in    std_logic;
              p, g        : out   std_logic );
end middle;

architecture middle_design of middle is
begin
        p <= a xor b;
        g <= a and b;
end middle_design;
```

[시뮬레이션 결과]

[그림 4.51]은 Carry-Lookahead를 이용한 4비트 가산기의 시뮬레이션 결과를 나타낸 것이다. 시뮬레이션 입력은 리플 가산기의 입력과 동일하게 적용한다. 입력에 대한 덧셈 결과가 정확하게 나오는시 확인한다. Carry-Lookahead에 의해 덧셈 결과가 앞에서 설계한 리플 가산기의 결과보다 빠르게 출력되는 지를 확인한다.

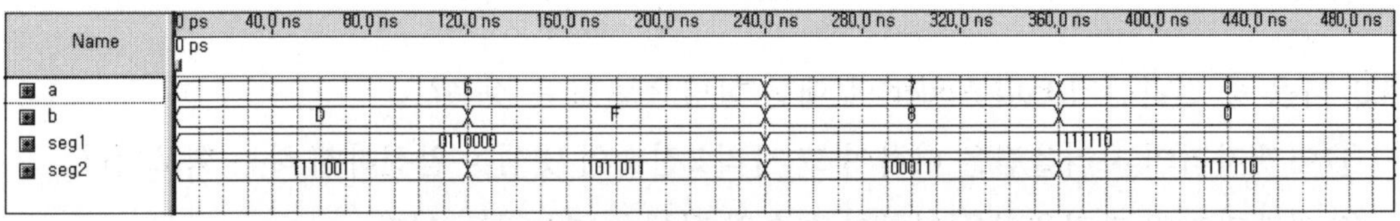

[그림 4.51] 4비트 Carry-Lookahead 가산기의 시뮬레이션 결과

[실습 4.14] 16개의 LED 디바이스 프로그램을 변경하여 각자 독특한 LED 디바이스를 구현하시오.

[실습 4.15] 7-세그먼트 디스플레이 디바이스를 이용하여 각자 독특한 7-세그먼트 디코더를 구현하시오.

[실습 4.16] 16개의 푸시 버튼 스위치를 이용하여 각자 독특한 디바이스를 구현하시오.

▌연습문제

4.1. 다음 회로는 어떤 회로인가?

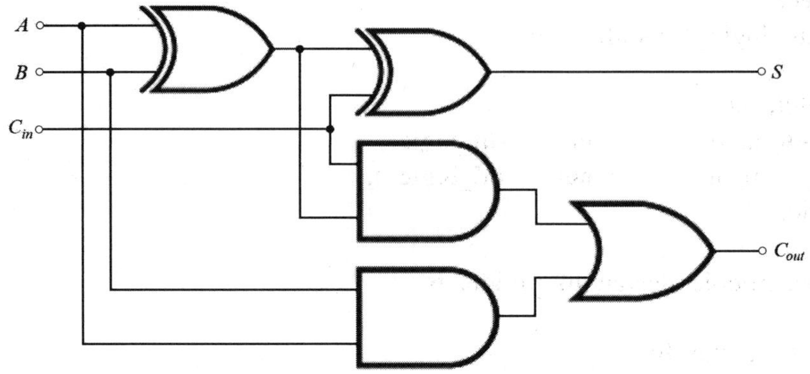

① 반가산기 2개와 OR게이트를 이용한 전가산기 회로

② 반가산기 3개와 OR게이트를 이용한 전가산기 회로

③ 반가산기 2개와 NOR게이트를 이용한 전가산기 회로

④ 반가산기 3개와 NOR게이트를 이용한 전가산기 회로

4.2. 전가산기(Full Adder)에서 A=1, B=0, C_{in}=1일 경우 S(Sum)과 C(Carry)의 값을 각각 바르게 나타낸 것은?

① 1, 0 ② 0, 1 ③ 1, 1 ④ 0, 0

4.3. 다음 중 전가산기(Full Adder)에 대한 설명으로 옳은 것은?

① 아랫자리의 자리올림을 더하여 그 자리 2진수의 덧셈을 완전하게 하는 회로이다.

② 아랫자리의 자리올림을 더하여 홀수의 덧셈을 하는 회로이다.

③ 아랫자리의 자리올림을 더하여 짝수의 덧셈을 하는 회로이다.

④ 자리올림을 무시하고 일반계산과 같이 덧셈을 하는 회로이다.

4.4. 다음 중 자리올림이 있는 덧셈에 사용하기 위한 전가산기(FA)의 회로 구성은?

① 2개의 XOR, 3개의 AND

② 2개의 XOR, 2개의 AND, 1개의 OR

③ 2개의 XOR, 2개의 OR, 1개의 AND

④ 1개의 XOR, 2개의 AND, 2개의 OR

4.5. 다음 중 반가산기의 구성요소로 알맞은 것은?

① 배타적 OR(XOR) 게이트와 AND 게이트

② JK 플립플롭

③ 2개의 OR 게이트

④ RS 플립플롭과 D 플립플롭

4.6. A, B를 입력으로 하는 반가산기에서 자리올림 신호 C의 논리식은?

① $A-B$ ② $A+B$ ③ $A \oplus B$ ④ $A \cdot B$

4.7. 한 자리의 2진수 A, B를 입력으로 하여 출력 $S=\overline{A}B+A\overline{B}$ 및 $C=AB$를 취할 수 있는 회로를 무엇이라고 하는가?

① 적산기 ② 반감산기 ③ 반가산기 ④ 감산기

4.8. 다음 진리표를 만족시키는 회로는?

A	B	빌림수	차
0	0	0	0
0	1	1	1
1	0	0	1
1	1	0	0

① AND gate ② EOR gate ③ 반감산기 ④ 전감산기

4.9. 다음 회로의 명칭은?

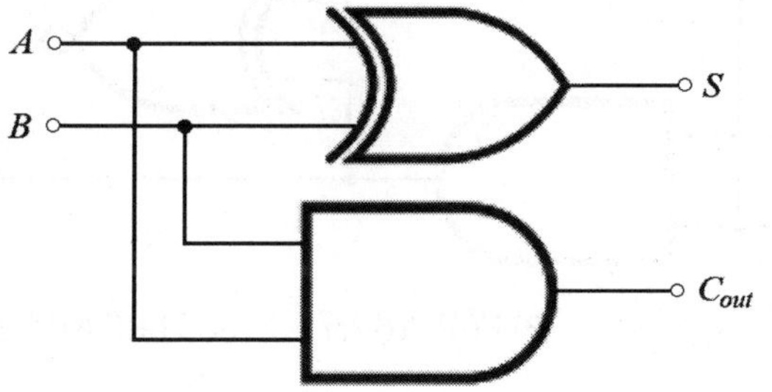

① 반가산기 ② 반감산기 ③ 전가산기 ④ 전감산기

4.10. 반감산기의 동작을 옳게 나타낸 것은?

① 1자리의 2진수의 감산을 하는 동작을 한다.

② 2자리의 2진수의 감산을 하는 동작을 한다.

③ 3자리의 2진수의 감산을 하는 동작을 한다.

④ 1자리의 carry를 덧셈과 같이 감산하는 동작을 한다.

4.11. 다음 중 전감산기의 입력과 관계없는 것은?

① 감수 ② 상위에서 자리 빌림 ③ 피감수 ④ 하위에서 자리 빌림

4.12. 다음 그림의 회로 명칭은?

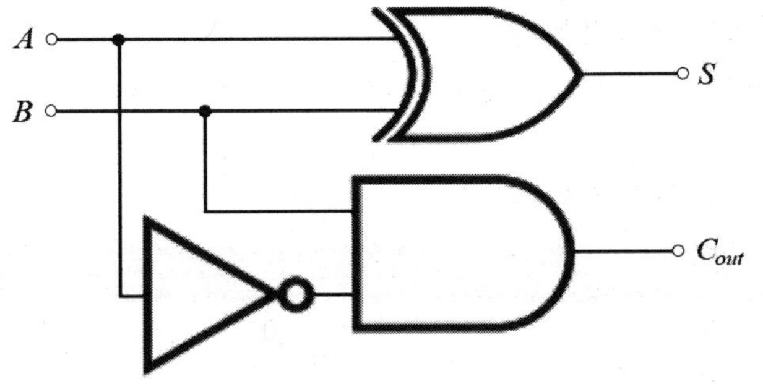

① 가산기 ② 감산기 ③ 반감산기 ④ 비교기

4.13. 다음 그림과 같은 회로의 명칭은?

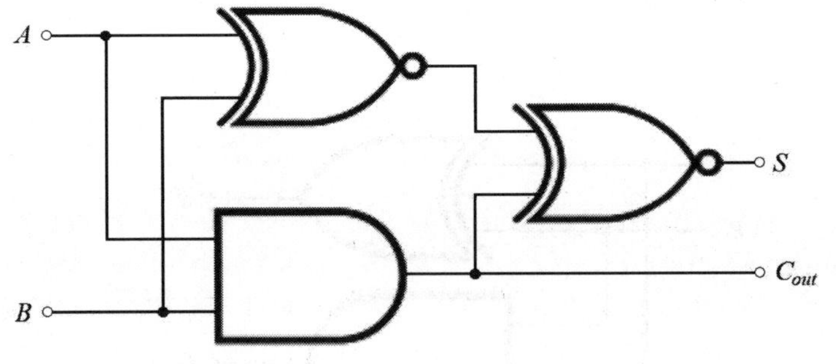

① 동시 회로 ② 반동시 회로 ③ Full Adder ④ Half Adder

4.14. 반가산기(Half Adder)에서 A=1, B=1일 경우 S(Sum)의 값은?

① -1 ② 1 ③ 0 ④ 2

4.15. 다음 중 전가산기(Full Adder)에 대한 설명으로 옳은 것은?

① 아랫자리의 자리올림을 더하여 그 자리 2진수의 덧셈을 완전하게 하는 회로이다.

② 아랫자리의 자리올림을 더하여 홀수의 덧셈을 하는 회로이다.

③ 아랫자리의 자리올림을 더하여 짝수의 덧셈을 하는 회로이다.

④ 자리올림을 무시하고 일반계산과 같이 덧셈을 하는 회로이다.

4.16. 반가산기에서 입력이 A, B일 경우, 반가산기의 합(S)에 대한 출력 논리식으로 옳은 것은?

① $A \oplus B$ ② $(\overline{AB}) \cdot (AB)$

③ $(\overline{A}+\overline{B})+(A+B)$ ④ $\overline{AB}+AB$

4.17. 다음 중 전감산기의 입력과 관계 없는 것은?

① 감수 ② 피감수 ③ 상위에서 자리 빌림 ④ 하위에서 자리 빌림

4.18. 다음 중 전가산기(Full Adder)의 구성으로 옳은 것은?

① 1개의 반가산기와 1개의 OR게이트

② 1개의 반가산기와 1개의 AND게이트

③ 2개의 반가산기와 1개의 OR게이트

④ 2개의 반가산기와 1개의 AND게이트

4.19. 다음은 어떤 논리 회로인가?

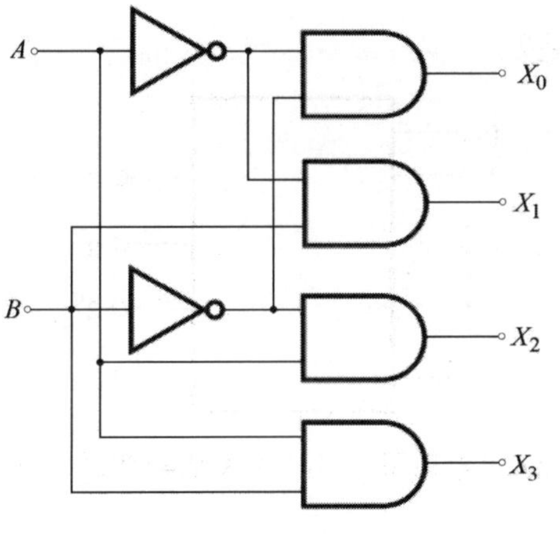

① 인코더 ② 디코더 ③ RS 플립플롭 ④ JK 플립플롭

4.20. n개의 입력으로부터 2진 정보를 2^n개의 독자적인 출력으로 변환이 가능한 것은?

① 멀티플렉서 ② 디코더 ③ 계수기 ④ 비교기

4.21. 조합 논리 회로 중 0과 1의 조합으로 부호화를 행하는 회로로 2^n개의 입력선과 n개의 출력 선으로 구성된 것은?

① 디코더(Decoder) ② DEMUX ③ MUX ④ 인코더(Encoder)

4.22. 다음의 디지털 장치에서 디코더(decoder)의 반대 동작을 하는 장치는?

① 멀티플렉서(multiplexer) ② 전가산기(full adder)

③ 디멀티플렉서(demultiplexer) ④ 인코더(encoder)

4.23. 다음 디코더의 설명 중 옳은 것은?

① 2진수로 표시된 입력 조합에 따라 출력이 하나만 동작하도록 하는 회로

② 특정한 입력을 몇 개의 코드화된 신호의 조합으로 바꾸는 장치

③ 연산회로의 일종으로 보수 합산을 행한다.

④ N개의 입력데이터에서 1개의 입력씩만 선택하여 송신하는 회로

4.24. 십진 BCD 코드를 LED 출력으로 표시하려면 어떤 디코더 드라이브가 필요한가?

① BCD-10세그먼트 ② Octal-10세그먼트

③ BCD-7세그먼트 ④ Octal-7세그먼트

4.25. 다음 그림과 같이 2^n개(0~7)의 십진수 입력을 넣었을 때 출력이 2진수(000~111)로 나오는 회로의 명칭은?

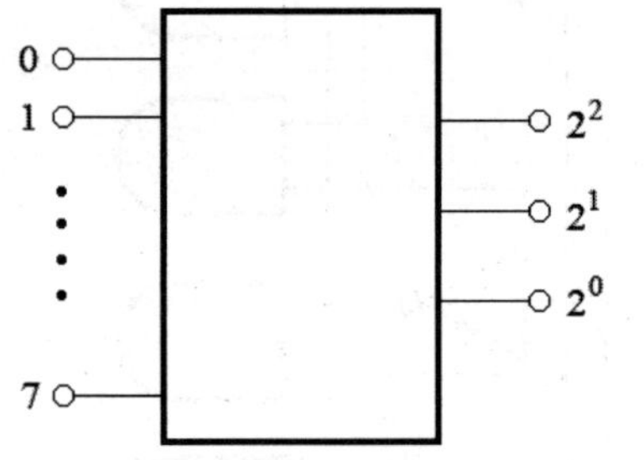

① 디코더 회로 ② A-D 변환회로 ③ D-A 변환회로 ④ 인코더 회로

4.26. 0과 1의 조합에 의하여 어떠한 기호라도 표현될 수 있도록 부호화를 행하는 회로를 무엇이라 하는가?

① Decoder ② Detector ③ Encoder ④ Comparator

4.27. 십진 BCD 계수가 출력으로 그림과 같은 표시를 이용하려면 어떤 디코더 드라이버가 필요한가?

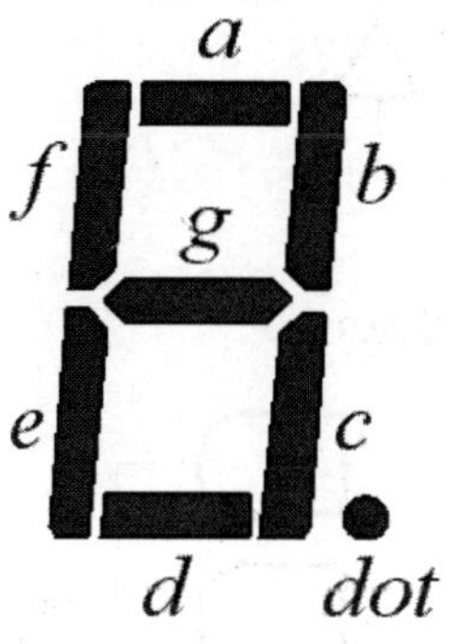

① BCD-10 세그먼트 ② Octal-10 세그먼트

③ BCD-7 세그먼트 ④ Octal-7 세그먼트

4.28. 다음 중 디코더(Decoder)에 대한 설명으로 틀린 것은?

① 출력보다 많은 입력을 갖고 있다.

② 한번에 하나의 출력만을 동작한다.

③ N비트의 2진 코드 입력에 의해 최대 2^N개의 출력이 나온다.

④ 인코더(Encoder)의 역기능을 수행한다.

4.29. 다음 소자 중에서 n개의 입력을 받아서 제어 신호에 의해 그 중 1개만을 선택하여 출력하는 것은?

① Multiplexer ② Demultiplexer ③ Encoder ④ Decoder

4.30. 다음 논리도는 무슨 회로인가?

① 멀티플렉서(multiplexer) ② 디멀티플렉서(demultiplexer)

③ 인코더(encoder) ④ 디코더(decoder)

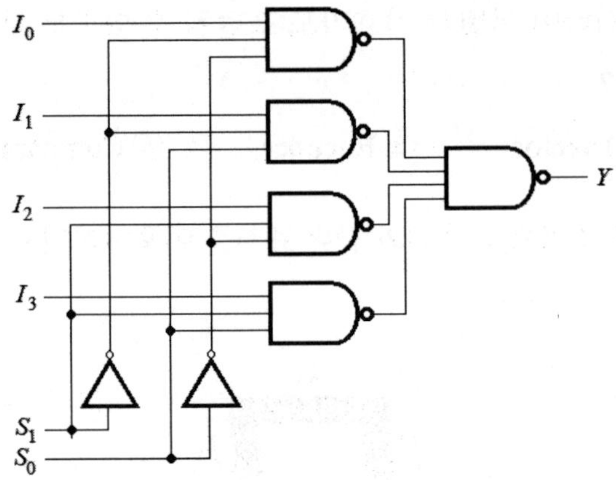

4.31. 다음 그림과 같은 회로의 명칭은?

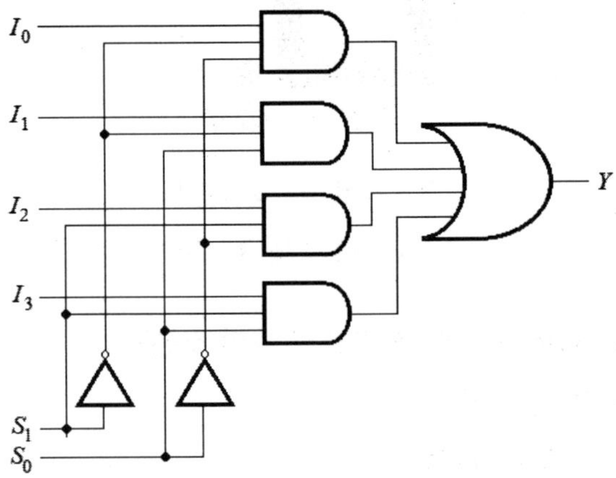

① 병렬 가산기　　② 멀티플렉서　　③ 디멀티플렉서　　④ 디코더

4.32. 여러 개의 회로가 단일 회선을 공동으로 이용하여 신호를 전송하는데 필요한 장치는?

① 멀티플렉서　　② 디멀티플렉서　　③ 인코더　　④ 디코더

4.33. 다음 중 멀티플렉서(multiplexer)의 설명으로 잘못된 것은?

① 멀티플렉서는 전환스위치(selector SW)의 기능을 갖는다.

② N개의 입력 데이터에서 1개 입력씩만 선택하여 단일 통로로 송신하는 것이다.

③ 특정한 입력을 몇 개의 코드화된 신호의 조합으로 바꾼다.

④ 4×1 멀티플렉서의 경우에는 2개의 선택신호가 필요하다.

4.34. 다음은 디멀티플렉서 회로의 일부분이다. 점선 안에 공통으로 들어갈 게이트는? (단, S_0, S_1은 선택신호이고, I는 데이터 입력이다.)

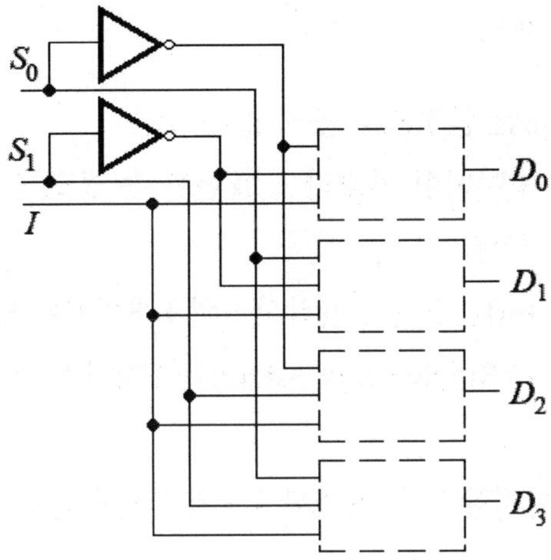

① OR 게이트 ② AND 게이트 ③ XOR 게이트 ④ NOT 게이트

4.35. 다음 중 보수 발생기가 필요한 회로는?

① 일치 회로 ② 가산 회로 ③ 나눗셈 회로 ④ 곱셈 회로

4.36. 1의 보수기에 대한 설명으로 적합한 것은?

① 감산기를 이용하지 않고 감수의 보수를 이용하여 가산기만으로 뺄셈을 한다.
② 감수의 보수를 이용하지 않고 피감수의 보수를 이용하여 감산기만으로 뺄셈을 한다.
③ 감산기를 이용하지 않고 피감수의 보수를 이용하여 가산기만으로 뺄셈을 한다.
④ 피감수의 보수를 이용하여 감산기만으로 뺄셈을 한다.

4.37. 1의 보수기는 어떤 회로를 사용하는가?

① 일치 회로 ② 비교 회로 ③ 감산 회로 ④ 가산 회로

4.38. 조합논리회로에 대한 설명으로 옳지 않은 것은?

① 여러 개의 회로가 단일 회선을 공동으로 이용하여 신호를 전송하는데 필요한 회로를 멀티플렉서(Multiplexer)라 한다.
② N비트의 2진 코드 입력에 의해 최대 2^N개의 출력을 낼 수 있는 회로를 디코더(Decoder)라고 한다.

③ 전가산기(Full Adder)는 2개의 반가산기와 2개의 OR게이트로 구성할 수 있다.

④ 0과 1의 조합에 의하여 어떠한 기호라도 표현될 수 있도록 부호화를 행하는 회로를 인코더(Encoder)라고 한다.

4.39. 다음 중 논리회로에 대한 설명으로 옳지 않은 것은?

① 0과 1의 조합에 의하여 어떠한 기호라도 표현될 수 있도록 부호화를 행하는 회로를 인코더(Encoder)라고 한다.

② 전감산기(Full Subtractor)는 2개의 반감산기와 1개의 OR 게이트로 구성이 가능하다.

③ 4비트 리플 캐리 가산기(Ripple Carry Adder)는 1개의 반가산기와 3개의 전가산기로 구성이 가능하다.

④ 24진 리플 카운터를 설계할 경우 최소한 4개의 플립플롭이 필요하다.

4.40. 멀티플렉서의 설명이 아닌 것은?

① 특정한 입력을 몇 개의 코드화된 신호의 조합으로 바꾼다.

② N개의 입력 데이터에서 1개의 입력만 선택하여 단일 통로로 송신하는 장치이다.

③ 멀티플렉서는 전환 스위치의 기능을 갖는다.

④ 데이터 선택기라고도 한다.

4.41. 인에이블(Enable) 입력을 가진 해독기(Decoder)는 무엇과 동일한가?

① 플립플롭　　② 멀티플렉서

③ 디멀티플렉서　　④ 전가산기

Chapter 5
순차논리회로 설계

| 학습목표 |

- 순차논리회로의 개념 및 특성을 이해한다.
- 순차논리회로의 설계방법에 따른 장단점을 이해한다.
- VHDL을 이용해서 다양한 종류의 순차논리회로를 설계한다.
- 모델링 방법에 따른 VHDL 설계방법을 알아본다.
- VHDL의 문법을 이해하고, 설계에 적용한다.
- 순차논리회로의 동작을 이해하고 VHDL로 설계한다.

| 목차 |

5장. 순차논리회로 설계

일상생활에 접하는 디지털 시스템은 조합논리회로와 순차논리회로(Sequential Logic Circuit)로 구성되어 있다. 본 장에서는 순차논리회로에 대해 학습한다. 일반적으로 순차논리회로의 원리를 이해하지 못하거나 이론적으로는 알지만 어떻게 적용해야 할지를 모르는 경우가 많다. 순차논리회로를 schematic으로 설계하는 과정은 다음과 같다.

① 상태(천이)도 작성
② 상태표 작성
③ 사용할 플립플롭에 맞게 입력
④ 현재 상태 및 다음 상태를 반영하여 플립플롭의 입력식 작성
⑤ 회로 설계

순차논리회로는 조합논리회로와 플립플롭(Flip-flop, F/F)으로 구성한 회로이며, 출력 값은 입력 값과 회로의 내부 상태에 의해 정해지는 논리회로이다. 따라서, 현재 값과 회로의 내부 상태에 의해 정해진다. 이러한 회로에는 기억 기능을 가진 기억 소자인 래치(Latch)나 플립플롭을 사용한다. 순차논리회로의 특징은 다음과 같다.

- **궤환(feedback)을 가진 조합회로로 구성**
- **자체 내에 플립플롭과 같은 기억회로로 구성**
- **클럭 펄스에 의해 동기화됨**
- **입력 값과 현재 기억 상태에 의해 출력이 결정됨**

그러나 순차논리회로를 VHDL로 설계하는 과정은 좀 더 간단하다. 먼저 상태도를 작성(회로가 동작하는 것을 이해하고 회로의 동작을 FSM(Finite State Machine)으로 표현)하고, VHDL로 표현하면 된다. FSM은 유한상태기계라고 번역이 되지만 본문에서는 그대로 사용하거나 자연스럽게 상태도로 표현하기로 한다.

[그림 5.1]은 클럭을 사용하는 순차논리회로의 구성을 나타낸 것이다. [그림 5.1]에서 아래 부분은 플립플롭(flip-flop)을 포함한 기억소자이고, 위 부분은 조합논리회로를 포함한다. 조합논리회로 부분은 외부에서 제공되는 입력과 현재의 상태정보를 나타내는 두 입력

이 있고, 출력신호와 다음 상태정보를 나타내는 두 개의 출력이 있다. [그림 5.1]의 아래 부분에는 클럭, 리셋(reset) 및 다음 상태의 세 입력이 있으며, 현재 상태를 나타내는 한 개의 출력이 있다. 이러한 조합에서 조합논리회로로부터의 다음 상태는 플립플롭의 입력 데이터에 연결되고, 클럭과 리셋은 플립플롭의 클럭 입력과 클리어(clear) 또는 프리셋(preset)에 각각 연결되어야 한다. Moore 모델은 FSM이 입력에 상관없이 오직 현재의 상태에만 영향을 받고, Mealy 모델은 FSM이 현재의 상태와 입력에 모두 영향을 받는다. 본 장에서는 실생활에 가장 많이 사용되는 다양한 예제들을 사용하여 순차논리회로를 VHDL로 설계하는 과정을 설명한다.

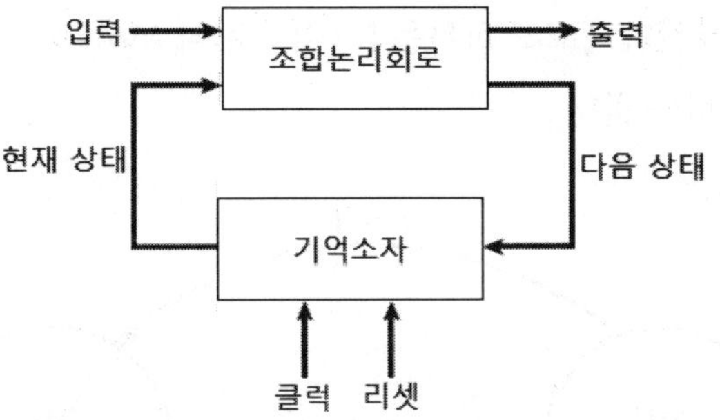

[그림 5.1] 클럭을 사용하는 순차논리회로 구성

5.1. 간단한 상태도 구현

VHDL로 순차논리회로를 설계하는 가장 처음 단계는 회로가 동작하는 것을 이해하고 회로의 동작을 FSM으로 표현하는 것이다. FSM으로 표현된 회로의 동작은 VHDL 코드로 변환이 용이하다. 따라서 FSM을 정확하게 나타내는 것이 설계에 있어서 가장 중요한 절차이다. 설계 초기 과정에서 다양한 회로의 동작을 FSM으로 표현하는 것이 쉽지 않기 때문에 본 절에서는 기초를 쌓기 위해 간단한 FSM을 VHDL로 설계하는 방법을 학습한다.

[그림 5.2]는 Moore 모델로 표현된 간단한 FSM 예를 나타낸 것이다. 이 예에서 FSM은 S0과 S1의 두 상태를 가진다. [코드 5.1]은 [그림 5.2]의 Moore 모델의 간단한 FSM 예에 대한 VHDL 설계 예를 나타낸다.

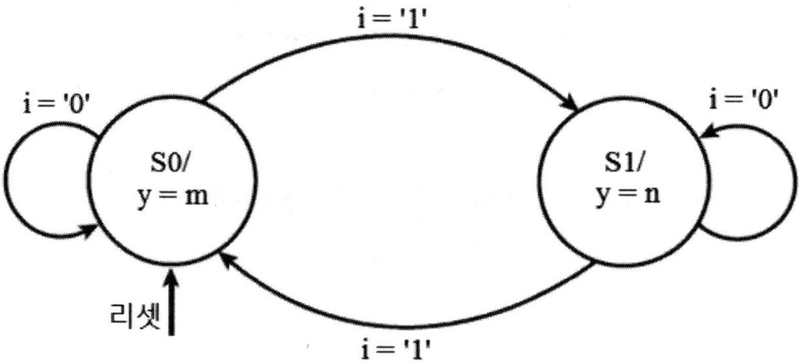

[그림 5.2] Moore 모델의 간단한 FSM 예

[사용자 정의 데이터 형]

[코드 5.1]에서 state_type은 FSM의 상태를 나타내는 사용자 정의 형이며, 데이터 형을 정의할 때 사용한다. 이러한 코드에서 간단한 상태도의 사용자 정의는 다음과 같이 한다. state_type은 FSM에서 가질 수 있는 S0 또는 S1중의 하나이며, signal state는 S0 또는 S1 중의 한 상태를 저장한다.

```
type state_type is (S0, S1);
signal state : state_type;
```

[코드 5.1] [그림 5.2]에 대한 VHDL 설계

```
library ieee;
use ieee.std_logic_1164.all;
use ieee.std_logic_arith.all;

entity SimpleFSM_vhdl is
    port( m, n, i, clk, rst      :      in std_logic;
          y                      :      out std_logic );
end SimpleFSM_vhdl;

architecture SimpleFSM_design of SimpleFSM_vhdl is
        type state_type is (S0, S1);
        signal state :    state_type;
 begin
        process (rst, clk)
           begin
              if rst='0' then
                 state <= S0;
              elsif rising_edge(clk) then
                 case state is
                        when S0 =>
                           if (i = '1') then state <= S1;
                           else state <= S0;
                           end if;
                        when S1 =>
                           if (i = '1') then state <= S0;
                           else state <= S1;
                           end if;
                 end case;
              end if;
         end process;

    y <= m when state = S0 else
         n;
end SimpleFSM_design;
```

[FSM의 일반적인 설계 형식]

설계 대상에 대해 회로의 상태도를 작성한 후 VHDL을 작성한다. FSM의 일반적인 설계 형식은 [코드 5.2]와 같다. 리셋에 의해 초기 상태로 되며, 해체되면 클럭의 상승에지(또는 하강에지)에 동기가 되어 다음 상태가 결정된다. 각 상태에서 다음 상태는 입력에 의해 결정되는데 이 과정을 설계할 때 일반적으로 case~when 문과 각 상태에서 입력 값에 따른 if~end if 문을 사용한다.

[코드 5.2] FSM의 설계 형식

```
if reset='0' then
            <상태 명> <= <초기 상태>;
elsif rising_edge(clk) then
              case <상태 명> is
                   when state0 =>
                      if (input = …) then <상태 명> <= state0 or state1;
                      else <상태 명> <= …;
                      end if;
                   when state1 =>
                      if (input = …) then <상태 명> <= …;
                      else <상태 명> <= …;
                      end if;
                      …
                      …
                end case;
              end if;
```

[그림 5.2]의 상태 천이의 경우에는 S0와 S1 모두 입력 i가 '1'일 때 다음 상태로 천이(transition: 한 상태에서 다음 상태로 상태가 바뀌는 것)하며, 이를 [코드 5.2] 템플릿을 이용하여 설계하면 다음과 같다.

```
when S0 =>
   if (i = '1') then state <= S1; else state <= S0; end if;
when S1 =>
   if (i = '1') then state <= S1; else state <= S0; end if;
```

[출력값의 할당]

[코드 5.1]은 출력이 입력에 상관없이 현재의 상태에만 영향을 받기 때문에 Moore 모델이라고 한다. 코드에서 if~end if 문은 현재의 상태가 S0이면 m을 출력하고, S1 상태 (그렇지 않으면)이면 n을 출력한다.

[Mealy 모델]

[그림 5.2]를 Mealy 모델로 표현하면 [그림 5.3]과 같다. 이 모델에서는 출력이 입력과 현재의 상태에 의해서 영향을 받는다. 따라서 입력이 바뀌면 출력도 바뀌기 때문에 비동기식 출력이 형성된다. 대부분의 경우에 신호들은 동기식으로 설계되는 것이 좋으며, 클럭의 에지에서 출력이 발생하도록 설계하는 것이 바람직하다.

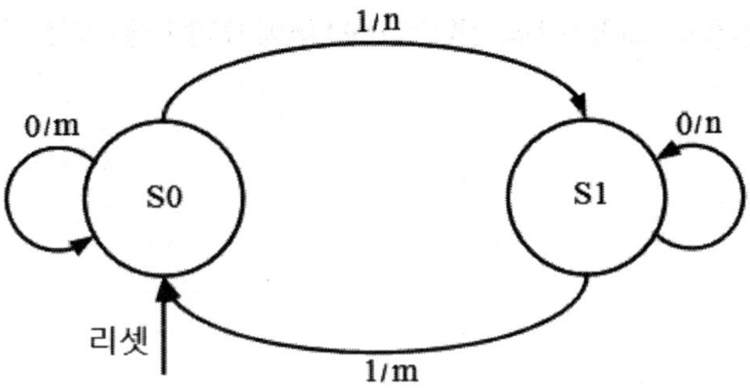

[그림 5.3] Mealy 모델의 간단한 FSM 예

[그림 5.3]에 대해 출력값을 할당하면 아래와 같다.

```
y <=  m when (state = S0 and i = '0') else
      n when (state = S0 and i = '1') else
      n when (state = S1 and i = '0') else
      m;
```

[시뮬레이션 결과]

[그림 5.4]는 [그림 5.2]의 간단한 FSM 예에 대한 시뮬레이션 결과를 나타낸 것이다. 시뮬레이션 결과를 쉽게 확인하는 방법은 다음과 같다. 입력에서 m은 항상 '1'로 하고 n은 항상 '0'으로 설정한다. state는 출력단자는 아니지만 시뮬레이션에서 값을 확인할 수 있으므로 현재의 상태를 알 수 있다. 시뮬레이션 결과에서 리셋 후에 초기상태 S0로 되기 때문에 출력 y = m = '1'로 초기화된다. 100ns 지점 클럭의 상승에지에서 입력 i = '1'이므로 상태가 S0에서 S1으로 천이되고, state는 '1'로 나타나며, y = n = '0'을 출력한다(시뮬레이션을 Timing Mode에서 실행하면 약 9ns의 지연시간 후에 출력이 발생한다). 또한 140ns 지점의 상승에지에서 i = '0'이므로 상태변화가 없기 때문에 출력 값은 S1 상태를 유지한다(y = n). 180ns 지점에서 i = '1'이므로 상태가 S1에서 S0로 천이하며 y = m = '1'을 출력한다.

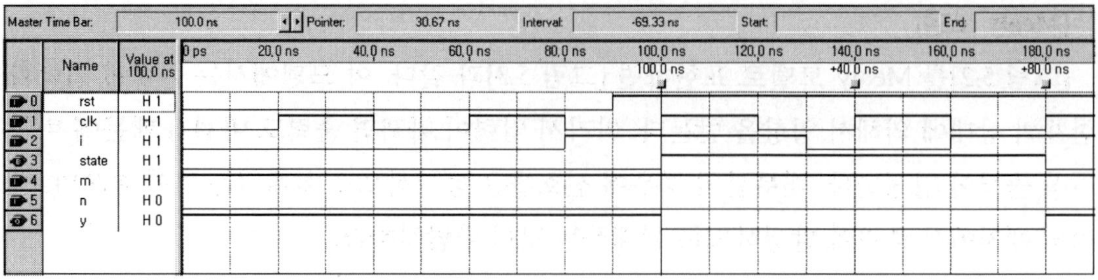

[그림 5.4] [그림 5.2]의 간단한 FSM 예에 대한 시뮬레이션 결과

5.2. 플립플롭(Flip–Flop, FF)

5.2.1. 플립플롭(Flip-Flop, FF)

플립플롭은 두 개의 안정된(bi-stable) 상태 중 하나를 가지는 1비트를 저장할 수 있는 기억소자로서 신호의 상태를 일시적으로 유지 또는 기억시켜 주는 장치나 회로를 말하며, 래치(Latch)라고도 한다. 플립플롭은 펄스에 의해 주어진 입력과 상태에 따라 현재의 2진 정보를 변경할 수 있다.

여러 개의 플립플롭 회로를 병렬로 접속하여 여러 비트의 2진 정보를 기억하는 것을 레지스터(Register)라고 한다. 레지스터는 CPU 내의 연산에서 중간 결과를 임시 보관하는 데 사용되며, 다양한 종류가 있다. [그림 5.2]는 *RS*(Reset Set) 래치의 회로도 및 진리표를 나타낸 것이고, [그림 5.5]~[그림 5.7]은 NOR 게이트 및 NAND 게이트로 구성된 *RS* 래치 동작을 각각 나타낸 것이다.

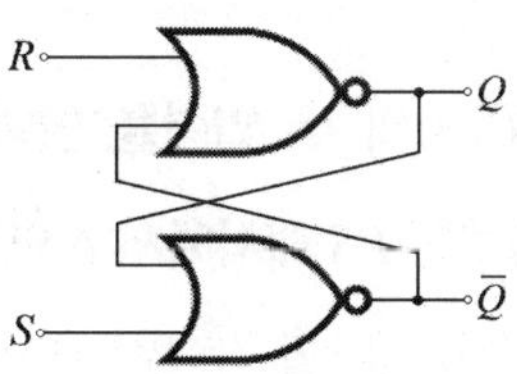

(a) NOR 래치 회로

S	R	$Q(t+1)$	상태
0	0	$Q(t)$	hold
0	1	0	reset
1	0	1	set
1	1	invalid	금지

(b) NOR 래치 진리표

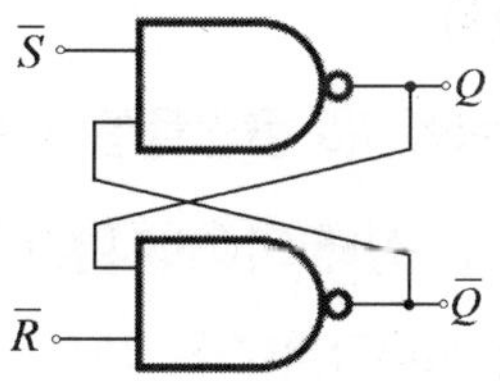

(c) NAND 래치 회로

$\overline{S}$	$\overline{R}$	$Q(t+1)$	상태
0	0	invalid	금지
0	1	1	set
1	0	0	reset
1	1	$Q(t)$	hold

(d) NAND 래치 진리표

[그림 5.5] RS 래치

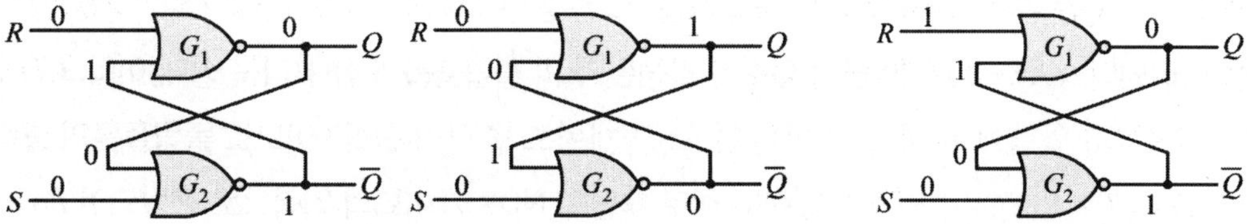

(a) $S=0, R=0$ (b) $S=0, R=1$

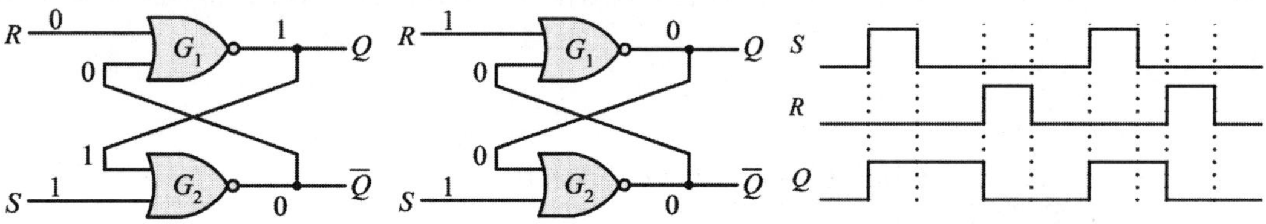

(c) $S=1, R=0$ (d) $S=1, R=1$ (e) 입출력 파형

[그림 5.6] NOR 게이트로 구성된 RS 래치 동작

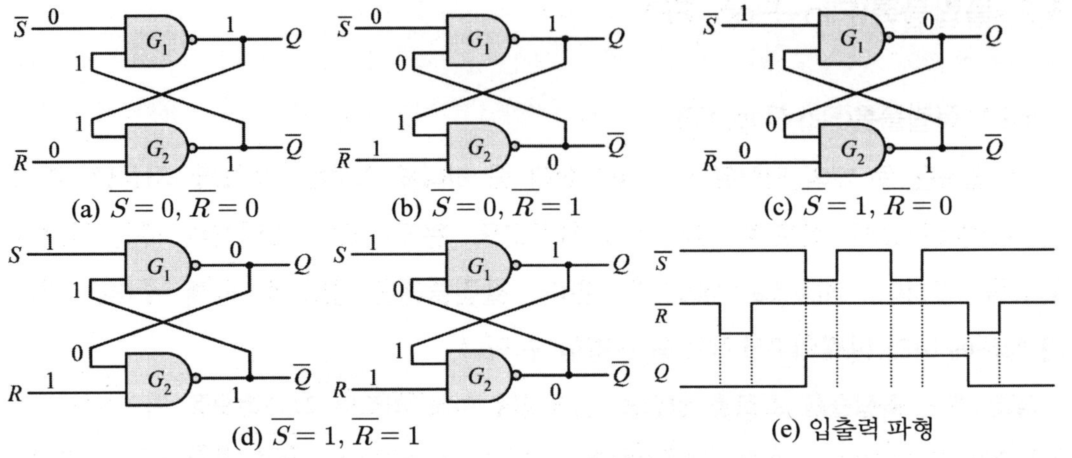

[그림 5.7] NAND 게이트로 구성된 RS 래치 동작

5.2.2. RS 플립플롭

(1) 클럭형 RS 플립플롭

[그림 5.8(a)~(b)]는 클럭형 *RS* 플립플롭의 논리도로서 *R*(Reset)과 *S*(Set)의 두 입력을 받아서 *Q*(현재 상태)와 $\overline{Q}$ (다음 상태)의 2가지 출력을 가진다. 이러한 플립플롭은 *RS* 래치에서 AND 연산으로 묶은 *CP*(Clock pulse)가 추가된 것이다. *S*에 펄스를 가하면 '1', *R*에 펄스를 가하면 '0'이 되며, *S*와 *R*로부터 동시에 펄스를 가하면 결과를 알 수 없고, 펄스를 가하지 않으면 변화가 없다.

[그림 5.8(d)]는 *RS* 플립플롭의 진리표를 나타낸 것이다. 이 표에는 *RS* 플립플롭의 동작이 요약되어 있다. *Q*는 주어진 시간에서의 플립플롭의 2진 상태(현재 상태)이며, *S*와 *R*열은 가능한 입력 값을 나타낸다. $Q(t+1)$은 한 클럭 펄스가 발생된 후의 플립플롭의 상태(다음 상태)이다. *CP*=0인 경우, *S*와 *R*의 입력에 관계 없이 앞단의 AND 게이트 출력이 항상 0이므로 플립플롭의 출력은 불변하고, *CP*=1인 경우, *S*와 *R*의 입력이 회로 후단의 NOR 게이트의 입력으로 전달되어 *RS* 래치와 같은 동작을 한다. 카르노 맵을 이용해 간략화하면 식 (5.1)과 같은 특성 방정식을 구할 수 있다.

$$Q(t+1) = S + \overline{R}\,Q,\ SR = 0 \qquad (5.1)$$

[그림 5.8(e)]는 *RS* 플립플롭의 특성표를 나타낸 것이다. 진리표를 보면 *S*와 *R*이 각각 1, 1

이 되었을 때 금지상태로 되어 있는 것은 앞에서 언급했듯이 결과를 알 수 없다. 입력 전의 값(이전 상태)이 '0'이고, *S*와 *R*이 각각 0, 0일 때는 입력 후의 값이 '0'이 되겠지만 입력 전의 값이 '1'이고, *S*와 *R*이 각각 0, 0일 때는 입력 후의 값이 '1'이 되는 것을 알 수 있다. 따라서, *S*와 *R*이 각각 0, 0이 입력되었을 때는 변화 없이 현재 상태가 그대로 출력되므로 이전의 상태에서 변화가 없어 '1'이 그대로 출력된다. 즉, 이전의 상태와 현재 상태에 의해 다음 상태 값이 정해져 나온다.

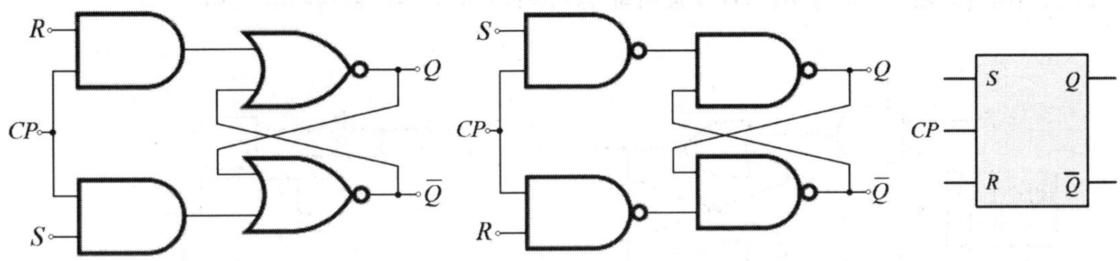

(a) 논리도1　　(b) 논리도2(NAND형)　　(c) 기호

S	*R*	*Q*(*t*+1)	비고
0	0	*Q*(*t*)	현 상태가 그대로 출력
0	1	0	0을 출력(Reset)
1	0	1	1을 출력(Set)
1	1	*Q*(*t*)	알 수 없음(금지)

(d) 진리표

S	*R*	*Q*(*t*)(입력 전의 값)	*Q*(*t*+1)(입력 후의 값)
0	0	0	0
0	1	0	0
1	0	0	1
1	1	0	금지
0	0	1	1
0	1	1	0
1	0	1	1
1	1	1	금지

(e) 특성표

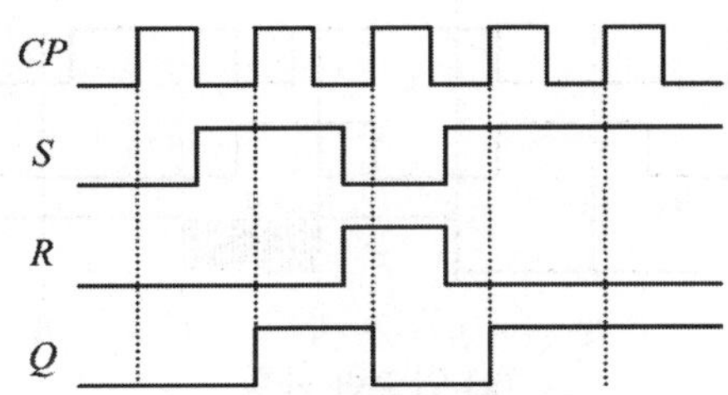

(f) 입출력 파형

[그림 5.8] 클럭형 RS 플립플롭

(2) 에지 트리거(Edge Trigger) RS 플립플롭

클럭형 *RS* 플립플롭은 궤환(feedback)이 있는 회로이고 클럭펄스가 1인 상태에서 모든 동작이 수행된다. 플립플롭의 동작시간보다도 클럭펄스의 지속시간이 길면 플립플롭은 여러 번의 동작이 수행될 수 있다. 이를 방지하기 위하여 에지 트리거(edge trigger)를 이용한다. 입력신호의 순간적인 변화를 트리거라 하며 레벨 트리거와 에지 트리거가 있다.

[그림 5.9]는 에지 트리거(Edge Trigger) *RS* 플립플롭에 대한 논리도 및 동작을 각각 나타낸 것이다. [그림 5.9(a)]에서 *R*과 *S* 입력을 동기(synchronous) 입력이라 한다.

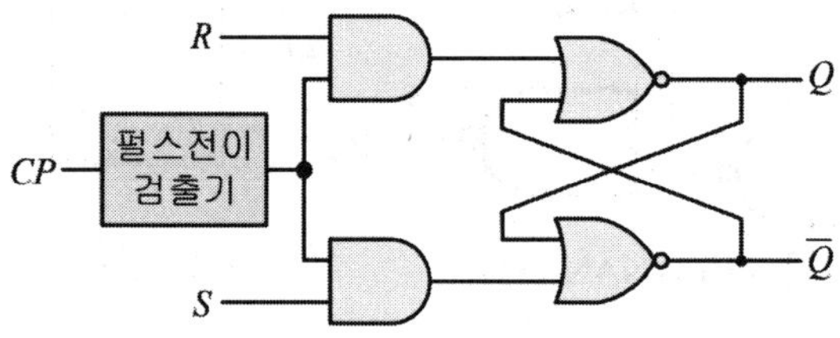

(a) 논리도

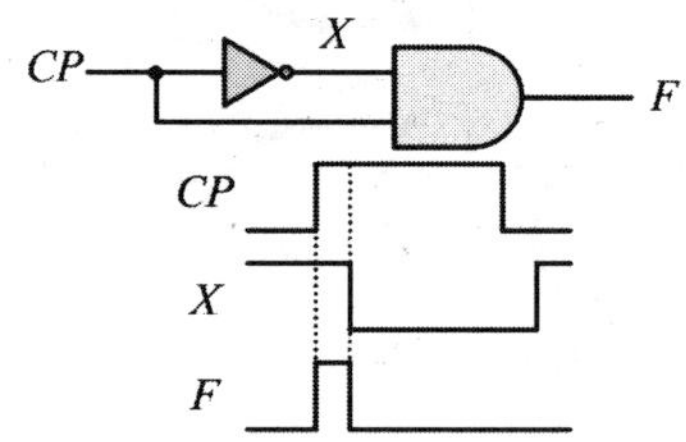

(b) 펄스 전이 검출 회로

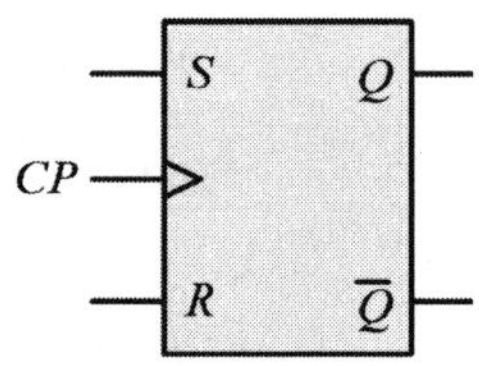

(c) 상승 에지 트리거 기호

S	*R*	*CP*	*Q*(*t*+1)
0	0	↑	*Q*(*t*)
0	1	↑	0
1	0	↑	1
1	1	↑	금지

(d) 특성표

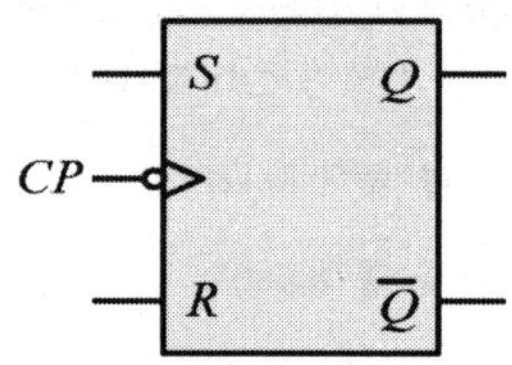

(e) 하강 에지 트리거 기호

S	*R*	*CP*	*Q*(*t*+1)
0	0	↓	*Q*(*t*)
0	1	↓	0
1	0	↓	1
1	1	↓	금지

(f) 특성표

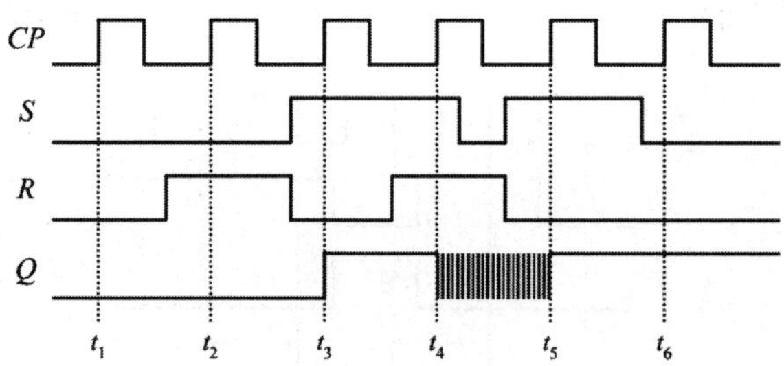

(g) 입출력 파형

[그림 5.9] 에지 트리거 RS 플립플롭

(3) 주종형(Master-Slave) RS 플립플롭

[그림 5.10]은 주종형(Master-Slave) *RS* 플립플롭의 논리도 및 입출력 파형을 나타낸 것이다. *CP*=1인 경우 주 F/F에 외부의 *R*과 *S* 입력이 전달되고, 종 F/F은 hold 상태로 이전값을 유지한다. *CP*=0일 때는 주 F/F은 *CP*=0이므로 hold 상태로 이전 값을 유지하고, 종 F/F은 동작하여 $Q = Y, \overline{Q} = \overline{Y}$ 가 된다.

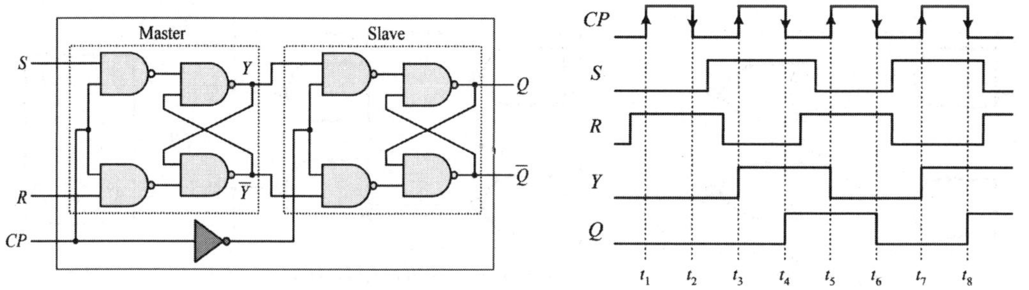

(a) 논리도 (b) 입출력 파형

[그림 5.10] 주종형 RS 플립플롭

5.2.3. JK 플립플롭

(1) 클럭형 JK 플립플롭

JK 플립플롭은 가장 많이 사용되고 있는 플립플롭이다. [그림 5.11(a)]~[그림 5.11(b)]는 *JK* 플립플롭의 논리도를 나타낸 것이고, [그림 5.11(d)]는 *RS* 플립플롭을 이용한 *JK* 플립플롭의 구성도를 나타낸 것이다. *JK* 플립플롭은 *RS* 플립플롭에서 입력이 금지되어 있는 $R=1$, $S=1$의 조합이 허용되도록 수정한 플립플롭으로서 $J=1$, $K=1$인 경우에는 출력 Q의 상태가 반전하도록 구성할 수 있다. *JK* 플립플롭은 [그림 5.11(d)]에서와 같이 *RS* 플립플롭의 *S* 입력으로 *J* 입력과 $\overline{Q}$ 궤환(feedback)의 AND 출력을 연결시키고, *RS* 플립플롭의 *R* 입력으로 *K* 입력과 Q 궤환의 AND 출력을 연결하여 구성한다.

[그림 5.11(e)]는 *JK* 플립플롭의 진리표를 보여준다. 입력 *J*와 입력 *K*가 둘 다 ‘0’이면 플립플롭 상태, 즉 출력 Q는 값이 변화하지 않는다. 입력 *J*가 ‘0’이고 입력 *K*가 ‘1’이면 리셋(reset)되어 출력 Q는 ‘0’을 가진다. 입력 *J*가 ‘1’이고 입력 *K*가 ‘0’이면 셋(set)되어 출력 Q는 ‘1’을 갖게 된다. 입력 *J*와 입력 *K*가 둘 다 ‘1’이면 플립플롭의 상태는 반전되어 출력 Q가 ‘0’이었으면 ‘1’로 바로 바뀌고 ‘1’이었으면 ‘0’으로 바뀌게 된다.

[그림 5.11(f)]는 *JK* 플립플롭의 특성표를 나타낸다. 카르노 맵을 이용해 간략화하면 식 (5.2)와 같은 특성 방정식을 구할 수 있다.

$$Q(t+1) = J\overline{Q} + \overline{K}Q \qquad (5.2)$$

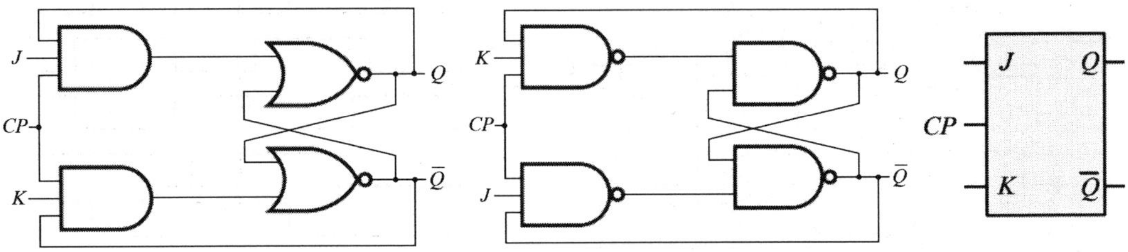

(a) 논리도1 (b) 논리도2(NAND형) (c) 기호

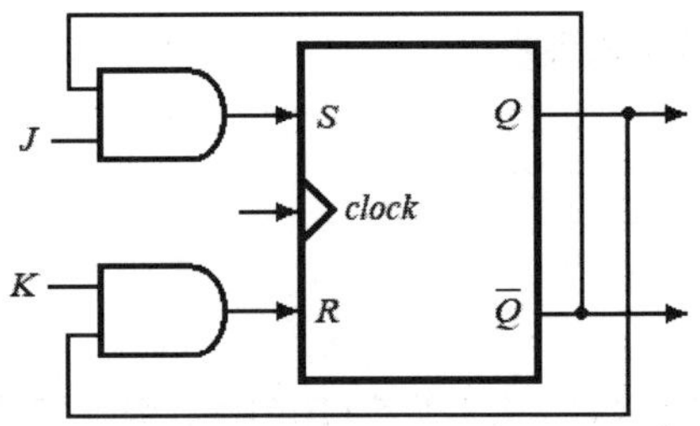

(d) RS 플립플롭을 이용한 구성도

입력		출력		비고
J	*K*	*Q*	$\overline{Q}$	
0	0	*Q*	$\overline{Q}$	불변
0	1	0	1	리셋
1	0	1	0	셋
1	1	$\overline{Q}$	*Q*	반전

(e) 진리표

Q(*t*)	*J*	*K*	*Q*(*t*+1)
0	0	0	0
0	0	1	0
0	1	0	1
0	1	1	1
1	0	0	1
1	0	1	0
1	1	0	1
1	1	1	0

(f) 특성표

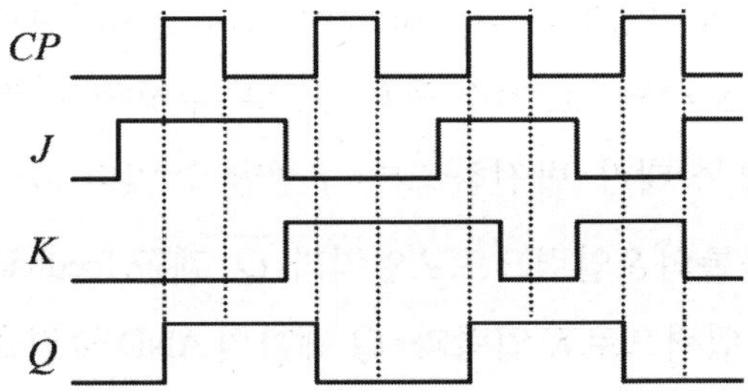

(g) 입출력 파형

[그림 5.11] 클럭형 JK 플립플롭

(2) 에지 트리거 및 주종형 JK 플립플롭

[그림 5.12]는 에지 트리거 *JK* 플립플롭에 대한 논리도 및 동작을 각각 나타낸 것이고, [그림 5.13]은 주종형 *JK* 플립플롭에 대한 논리도를 나타낸 것이다. [그림 5.13]에서 CP=1인 경우 주 F/F에 외부의 *J*와 *K* 입력이 전달되고, 종 F/F은 hold 상태로 이전값을 유지한다. CP=0일 때는 주 F/F은 CP=0이므로 hold 상태로 이전 값을 유지하고, 종 F/F은 동작하여 $Q = Y$가 된다.

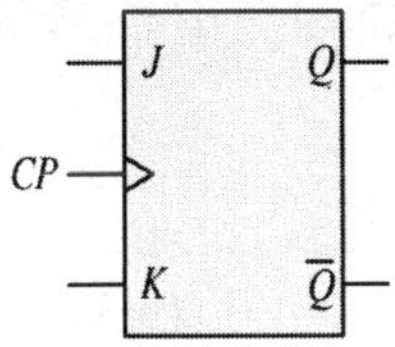

(a) 상승 에지 기호

J	K	CP	$Q(t+1)$
0	0	↑	$Q(t)$, hold
0	1	↑	0, reset
1	0	↑	1, set
1	1	↑	$\overline{Q(t)}$, toggle

(b) 특성표

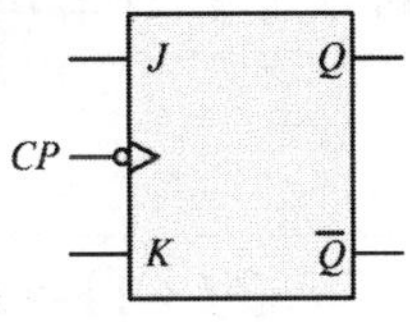

(c) 하강 에지 기호

S	R	CP	$Q(t+1)$
0	0	↓	$Q(t)$, hold
0	1	↓	0, reset
1	0	↓	1, set
1	1	↓	$\overline{Q(t)}$, toggle

(d) 특성표

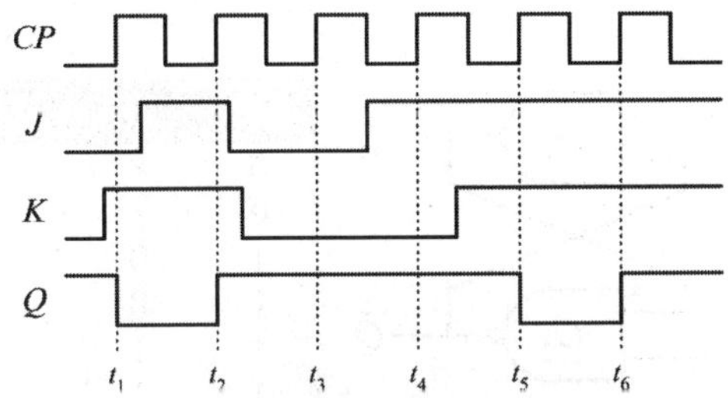

(e) 입출력 파형

[그림 5.12] 에지 트리거 JK 플립플롭

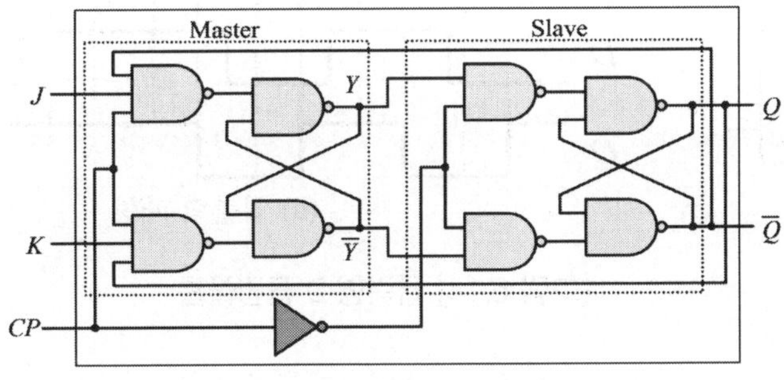

[그림 5.13] 주종형 JK 플립플롭

5.2.4. D 플립플롭

(1) 클럭형 D 플립플롭

[그림 5.14]는 클럭형 D 플립플롭의 특성을 나타낸 것이다. 입력신호 D가 CP에 동기되어 그대로 출력에 전달되며, D는 데이터(Data)를 전달 또는 지연(Delay)의 의미를 가진다. [그림 5.14(a)]에서 CP=1, D=1 일 경우 G_3 출력은 0이고, G_4 출력은 1이다. 따라서 Q=1. CP=1, D=0일 때 G_3 출력은 1이고, G_4 출력은 0이며 Q=0의 특성을 보인다. [그림 5.14(b)]는 D 플립플롭의 특성표를 나타낸다. 카르노 맵을 이용해 간략화하면 식 (5.3)과 같은 특성 방정식을 구할 수 있다.

$$Q(t+1) = D \tag{5.3}$$

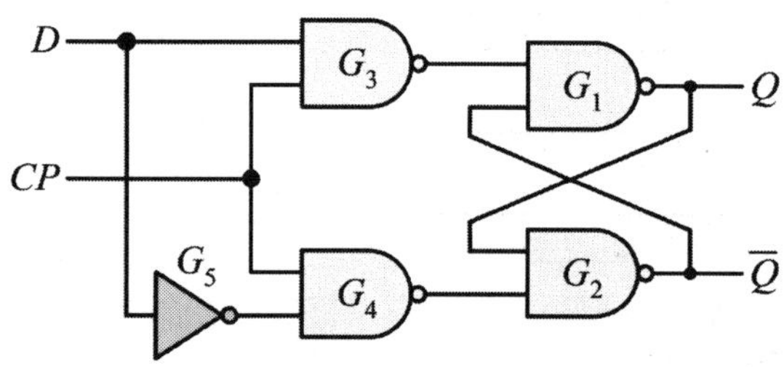

(a) 논리도

CP	D	$Q(t)$	$Q(t+1)$	동작
0	×	0	0	Hold
0	×	1	1	Hold
1	0	0	0	Reset
1	0	1	0	Reset
1	1	0	1	Set
1	1	1	1	Set

(b) 특성표

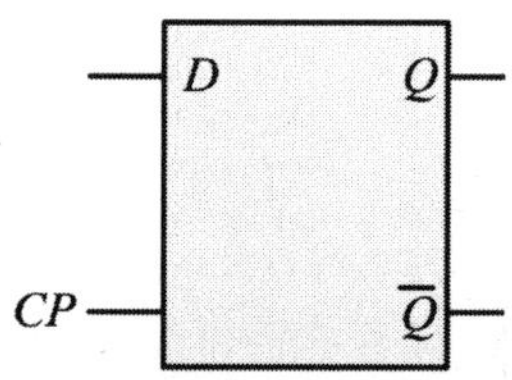

(c) 기호

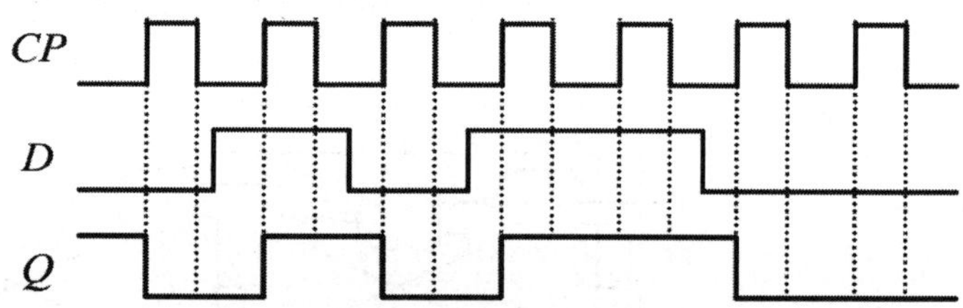

(d) 입출력 파형

[그림 5.14] 클럭형 D 플립플롭

(2) 에지 트리거 및 주종형 D 플립플롭

[그림 5.15]는 클럭형 D 플립플롭의 클럭펄스 입력에 펄스 전이 검출기를 추가하여 구성한 에지 트리거 D 플립플롭의 특성을 나타낸 것이다.

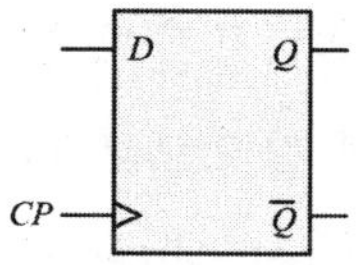

(a) 상승 에지 기호

D	CP	$Q(t+1)$
0	↑	0
1	↑	1

(b) 특성표

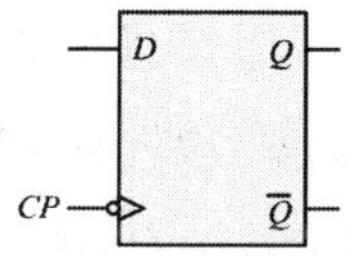

(c) 하강 에지 기호

D	CP	$Q(t+1)$
0	↓	0
1	↓	1

(d) 특성표

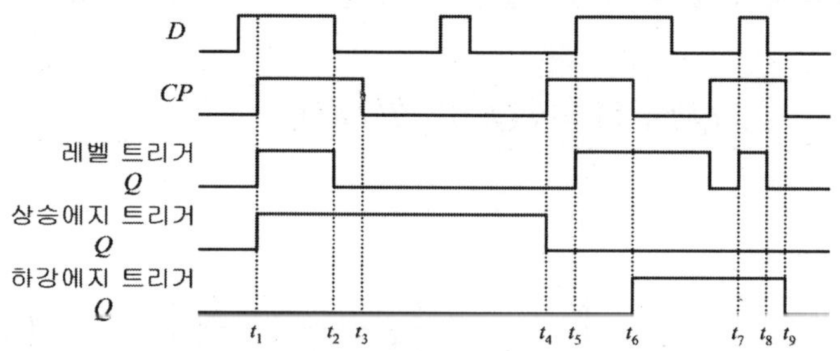

(e) 입출력 파형

[그림 5.15] 에지 트리거 D 플립플롭

[그림 5.16]은 주종형 D 플립플롭에 대한 논리도를 나타낸 것이다. [그림 5.16]에서 CP=1인 경우 주 F/F에 외부의 D 입력이 전달되고, 종 F/F은 CP=0이 되어 hold 상태로 이전값을 유지한다. CP=0일 때는 주 F/F은 CP=0이므로 hold 상태로 이전 값을 유지하고, 종 F/F은 동작하여 $Q=Y$가 된다.

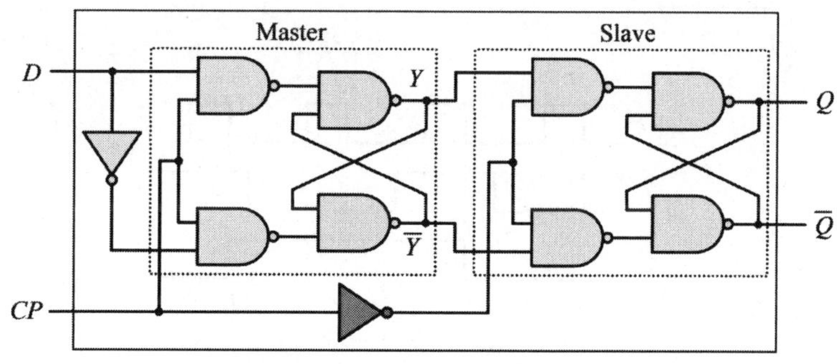

[그림 5.16] 주종형 D 플립플롭

5.2.5. T 플립플롭

(1) 클럭형 T 플립플롭

[그림 5.17]은 클럭형 T 플립플롭의 특성을 나타낸 것이다. [그림 5.17(b)]와 같이 D F/F의 D 입력과 $\overline{Q(t)}$ 출력을 묶어서 하나의 입력신호 T로 사용 가능하며, [그림 5.17(c)]와 같이 JK F/F의 J와 K 입력을 묶고 입력신호 T를 클럭으로 사용 가능하다. T 플립플롭의 입력 T=0이면, J=0, K=0와 같으므로, Q는 hold 상태이고, T=1이면, J=1, K=1과 같으므로, Q는 toggle 상태가 된다. [그림 5.17(e)]~[그림 5.17(f)]는 T 플립플롭의 특성표를 나타낸다. 카르노 맵을 이용해 간략화하면 식 (5.4)와 같은 특성 방정식을 구할 수 있다.

$$Q(t+1) = T\overline{Q(t)} + \overline{T}\,Q(t) \qquad (5.4)$$

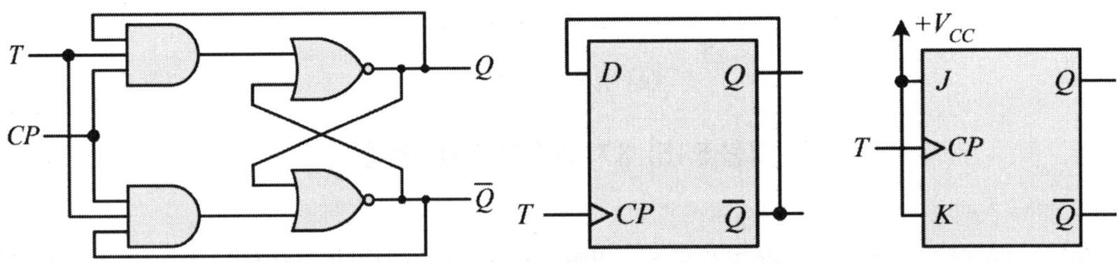

(a) 논리도 (b) D F/F로 구성 (c) JK F/F로 구성

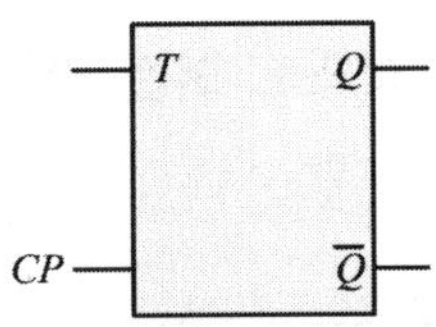

(d) 기호

T	CP	$Q(t+1)$
0	1	$Q(t)$
1	1	$\overline{Q(t)}$

(e) 특성표

T	$Q(t)$	$Q(t+1)$
0	0	0
0	1	1
1	0	1
1	1	0

(f) 특성표

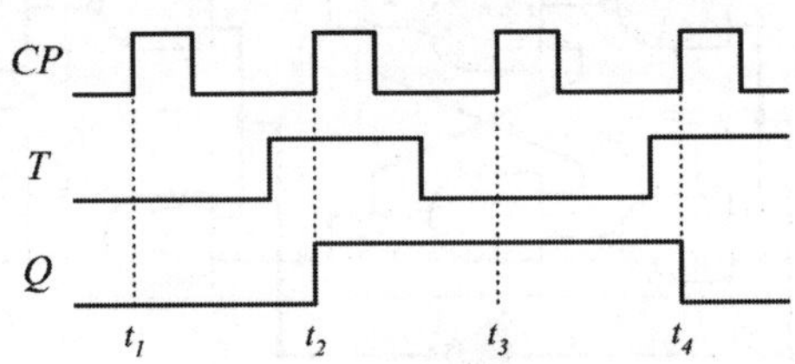

(g) 입출력 파형

[그림 5.17] 클럭형 T 플립플롭

(2) 에지 트리거 T 플립플롭

[그림 5.18]은 클럭형 T 플립플롭의 클럭펄스 입력에 펄스 전이 검출기를 추가하여 구성한 에지 트리거 T 플립플롭의 특성을 나타낸 것이다. [그림 5.18(e)]와 같이 에지 트리거 T F/F은 T 입력은 논리 1 상태로 고정하고 CP에 클럭펄스를 트리거 입력으로 사용하기도 한다. 이 경우 T FF은 펄스가 들어올 때마다 상태가 토글되며, 이러한 회로는 이진(binary) 카운터 회로에 사용한다. [그림 5.18(f)]는 [그림 5.18(c)]와 같이 JK F/F의 J와 K 입력을 묶어서 입력신호 $V_{CC} = EN$(enable)묶고 입력신호 T를 클럭으로 사용하여 구성한 T 플립플롭의 입출력 파형을 나타낸 것이다.

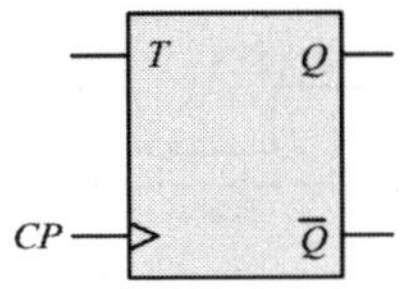

(a) 상승 에지 기호

T	CP	$Q(t+1)$
0	↑	$Q(t)$
1	↑	$\overline{Q(t)}$

(b) 특성표

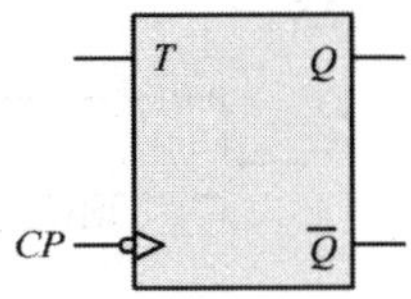

(c) 하강 에지 기호

T	CP	$Q(t+1)$
0	↓	$Q(t)$
1	↓	$\overline{Q(t)}$

(d) 특성표

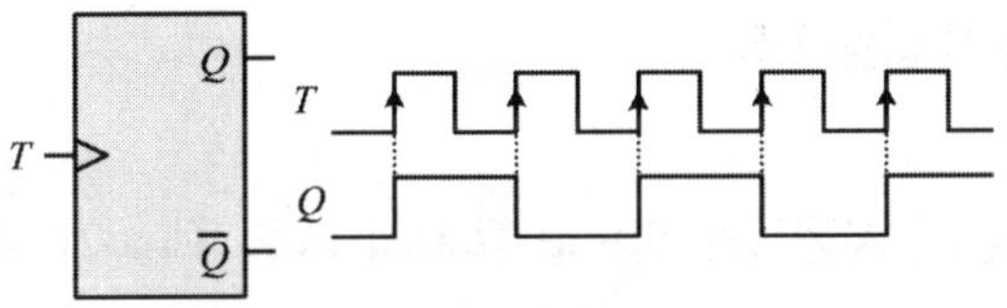

(e) 입출력 파형

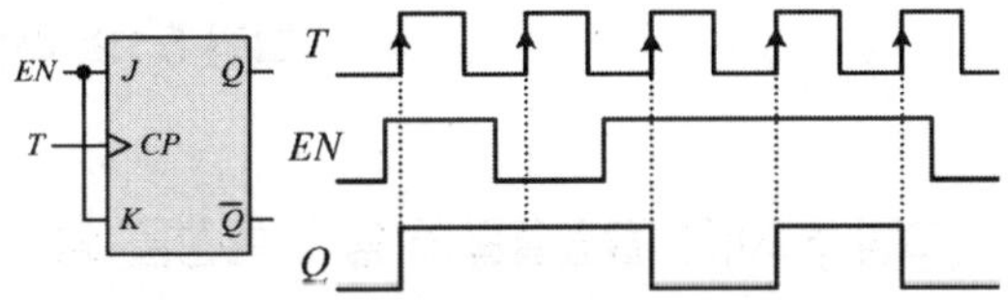

(f) 입출력 파형

[그림 5.18] 에지 트리거 T 플립플롭

5.2.6. 비동기 입력 및 플립플롭 동작 특성

[그림 5.19]는 비동기 입출력 특성을 나타낸 것이다. 대부분의 플립플롭은 클럭펄스에 의해서 플립플롭의 상태를 변화시킬 수 있는 동기입력이 있고, 클럭펄스와 관계없이 비동기적으로 변화시킬 수 있는 비동기 입력인 프리셋(preset, $\overline{PR}$) 입력과 클리어(clear, $\overline{CLR}$) 입력이 있다. 비동기 입력들은 플립플롭의 초기조건 결정 등에 사용한다.

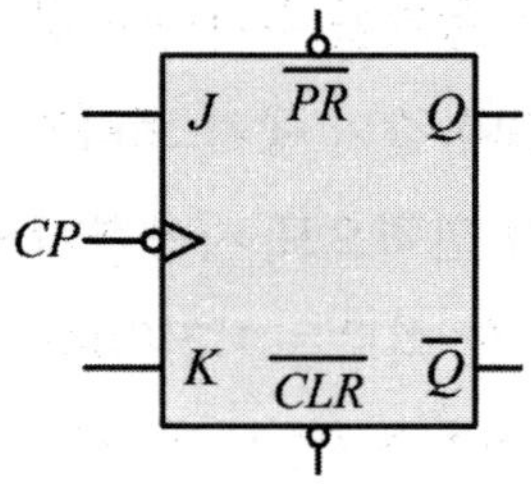

(a) 기호

$\overline{PR}$	$\overline{CLR}$	CP	J	K	$Q(t)$	$\overline{Q(t)}$
0	1	×	×	×	1	0
1	0	×	×	×	0	1
1	1	↓	0	0	hold	
1	1	↓	0	1	0	1
1	1	↓	1	0	1	0
1	1	↓	1	1	toggle	

(b) 특성표

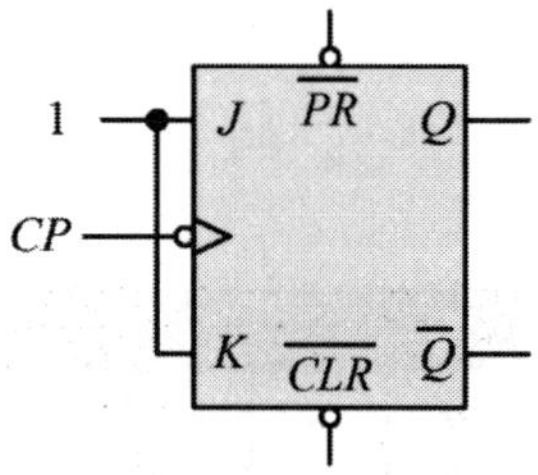

(c) 하강 에지 *JK* F/F

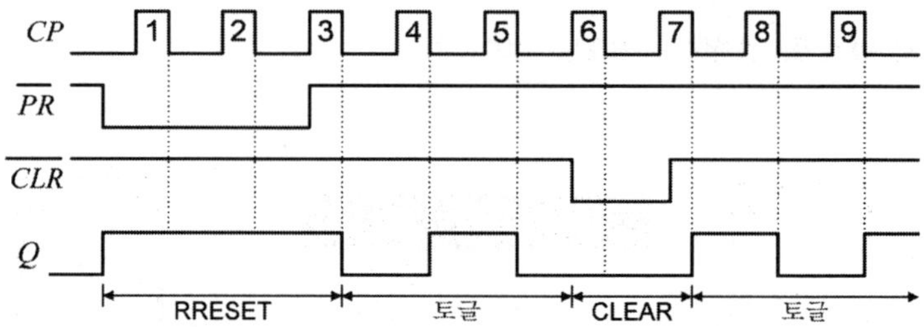

(d) 하강 에지 *JK* F/F에 따른 입출력 파형

[그림 5.19] 비동기 입출력 특성

[그림 5.20]은 플립플롭의 동작 특성을 평가할 때 사용하는 Set-up Time과 Hold Time에 대한 정의를 나타낸 것이다. [그림 5.20(a)]와 같이 *CP*의 상승(하강)에지 천이 전에 입력값은 일정 시간(set-up) 동안 유지해야 하며, Hold Time은 *CP*의 에지 천이 후 입력 값이 유지해야 하는 일정한 시간을 말한다.

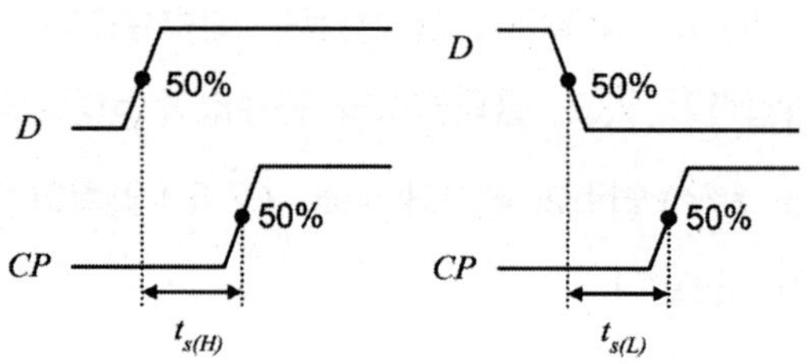

(a) Set-up Time

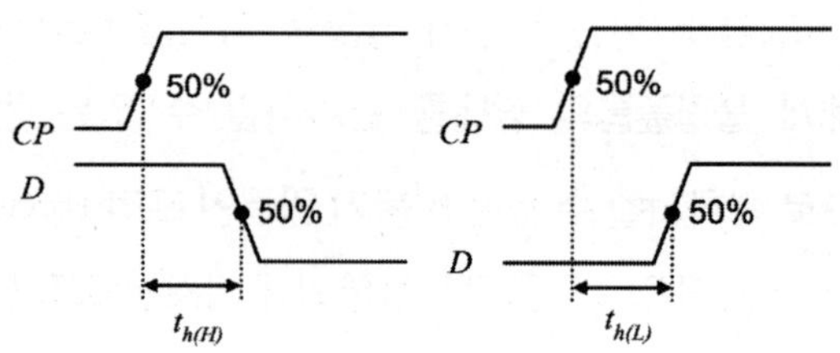

(b) Hold Time

[그림 5.20] 플립플롭 동작 특성

[그림 5.21]은 플립플롭이 안전하게 동작할 수 있는 최대 주파수인 최대 클럭 주파수(f_{max})를 나타낸 것이다. 이러한 주파수는 플립플롭의 동작속도를 결정하며, 항상 f_{max} 이하에서 동작시켜야 한다.

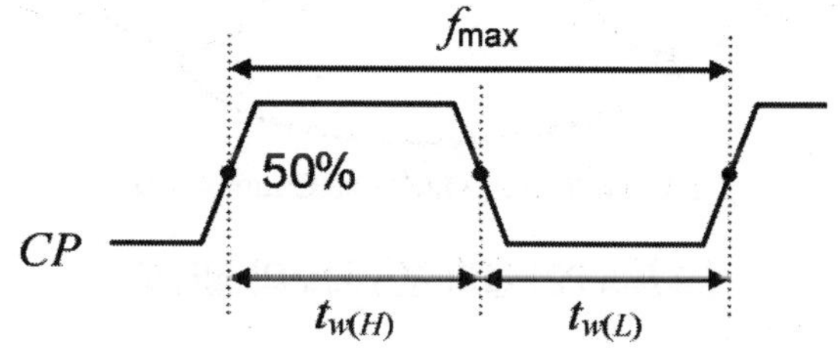

[그림 5.21] 최대 클럭 주파수

5.2.7. 클럭 분주회로(Clock Divider)

많은 디지털 회로(위상고정루프(PLL: Phase-Locked Loop) 등)에서는 하나의 클럭을 분주하여 사용한다. 논리소자를 이용해서 설계할 때에는 플립플롭을 사용하지만 VHDL로 설계할 때는 클럭의 수를 카운트하여 일정한 값이 되면 신호를 '1' 또는 '0'으로 출력하여 분주된 클럭을 생성한다. if~end if 문을 사용하면 쉽게 구현할 수 있으며, FSM 이용도 가능하다. FSM 방법을 이용할 경우 두 개의 상태를 정의하고 Moore 모델에 의해 한 상태에서는 '1'을 출력하고, 다른 상태에서는 '0'을 출력하며, 클럭을 카운트하다가 카운터 값이 지정한 값이 될 때 두 상태 사이를 천이하도록 한다.

[그림 5.22]는 입력 클럭을 1,000,000 분주(외부 클럭=1MHz)하기 위한 클럭 분주회로(Clock Divider)의 상태도를 나타낸 것이다. 초기 상태 S0에서 출력 클럭은 '0'을 출력하고 1MHz 클럭이 입력될 때마다 clkCount를 하나씩 증가시키면서 500,000이 되면 다음 상태 S1으로 천이하면서 출력 클럭에서 '1'이 나오도록 한다. 상태 S1에서도 매 입력 클럭마다 하나씩 증가시키다가 500,000이 되면 다시 S0 상태로 넘어가도록 한다. 결과적으로 입력 클럭이 1,000,000번 입력되면 출력 클럭은 '0'과 '1'을 한 번 반복하므로 N = 1,000,000 분주가 되어 1Hz(1MHz/N = 1Hz)의 클럭을 발생시킨다.

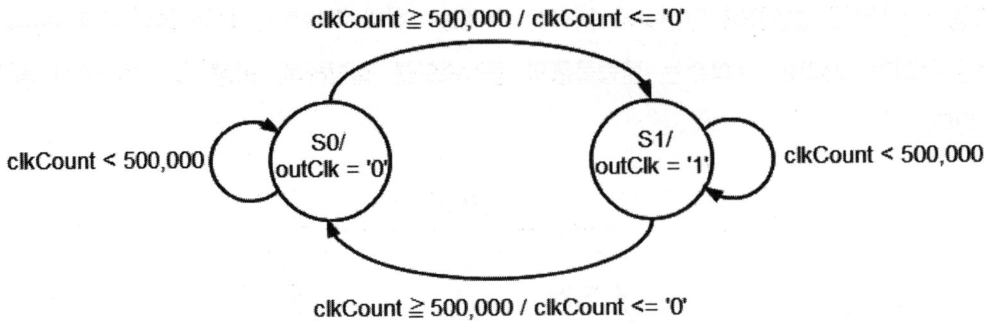

[그림 5.22] 클럭 분주회로의 상태도

[Lab 05] VHDL을 이용해서 클럭 분주회로를 설계하시오.

[VHDL을 이용한 설계 가이드]

[코드 5.2]를 이용하여 [그림 5.22]의 상태도를 VHDL로 설계한다. 입력은 reset, inClk로 정하고 출력은 outClk로 정한다. 이때 variable로 카운터(clkCount)를 선언하고 case~when을 이용해서 각 상태에서 매 클럭마다 카운터를 하나씩 증가시킨 후에 500,000보다 크거나 같으면 다음 상태로 천이하게 한다. 다음 S0 상태에서는 '0'을 출력하고 S1에서는 '1'을 출력해서 1MHz 클럭이 되게 한다.

[코드 5.3] 클럭 분주회로의 VHDL 설계

```
library  ieee;
use  ieee.std_logic_1164.all;
use  ieee.std_logic_arith.all;

entity  ClockDivider_vhdl  is
        port (  reset                    :  in  std_logic;
                inClk                    :  in  std_logic;
                outClk                   :  out  std_logic  );
end  ClockDivider_vhdl;

architecture  CD_design  of  ClockDivider_vhdl  is
        type  state_type  is  (s0,  s1);
        signal  state  :  state_type   :=  s0;
 begin
        process  (reset,  inClk)
                variable  clkCount            :  integer:=  0;
```

```
    begin
        if reset = '0' then
            state <= s0;
            clkCount := 0;
        elsif rising_edge(inClk) then
            case state is
                when s0 =>
                    clkCount := clkCount + 1;
                    if clkCount >= 500000 then
                        state <= s1;
                        clkCount := 0;
                    else state <= s0;
                    end if;
                when s1 =>
                    clkCount := clkCount + 1;
                    if clkCount >= 500000 then
                        state <= s0;
                        clkCount := 0;
                    else state <= s1;
                    end if;
            end case;
        end if;
      end process;
    outClk <= '0' when state = S0 else
              '1';
end CD_design;
```

[시뮬레이션 결과]

500,000만큼 카운트를 해야 하기 때문에 시뮬레이션에서 확인하기가 어려우므로 시뮬레이션을 할 때는 카운트의 수를 5로 줄여서 100kHz(=1MHz/(5×2))의 클럭이 발생하는 것을 시뮬레이션으로 확인한다.

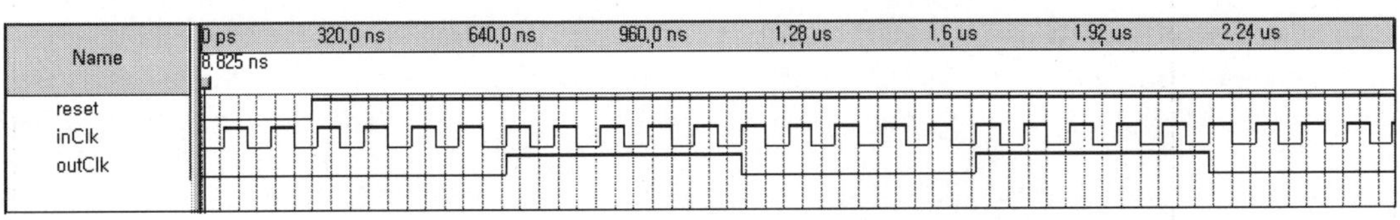

[그림 5.23] 클럭 분주회로의 시뮬레이션 결과

VHDL 설계 실습 보고서

VHDL Lab_05

일 시		학 번		이 름	
제 목	클럭 분주회로(Clock Divider) 설계				
실습 목적	클럭을 분주하는 방법에는 많은 방법이 있으나 본 실습에서는 순차논리회로에서 상태를 정의하고 일정한 조건에 의해 상태가 천이되도록 하는 방법으로 회로를 설계함으로써 순차논리회로를 설계하는 절차를 배운다.				
실습 내용	실습 결과				
클럭 분주회로의 VHDL 설계	1. 강의자료 [그림 5.22]의 클럭 분주회로의 상태도를 VHDL로 설계하시오. 입력은 1MHz 클럭이며 이 클럭을 1,000,000 분주하여 1Hz 클럭을 출력한다. 또한 Moore 모델에 의해 출력은 각 상태에서 '1'과 '0'을 각각 출력함으로써 클럭으로 동작하도록 한다. 2. 설계된 분주회로를 컴파일하고 시뮬레이션을 실행하시오. 그러나 1,000,000 분주를 하는 것은 시뮬레이션에서 확인하기 어려우므로 카운트 횟수를 줄여서 시뮬레이션하고 그 결과 보이시오.				

5.2.8. 레지스터 표현

순차논리회로는 하나 이상의 레지스터(register)를 포함해야 한다. 래치(latch)는 임시저장소자의 한 종류로서 두 개의 안정 상태를 가지고 있으며, 기억소자의 가장 최소 단위가 된다. 래치는 플립플롭과 별개의 부류로 분류되는 쌍안정(bi-stable) 소자이고, 반대편 입력으로 연결되는 궤환(피드백) 배치를 이용해서 두 가지의 안정 상태 중 하나의 상태로 만들 수 있으므로 플립플롭과 유사하다. 하지만 두 소자는 상태를 변화시키는 방법에 차이가 있다. 레지스터는 클럭에 의해 값이 변하므로 레지스터 자체를 순차논리회로의 하나로 간주한다. 레지스터는 VHDL의 레지스터 인퍼런스(inference)에 의해 구현된다. VHDL의 레지스터는 [그림 5.24]에 나타낸 것과 같이 클리어(clear, clr), 프리셋(preset, pre), 클럭(clock, clk)과 비동기 로드(load) 신호에 의해 제어가 가능하다. [그림 5.24]에서 q1은 비동기 로드를 갖는 레지스터의 출력이고, q2는 비동기 프리셋 및 클리어를 갖는 레지스터의 출력을 나타낸다.

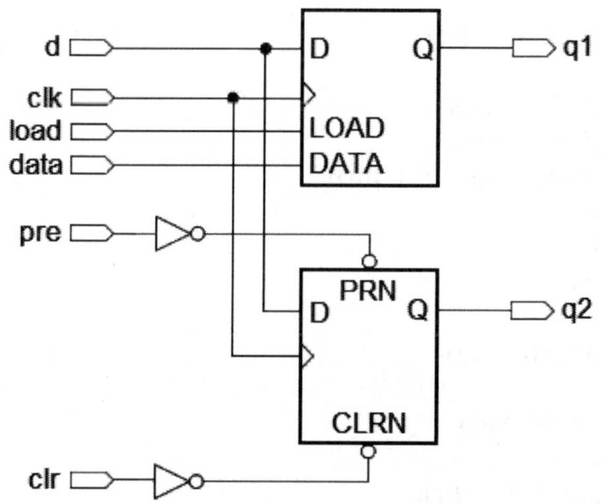

[그림 5.24] 레지스터 블록도

[코드 5.4]는 레지스터 인퍼런스에 대한 VHDL 설계를 나타낸 것이다.

[코드 분석]

첫 번째 프로세스 문에서 클럭에 상관없이 load signal이 '1'이면 data 입력이 q1에 저장되며, 그렇지 않을 때는 클럭의 상승에지에서 d값이 q1에 할당된다. 두 번째 프로세스 문에서는 비동기 클리어와 프리셋 신호에 의해 제어되는 레지스터를 구현한 것이다. 클럭에 관계없이 clr 신호가 '1'이면 q2 레지스터가 '0'으로 초기화되고, 프리셋 신호가 '1'이면 q2가 '1'로 세트된다.

[코드 5.4] 레지스터 인퍼런스의 VHDL 설계

```
library ieee;
use ieee.std_logic_1164.all;
use ieee.std_logic_arith.all;

entity RegisterInference_vhdl is
        port ( d, clk, clr, pre, load, data : in std_logic;
               q1, q2                        : out std_logic );
end RegisterInference_vhdl;

architecture RI_design of RegisterInference_vhdl is
begin
        process (clk, load, data)
        begin
            if load = '1' then
                q1 <= data;
            elsif rising_edge(clk) then
                q1 <= d;
            end if;
        end process;

        process (clk, clr, pre)
        begin
            if clr = '1' then
                q2 <= '0';
            elsif pre = '1' then
                q2 <= '1';
            elsif rising_edge(clk) then
                q2 <= d;
            end if;
        end process;
end RI_design;
```

[시뮬레이션 결과]

[그림 5.25]는 레지스터 표현에 대한 시뮬레이션 결과를 나타낸 것이다. 레지스터는 동기식과 비동기식 동작을 하기 때문에 약간 복잡하다. 첫 번째 레지스터의 동기 입력을 테스트하기 위해 load 신호에 '0'을 입력하고 d 입력에 '0'과 '1'을 입력했을 때 q1 출력에 같은 값이 출력이 되는지 확인한다(clk의 상승에지에서 천이 발생). 이 과정은 새로운 값을 레지스터에 저장하는 동작이다. 두 번째 레지스터의 테스트에서는 pre 신호와 clr 신호에 '0'이 입력된 상태(프리셋, 클리어가 모두 디스에이블 상태)면 q2에도 q1과 같은 값이 출력되는지 확인한다. 즉 clr = '0'이고 pre = '1'이면 q2 = '1'이다. 또한 clr = '0'이고 pre = '0'가 되면 출력은 그대로 유지하다가 clk의 상승에지에서 d의 값을 출력(q2 = '1' → '0')한다.

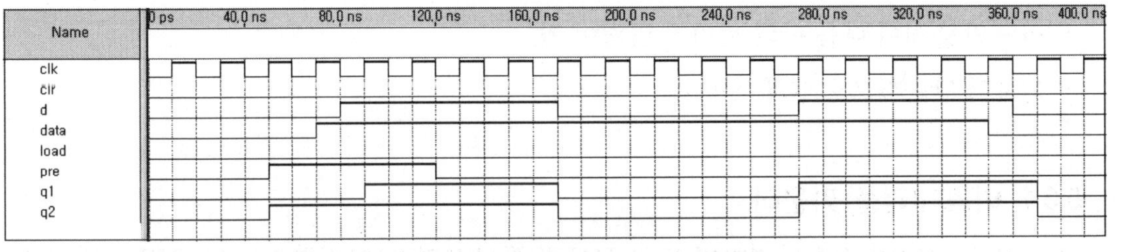

[그림 5.25] 레지스터 표현에 대한 시뮬레이션 결과

5.3. 카운터(Counter)

카운터(Counter)는 클럭 펄스에 개수를 처리하기 위한 순차논리회로이다. 이러한 카운터에는 동기식과 비동기식이 있다. 동기식 카운터는 모든 플립플롭들이 하나의 공통 클럭에 연결되어 있어서 모든 플립플롭이 동시에 트리거가 된다. 비동기식 카운터는 리플(ripple) 카운터라고도 불린다. 앞쪽에 있는 플립플롭의 출력이 뒤쪽에 있는 플립플롭의 클럭으로 사용된다. 비동기식 카운터는 동기식 카운터에 비해 회로가 간단하지만 전달지연이 커진다는 단점이 있다. **동기식 카운터에서 플립플롭의 단수는 동작 속도와 무관**하다. **비동기식 카운터의 특징**은 다음과 같다.

- 저속 카운팅에 주로 사용
- 전단의 출력이 다음 단의 트리거 입력이 됨
- 회로가 단순하므로 설계가 용이

5.3.1. 비동기(리플) 카운터

모든 *JK*(*T*) 입력은 1로 연결하여 토글 모드로 동작시키며, 클럭펄스는 LSB F/F에만 인가(클럭펄스의 NGT(negative-going transition, 5[V] → 0[V])/PGT(positive-going transition, 0[V] → 5[V])에서 출력변화)하고, 나머지 F/F의 *CLK*는 그 전단의 LSB의 출력연결(그 전단 출력의 NGT/PGT에서 출력변화)한다. PGT/NGT는 시스템의 클럭으로 레지스터 등이 데이터를 전달할 때 동기를 맞추기 위해 사용된다. 또한, 각 F/F 사이에는 시간 지연이 발생하지만 모든 clear 입력은 동시에 연결한다. MOD-2^N 카운터의 경우 *N*개의 F/F 사용 시 최대 2^N-1까지 계수가 가능하다.

(1) 2비트 비동기 2진 카운터

[그림 5.26]은 2비트 비동기 2진 카운터를 나타낸 것이다. 2개의 *JK* 또는 *T* F/F을 사용하여 구성하며, 상태 00→01→10→11→00으로 순환 동작한다.

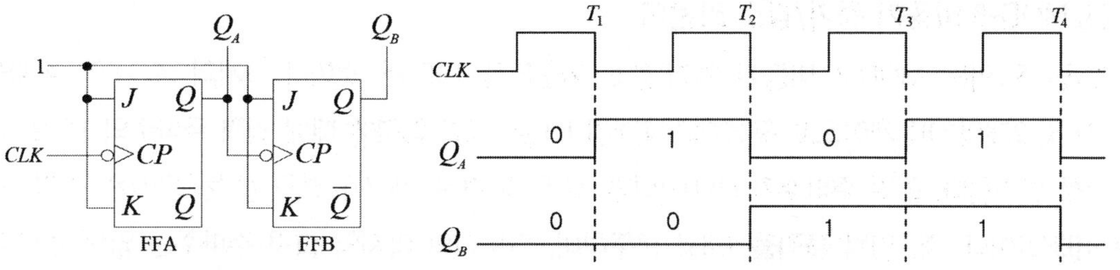

(a) 논리도 (b) 입출력 파형

[그림 5.26] 2비트 비동기 2진 카운터

(2) 3비트 비동기(MOD-8) 카운터

[그림 5.27]은 3비트 비동기 증가 카운터(클럭 하강 에지에서 트리거)에 대한 논리도와 입출력 파형을 나타낸 것이다. 3개의 *JK* F/F을 사용하여 구성하며, 상태 000→001→010→011→100→⋯→111→000→⋯으로 순환 동작한다.

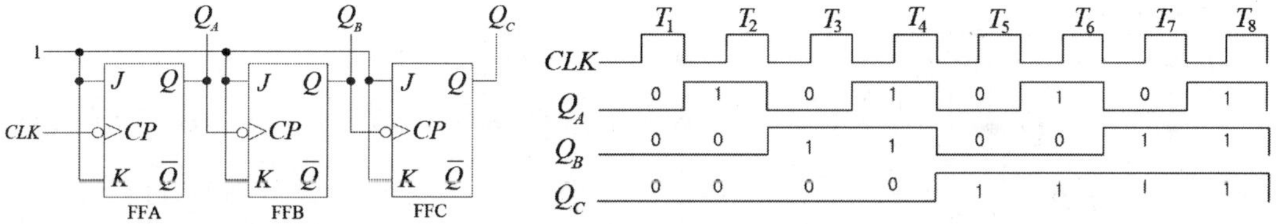

(a) 논리도 (b) 입출력 파형

[그림 5.27] 3비트 비동기 증가 카운터

[그림 5.28]은 3비트 비동기 감소 카운터(클럭 상승 에지에서 트리거)에 대한 논리도와 입출력 파형을 나타낸 것이다. 3개의 *JK* F/F을 사용하여 구성하며, 증가 카운터와 차이점은 논리도의 클럭에 NOT 게이트가 없다는 점이다. 감소 카운터는 [그림 5.28(b)]에서 알 수 있듯이 상태 111→110→111→101→⋯→000→111→⋯으로 순환 동작한다.

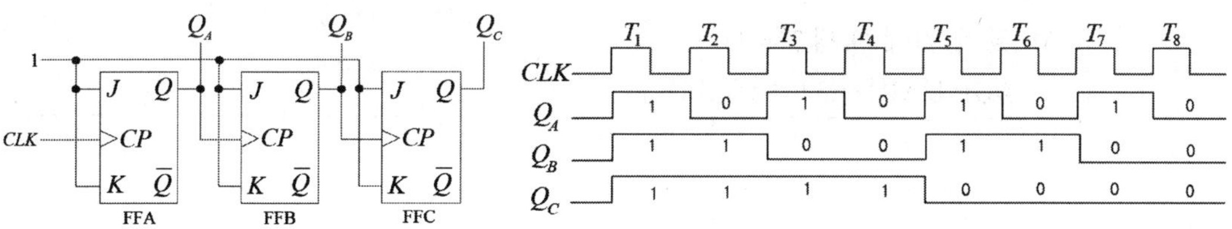

(a) 논리도 (b) 입출력 파형

[그림 5.28] 3비트 비동기 감소 카운터

(3) MOD-8 비동기 증가/감소 카운터

[그림 5.29]는 MOD-8 비동기 증가/감소 카운터를 나타낸 것이다. 3개의 *JK* F/F, 4개의 AND 및 2개의 OR 게이트로 구성한다. 1개의 F/F은 *CLK* 입력에 대해 입력 주파수의 1/2로 주파수를 분주한다. 클럭 주파수가 8[kHz]이면, Q_A의 파형은 4[kHz], 출력 Q_B는 2[kHz], 출력 Q_C는 1[kHz]이다. 즉, 입력 클럭을 1/8로 분주하며, 카운터의 마지막 출력 주파수는 입력 주파수를 MOD 수에 의해 분주한다. 예를 들어 전원 60[Hz] 입력으로부터 1[Hz] 출력을 내는 MOD-60 카운터는 $2^6 = 64$, 즉 최소 6개의 F/F이 필요하다. 또한 , *N*비트 카운터의 출력 펄스 주파수(f_{out})는 식 (5.5)를 이용하여 계산한다.

$$f_{out} = \frac{f_{in}}{2^N} \tag{5.5}$$

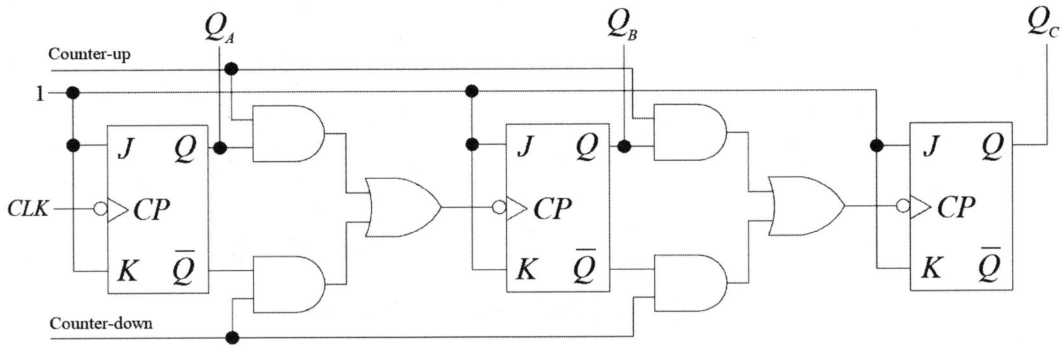

[그림 5.29] MOD–8 비동기 증가/감소 카운터

예제 5.1	5비트 2진 카운터의 입력에 8[MHz]의 정방향 펄스가 가해질 때 출력 펄스의 주파수는? (풀이) 5비트 입력에 대해 $2^5 = 32$ $\therefore f_{out} = 8[MHz]/32 = 250[kHz]$

(4) MOD-14 카운터 및 모드 수(m)

MOD-M 카운터의 출력 주파수는 $f_{out} = f_{in}/M$ 식으로 계산한다. [그림 5.30]은 MOD-14 카운터를 나타낸 것이다. MOD-14 카운터의 경우 그림에서 NAND 입력인 D, C, B는 카운터가 1110(DCBA)에 도착하였을 때 0000으로 리셋되고, 0000부터 1101까지의 안정된 14개의 상태를 가지며, 설계를 위해 [그림 5.30]과 같이 4개의 JK F/F과 3입력 NAND 게이트로 구성할 수 있다.

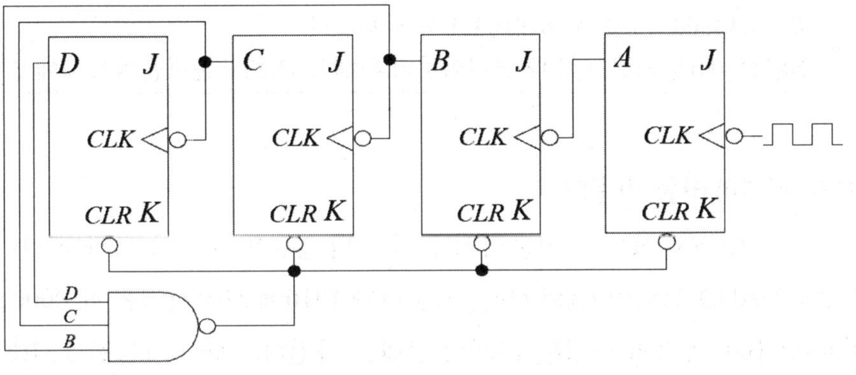

[그림 5.30] MOD–14 카운터

예제 5.2 MOD-14 카운터의 입력 주파수가 30[kHz]일 때, 출력 주파수를 구하시오.

(풀이)

$\therefore f_{out} = 30[kHz]/14 = 2.14[kHz]$

- MOD-M 카운터의 일반적 설계 과정
  1. $2^N \geq M$을 만족하는 F/F의 최소수 N을 결정하고 리플 카운터로 연결
     만약, $2^N = M$이라면 과정 2와 3은 생략
  2. 모든 비동기 클리어 입력에 NAND 게이트의 출력 연결
  3. 카운트 값 M에서 1이 되는 F/F의 출력들을 NAND 입력에 연결

예제 5.3 0부터 21까지 카운트할 수 있는 MOD-22 카운터를 설계하시오.

(풀이)

$2^5 = 32$이므로 5개의 F/F 필요하다.

또한, MOD-22 = 10110에 리셋하기 위하여 [그림 5.23]과 유사한 5개 F/F의 E, C, B 출력을 NAND 입력에 연결한다.

예제 5.4 60[Hz]의 라인주파수를 1[Hz]로 분주하는 MOD-60 카운터를 설계하시오.

(풀이)

$2^6 = 64 > 60$ ∴ N=6개의 F/F을 사용한다.

60(111100)을 카운트할 때 클리어하기 위해 C, D, E, F 출력을 NAND에 연결한다.

(5) BCD(MOD-10) 리플 카운터

[그림 5.31]은 BCD(MOD-10) 카운터의 논리도 및 입출력 파형을 나타낸 것이다. BCD 카운터의 경우 NAND 입력인 Q_B와 Q_D는 카운터가 1010에 도착하였을 때 0000으로 리셋되고, 0000부터 1001까지의 안정된 10개의 상태를 가진다. 그러나 [그림 5.31(b)] 파형에서 알 수 있듯이 10$\underline{0}$1 → 10$\underline{1}$0 → 00$\underline{0}$0로 진행되는 과정에서 B 출력에서 글리치(glitch)(출력 B는 10$\underline{0}$1 → 10$\underline{1}$0 → 00$\underline{0}$0의 파형 순서에서 0-1-0로 잠시 1의 상태로 좁은 양의 펄스인 스파이크(spike))가 발생된다. [그림 5.31]과 유사하게 4개의 *JK* F/F과 2입력(Q_B, Q_D) NAND 게이트로 구성할 수 있다.

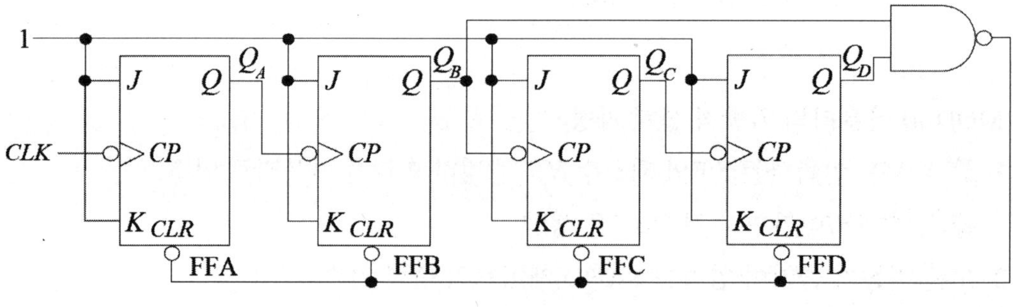

(a) 논리도

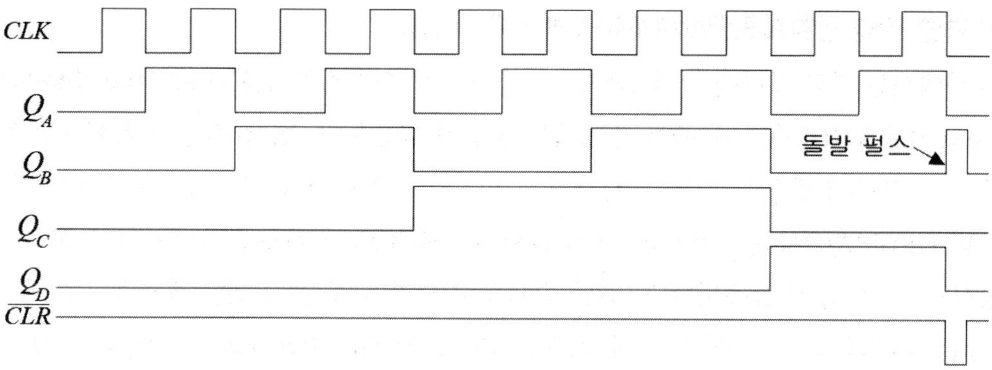

(b) 입출력 파형

[그림 5.31] BCD 카운터

(6) 비동기 프리셋(Preset) 카운터

[그림 5.32]는 비동기 프리셋(Preset) 카운터의 논리도를 나타낸 것이다. 이러한 카운터는 0보다 큰 수(010부터 시작)로 부터 카운터를 시작하고, LOAD = 1일 때 프리셋 입력으로 초기화($P_AP_BP_C$ = 010 이면, $Q_AQ_BQ_C$ = 010)하고, LOAD = 0일 때 정상 상승 카운터로 동작한다. 모듈러스(Modulus) 설정 방법은 식 (5.6)과 같다.

$$\text{프리셋 카운터의 MOD} = (\text{최대 MOD, } 2^N) - (\text{프리셋된 수}) \qquad (5.6)$$

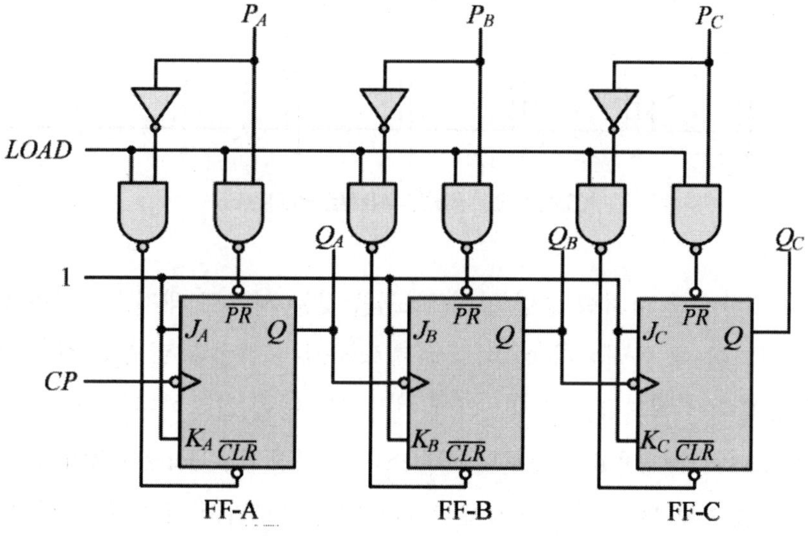

[그림 5.32] 비동기 프리셋 카운터

(7) 병렬-직렬 변환회로(Parallel-to-Serial Converter)

본 절에서는 병렬 입력을 직렬 출력으로 변환하는 병렬-직렬 변환회로(Parallel-to-Serial Converter)를 VHDL을 이용해서 설계하는 방법을 학습한다. 병렬-직렬 변환회로는 실생활에 많은 분야에 활용이 가능하며, 대표적으로 다중 안테나를 지원하는 무선 이동 통신 시스템, OFDMA(Orthogonal Frequency Division Multiple Access: 직교주파수분할다중접속방식) 수신기 등에 활용된다. 이러한 변환회로의 기본 구성 요소는 레지스터로 구성된다. 많은 종류의 레지스터가 있으며, 시프트 레지스터(Shift Register)는 저장되어 있는 이진 정보를 단방향 또는 양방향으로 이동시킬 수 있는 레지스터의 한 종류이다.

[그림 5.33]은 D 플립플롭으로 구성한 8비트 시프트 레지스터를 나타낸 것이다. 직렬 입력은 시프트될 때 가장 왼쪽 플립플롭에 입력되는 값이며, 직렬 출력은 가장 오른쪽 플립플롭에 출력되는 값이다. 시프트 레지스터는 직렬 입력-병렬 출력(SIPO: Serial-Input Parallel-Output)와 병렬 입력-직렬 출력(PISO) 형태를 포함하여 직렬과 병렬의 입출력 조합이 가능하다. 여기에는 직병렬 입력을 가지고 직병렬 출력을 지닌 형태도 존재한다. 시프트 레지스터의 방향을 다양하게 할 수 있는 양방향성 시프트 레지스터도 존재한다. 시프트 레지스터의 각 플립플롭들은 각각의 입력과 출력이 연쇄적으로 연결되어 공통으로 입력되는 클럭이 데이터를 한 비트씩 다음 레지스터로 이동하도록 제어한다.

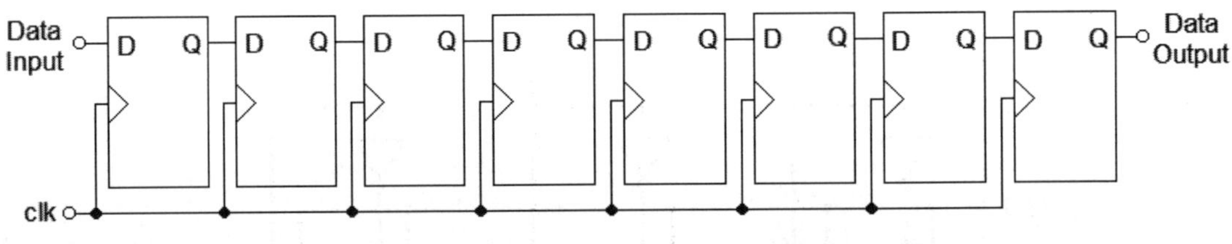

[그림 5.33] 8비트 시프트 레지스터

[그림 5.34]에 나타낸 것처럼 병렬 입력(로드)을 갖는 시프트 레지스터를 이용하면 병렬로 입력된 데이터를 매 클럭마다 한 비트씩 출력시키는 병렬-직렬 변환회로 설계가 가능하다. [그림 5.34]에서 벡터 **d**는 레지스터에 저장되는 병렬 입력이며, d_out은 직렬 출력이다. 입력신호 load = '1'이면 **d**가 시프트 레지스터에 저장되고, load가 H(high)로 유지되면 MSB인 d(7)은 출력에 사용 가능한 상태로 유지된다. 8개의 비트가 모두 내보내진 후, 다음 전송이 있을 때까지 출력은 L(low)로 유지된다. load 신호가 disable된 상태(='0')에서

클럭의 상승에지에서 우측으로 한 비트씩 이동한다. d_out에는 한 비트씩 밀려서 나오는 비트들이 출력되므로 시프트 레지스터에 저장되었던 데이터가 직렬로 출력된다. 이러한 변환회로는 ASIC 칩에서 모든 데이터 비트를 출력시키는 데 사용할 수 있는 핀들이 충분히 없을 때 사용할 필요가 있다.

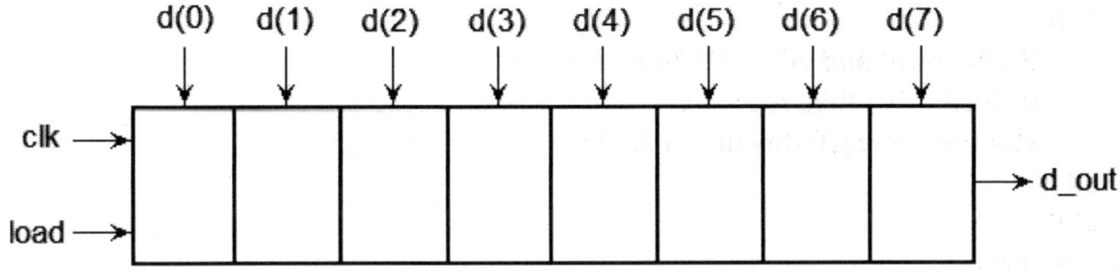

[그림 5.34] 시프트 레지스터를 응용한 병렬-직렬 변환회로의 블록도

[병렬-직렬 변환회로의 VHDL 설계]

load 신호에 의해 외부에서 입력되는 데이터를 병렬로 레지스터에 저장하고, 클럭이 입력될 때마다 한 비트씩 이동하도록 설계한다. 출력을 쉽게 확인하기 위해 직렬로 출력되는 데이터를 순서대로 저장하는 8비트 레지스터를 선언하고, 이 레지스터가 8비트 LED에 출력되도록 설계한다. 하나의 클럭이 입력될 때마다 시프트 레지스터가 한 비트씩 이동하는 것을 다음과 같이 표현할 수 있다.

```
reg <= reg(6 downto 0) & '0';
```

[실습 5.1] VHDL을 이용해서 병렬-직렬 변환회로를 구현하시오.

① 소스코드

[코드 5.5] 병렬-직렬 변환회로의 VHDL 설계

```
library ieee;
use ieee.std_logic_1164.all;

entity parallel_serial_converter_vhdl is
  port( d          : in std_logic_vector(7 downto 0);
        clk, load  : in std_logic;
```

```
        d_out    : out std_logic );
end parallel_serial_converter_vhdl;

architecture psc_design of parallel_serial_converter_vhdl is
        signal reg: std_logic_vector(7 downto 0);
  begin
  process (clk)
   begin
        if (clk'event and clk = '1') then
        if (load = '1') then reg <= d;
        else reg <= reg(6 downto 0) & '0';
   end if;
  end if;
 end process;
 d_out <= reg(7);
end psc_design;
```

즉 레지스터의 7~1번 비트에는 기존에 있던 6~0번 비트가 입력되므로 한 비트씩 이동하는 것이 되고, reg(0)에는 '0'이 입력된다.

② 디바이스 핀 할당과 실행

키트에서 제공하는 클럭을 그대로 이용하면 속도가 너무 빨라서 시프트되는 동작을 확인할 수 없다. 따라서 클럭을 푸시버튼 스위치에 할당하고, 스위치가 한번 눌릴 때마다 한 비트씩 시프트하도록 한다. 병렬 데이터 입력은 슬라이드 스위치를 이용하도록 하며, 직렬로 출력되는 비트를 차례대로 저장한 레지스터를 확인하기 위해서는 이 레지스터 출력을 LED에 할당한다. [표 5.1]은 입출력에 할당된 장치의 종류와 핀 번호를 나타낸다([그림 A.1], [표 A.1], [그림 A.2(e)], [그림 A.2(g)], [그림 A.2(j)] 참고).

③ 실행결과 확인

d="10100101"(10진수 165)을 선택하고, d(7)='1'은 load가 입력된 후 clk의 첫째 상승에지에서 출력에 주어지고, 그런 후 load가 H로 유지되는 동안 그대로 있도록 구성한다. load가 '0'으로 되돌아가자마자 그 나머지 비트들이 차례대로 출력되는 것을 확인하다. 모든 비트가 전송된 후에 출력이 L인 채로 있도록 구성한다. 8비트 입력 **d**="d(0)d(1)d(2)...(6)d(7)"="10100101"에 대해 푸시버튼 스위치를 누를 때마다

"d(7)0000000" → "d(7)d(6)000000" → "d(7)d(6)d(5)00000"...→"d(7)d(6)...d(2)d(1)d(0)" 결과가 나오는지 확인하고, 8번 누르면 병렬로 저장되었던 데이터가 동일하게 LED에 출력되는 것을 확인한다.

[표 5.1] 신호 이름과 할당된 입출력 장치

신호 이름	입출력	장치 종류	핀 할당
clk	입력	푸시버튼 스위치	A3
d	입력	슬라이드 스위치	P21, N21, M21, L21, K21, J21, H21, F21
load	입력	모드 스위치	M2
d_out	출력	LED	B3

(8) 업-다운 카운터(Up-down Counter)

카운터는 순차논리회로를 구현할 때 가장 많이 사용하는 회로이다. 그 이유는 클럭이 입력될 때마다 입력 조건에 따른 동작이 단순하고, 상태가 카운터 출력이 되므로 비교적 논리연산이 간단하기 때문이다. 업-다운 카운터의 기본 동작은 클럭이 입력될 때마다 '0'이면 클럭의 상승에지(또는 하강에지)에서 카운터를 증가시키고, 입력이 '1'이면 카운터를 감소시키는 동작을 한다.

본 절에서는 [그림 5.35]와 같은 모듈로-4 업-다운 카운터를 설계한다. 입력 x = '0'이면 0 → 1 → 2 → 3 → 0으로 증가하는 업 카운터 동작을 하고, 입력 x = '1'이면 3 → 2 → 1 → 0 → 3으로 다운 카운터 동작을 한다.

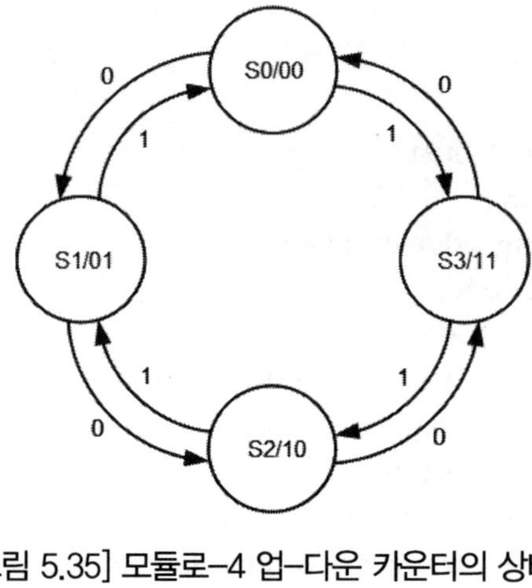

[그림 5.35] 모듈로-4 업-다운 카운터의 상태도

[실습 5.2] VHDL을 이용해서 업-다운 카운터를 구현하시오.

① 소스코드

[코드 5.6]은 업-다운 카운터의 VHDL 설계를 나타낸 것이다. case~when 구문에서 각 상태에서 입력이 '0'이면 업 카운터이므로 현재보다 높은 값의 상태로 천이하고, 입력이 '1'이면 현재보다 낮은 값의 상태로 천이한다. 각 상태에서 해당하는 출력값을 카운터 값으로 출력한다.

[코드 5.6] 업-다운 카운터의 VHDL 설계

```
library ieee;
use ieee.std_logic_1164.all;
use ieee.std_logic_arith.all;

entity UpDownCounter_vhdl is
    port( clk           : in    std_logic;
          input         : in    std_logic;
          reset         : in    std_logic;
          count_out     : out   std_logic_vector(1 downto 0);
          seg           : out   std_logic_vector(6 downto 0) );
end UpDownCounter_vhdl;

architecture UDC_design of UpDownCounter_vhdl is
    type state_type is (s0, s1, s2, s3);
    signal state        : state_type;
    signal output       : std_logic_vector(1 downto 0);
begin
    process (reset, clk)
    begin
            if reset = '0' then
            state <= s0;
            elsif rising_edge(clk) then
              case state is
                    when s0 =>
                        if input = '0' then state <= s1;
                        else state <= s3;
                        end if;
                    when s1 =>
                        if input = '0' then state <= s2;
```

```
                        else state <= s0;
                        end if;
                    when s2 =>
                        if input = '0' then state <= s3;
                        else state <= s1;
                        end if;
                    when s3 =>
                        if input = '0' then state <= s0;
                        else state <= s2;
                        end if;
                end case;
            end if;
        end process;
      output <=         "00" when state = s0 else
                        "01" when state = s1 else
                        "10" when state = s2 else
                        "11";

     process(output)
      begin
        case output is
              when "00" => seg <= "1000000";
              when "01" => seg <= "1111001";
              when "10" => seg <= "0100100";
              when "11" => seg <= "0110000";
              when others => seg <= "1111111";
        end case;
      end process;
     count_out <= output;
end UDC_design;
```

[시뮬레이션 결과]

[그림 5.36]은 Up-down 카운터의 시뮬레이션 결과를 나타낸 것이다. 입력이 '1'이면 down 카운터 동작을 하고, 입력이 '0'으로 바뀌는 180ns의 상승에지에서 현재의 상태가 s3 이므로 다음 상태가 s0으로 되고, 약 8ns의 지연이 발생한 후에 카운터 값이 '0'으로 출력된다. 시뮬레이션 결과는 7-세그먼트 레지스터에 출력되는 값으로는 정확한 동작 확인이 어려우므로 variable로 선언한 카운터 값을 출력해서 정확한지를 확인한다.

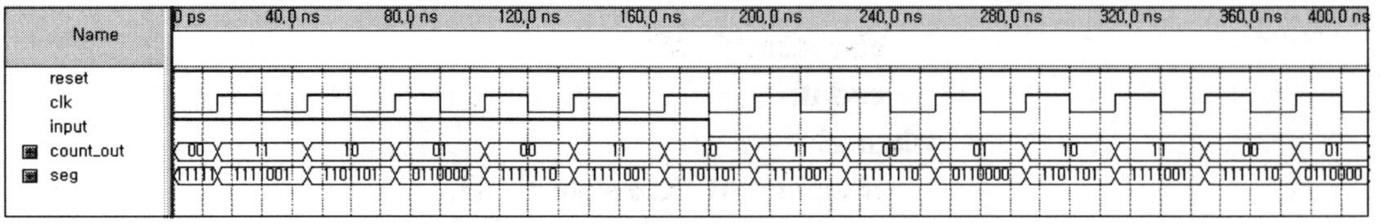

[그림 5.36] Up–down 카운터의 시뮬레이션 결과

② 디바이스 핀 할당과 실행

FPGA 키트에 실행하기 위해 핀 번호를 할당한다. 카운터는 클럭속도에 따라 동작을 하므로 키트에서 제공되는 클럭을 그대로 사용하면 속도가 너무 빨라서 확인이 불가능하다. 따라서 클럭 입력에 푸시버튼 스위치를 할당해서 클럭 대신에 사용하면 쉽게 동작확인이 가능하다. 출력은 2비트를 할당하며, 7-세그먼트에 출력하면 숫자가 증가하거나 감소하는 것을 쉽게 확인할 수 있다. 카운터의 최대값은 3이므로 0~3에 해당하는 값만 7-세그먼트 디코딩을 하고 나머지 값에 대해서는 아무 값도 출력하지 않도록 구현한다. [표 5.2]는 입출력에 할당된 장치의 종류와 핀 번호를 나타낸다 ([그림 A.1], [표 A.1], [그림 A.2(a)], [그림 A.2(e)], [그림 A.2(i)] 참고).

③ 실행결과 확인

input='0'일 때 업 카운터로 동작하고, input='1'일 때 다운 카운터로 동작하는지를 확인한다. 푸시버튼 스위치(A3)를 한번씩 누를 때마다 업 카운터로 동작할 때, 7-세그먼트에 0 → 1 → 2 → 3 → 0으로 출력이 변화하고, 다운 카운터로 동작할 때, 7-세그먼트에 3 → 2 → 1 → 0 → 3으로 출력이 변화하는지를 확인한다.

[표 5.2] 신호 이름과 할당된 입출력 장치

신호 이름	입출력	장치 종류	핀 할당
clk	입력	푸시버튼 스위치	A3
reset	입력	모드 스위치	M2
input	입력	모드 스위치	J2
count_out	출력	LED	B3~B4
seg	출력	7-세그먼트	AB20~AB14

5.3.2. 동기(병렬) 카운터

동기식(synchronous) 카운터는 플립플롭의 클럭 단자에 동시에 클럭 펄스가 인가되는 카운터를 말하며, 클럭 펄스가 모든 플립플롭의 클럭 입력에 연결되며, 하나의 마스터 클럭은 모든 플립플롭을 동시에 동작시키기 때문에 병렬 카운터라고 한다. 비동기식 카운터에서는 플립플롭들이 서로 종속적으로 연결 구성되기 때문에 전파지연이 커지는 단점이 있으나 동기식 카운터에서는 전파지연시간이 없기 때문에 고속 카운터 설계에 활용된다. 또한, 동기식 카운터는 순차 논리회로의 설계 절차에 따라 설계할 수 있으므로 보다 명확한 카운터 설계가 가능해 진다.

(1) 2비트 동기식 2진 카운터

[그림 5.37]은 2비트 동기식 2진 카운터를 나타낸 것으로 두 개의 플립플롭을 사용하여 [그림 5.37(c)]와 같이 4가지의 상태를 기지도록 구성할 수 있다. 이러한 키운터는 순차논리회로 방식으로 설계할 수 있으며, *JK* F/F을 사용하여 카운터를 설계할 경우에 [그림 5.37(b)]와 같이 상태 여기표를 작성할 수 있다. 카운터는 순차적으로 상태 값이 증가하기 때문에 현재 상태 항목의 아래 상태가 다음 상태가 된다.

상태 여기표로부터 플립플롭의 각 입력 J_B, K_B, J_A, K_A에 대한 카르노 맵을 작성한 후 이를 통해 간소화된 부울 함수를 얻음으로써 2개의 *JK* F/F으로 구성된 카운터를 설계할 수 있다. 상태 여기표로부터 J_B, K_B, J_A, K_A에 대한 부울 함수식을 구하면 식 (5.7)과 같다.

$$J_B = K_B = Q_A,\ J_A = K_A = 1 \tag{5.7}$$

클럭 펄스는 두 개의 플립플롭에 공통으로 입력되고, 클럭 펄스의 하강 에지에서 각 플립플롭은 상태를 변화시킨다. LSB에 해당하는 플립플롭 FFA의 입력 J_A와 K_A는 모두 1에 연결되어 있으므로 [그림 5.37(d)]와 같이 클럭 펄스의 하강 에지마다 토글 된다. 두 번째 비트에 해당하는 플립플롭 FFB의 입력 J_B와 K_B는 플립플롭 FFA의 출력 Q_A에 연결 구성된다.

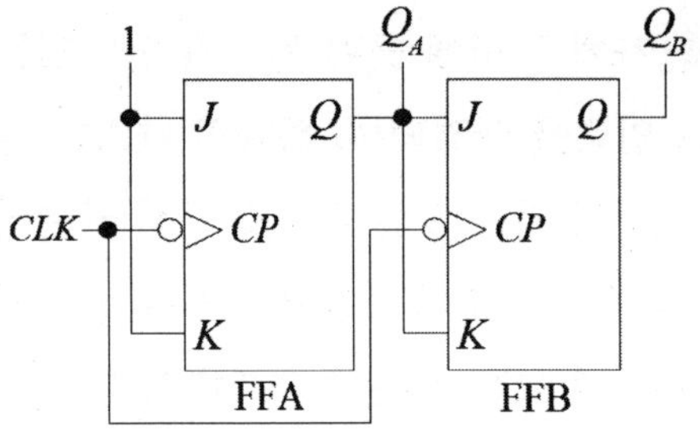

(a) 논리도

현재 상태		다음 상태		플립플롭 입력			
Q_B	Q_A	$Q_B(t+1)$	$Q_A(t+1)$	J_B	K_B	J_A	K_A
0	0	0	1	0	×	1	×
0	1	1	0	1	×	×	1
1	0	1	1	×	0	1	×
1	1	0	0	×	1	×	1

(b) 상태 여기표

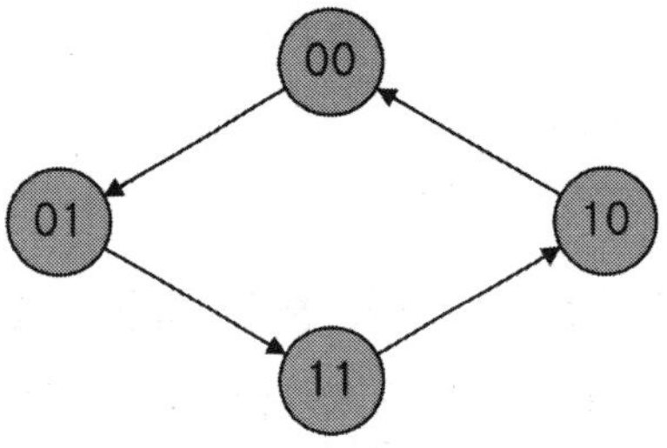

(c) 상태도

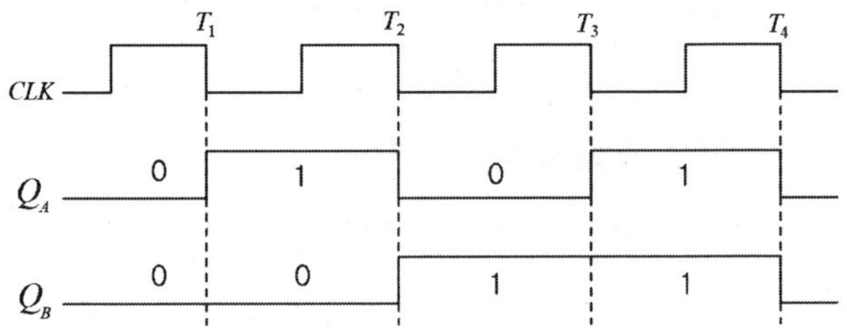

(d) 입출력 파형

[그림 5.37] 2비트 동기식 2진 카운터

(2) 3비트 동기식 2진 카운터

[그림 5.38]은 3비트 동기식 2진 카운터를 나타낸 것으로서 세 개의 플립플롭과 AND 게이트를 사용하여 [그림 5.38(b)]와 같이 8가지의 상태를 가지도록 구성할 수 있다. 전체적인 동작은 [그림 5.37]과 같다. [그림 5.38(c)]의 상태 여기표로부터 플립플롭의 각 입력 J_C, K_C, J_B, K_B, J_A, K_A에 대한 카르노 맵을 작성한 후 이를 통해 간소화된 부울 함수를 얻음으로써 3개의 *JK* F/F으로 구성된 카운터를 설계할 수 있다. 상태 여기표로부터 J_C, K_C, J_B, K_B, J_A, K_A에 대한 부울 함수식을 구하면 식 (5.8)과 같다.

$$J_C = K_C = Q_A Q_B,\ J_B = K_B = Q_A,\ J_A = K_A = 1 \tag{5.8}$$

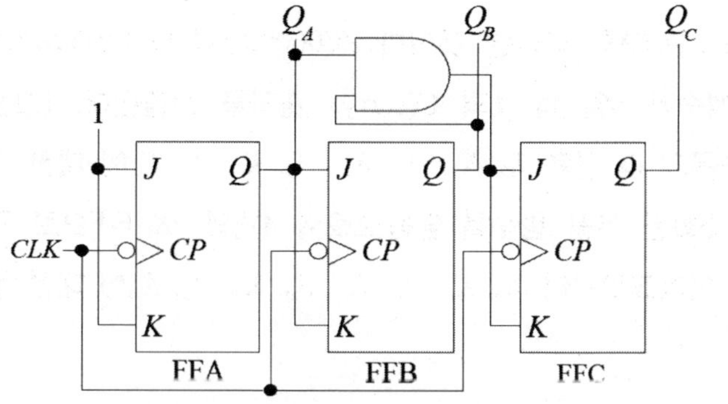

(a) 논리도

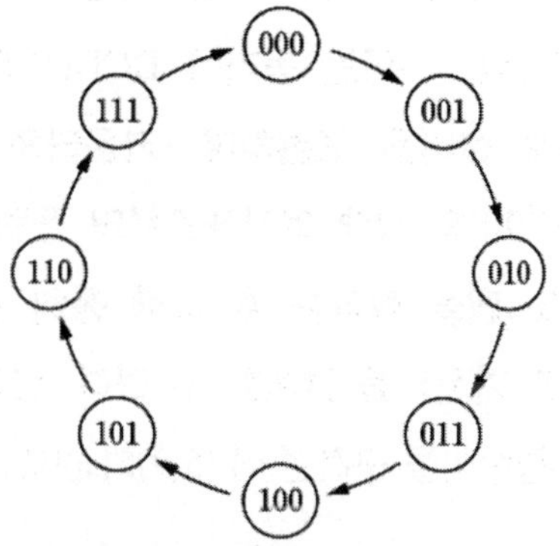

(b) 상태도

현재 상태			다음 상태			플립플롭 입력					
Q_C	Q_B	Q_A	$Q_C(t+1)$	$Q_B(t+1)$	$Q_A(t+1)$	J_C	K_C	J_B	K_B	J_A	K_A
0	0	0	0	0	1	0	×	0	×	1	×
0	0	1	0	1	0	0	×	1	×	×	1
0	1	0	0	1	1	0	×	×	0	1	×
0	1	1	1	0	0	1	×	×	1	×	1
1	0	0	1	0	1	×	0	0	×	1	×
1	0	1	1	1	0	×	0	1	×	×	1
1	1	0	1	1	1	×	0	×	0	1	×
1	1	1	0	0	0	×	1	×	1	×	1

(c) 상태 여기표

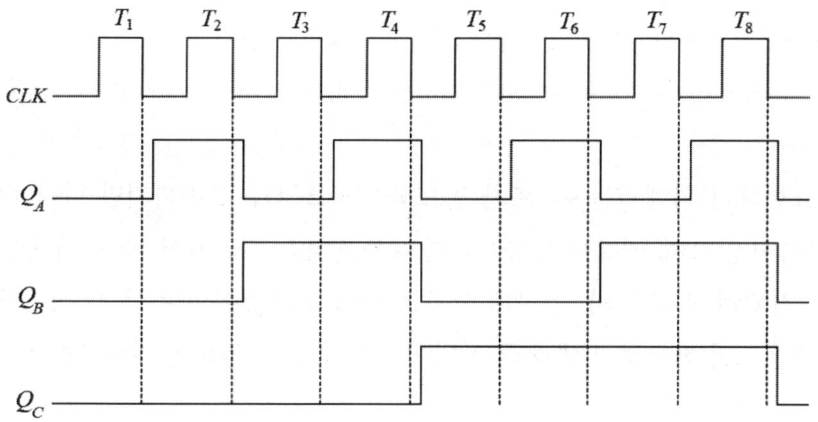

(d) 입출력 파형

[그림 5.38] 3비트 동기식 2진 카운터

(4) 동기식 BCD(10진) 카운터

[그림 5.39]는 동기식 BCD(10진) 카운터를 나타낸 것이다. 0(0000)에서 9(1001)까지의 10개 상태를 표현하며, 카운터의 계수가 9일 때 1의 C(carry) 출력을 산출한다. [그림 5.39(b)]의 상태 여기표로부터 플립플롭의 각 입력 J_D, K_D, J_C, K_C, J_B, K_B, J_A, K_A에 대한 카르노 맵을 작성한 후 이를 통해 간소화된 부울 함수를 얻음으로써 4개의 *JK* F/F으로 구성된 카운터를 설계할 수 있다. 상태 여기표로부터 J_D, K_D, J_C, K_C, J_B, K_B, J_A, K_A에 대한 부울 함수식을 구하면 식 (5.9)와 같다.

$$
\begin{aligned}
&J_A = K_A = 1,\ J_B = K_B = Q_A\overline{Q_D}, \\
&J_C = K_C = Q_A Q_B, \\
&J_D = Q_A Q_B Q_C,\ K_D = \overline{Q_A}, \\
&C = Q_A Q_D
\end{aligned}
\tag{5.9}
$$

디지털 논리는 기본적으로 2진수이므로 4비트로 표현할 수 있는 16진수가 사용하기 편리하지만 일상생활에서는 10진수를 주로 사용하므로, 본 절에서는 10진수를 2진수로 표현하는 BCD 카운터를 설계한다. 0에서부터 9까지 카운트하므로 앞에서 설계한 Up-down 카운터와 마찬가지로 10개의 상태를 정의하고 클럭의 상승에지에서 1씩 증가하도록 설계한다. 각 상태에서 0~9까지의 수를 각각 출력하도록 설계한다. BCD 카운터가 0~9까지 카운트하므로 상태도에서는 모두 10개의 상태를 가지며 상태에서 해당하는 카운터 값을 출력한다.

BCD를 표현하기 위해서는 4비트가 필요하지만 BCD는 0~9까지만 나타내므로 0×A~0×F는 사용하지 않으며, 카운터가 9가 되면 다음 상태는 다시 0이 된다. 리셋에 의해 초기 상태에서 시작되며, 상태도의 각 상태 이동은 하나의 클럭이 입력될 때 상승에지에서 발생하고 up 카운트만 하므로 리셋과 클럭 외에 다른 입력은 없도록 상태도를 작성한다.

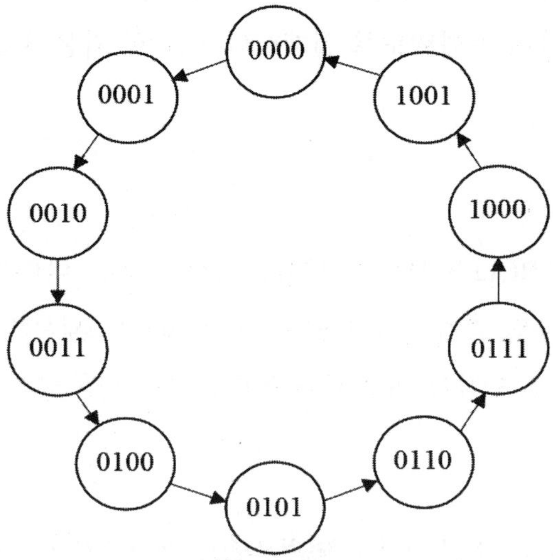

(a) 상태도

현재 상태				다음 상태				플립플롭 입력								출력
Q_D	Q_C	Q_B	Q_A	$Q_D(t+1)$	$Q_C(t+1)$	$Q_B(t+1)$	$Q_A(t+1)$	J_D	K_D	J_C	K_C	J_B	K_B	J_A	K_A	C
0	0	0	0	0	0	0	1	0	×	0	×	0	×	1	×	0
0	0	0	1	0	0	1	0	0	×	0	×	1	×	×	1	0
0	0	1	0	0	0	1	1	0	×	0	×	×	0	1	×	0
0	0	1	1	0	1	0	0	0	×	1	×	×	1	×	1	0
0	1	0	0	0	1	0	1	0	×	×	0	0	×	1	×	0
0	1	0	1	0	1	1	0	0	×	×	0	1	×	×	1	0
0	1	1	0	0	1	1	1	0	×	×	0	×	0	1	×	0
0	1	1	1	1	0	0	0	1	×	×	1	×	1	×	1	0
1	0	0	0	1	0	0	1	×	1	×	×	0	×	1	×	0
1	0	0	1	0	0	0	0	×	0	×	×	0	×	×	1	1

(b) 상태 여기표

[그림 5.39] 동기식 BCD(10진) 카운터

[Lab 06] VHDL을 이용해서 동기식 BCD 카운터를 설계하시오.

[VHDL을 이용한 BCD 카운터 설계 가이드]

먼저 상태를 나타내는 데이터 형을 정의하고, 이 상태 값을 갖는 signal을 선언한다. 다음 리셋에 의해 초기 상태가 되도록 한 후에 클럭이 들어올 때마다 0~9까지의 값을 갖는 상태천이를 하도록 구성한다. 마지막으로 when~else 문을 이용하여 Moore 모델에 의해 각 상태에서 해당하는 값이 출력되도록 설계한다. 이러한 카운터 값이 7-세그먼트에 출력되도록 디코딩한다.

[시뮬레이션 결과]

[그림 5.40]은 동기식 BCD 카운터의 시뮬레이션 결과를 나타낸 것이다. 클럭의 상승 에지에서 카운터가 하나씩 증가하다가 9에서 다시 0으로 되는지를 확인한다. 7-세그먼트 출력은 디코딩 결과로 숫자를 확인하기 어려우므로 디코딩하기 이전의 카운터 값을 확인한다.

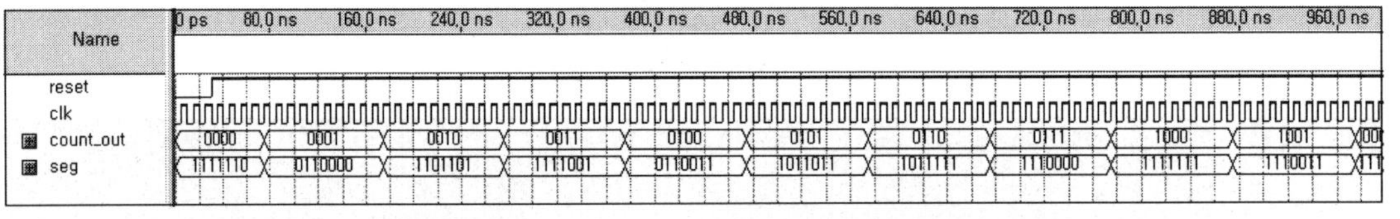

[그림 5.40] 동기식 BCD 카운터의 시뮬레이션 결과

[실습 5.3] VHDL을 이용해서 동기식 BCD 카운터(구현 예#1)를 구현하시오.

먼저 상태를 나타내는 데이터 형을 정의하고, 이 상태 값을 갖는 signal을 선언한다. 다음 리셋에 의해 초기 상태가 되도록 한 후에 클럭이 들어올 때마다 0~9까지의 값을 갖는 상태천이를 하도록 구성한다. 마지막으로 when~else 문을 이용하여 Moore 모델에 의해 각 상태에서 해당하는 값이 출력되도록 설계한다. 이러한 카운터 값이 7-세그먼트에 출력되도록 디코딩한다.

① 소스코드

[코드 5.7] 동기식 BCD 카운터의 VHDL 설계

```
library ieee;
use ieee.std_logic_1164.all;
use ieee.std_logic_arith.all;

entity BCDcounter_vhdl is
```

```
        port(clk        : in std_logic;
             reset      : in std_logic;
             cnt_out : out std_logic_vector(3 downto 0);
             seg        : out std_logic_vector(6 downto 0));
end BCDcounter_vhdl;

architecture BCDcounter_design of BCDcounter_vhdl is
        type clk_state is (clkS0, clkS1);
        type state_type is (s0, s1, s2, s3, s4, s5, s6, s7, s8, s9);
        signal state : state_type := S0;
        signal clkState : clk_state;
        signal clk1Hz : std_logic;
        signal segReg : std_logic_vector(3 downto 0);
begin
        process(reset, clk)
                variable clkCount : integer := 0;
        begin
                if reset = '0' then
                        clkState <= clkS0;
                        clkCount := 0;
                elsif rising_edge(Clk) then
                        case clkState is
                                when clkS0 =>
                                        clkCount := clkCount + 1;
                                        if clkCount >= 50000000 then
                                                clkState <= clkS1;
                                                clkCount := 0;
                                        else
                                                clkState <= clkS0;
                                        end if;
                                when clkS1 =>
                                        clkCount := clkCount + 1;
                                        if clkCount >= 50000000 then
                                                clkState <= clkS0;
                                                clkCount := 0;
                                        else
                                                clkState <= clkS1;
                                        end if;
                        end case;
                end if;
        end process;
        clk1Hz <= '0' when clkState = clkS0 else
```

```
              '1';
    process(reset,clk1Hz)
    begin
            if reset = '0' then
                    state <= s0;
            elsif rising_edge(clk1Hz)then
                    case state is
            when s0 => state <= s1;
            when s1 => state <= s2;
            when s2 => state <= s3;
            when s3 => state <= s4;
            when s4 => state <= s5;
            when s5 => state <= s6;
            when s6 => state <= s7;
            when s7 => state <= s8;
            when s8 => state <= s9;
            when s9 => state <= s0;
      end case;
     end if;
    end process;

            segReg <= "0000" when state = s0 else
                "0001" when state = s1 else
                "0010" when state = s2 else
                "0011" when state = s3 else
                "0100" when state = s4 else
                "0101" when state = s5 else
                "0110" when state = s6 else
                "0111" when state = s7 else
                 "1000" when state = s8 else
                "1001";
            process(segReg)
            begin
                    case segReg is
                when "0000" => seg <= "1000000";
                when "0001" => seg <= "1111001";
                when "0010" => seg <= "0100100";
                when "0011" => seg <= "0110000";
                when "0100" => seg <= "0011001";
                when "0101" => seg <= "0010010";
                when "0110" => seg <= "0000010";
```

```
                    when "0111" => seg <= "1011000";
                    when "1000" => seg <= "0000000";
                    when "1001" => seg <= "0010000";
                    when others => seg <= "1111111";
                end case;
            end process;
                cnt_out <= segReg;
end BCDcounter_design;
```

② 디바이스 핀 할당과 실행

FPGA 키트에 실행하기 위해 핀 번호를 할당한다. [표 5.3]은 입출력에 할당된 장치의 종류와 핀 번호를 나타낸다([그림 A.1], [표 A.1], [그림 A.2(a)], [그림 A.2(e)], [그림 A.2(i)] 참고).

③ 실행결과 확인

분주를 50,000,000로 크게 하여 눈에 보이도록 설정해주고, reset을 주면 7-세그먼트에 '0'이 나타나며, clk를 주었을 때 차례대로 0→1→2→···→8→9→0→1→···→9로 반복되는지를 확인한다.

[표 5.3] 신호 이름과 할당된 입출력 장치

신호 이름	입출력	장치 종류	핀 할당
clk	입력	푸시버튼 스위치	A3
reset	입력	모드 스위치	M2
cnt_out	출력	LED	B3~B6
seg	출력	7-세그먼트	AB20~AB14

[실습 5.4] VHDL을 이용해서 동기식 BCD 카운터(구현 예#2)를 구현하시오.

① 소스코드

[코드 5.8] **동기식 BCD 카운터의 VHDL 설계**

```
library ieee;
use ieee.std_logic_1164.all;
use ieee.std_logic_arith.all;
```

```
entity BCDcounter1_vhdl is
        port(clk, clk1, rst  : in std_logic;
             en              : out std_logic_vector(6 downto 0);
             seg             : out std_logic_vector(6 downto 0));
end BCDcounter1_vhdl;


architecture BCDcounter1_design of BCDcounter1_vhdl is
        type clk_state is (clks0, clks1);
        type state_type is (s0, s1, s2, s3, s4, s5, s6, s7, s8, s9);
        signal state          : state_type := s0;
        signal clk_s          : clk_state;
        signal clk1hz         : std_logic;
        signal segreg         : std_logic_vector(3 downto 0);
begin
        process(rst, clk)
                        variable clkcount : integer := 0;
        begin
                if      rst='0' then
                        clk_s <= clks0;
                        clkcount := 0;
                elsif   rising_edge(clk) then
                        case clk_s is
                                when clks0 =>
                                        clkcount := clkcount +1;
                                        if clkcount = 7000000 then
                                                clk_s <= clks1;
                                                clkcount:= 0;
                                        else
                                                clk_s <= clks0;
                                        end if;
                                when clks1 =>
                                        clkcount := clkcount +1;
                                        if clkcount = 7000000 then
                                                clk_s <= clks0;
                                                clkcount:= 0;
                                        else
                                                clk_s <= clks1;
                                        end if;
                        end case;
        end if;
```

```
end process;
        clk1hz <= '0' when clk_s = clks0 else
                  '1';

process( rst, clk1hz)
begin
        if rst = '0' then
                state <= s0;
        elsif   rising_edge(clk1hz) then
                case state is
                        when s0 => state <= s1;
                        when s1 => state <= s2;
                        when s2 => state <= s3;
                        when s3 => state <= s4;
                        when s4 => state <= s5;
                        when s5 => state <= s6;
                        when s6 => state <= s7;
                        when s7 => state <= s8;
                        when s8 => state <= s9;
                        when s9 => state <= s0;
                end case;
        end if;
end process;

        segreg <= "0000" when state = s0 else
                  "0001" when state = s1 else
                  "0010" when state = s2 else
                  "0011" when state = s3 else
                  "0100" when state = s4 else
                  "0101" when state = s5 else
                  "0110" when state = s6 else
                  "0111" when state = s7 else
                  "1000" when state = s8 else
                  "1001";


        process(clk1)
        variable count : integer := 0;
        begin
        if rising_edge(clk1) then
                count := count + 1;
                        if count = 14000001 then
```

```
        case segreg is
                when "0000" => seg <= "1000000"; en <= "0111111";
                when "0001" => seg <= "1111001"; en <= "0111111";
                when "0010" => seg <= "0100100"; en <= "0111111";
                when "0011" => seg <= "0110000"; en <= "0111111";
                when "0100" => seg <= "0011001"; en <= "0111111";
                when "0101" => seg <= "0010010"; en <= "0111111";
                when "0110" => seg <= "0000010"; en <= "0111111";
                when "0111" => seg <= "1011000"; en <= "0111111";
                when "1000" => seg <= "0000000"; en <= "0111111";
                when "1001" => seg <= "0010000"; en <= "0111111";
                when others => seg <= "1111111"; en<= "0000000";
        end case;
                    count := 0;
               end if;
           end if;
        end process;
end BCDcounter1_design ;
```

② 디바이스 핀 할당과 실행

FPGA 키트에 실행하기 위해 핀 번호를 할당한다. [표 5.4]는 입출력에 할당된 장치의 종류와 핀 번호를 나타낸다([그림 A.1], [표 A.1], [그림 A.2(a)], [그림 A.2(j)] 참고).

[표 5.4] 신호 이름과 할당된 입출력 장치

신호 이름	입출력	장치 종류	핀 할당
clk	입력	푸시버튼 스위치	A3
rst	입력	리셋	M2
seg	출력	7-세그먼트	AB20~AB14
en	출력	7-세그먼트	AA13~AA19

③ 실행결과 확인

대략 1초마다 1씩 증가하면서 9에서는 다시 0으로 반복되는지 확인한다.

VHDL 설계 실습 보고서

VHDL Lab_06

<table>
<tr><td>일 시</td><td></td><td>학 번</td><td></td><td>이 름</td><td></td></tr>
<tr><td>제 목</td><td colspan="5">동기식 BCD 카운터 설계</td></tr>
<tr><td>실습 목적</td><td colspan="5">본 실습에서는 10진수를 2진수로 표현하는 BCD 카운터를 설계한다. BCD 카운터는 0에서부터 9까지 카운트하므로 앞에서 설계한 up-down 카운터와 마찬가지로 10개의 상태를 정의하고 클럭의 상승에지에서 1씩 증가하도록 설계한다. 그리고 각 상태에서 0~9까지의 수를 각각 출력하도록 설계한다. 본 실습을 통해 상태가 천이하기 위한 다양한 조건을 순차회로에 적용하는 방법을 공부한다.</td></tr>
<tr><td>실습 내용</td><td colspan="5">실습 결과</td></tr>
<tr><td>동기식 BCD 카운터의 VHDL 설계</td><td colspan="5">1. 동기식 BCD 카운터의 상태도를 작성하고 보이시오. 동기식 BCD 카운터를 클럭의 상승에지에서 카운터를 하나씩 증가시키며 0~9까지 카운트한다. 그리고 각 상태에 해당하는 값을 7-세그먼트에 출력한다.

2. 앞에서 작성한 상태도에 따라 BCD 카운터를 VHDL로 설계하시오. 0~9에 해당하는 10개의 상태를 정의하고 매 클럭마다 다음 상태로 천이하도록 한다. Moore 모델에 의해 각 상태에 해당하는 값을 출력하도록 한다. 클럭은 카운트되는 동작을 눈으로 확인할 수 있을 정도로 분주를 한다.

3. 설계된 동기식 BCD 카운터를 컴파일한 후, 시뮬레이션하고 그 결과를 보이시오.</td></tr>
</table>

(4) 3비트 동기식 2진 증감(업-다운) 카운터

[그림 5.41]은 3비트 동기식 2진 증감 카운터를 나타낸 것이다. [그림 5.41(a)]의 상태도로부터 알 수 있듯이 x=0일 때 증가, x=1일 때 감소하는 동작을 한다. [그림 5.41(c)]의 상태 여기표로부터 플립플롭의 각 입력 J_C, K_C, J_B, K_B, J_A, K_A에 대한 카르노 맵을 작성한 후 이를 통해 간소화된 부울 함수를 얻음으로써 3개의 JK F/F과 XOR 게이트 등으로 구성된 카운터를 설계할 수 있다. 상태 여기표로부터 J_C, K_C, J_B, K_B, J_A, K_A에 대한 부울 함수식을 구하면 식 (5.10)과 같다.

$$J_A = K_A = 1,\ J_B = K_B = Q_A \oplus x,$$
$$J_C = K_C = Q_A Q_B \overline{x} + \overline{Q_A}\,\overline{Q_B} x \tag{5.10}$$

(5) 타이밍 순차 회로(Timing Sequencer)

타이밍 순차 회로(Timing Sequencer)를 구성함에 있어서 동작 순서는 제어 장치에 의해 정의되고, 동작을 주관하는 제어 장치는 타이밍 신호들로 구성되며, 이 신호는 동작이 수행되는 타이밍 순차를 결정한다.

[그림 5.42]는 카운터와 디코더를 활용하여 타이밍 신호 발생기를 나타낸 것이다. 카운터와 디코더를 활용하여 타이밍 신호 발생기를 설계할 수 있다. 이때 2비트 카운터는 4개의 서로 다른 상태를 출력하며, 디코더는 카운터의 출력을 입력하여 4개의 서로 다른 타이밍 신호상태를 출력한다. 디코더가 카운터에서 발생되는 4개의 상태를 구분시켜 타이밍 신호의 순차를 발생시키며, 임의의 주어진 시간의 하나의 타이밍 신호는 4개의 클럭 펄스 주기가 된다.

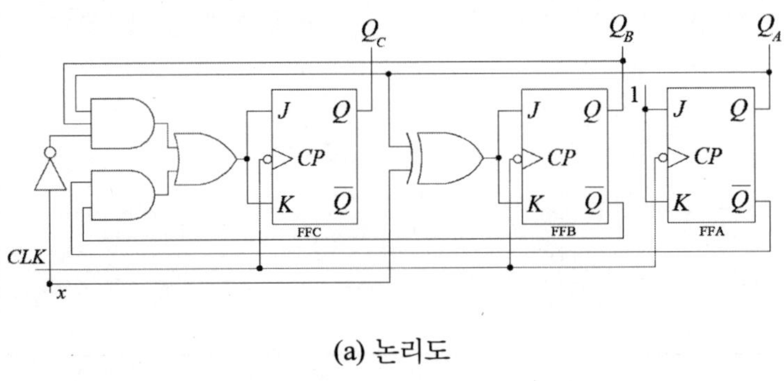

(a) 논리도

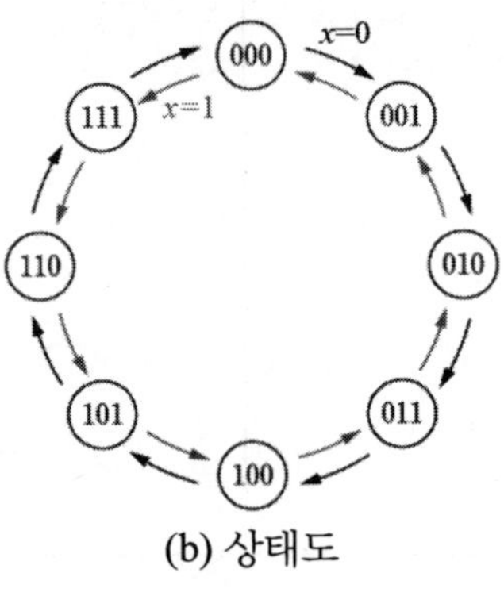

(b) 상태도

현재 상태				다음 상태			플립플롭 입력					
Q_C	Q_B	Q_A	x	$Q_C(t+1)$	$Q_B(t+1)$	$Q_A(t+1)$	J_C	K_C	J_B	K_B	J_A	K_A
0	0	0	0	0	0	1	0	×	0	×	1	×
0	0	0	1	1	1	1	1	×	1	×	1	×
0	0	1	0	0	1	0	0	×	1	×	×	1
0	0	1	1	0	0	0	0	×	0	×	×	1
0	1	0	0	0	1	1	0	×	×	0	1	×
0	1	0	1	0	0	1	0	×	×	1	1	×
0	1	1	0	1	0	0	1	×	×	1	×	1
0	1	1	1	0	1	0	0	×	×	0	×	1
1	0	0	0	1	0	1	×	0	0	×	1	×
1	0	0	1	0	1	1	×	1	1	×	1	×
1	0	1	0	1	1	0	×	0	1	×	×	1
1	0	1	1	1	0	0	×	0	0	×	×	1
1	1	0	0	1	1	1	×	0	×	0	1	×
1	1	0	1	1	0	1	×	0	×	1	1	×
1	1	1	0	0	0	0	×	1	×	1	×	1
1	1	1	1	1	1	0	×	0	×	0	×	1

(c) 상태 여기표

[그림 5.41] 3비트 동기식 2진 증감 카운터

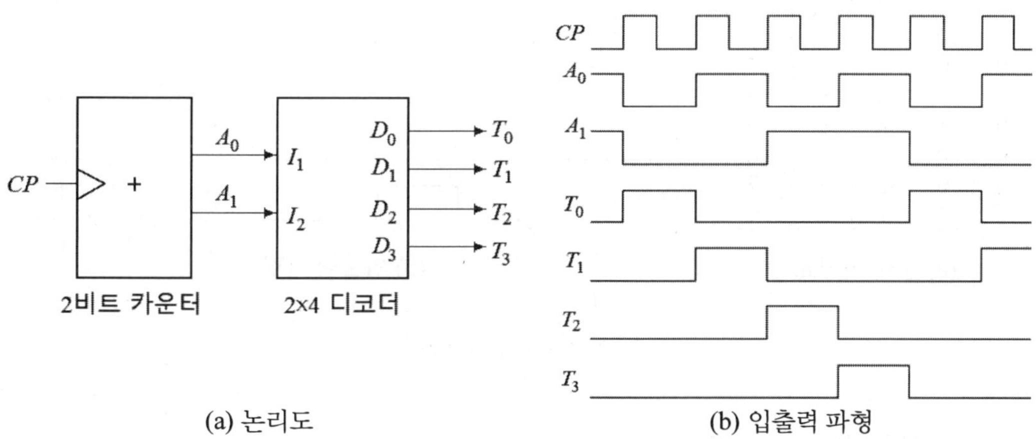

(a) 논리도 (b) 입출력 파형

[그림 5.42] 카운터와 디코더를 사용한 타이밍 신호 발생기

(6) 링 카운터(Ring Counter)

[그림 5.43]은 링 카운터(Ring Counter)를 나타낸 것으로 임의의 시간에 한 개의 플립플롭만 논리 1이 되고, 나머지 플립플롭은 논리 0이 되는 카운터이다. 마지막 F/F 출력을 첫단 F/F 입력으로 궤환(feedback) 연결하기 때문에 순환 시프트 레지스터(circulating shift register)라고도 한다. 논리 1은 입력 펄스에 따라 그 위치가 한쪽 방향으로 순환한다. 구성하는 F/F 중 1비트만 1의 상태로 유지하기 때문에 전원 연결 시 1개의 F/F만을 1로 하고 나머지는 0상태로 프리셋하는 회로가 필요하다. 클럭의 PGT에서 1비트씩 우측으로 이동하고, 마지막 비트는 궤환된다. N비트 링 카운터는 MOD-N 카운터로 구성할 수 있다.

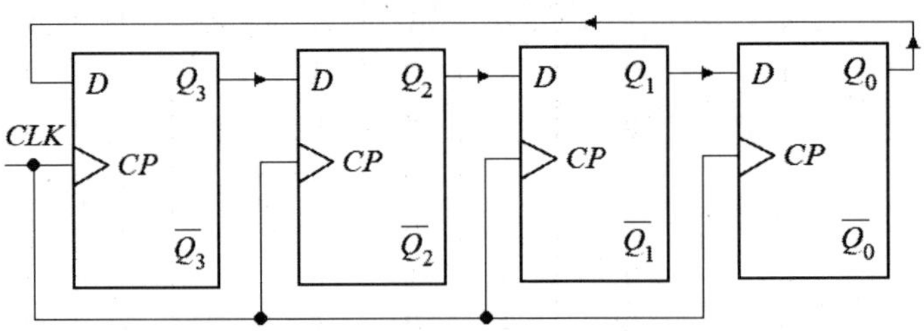

(a) 논리도

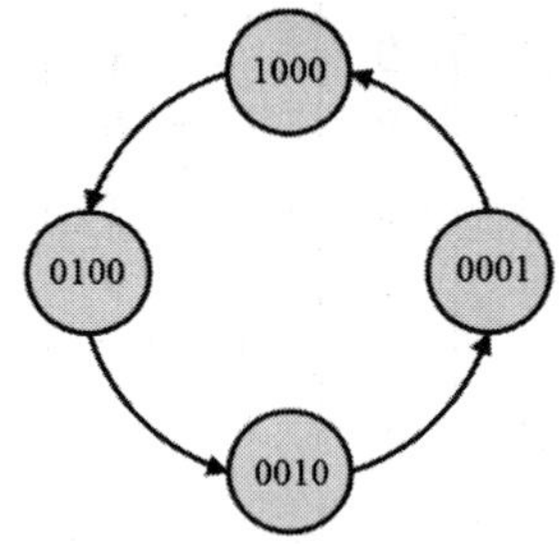

(b) 상태도

Q_3	Q_2	Q_1	Q_0	CP
1	0	0	0	0
0	1	0	0	1
0	0	1	0	2
0	0	0	1	3
1	0	0	0	4
0	1	0	0	5
0	0	1	0	6
0	0	0	1	7
⋮	⋮	⋮	⋮	⋮

(c) 상태 여기표

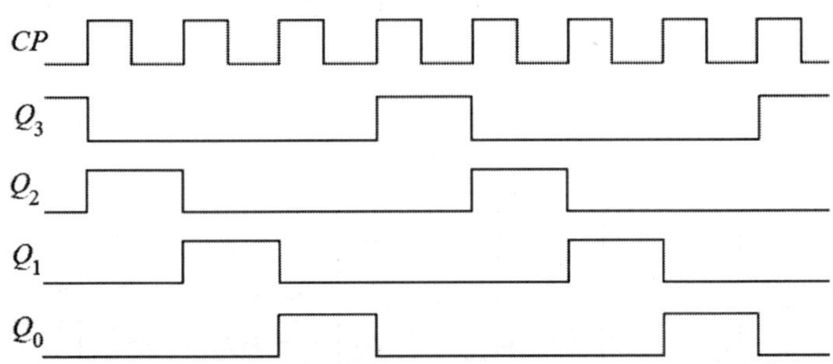

(d) 입출력 파형

[그림 5.43] 링 카운터

(7) 존슨 카운터(Johnson Counter)

[그림 5.44]는 존슨 카운터(Johnson Counter)를 나타낸 것이다. 존슨 카운터는 맨 마지막 플립플롭의 출력 중 NOT 출력을 첫 번째 플립플롭의 입력과 연결한 회로로서 고정된 상태열(000→100→110→111→011→001→000,...)을 가지고 순환하는 회로를 말한다.

간단하게는 레지스터의 출력을 입력에 피드백하여 설계할 수 있으며, 이렇게 설계한 반전된 피드백을 가진 시프트 레지스터를 형성하며, 트위스트 링 카운터(Twisted-ring Counter)라고도 부른다. *N*비트로서 MOD-2*N* 카운터로 구성할 수 있다. 존슨 카운터는 링 카운터보다 1/2의 F/F 수를 사용하지만 카운터의 상태를 알기 위해서는 디코딩 게이트가 필요하고, 디코딩 게이트는 항상 2*N*개의 2입력 AND 게이트가 필요하다. 존슨 카운터의 단점으로는 [그림 2.44(b)]의 경우, 사용되지 않은 초기 상태가 주어지면 미사용 상태 순서(2*N*)가 계속 순환된다. 즉, 1000→1100→1110→1111→0111→0011→0001→0000→1000,...로서 유효 카운터를 계수하지만 0100→1010→1101→0110→1011→0101→0010→1001→0100,···로서 0100의 무효 카운터 상태를 계수한다. [그림 2.44(a)]와 같은 존슨 카운터는 Decade Counter 또는 8 Counter로 사용된다.

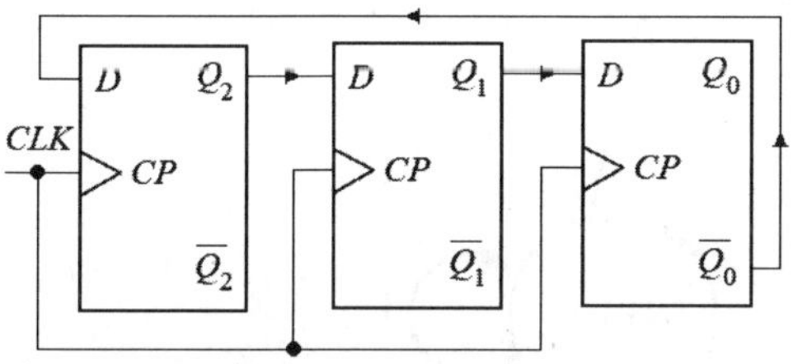

(a) 3비트 *D* F/F을 사용한 논리도

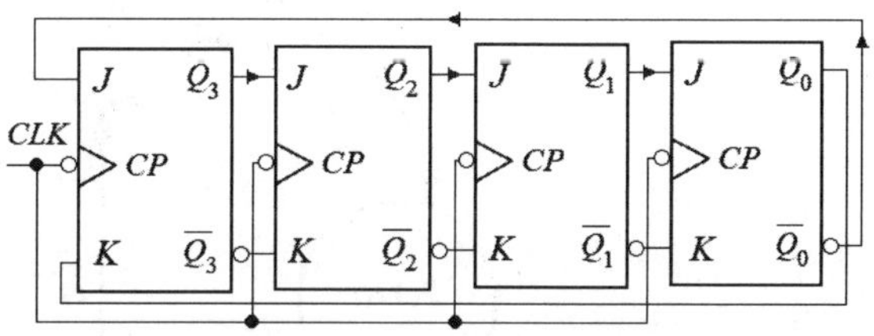

(b) 4비트 *JK* F/F을 사용한 논리도

Q_2	Q_1	Q_0	*CP*
0	0	0	0
1	0	0	1
1	1	0	2
1	1	1	3
0	1	1	4
0	0	1	5
0	0	0	6
1	0	0	7
1	1	0	8
⋮	⋮	⋮	⋮

(c) 상태 여기표

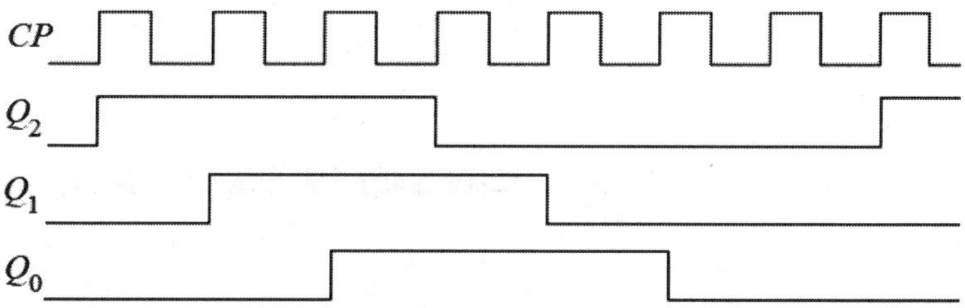

(d) 입출력 파형

[그림 5.44] 존슨 카운터

5.4. 순차검출기(Sequence Detector)

순차검출기(Sequence Detector)는 연속해서 '1'이 입력되면 '1'을 출력하는 순차논리회로를 말한다. [그림 5.45]는 순차검출기의 상태도를 나타낸 것이다. S0~S3까지 4개의 상태가 있는데 각 상태는 연속으로 '1'이 입력된 수의 횟수에 의해 상태가 구분된다. 즉 S0은 연속되는 '1'이 한 번도 없는 상태이며, S1은 한 번, S2는 두 번, 그리고 S3는 '1'이 연속해서 세 번 들어온 상태를 나타낸다.

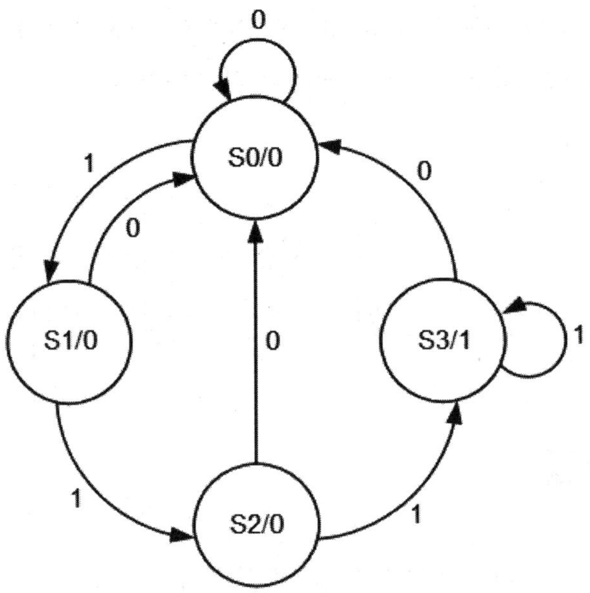

[그림 5.45] 순차검출기의 상태도

[VHDL을 이용한 순차검출기 설계]

[코드 5.9]는 VHDL을 이용한 순차검출기를 설계한 것이다. 기본적인 형태는 up-down 카운터와 동일하지만 입력조건에 따라 천이하는 상태가 다르며, 카운터에서는 상태에 해당하는 카운터 값을 출력으로 했지만 순차검출기에서는 상태 S2에서 S3로 천이할 때 '1'을 출력하고 S3 상태를 유지할 때는 출력 '1'을 유지하다가 '0'이 입력으로 들어와서 S0 상태로 천이할 때 다시 '0'을 출력한다.

[코드 5.9] 순차검출기의 VHDL 설계

```
library ieee;
use ieee.std_logic_1164.all;
use ieee.std_logic_arith.all;

entity SequenceDetector_vhdl is
    port( clk, input, reset         : in      std_logic;
          output                    : out     std_logic );
end SequenceDetector_vhdl;

architecture SD_design of SequenceDetector_vhdl is
    type state_type is (s0, s1, s2, s3);
    signal state          : state_type;
begin
    process (reset, clk)
     begin
    if reset = '0' then
    state <= s0;
    elsif rising_edge(clk) then
            case state is
                when s0=>
                    if input = '0' then state <= s0;
                    else state <= s1;
                    end if;
                when s1=>
                    if input = '0' then state <= s0;
                    else state <= s2;
                    end if;
                when s2=>
                    if input = '0' then state <= s0;
                    else state <= s3;
                    end if;
                when s3=>
                    if input = '0' then state <= s0;
                    else state <= s3;
                    end if;
        end case;
```

```
            end if;
             end process;
        process(state)
        begin
            case state is
                    when s0 => output <= '0';
                    when s1 => output <= '0';
                    when s2 => output <= '0';
                    when s3 => output <= '1';
            end case;
        end process;
end  SD_design;
```

[시뮬레이션 결과]

[그림 5.46]은 VHDL을 이용한 순차검출기의 시뮬레이션 결과를 나타낸 것이다. 100ns 지점에서 입력 input이 '1'이 되었으며, 클럭의 상승에지가 두 번째까지는 '1'을 유지하였으나 세 번째 클럭의 상승에지에서 '0'이기 때문에 출력 output에 '1'이 출력되지 않았다. 그 다음 180ns 지점에서 다시 입력 input이 '1'이 되며, 상승에지(230ns) 지점에서 output에 '1'이 출력된다. 이후 상승에지에서 '1'을 유지하므로 output은 '1'을 유지하다가 입력이 '0'이 된 후에 클럭의 상승에지에서 출력이 다시 '0'으로 됨을 확인한다.

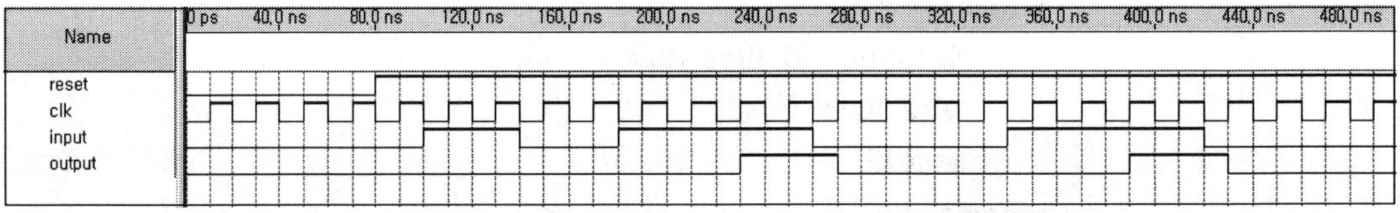

[그림 5.46] 순차검출기의 시뮬레이션 결과

5.5. 교통신호등 제어기(Traffic Light Controller)

본 절에서는 복잡한 상태 천이를 가진 교통신호등 제어기(TLC: Traffic Light Controller)를 설계한다. 다양한 입력과 조건에 대해 회로의 동작을 상태도로 표현하고, 이를 VHDL로 구현하는 과정을 실습한다.

[교통신호등 제어기 설계 내용]

본 설계에서는 직각으로 교차하는 도로에 각각 설치된 신호등을 제어한다. 교차로에 있는 교통신호등 제어기는 단순해 보이기는 하지만 오동작이 발생하거나 테스트 동작에서는 정상적으로 동작할 때와는 다른 동작을 해야 하므로, 복잡한 상태 천이 조건을 가진다. 교차로에서 차량은 직진만 가능하며 세로 방향 차량은 신호등에서 대기해야 한다. 신호등은 가로 방향을 제어하는 X신호등과 세로 방향을 제어하는 Y신호등의 두 종류가 있으며, X신호등이 녹색(G) 신호로 차량이 직진이면 Y 신호등은 빨간색(R)으로 차량은 정지해야 한다.

신호등이 녹색(G)에서 빨간색(R)으로 바뀌기 전에 약 5초 동안 노란색 신호를 줘서 멀리서 오는 차량이 서서히 정지할 수 있도록 구성한다. 오동작을 할 때에는 대기 모드에서 동작한다. 이때에는 모든 신호등이 노란색이고 유지보수를 위해 테스트 모드에서 동작할 때에는 신호등이 바뀌는 순서는 정상 동작을 할 때와 같으나 신호등이 켜지는 시간은 모두 2초로 설정한다. 정상 동작에서는 [그림 5.47]과 같이 신호등이 켜지는 시간을 갖는다. 신호등의 동작은 세 가지 동작 모드, 즉 평시 모드(regular mode, 동작 모드), 테스트 모드 및 대기 모드(standby mode)로 구분한다. [그림 5.47(a)]에서 앞의 색은 X신호등의 색이고, 뒤의 색은 Y신호등의 색을 나타낸다. 이때 신호등은 60Hz 클럭(전력선 자체)을 사용한다고 가정한다.

[대기 모드]

센서가 오동작이 발생한 것을 알릴 때 자동으로 전환되거나 수동적으로 스위치를 이용하여 대기 모드로 전환이 가능하다. 예를 들면 이상 동작을 감시하는 센서나 수동 스위치로 설정되면 시스템은 양방향 노란색 등을 활성화시키고 대기신호(standby)가 활성화되어 있는 동안 계속해서 유지시킨다. 대기 모드 신호가 유지될 동안에 가로 및 세로 신호등에 모두 노란색 신호를 전송한다.

[평시 모드(동작 모드)]

평시 모드에서는 신호등이 [그림 5.47(a)]와 같은 시간동안 신호를 내보내면서 정상적인 동작을 수행한다. 4가지 상태, 즉 RY, GR, YR, RG 상태를 가진다. 각 신호등의 색이 바뀌는 순서는 녹색 → 노란색 → 빨간색 → 녹색 순서로 한다.

[테스트 모드]

테스트 모드에서는 유지보수를 하는 동안 쉽게 테스트하기 위해 약 2초(상태 당 2초씩)마다 가로와 세로 신호등이 번갈아 가면서 직진 신호(녹색)와 정지 신호(빨간색)를 전송한다. 이 경우에도 중간에 노란색 신호를 내보낸 후에 빨간색 신호를 전송한다. 이미 프로그램된 모든 설정 시간을 수동 스위치 조작을 통해 작은 값으로 고쳐서 사용한다.

[신호등의 상태도]

[그림 5.47(b)]는 앞서 설명한 신호등의 동작에 따라 작성한 교통신호등 제어기에 대한 상태도를 나타낸 것이다. 정상 동작을 하기 이전에 대기 신호를 입력해서 대기 상태 동작을 하도록 하며, 이때 각 신호등에는 노란색이 점등된다. 대기 신호가 해체되면 정상 동작을 하며 [그림 5.47(a)]에 주어진 시간만큼 지난 후에 다음 상태로 변경된다. 대기 상태에서 해체가 되면 RY 상태로 전환되고, RY 상태에서 X신호등에 빨간색을, Y신호등에 노란색을 켜고 RY 시간(3초) 만큼 지난 다음에 GR 상태로 전환된다. 위와 같은 방법으로 정상 동작상태는 반복된다. 테스트 신호가 입력되면 각 상태를 유지하는 시간만 2초로 짧아지며 같은 순서로 동작을 반복한다.

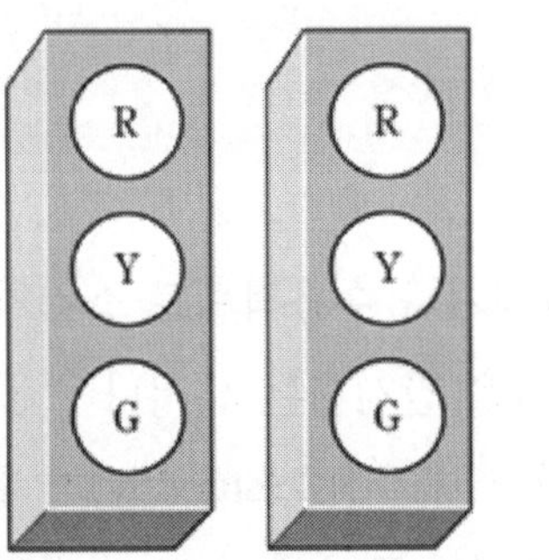

상태	동작 모드		
	REGULAR 시간	TEST 시간	STANDBY 시간
RG	RGTime(10초)	TESTTime(2초)	---
RY	RYTime(3초)	TESTTime(2초)	---
GR	GRTime(15초)	TESTTime(2초)	---
YR	YRTime(3초)	TESTTime(2초)	---
YY	---	---	미정의

(a) 교통신호등 제어기에 대한 명세

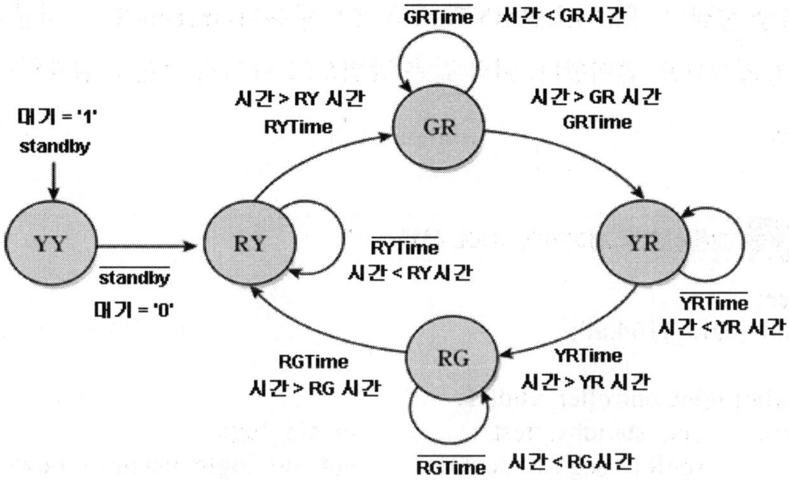

(b) 상태도

[그림 5.47] 교통신호등 제어기에 대한 명세 및 상태도(평시 모드)

[VHDL을 이용한 신호등 설계]

앞의 예제에서 언급한 상태도와 다른 점은 신호등 제어기에서 상태가 바뀌기 전에 일정한 시간이 경과했는지를 검사해야 한다는 점이다. 즉 정상 동작에서 RG 상태에서 다음 상태인 RY 상태로 천이하려면 10초가 경과해야 한다. 따라서 각 상태에서 시간을 1초 증가시킨 후에 카운트한 시간이 조건을 만족하면 다시 초기화시킨 후에 다음 상태로 천이해야 한다(case~when, if~end if 구문 사용). 이 부분을 VHDL로 표현하면 다음과 같다.

```
when RG =>
        if (test = '0') then onTime <= RGTime;
        else onTime <= TESTTime;
        end if;
        TimeCnt <= TimeCnt + 1;
        if TimeCnt = onTime then
                state <= RY;
                TimeCnt <= 0;
        end if;
```

테스트 모드에서는 상태가 천이하는 순서는 같으나 각 상태에서 다음 상태로 천이하는 조건이 모두 2초이다. 테스트 모드일 때는 onTime은 TESTTime인 2초를 할당받으나, 그렇지 않고 정상 상태일 때는 3초인 RYTime을 할당받는다. onTime만큼 시간이 경과하면 다음 상태인 GR 상태로 천이한다. 이와 같은 방법으로 나머지 부분도 설계하여 [코드 5.8]을 완성한다.

[코드 5.10] 교통신호등 제어기의 VHDL 설계

```
library ieee;
use ieee.std_logic_1164.all;

entity TrafficLightController_vhdl is
        port(   clk, standby, test          : in std_logic;
                segR1, segY1, segG1         : out std_logic_vector(6 downto 0);
                segR2, segY2, segG2         : out std_logic_vector(6 downto 0));
end TrafficLightController_vhdl;

architecture TLC_design of TrafficLightController_vhdl is
        constant RGTime                     : integer:= 10;
        constant RYTime                     : integer:= 3;
        constant GRTime                     : integer:= 15;
        constant YRTime                     : integer:= 3;
        constant TESTTime                   : integer:= 2;
        type state_type is (RG, RY, GR, YR, YY);
        signal state                        : state_type;
        signal TimeCnt                      : integer range 0 to 15;
        signal clk1hz                       : std_logic;
        signal onTime                       : integer range 0 to 15;

begin
-- 1Hz 클럭 발생을 위한 process 구문
        process(clk, clk1hz)
        variable        cnt1hz              : integer := 0;
        begin
                if rising_edge(clk) then
                        if cnt1hz >= 499999 then
                                cnt1hz := 0;
                                clk1hz <= not clk1hz;
                        else
                                cnt1hz := cnt1hz + 1;
                        end if;
                end if;
        end process;
-- 다음 상태와 조건부 출력을 결정하기 위한 process 구문
```

```
process(standby, clk1hz, TimeCnt, state, test)
begin
        if standby = '1' then
                state <= YY;
                TimeCnt <= 0;
        elsif rising_edge(clk1hz) then
                case state is
                when RG =>
                        if (test = '0') then onTime <= RGTime;
                        else onTime <= TESTTime;
                        end if;
                TimeCnt <= TimeCnt + 1;
                        if TimeCnt = onTime then
                                state <= RY;
                                TimeCnt <= 0;
                        end if;
                when RY =>
                        if (test='0') then onTime <= RYTime;
                        else onTime <= TESTTime;
                        end if;
                TimeCnt <= TimeCnt + 1;
                        if TimeCnt = onTime then
                                state <= GR;
                                TimeCnt <= 0;
                        end if;
                when GR =>
                        if (test='0') then onTime <= GRTime;
                        else onTime <= TESTTime;
                        end if;
                TimeCnt <= TimeCnt + 1;
                        if TimeCnt = onTime then
                                state <= YR;
                                TimeCnt <= 0;
                        end if;
                when YR =>
                        if (test='0') then onTime <= YRTime;
                        else onTime <= TESTTime;
                        end if;
                TimeCnt <= TimeCnt + 1;
                        if TimeCnt = onTime then
                                state <= RG;
                                TimeCnt <= 0;
                        end if;
                when YY => state <= RY;
```

```
                              end case;
                   end if;
          end process;
process(state)
          begin
             case state is
        when RG =>
           segR1 <= "1111110"; segY1 <= "0000000"; segG1 <= "0000000";
           segR2 <= "0000000"; segY2 <= "0000000"; segG2 <= "1111110";
        when RY =>
           segR1 <= "1111110"; segY1 <= "0000000"; segG1 <= "0000000";
           segR2 <= "0000000"; segY2 <= "1111110"; segG2 <= "0000000";
        when GR =>
           segR1 <= "0000000"; segY1 <= "0000000"; segG1 <= "1111110";
           segR2 <= "1111110"; segY2 <= "0000000"; segG2 <= "0000000";
        when YR =>
           segR1 <= "0000000"; segY1 <= "1111110"; segG1 <= "0000000";
           segR2 <= "1111110"; segY2 <= "0000000"; segG2 <= "0000000";
        when YY =>
           segR1 <= "0000000"; segY1 <= "1111110"; segG1 <= "0000000";
           segR2 <= "0000000"; segY2 <= "1111110"; segG2 <= "0000000";
       end case;
    end process;
end TLC_design;
```

[시뮬레이션 결과]

1Hz로 분주했을 때는 시뮬레이션에서 확인하기 어려우므로 약 100kHz로 분주해서 시뮬레이션을 실행한다. 시뮬레이션 결과를 3가지 모드(평시 모드, 테스트 모드, 대기 모드)로 표현한다.

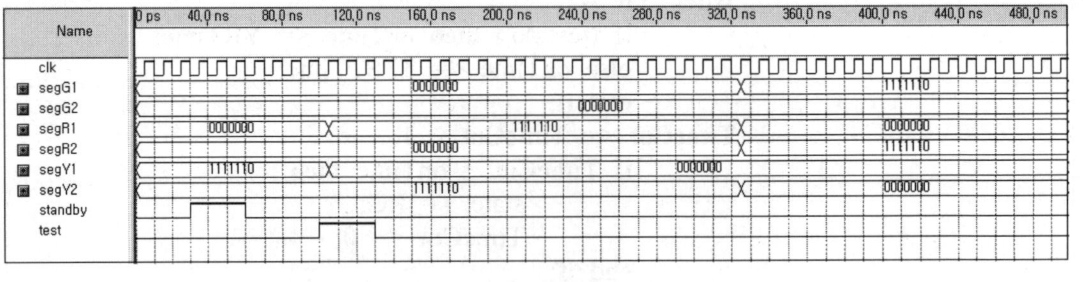

[그림 5.48] 교통신호등 제어기의 시뮬레이션 결과

[실습 5.5] VHDL을 이용해서 교통신호등 제어기(구현 예#1)를 구현하시오.

① 소스코드

[코드 5.11] 교통신호등 제어기의 VHDL 설계

```
library ieee;
use ieee.std_logic_1164.all;

entity TrafficLightController_vhdl is
        port(clk, standby, test, ena   : in std_logic;
             segR1, segG1, segY1   : out std_logic_vector(6 downto 0));
end TrafficLightController_vhdl;

architecture TLC_design of TrafficLightController_vhdl is
        constant RGTime              : integer:= 10;
        constant RYTime              : integer:= 3;
        constant GRTime              : integer:= 15;
        constant YRTime              : integer:= 3;
        constant TESTTime            : integer:= 2;
        type state_type is (RG, RY, GR, YR, YY);
        signal state                 : state_type;
        signal TimeCnt               : integer range 0 to 15;
        signal clk1hz                : std_logic;
        signal onTime                : integer range 0 to 15;

 begin
                process(clk, clk1hz)
                variable  cnt1hz              : integer := 0;
                begin
                        if rising_edge(clk) then
                                if cnt1hz >= 50000000 then
                                        cnt1hz := 0;
                                        clk1hz <= not clk1hz;
                                else
                                        cnt1hz := cnt1hz + 1;
                        end if;
                    end if;
                end process;

                process(standby, clk1hz, TimeCnt, state, test)
                begin
                                if standby = '1' then
                                        state <= YY;
```

```
                    TimeCnt <= 0;
              elsif rising_edge(clk1hz) then
                    case state is
        when RG =>
              if (test = '0') then onTime <= RGTime;
              else onTime <= TESTTime;
              end if;
                    TimeCnt <= TimeCnt + 1;
              if TimeCnt = onTime then
                    state <= RY;
                    TimeCnt <= 0;
              end if;
        when RY =>
              if (test = '0') then onTime <= RYTime;
              else onTime <= TESTTime;
              end if;
                 TimeCnt <= TimeCnt + 1;
              if TimeCnt = onTime then
                 state <= GR;
                 TimeCnt <= 0;
              end if;
        when GR =>
              if (test = '0') then onTime <= GRTime;
              else onTime <= TESTTime;
              end if;
                 TimeCnt <= TimeCnt + 1;
              if TimeCnt = onTime then
                 state <= YR;
                 TimeCnt <= 0;
              end if;
        when YR =>
              if (test = '0') then onTime <= YRTime;
              else onTime <= TESTTime;
              end if;
                 TimeCnt <= TimeCnt + 1;
              if TimeCnt = onTime then
                 state <= RG;
                 TimeCnt <= 0;
              end if;
        when YY => state <= RY;
     end case;
  end if;
```

```
        end process;
  process(state)
                            begin
                    if ena = '1' then
        case state is
  when RG => segR1 <= "1111111"; segY1 <= "0000000"; segG1 <= "0000000";
  when RY => segR1 <= "1111111"; segY1 <= "0000000"; segG1 <= "0000000";
  when GR => segR1 <= "0000000"; segY1 <= "0000000"; segG1 <= "1111111";
  when YR => segR1 <= "0000000"; segY1 <= "1111110"; segG1 <= "0000000";
  when YY => segR1 <= "0000000"; segY1 <= "1111110"; segG1 <= "0000000";
        end case;

        else
        case state is
  when RG => segR1 <= "0000000"; segY1 <= "0000000"; segG1 <= "1111111";

  when RY => segR1 <= "0000000"; segY1 <= "1111110"; segG1 <= "0000000";
  when GR => segR1 <= "1111111"; segY1 <= "0000000"; segG1 <= "0000000";
  when YR => segR1 <= "1111111"; segY1 <= "0000000"; segG1 <= "0000000";
  when YY => segR1 <= "0000000"; segY1 <= "1111110"; segG1 <= "0000000";
   end case;
  end if;
 end process;
end TLC_design;
```

② 디바이스 핀 할당과 실행

FPGA 키트에 실행하기 위해 핀 번호를 할당한다. [표 5.5]는 입출력에 할당된 장치의 종류와 핀 번호를 나타낸다([그림 A.1], [표 A.1], [그림 A.2(a)], [그림 A.2(g)], [그림 A.2(i)], [그림 A.2(j)] 참고). 신호등 빨간색(R)과 녹색(G)은 LED로 핀을 할당하고, 노란색(Y)은 세그먼트로 핀을 할당한다.

[표 5.5] 신호 이름과 할당된 입출력 장치

신호 이름	입출력	장치 종류	핀 할당
clk	입력	클럭	A3
standby	입력	슬라이드 스위치	P21
test	입력	슬라이드 스위치	N21
ena	입력	모드 스위치	M2
segR1	출력	LED	B13~B19
segG1	출력	LED	B3~B9
segY1	출력	7-세그먼트	AB20~AB14

③ 실행결과 확인

동작이 제대로 되는지 다음을 확인한다.

(a) YY => standby가 '1'이면 대기 상태로 노란색(세그먼트)이 들어온다.

(b) RG => ena='1'일 때 빨간색불이 들어오며, ena='0'일 때는 녹색불이 들어온다.

(c) RY => ena='1'일 때 빨간색불이 들어오며, ena='0'일 때는 노란색불이 들어온다.

(d) GR => ena='1'일 때 녹색불이 들어오며, ena='0'일 때는 빨간색불이 들어온다.

(e) YR => ena='1'일 때 노란색불이 들어오며, ena='0'일 때는 빨간색불이 들어온다.

[실습 5.6] VHDL을 이용해서 교통신호등 제어기(구현 예#2)를 구현하시오.

① 소스코드

[코드 5.12] 교통신호등 제어기의 VHDL 설계

```
library ieee;
use ieee.std_logic_1164.all;

entity TrafficLightController1_vhdl is
    port(clk, standby, test : in std_logic;
         segRYG          : out std_logic_vector(7 downto 0);
         segRYG1         : out std_logic_vector(7 downto 0));
end TrafficLightController1_vhdl;

architecture TLC_design of TrafficLightController1_vhdl is
        constant rgtime : integer := 10;
        constant rytime : integer := 3;
        constant grtime : integer := 15;
        constant yrtime : integer := 3;
        constant testtime : integer := 2;
        type state_type is (rg, ry, gr, yr, yy);
        signal state : state_type;
        signal timecnt : integer range 0 to 15;
        signal clk1hz : std_logic;
        signal ontime : integer range 0 to 15;
begin

process(clk1hz, clk)
        variable cnt1hz : integer := 0;
```

```
begin
        if rising_edge(clk) then
                if cnt1hz = 8000000 then
                                cnt1hz := 0;
                                clk1hz <= not clk1hz;
                        else
                                cnt1hz := cnt1hz + 1;
                        end if;
                end if;
        end process;

        process(standby, clk1hz, timecnt, state, test)
        begin
                if standby = '1' then
                        state <= yy;
                        timecnt <= 0;
                elsif rising_edge(clk1hz) then
                        case state is
                        when rg =>
                                if (test = '0') then ontime <= rgtime;
                                else ontime <= testtime;
                                end if;
                                timecnt <= timecnt + 1;
                                if timecnt = ontime then
                                        state <= ry;
                                        timecnt <= 0;
                                end if;
                        when ry =>
                                if (test = '0') then ontime <= rytime;
                                else ontime <= testtime;
                                end if;
                                timecnt <= timecnt + 1;
                                if timecnt = ontime then
                                        state <= gr;
                                        timecnt <= 0;
                                end if;
                        when gr =>
                                if (test = '0') then ontime <= grtime;
                                else ontime <= testtime;
```

```
                    end if;
                    timecnt <= timecnt + 1;
                    if timecnt = ontime then
                        state <= yr;
                        timecnt <= 0;
                    end if;
                when yr =>
                    if (test = '0') then ontime <= yrtime;
                    else ontime <= testtime;
                    end if;
                    timecnt <= timecnt + 1;
                    if timecnt = ontime then
                        state <= rg;
                        timecnt <= 0;
                    end if;
                when yy => state <= ry;
                end case;
                end if;
            end process;

        process(state)
        begin
          case state is
            when rg => segRYG <= "10000000"; segRYG1 <= "00100000";
            when ry => segRYG <= "10000000"; segRYG1 <= "01000000";
            when gr => segRYG <= "00100000"; segRYG1 <= "10000000";
            when yr => segRYG <= "01000000"; segRYG1 <= "10000000";
            when yy => segRYG <= "01000000"; segRYG1 <= "01000000";
          end case;
        end process;
end TLC_design;
```

② 디바이스 핀 할당과 실행

FPGA 키트에 실행하기 위해 핀 번호를 할당한다. [표 5.6]은 입출력에 할당된 장치의 종류와 핀 번호를 나타낸다([그림 A.1], [표 A.1], [그림 A.2(a)], [그림 A.2(g)], [그림 A.2(i)], [그림 A.2(j)] 참고).

[표 5.6] 신호 이름과 할당된 입출력 장치

신호 이름	입출력	장치 종류	핀 할당
clk	입력	푸시버튼 스위치	A3
standby	입력	슬라이드 스위치	P21
test	입력	슬라이드 스위치	N21
segRGY	출력	LED	B13~B15
segRGY1	출력	LED	B3~B5

③ 실행결과 확인

테스트 하는 장면이 2초마다 값이 바뀐다. rg일 때 빨간색 첫번째 led(LED-B-0)와 녹색 두번째 led(LED-A-1)에 불이 들어오는지 확인한다. yr일 때 빨간색 두번째 led(LED-B-1)와 녹색 첫번째 led(LED-A-0)에 불이 들어오는지 확인한다. 대기상태(standby mode)에 들어가 yy를 나타내는 모습을 확인한다.

5.6. 자동판매기 제어기(Vending Machine Controller)

본 절에서는 순차논리회로의 한 예로서 자동판매기 제어기(Vending Machine Controller)를 설계한다. 스낵을 25센트에 파는 자동판매기에 대한 제어기 설계이다. 이러한 예는 FSM 모델로 설계하면 유용하다. [그림 5.49]는 자판기 제어기의 블록도와 상태도를 나타낸 것이다. 이러한 제어기는 클럭(clk), 리셋(rst), 해당 동전 투입(nickel_in, dime_in, quarter_in)의 입력을 가지고 있고, 스낵 분출 완료(snack_out) 및 거스름돈(nickel_out, dime_out)의 출력을 가지고 있다. [그림 5.49(b)]에서 ni=nickel_in, di=dime_in, qi=quarter_in, no=nikel_out, do=dime_out, so=snack_out을 의미한다.

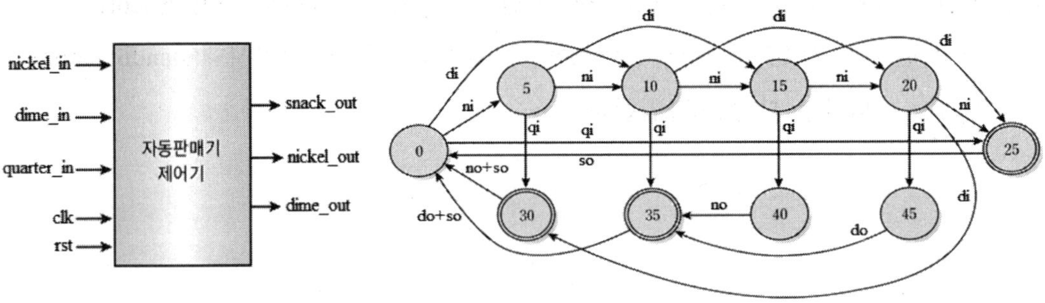

(a) 블록도 (b) 상태도

[그림 5.49] 자판기 제어기의 블록도 및 상태도

[그림 5.49(b)]에서 원 안의 숫자는 이용자가 투입한 총액을 나타낸다. 이때 5센트짜리 동전(nickel), 10센트짜리 동전(dime) 및 25센트짜리 동전(quarter)만 허용된다. 상태 0은 정지(idle) 상태를 나타내며, 상태 0부터 시작하여 nickel이 투입되면 자판기는 상태 5로 이동하고, dime이면 상태 10으로, quarter이면 상태 25로 이동한다. 이와 같은 상황이 상태 45에 이르기까지 모든 상태에서 반복된다. 상태 25에 이르면, 스낵이 거스름돈 없이 판매된다. 그러나 상태 40에 이르면, 예를 들어 nickel을 뱉어내고, 시스템은 상태 35로 이동한다. 여기에서 dime을 뱉어내고 스낵이 판매된다. 이중 원으로 표시된 세 개의 상태는 스낵이 판매되고 기계가 상태 0으로 돌아가는 것을 의미한다. 본 설계에서는 자판기 제어기의 기본 특징만을 언급한다.

[VHDL 코드 해석]

아래 코드는 열거형 state로서 [그림 5.49]의 FSM 블록도에 나타낸 모든 상태 리스트를 포함한다. 10개의 상태가 있으므로, 이를 인코딩하기 위해서는 4비트가 필요하다(그래서 4개의 플립플롭이 유도됨). 컴파일러는 리스트된 순서대로 이러한 상태를 인코딩한다. 따라서 st0="0000"(십진수 0), st5="0001"(십진수 1),···, st45="1001"(십진수 9)가 된다.

```
type state is (st0, st5, st10, st15, st20, st25, st30, st35, st40, st45);
```

[실습 5.6] VHDL을 이용해서 자동판매기 제어기를 구현하시오.

① 소스코드

[코드 5.13] 자판기 제어기의 VHDL 설계

```
library ieee;
use ieee.std_logic_1164.all;

entity vending_machine_vhdl is
 port ( clk, rst                         : in std_logic;
        nickel_in, dime_in, quarter_in   : in boolean;
        snack_out, nickel_out, dime_out  : out std_logic );
end vending_machine_vhdl;

architecture vm_design of vending_machine_vhdl is
 type state is (st0, st5, st10, st15, st20, st25, st30, st35, st40, st45);
 signal present_state, next_state: state;
 begin
-- Lower section of the FSM
  process (rst, clk)
   begin
    if (rst='1') then
     present_state <= st0;
    elsif (clk'event and clk='1') then
     present_state <= next_state;
    end if;
  end process;
-- Upper section of the FSM
  process (present_state, nickel_in, dime_in, quarter_in)
   begin
    case present_state is
```

```
        when st0 =>
         snack_out <= '0';
         nickel_out <= '0';
         dime_out <= '0';
           if (nickel_in) then next_state <= st5;
           elsif (dime_in) then next_state <= st10;
           elsif (quarter_in) then next_state <= st25;
           else next_state <= st0;
           end if;
        when st5 =>
         snack_out <= '0';
         nickel_out <= '0';
         dime_out <= '0';
           if (nickel_in) then next_state <= st10;
           elsif (dime_in) then next_state <= st15;
           elsif (quarter_in) then next_state <= st30;
           else next_state <= st5;
           end if;
        when st10 =>
         snack_out <= '0';
         nickel_out <= '0';
         dime_out <= '0';
           if (nickel_in) then next_state <= st15;
           elsif (dime_in) then next_state <= st20;
           elsif (quarter_in) then next_state <= st35;
           else next_state <= st10;
           end if;
        when st15 =>
         snack_out <= '0';
         nickel_out <= '0';
         dime_out <= '0';
           if (nickel_in) then next_state <= st20;
           elsif (dime_in) then next_state <= st25;
           elsif (quarter_in) then next_state <= st40;
           else next_state <= st15;
           end if;
        when st20 =>
         snack_out <= '0';
         nickel_out <= '0';
         dime_out <= '0';
           if (nickel_in) then next_state <= st25;
           elsif (dime_in) then next_state <= st30;
```

```
            elsif (quarter_in) then next_state <= st45;
            else next_state <= st20;
            end if;
        when st25 =>
         snack_out <= '1';
         nickel_out <= '0';
         dime_out <= '0';
         next_state <= st0;
        when st30 =>
         snack_out <= '1';
         nickel_out <= '1';
         dime_out <= '0';
         next_state <= st0;
        when st35 =>
         snack_out <= '1';
         nickel_out <= '0';
         dime_out <= '1';
         next_state <= st0;
        when st40 =>
         snack_out <= '0';
         nickel_out <= '1';
         dime_out <= '0';
         next_state <= st35;
        when st45 =>
         snack_out <= '0';
         nickel_out <= '0';
         dime_out <= '1';
         next_state <= st35;
     end case;
   end process;
 end vm_design;
```

[시뮬레이션 결과]

[그림 5.50]은 자판기 제어기의 시뮬레이션 결과를 나타낸 것이다. 세 개의 nickel과 한 개의 quarter가 투입되도록 한다. 첫 번째 nickel을 투입하면 처음 상승 에지에서 FSM은 상태 st0(십진수 0)에서 st5(십진수 1)로 이동하고, 두 번째 nickel을 투입하면 상태 st10(십진수 2)으로, 세 번째 투입하면 상태 st15(십진수 3)로, 그리고 quarter를 투입하면 상태 st40(십진수 8)으로 이동한다. 그 후에 nickel이 이용자에게 반환되어(nickel_out = '1')

FSM이 상태 st35(십진수 7)로 이동하는 결과를 낳고, 여기에서 dime이 반환되고 (dime_out = '1') 스낵이 판매된다(snack_out = '1'). 그런 다음 시스템은 정지 상태(st0)로 되돌아간다.

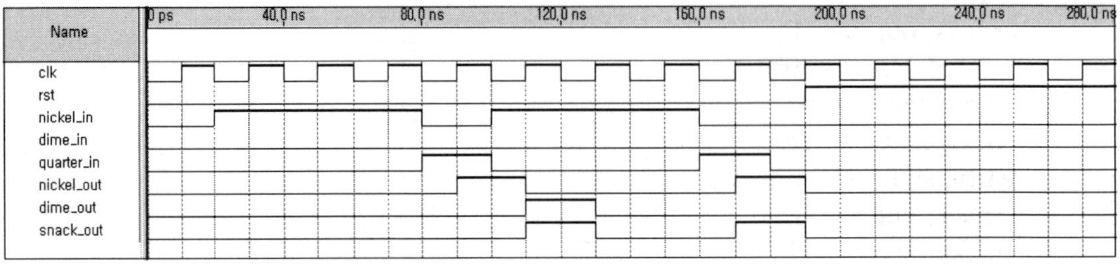

[그림 5.50] 자판기 제어기의 시뮬레이션 결과

② 디바이스 핀 할당과 실행

FPGA 키트에 실행하기 위해 핀 번호를 할당한다. [표 5.7]은 입출력에 할당된 장치의 종류와 핀 번호를 나타낸다 ([그림 A.1], [표 A.1], [그림 A.2(g)], [그림 A.2(i)], [그림 A.2(j)] 참고).

[표 5.7] 신호 이름과 할당된 입출력 장치

신호 이름	입출력	장치 종류	핀 할당
clk	입력	푸시버튼 스위치	A3
rst	입력	모드 스위치	M2
nickel_in	입력	슬라이드 스위치	P21
dime_in	입력	슬라이드 스위치	N21
quarter_in	입력	슬라이드 스위치	M21
nickel_out	출력	LED	B3
dime_out	출력	LED	B4
snack_out	출력	LED	B5

③ 실행결과 확인

세 개의 nickel과 한 개의 quarter가 투입되도록 한다. 첫 번째 nickel을 투입하면 처음 상승 에지에서 FSM은 상태 st0(십진수 0)에서 st5(십진수 1)로 이동하고, 두 번째 nickel을 투입하면 상태 st10(십진수 2)으로, 세 번째 투입하면 상태 st15(십진수 3)로, 그리고 quarter를 투입하면 상태 st40(십진수 8)으로 이동한다. 그 후에 nickel이 이용자에게 반환되어(nickel_out = '1') FSM이 상태 st35(십진수 7)로 이동하는 결과를 낳고, 여기에서 dime이 반환되고(dime_out = '1') 스낵이 판매되는지 확인한다(snack_out = '1'). 그런 다음 시스템은 정지 상태(st0)로 되돌아가는지 확인한다.

[실습 5.7] VHDL을 이용해서 커피자판기 제어기를 구현하시오.

커피 한잔에 250원과 500원 두 종류의 커피를 파는 자동판매기에 대한 제어기 설계이다. 이러한 제어기는 클럭(clk), 리셋(rst), 해당 동전 투입(won_in_50, won_in_100, won_in_500)의 입력을 가지고 있고, 커피 2형 분출 완료(coffee_out_250, coffee_out_500) 및 거스름돈(won_out_50, won_out_500)의 출력을 가지고 있다. 동전을 입력시켜 커피를 두 잔 분출하는 경우도 고려한다. 이때 50원짜리 동전(won50), 100원짜리 동전(won100) 및 500원짜리 동전(won500)만 허용된다.

① 소스코드

[코드 5.14] 커피자판기 제어기의 VHDL 설계

```
library ieee;
use ieee.std_logic_1164.all;

entity CoffeeVendingMachine_vhdl is
port ( clk, rst : in std_logic;
        won50_in, won100_in, won500_in : in boolean;
        coffee250, coffee500 : in std_logic; -- select coffee type
        change : in std_logic;            -- confirm change return
        coffee250_out, coffee500_out, won50_out, won100_out : out std_logic );
end CoffeeVendingMachine_vhdl;

architecture CVM_design of CoffeeVendingMachine_vhdl is
type state is (st0, st50, st100, st150, st200, st250, st300, st350, st400, st450, st500,
st550);
signal present_state, next_state: state;
begin

process (rst, clk)
begin
```

```
if (rst='1') then
present_state <= st0;
elsif (clk'event and clk='1') then
present_state <= next_state;
end if;
end process;

process (present_state, won50_in, won100_in, won500_in, change, coffee250,
coffee500)
begin
case present_state is
when st0 =>
coffee250_out <= '0'; coffee500_out <= '0'; won50_out <= '0'; won100_out <= '0';
if (won50_in) then next_state <= st50;
elsif (won100_in) then next_state <= st100;
elsif (won500_in) then next_state <= st500;
else next_state <= st0;
end if;

when st50 =>
coffee250_out <= '0'; coffee500_out <= '0'; won50_out <= '0'; won100_out <= '0';
if (won50_in) then next_state <= st100;
elsif (won100_in) then next_state <= st150;
elsif (won500_in) then next_state <= st550;
else next_state <= st0;
end if;

when st100 =>
coffee250_out <= '0'; coffee500_out <= '0'; won50_out <= '0'; won100_out <= '0';
if (won50_in) then next_state <= st150;
elsif (won100_in) then next_state <= st200;
elsif (won500_in) then next_state <= st550;
end if;

when st150 =>
coffee250_out <= '0'; coffee500_out <= '0'; won50_out <= '0'; won100_out <= '0';
if (won50_in) then next_state <= st200;
elsif (won100_in) then next_state <= st250;
elsif (won500_in) then next_state <= st550;
end if;

when st200 =>
```

```
coffee250_out <= '0'; coffee500_out <= '0'; won50_out <= '0'; won100_out <= '0';
if (won50_in) then next_state <= st250;
elsif (won100_in) then next_state <= st300;
elsif (won500_in) then next_state <= st550;
end if;

when st250 =>
if (coffee250='1') then
coffee250_out <= '1'; coffee500_out <= '0'; won50_out <= '0'; won100_out <= '0';
next_state <= st0;
else
coffee250_out <= '0'; coffee500_out <= '0'; won50_out <= '0'; won100_out <= '0';
if (won50_in) then next_state <= st300;
elsif (won100_in) then next_state <= st350;
elsif (won500_in) then next_state <= st550;
else next_state <= st250;
end if;
end if;

when st300 =>
if (coffee250='1') then
coffee250_out <= '1'; coffee500_out <= '0';
if (change='1') then
won50_out <= '1'; won100_out <= '0';
next_state <= st0;
else
won50_out <= '0'; won100_out <= '0';
next_state <= st50;
end if;
else
coffee250_out <= '0'; coffee500_out <= '0'; won50_out <= '0'; won100_out <= '0';
if (won50_in) then next_state <= st50;
elsif (won100_in) then next_state <= st100;
elsif (won500_in) then next_state <= st550;
else next_state <= st300;
end if;
end if;

when st350 =>
if (coffee250='1') then
coffee250_out <= '1'; coffee500_out <= '0';
if (change='1') then
```

```
won50_out <= '0'; won100_out <= '1';
next_state <= st0;
else
won50_out <= '0'; won100_out <= '0';
next_state <= st100;
end if;
else
coffee250_out <= '0'; coffee500_out <= '0'; won50_out <= '0'; won100_out <= '0';
if (won50_in) then next_state <= st100;
elsif (won100_in) then next_state <= st450;
elsif (won500_in) then next_state <= st550;
else next_state <= st350;
end if;
end if;

when st400 =>
if (coffee250='1') then
coffee250_out <= '1'; coffee500_out <= '0';
if (change='1') then
won50_out <= '1'; won100_out <= '1';
next_state <= st0;
else
won50_out <= '0'; won100_out <= '0';
next_state <= st150;
end if;
else
coffee250_out <= '0'; coffee500_out <= '0'; won50_out <= '0'; won100_out <= '0';
if (won50_in) then next_state <= st450;
elsif (won100_in) then next_state <= st500;
elsif (won500_in) then next_state <= st550;
else next_state <= st400;
end if;
end if;

when st450 =>
if (coffee250='1') then
coffee250_out <= '1'; coffee500_out <= '0';
if (change='1') then
won50_out <= '1'; won100_out <= '1';
next_state <= st0;
else
won50_out <= '0'; won100_out <= '1';
```

```
next_state <= st200;
end if;
else
coffee250_out <= '0'; coffee500_out <= '0'; won50_out <= '0'; won100_out <= '0';
if (won50_in) then next_state <= st500;
elsif (won50_in) then next_state <= st550;
else next_state <= st550;
end if;
end if;

when st500 =>
if (coffee250='1') then
coffee250_out <= '1'; coffee500_out <= '0';
won50_out <= '0'; won100_out <= '0';
next_state <= st250;
elsif (coffee500='1') then
coffee250_out <= '0'; coffee500_out <= '1'; won50_out <= '0'; won100_out <= '0';
next_state <= st0;
end if;

when st550 =>
if (coffee250='1') then
coffee250_out <= '1'; coffee500_out <= '0';
won50_out <= '0'; won100_out <= '0';
next_state <= st300;
elsif (coffee500='1') then
coffee250_out <= '0'; coffee500_out <= '1'; won50_out <= '1'; won100_out <= '0';
next_state <= st50;
end if;

end case;
end process;
end CVM_design;
```

② 디바이스 핀 할당과 실행

FPGA 키트에 실행하기 위해 핀 번호를 할당한다. [표 5.8]은 입출력에 할당된 장치의 종류와 핀 번호를 나타낸다([그림 A.1], [표 A.1], [그림 A.2(g)], [그림 A.2(i)], [그림 A.2(j)] 참고).

[표 5.8] 신호 이름과 할당된 입출력 장치

신호 이름	입출력	장치 종류	핀 할당
clk	입력	푸시버튼 스위치	A3
change	입력	모드 스위치	J2
rst	입력	모드 스위치	M2
coffee250	입력	슬라이드 스위치	P21
coffee500	입력	슬라이드 스위치	N21
won50_in	입력	슬라이드 스위치	M21
won100_in	입력	슬라이드 스위치	L21
won500_in	입력	슬라이드 스위치	K21
coffee250_out	출력	LED	B3
coffee500_out	출력	LED	B4
won50_out	출력	LED	B13
won100_out	출력	LED	B14

③ 실행결과 확인

동전을 입력시켜 커피를 두 잔 분출하는 경우도 고려한다. 이때 50원짜리 동전(won50), 100원짜리 동전(won100) 및 500원짜리 동전(won500)만 허용되는지 확인한다.

▌연습문제

5.1. *JK* 플립플롭을 이용하여 *J*와 *K* 입력 사이를 NOT 게이트로 연결한 플립플롭은?

① D형 플립플롭　　② T형 플립플롭

③ RST형 플립플롭　　④ RS 플립플롭

5.2. 마스터 슬레이브 *JK*-FF에서 클럭펄스가 들어올 때마다 출력 상태가 반전되는 것은?

① $J=0, K=0$　　② $J=1, K=0$　　③ $J=0, K=1$　　④ $J=1, K=1$

5.3. 다음 그림과 같은 *JK*-FF 회로에서 클럭펄스가 몇 개 입력될 때 $Q_1=Q_2=0$이 출력되는가?

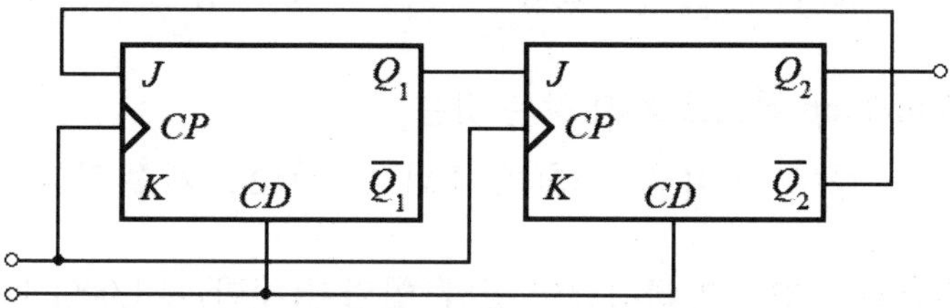

① 3개　　② 4개　　③ 5개　　④ 6개

5.4. *JK* Flip-Flop에서 현재 상태의 출력 Q_n을 1로 하고, *J*입력과 *K*입력이 1일 때 클럭펄스 CP에 신호가 인가되면 다음 상태의 출력 Q_{n+1}은? (단, 플립플롭의 setup time과 holding time은 만족한다고 가정함)

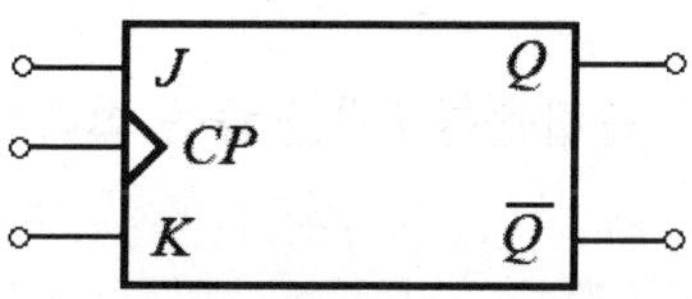

① 부정　　② 1　　③ 0　　④ Q_n

5.5. *JK* Flip-Flop을 그림과 같이 결선하였을 경우 클럭 펄스가 인가될 때마다 *Q*의 출력상태는 어떻게 동작하는가?

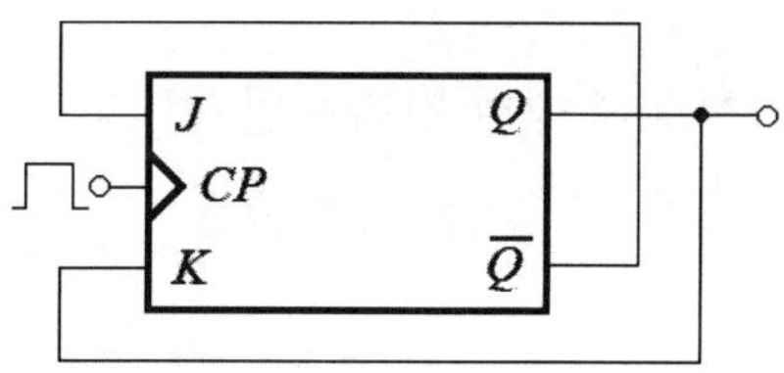

① Toggle　　② Reset　　③ Set　　④ Race 현상

5.6. *JK* Flip-Flop에서 *J*입력과 *K*입력이 모두 1이고 *CP*=1일 때 출력은?

① 출력은 반전한다. ② Set 출력은 1, Reset 출력은 0이다.
③ Set 출력은 0, Reset 출력은 1이다. ④ 출력은 1이다.

5.7. *JK* 플립플롭은 두 개의 입력 데이터에 의하여 출력에서 몇 개의 조합(Combination)을 얻을 수 있는가?

① 2 ② 4 ③ 8 ④ 16

5.8. *JK* 플립플롭에서 J_n=0, K_n=1일 때 클럭 펄스가 1이면 Q_{n+1}의 출력 상태는?

① 반전 ② 1 ③ 0 ④ 부정

5.9. 다음 회로 중 Flip-Flop 회로를 쓰지 않는 것은?

① 리미터 회로 ② 분주 회로 ③ 기억 회로 ④ 2진 계수 회로

5.10. 3개의 T 플립플롭이 직렬로 연결되어 있다. 입력단(첫단)에 1,000[Hz]의 입력신호를 인가하면 마지막 플립플롭의 출력신호는 몇 [Hz] 인가?

① 3,000 ② 333 ③ 167 ④ 125

5.11. 플립플롭은 몇 개의 안정 상태를 갖는가?

① 1 ② 2 ③ 4 ④ ∞

5.12. 입력 주파수 512[kHz]를 T형 플립플롭 7개를 종속 접속한 회로에 인가했을 때 출력주파수는 얼마인가?

① 256[kHz] ② 8[kHz] ③ 4[kHz] ④ 2[kHz]

5.13. 다음 중 플립플롭과 관계가 없는 것은?

① Decoder ② RAM ③ Register ④ Counter

5.14. 다음 진리표는 어떤 논리회로에 대한 진리표인가?

① 전가산기 ② 반가산기 ③ JK 플립플롭 ④ RS 플립플롭

A	B	$Q(t+1)$
0	0	Q(t) 불변
1	0	1
0	1	0
1	1	부정

5.15. 다음 중 Master-Slave 플립플롭은 어떠한 현상을 해결하기 위한 플립플롭인가?

① 지연 현상　② Race 현상　③ Set 현상　④ Toggle 현상

5.16. *RS* 플립플롭의 출력 Q 및 $\overline{Q}$ 는 리셋(Reset) 상태에서 어떠한 논리값을 가지는가?

① $Q=0$, $\overline{Q}=0$　② $Q=1$, $\overline{Q}=1$

③ $Q=0$, $\overline{Q}=1$　④ $Q=1$, $\overline{Q}=0$

5.17. 다음 그림과 같은 *RS* 플립플롭에서 *R* 입력과 *S* 입력 사이에 NOT 게이트를 추가하면 어떤 기능을 갖는 플립플롭인가?

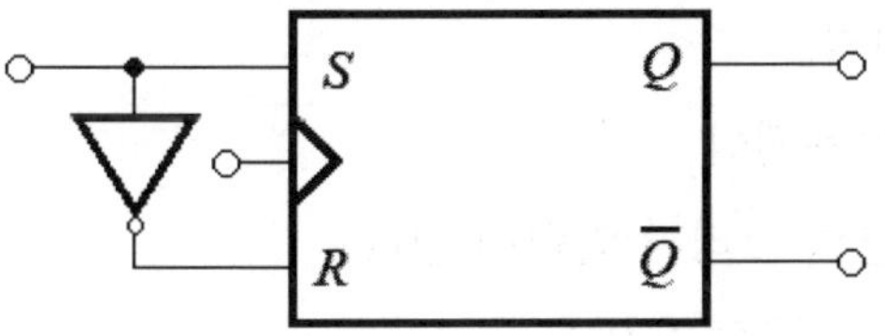

① *T*형 플립플롭　② *N*형 플립플롭　③ *JK*형 플립플롭　④ *D*형 플립플롭

5.18. *JK* 플립플롭을 다음 그림과 같이 연결했을 때, 결과치가 같은 플립플롭은?

① *D* 플립플롭　② *RS* 플립플롭　③ *T* 플립플롭　④ *MS* 플립플롭

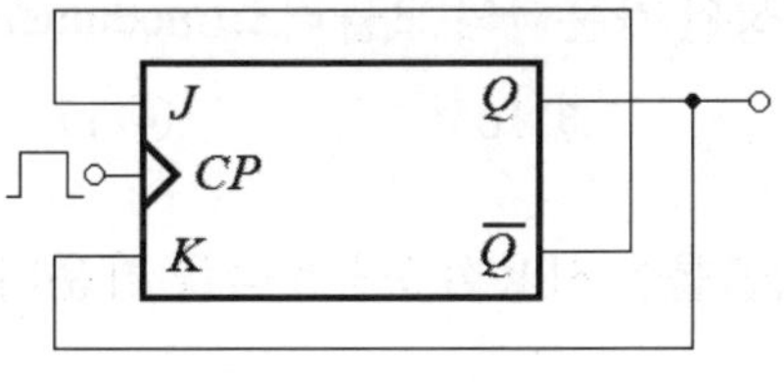

5.19. 비동기 counter와 관계없는 것은?

① 전단의 출력이 다음 단의 trigger 입력이 된다.

② 회로가 단순하므로 설계가 쉽다.

③ ripple counter라고도 한다.

④ 속도가 빠르다.

5.20. 다음 계수기(counter)의 명칭 중 맞는 것은?

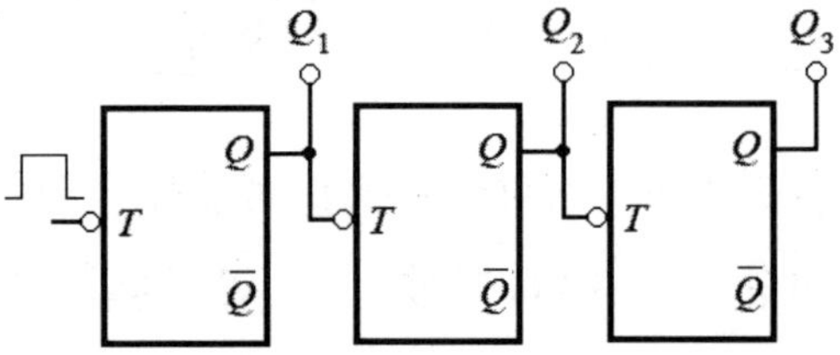

① 상향 4진 계수기 ② 하향 4진 계수기 ③ 상향 8진 계수기 ④ 하향 16진 계수기

5.21. 다음 중 동기형 계수기로 사용할 수 없는 것은?

① Ripple 계수기 ② BCD 계수기

③ 2진 업다운 계수기 ④ 2진 계수기

5.22. 비동기식 카운터의 설명으로 옳지 않은 것은?

① 리플 카운터라고도 한다.

② 고속 카운팅에 주로 사용된다.

③ 전단의 출력이 다음 단의 트리거 입력이 된다.

④ 매우 높은 주파수에는 사용하지 않는다.

5.23. 플립플롭 4개로 구성된 계수기가 가질 수 있는 최대의 2진 상태는 몇 가지인가?

① 8가지 ② 12가지 ③ 16가지 ④ 20가지

5.24. 4개의 플립플롭으로 구성된 카운터의 모듈러스(modulus)는 얼마인가?

① 14 ② 15 ③ 16 ④ 17

5.25. 지연 시간 50[ns]의 플립플롭을 사용한 5단의 리플 카운터가 있다. 카운터의 동작 최고주파수는 얼마인가?

① 1[MHz] ② 4[MHz]

③ 10[MHz] ④ 20[MHz]

5.26. 8[MHz] 구형파를 카운터의 입력으로 인가할 때, 250[kHz]를 얻기 위해 필요한 카운터의 비트수는 얼마인가?

① 2비트 ② 3비트 ③ 5비트 ④ 4비트

5.27. 30:1의 리플계수기를 설계할 때 최소로 필요한 플립플롭의 수는?

① 4 ② 5 ③ 6 ④ 8

5.28. 카운터(Counter)를 이용하여 컨베이어 벨트를 통과하는 생산품의 개수를 파악하려고 한다. 최대 500개의 생산품을 카운트하기 위한 카운트를 플립플롭을 이용 제작할 때 최소한 몇 개의 플립플롭이 필요한가?

① 5 ② 7 ③ 9 ④ 11

5.29. 다음 중 환형 계수기(Ring Counter)와 같은 기능을 갖는 것은?

① BCD 계수기 ② 가역 계수기

③ 시프트 레지스터 ④ 순환 시프트 레지스터

5.30. 비동기식 5진 카운터(Counter) 회로는 최소 몇 개의 플립플롭이 필요한가?

① 4 ② 3 ③ 2 ④ 1

5.31. 25진 리플 카운터를 설계할 경우 최소한 몇 개의 플립플롭이 필요한가?

① 4개 ② 5개 ③ 6개 ④ 7개

5.32. 다음 중 리플 카운터(Ripple Counter)에 대한 설명으로 틀린 것은?

① 카운트 속도가 동기식 카운터에 비해 느리다. ② 비동기 카운터이다.

③ 최대 동작 주파수에 제한을 받지 않는다. ④ 회로 구성이 간단하다.

5.33. 다음 중 동기식 3진 카운터에 대한 설명으로 틀린 것은?

① 병렬 카운터라고도 한다.

② 각 단에 클럭펄스가 인가되는 회로이다.

③ 동시에 Trigger 입력이 인가되기 때문에 여러 단이 동시에 동작되므로 고속으로 동작되는 회로에 많이 이용된다.

④ 전단의 출력이 Trigger 입력으로 들어온다.

5.34. 5비트 2진 카운터의 입력에 4[MHz]의 정방향 펄스가 가해질 때 출력 펄스의 주파수는?

① 25[kHz] ② 50[kHz] ③ 250[kHz] ④ 125[kHz]

5.35. 다음 중 동기식 카운터에 대한 설명으로 옳은 것은?

① 플립플롭의 단수는 동작 속도와 무관하다.

② 논리식이 단순하고 설계가 쉽다.

③ 전단의 출력이 다음 단의 트리거 입력이 된다.

④ 동영상 회로에 많이 사용된다.

5.36. 다음 중 동기식 카운터와 비동기식 카운터를 설명한 것으로 옳은 것은?

① 동기식 카운터를 직렬형, 비동기식 카운터를 병렬형 카운터라고도 한다.

② 같은 수의 플립플롭을 갖는 경우 비동기식 카운터보다 동기식 카운터가 더 높은 입력 주파수를 사용하는 곳에 이용된다.

③ 비동기식 카운터는 동기식 카운터와는 달리 시간 지연이 누적되지 않는다.

④ 비동기식 카운터는 동기식 카운터보다 더 많은 회로 소자가 필요하다.

5.37. 플립플롭 6개로 구성된 계수기가 가질 수 있는 최대 2진 상태 수는?

① 16개 ② 32개 ③ 64개 ④ 85개

5.38. 다음 중 시프트 레지스터 출력을 입력에 되먹임 시킴으로써 클럭 펄스가 가해지면, 같은 2진수가 레지스터 내부에서 순환하도록 만든 카운터는?

① 링 카운터 ② 2진 리플 카운터

③ 필드코드 카운터 ④ BCD 카운터

5.39. 입력 주파수 512[kHz]를 T형 플립플롭 7개 종속 접속한 회로에 인가했을 때 출력 주파수는 얼마인가?

① 256[kHz] ② 8[kHz] ③ 4[kHz] ④ 2[kHz]

5.40. 다음 그림은 T F/F을 이용한 비동기 10진 상향계수기이다. 계수값이 10이 되었을 때, 계수기를 0으로 하기 위해서는 전체 F/F을 clear시켜야 하는데 이렇게 하기 위해 빈 칸에 알맞은 게이트는?

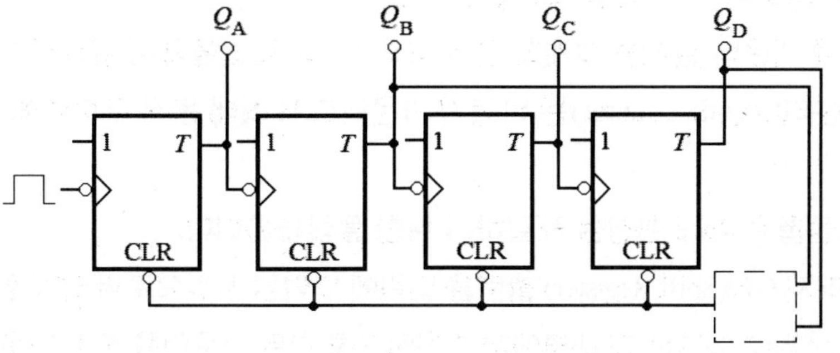

① OR　　② AND　　③ NOR　　④ NAND

5.41. 256[kHz]의 입력 주파수를 가지고, 최대 200개의 생산품을 카운트하기 위한 카운터를 T형 플립플롭으로 종속 접속하고자 한다. 최소 필요한 플립플롭 수와 출력 주파수[kHz]를 순서대로 바르게 나열한 것은?

① 7, 2　　② 7, 4　　③ 8, 1　　④ 8, 2

5.42. 순차논리회로에 대한 설명으로 옳지 않은 것은?

① 15진 리플 카운터 설계를 설계할 경우 최소 4개의 플립플롭이 필요하다.

② 리플 카운터(ripple counter)는 비동기 카운터로서 최대 동작 주파수에 제한을 받지 않는다.

③ Master-Slave 플립플롭은 Race 현상을 해결하기 위한 플립플롭이다.

④ 마스터 슬레이브 JK 플립플롭에서 클럭 펄스가 들어올 때마다 출력 상태가 반전되는 경우는 J=1, K=1일 때이다.

5.43. 최대 100개의 생산품을 카운트하고, 128[kHz]의 입력 주파수를 가진 카운터를 T형 플립플롭으로 종속 접속하고자 한다. 최소 필요한 플립플롭 수는 얼마인가?

① 7　　② 8　　③ 9　　④ 10

5.44. 최대 120개의 생산품을 카운트하고, 256[kHz]의 입력 주파수를 가진 카운터를 D형 플립플롭으로 종속 접속하고자 한다. 출력 주파수[kHz]는 얼마인가?

① 1　　② 2　　③ 3　　④ 4

5.45. 순차논리회로에 대한 설명으로 옳은 것은?

① 15진 리플 카운터 설계를 설계할 경우 최소 4개의 플립플롭이 필요하다.

② 리플 카운터(Ripple counter)는 비동기 카운터로서 최대 동작 주파수에 제한을 받지 않는다.

③ JK 플립플롭은 Race 현상을 해결하기 위한 플립플롭이다.

④ 시프트 레지스터(Shift Register) 출력을 입력에 되먹임 시킴으로써 클럭 펄스가 가해질 때 같은 2진수가 레지스터 내부에서 순환하도록 만든 카운터를 존슨 카운터라 한다.

Chapter 6
기타 논리회로 설계

| 학습목표 |

- 디지털 논리회로의 설계에서 유용하게 사용되는 다양한 회로를 알아본다.
- 동기식 출력회로를 설계하는 방법을 알아본다.
- 한 개의 클럭을 발생하는 회로를 설계하는 방법을 알아본다.
- 메모리 회로 설계 방법을 이해한다.
- 양방향 버스를 VHDL로 설계하는 방법을 이해한다.

| 목차 |

6장. 기타 논리회로 설계

본 장에서는 다른 회로를 설계할 때 사용될 수 있는 몇 가지 회로를 설계한다. 6.1절에서는 클럭을 사용하는 동기식 출력회로에 대한 설계 방법을 학습한다. 6.2절에서는 스텝 클럭(펄스) 발생회로 설계에 대해 학습한다. 푸시버튼 스위치에 의해 입력이 제공될 때 디지털 회로의 처리속도와 버튼을 누르고 있는 속도의 차이 때문에 발생할 수 있는 오동작을 없애기 위해 푸시버튼 스위치를 눌렀을 때 한 개의 스텝 클럭을 발생시키는 예를 학습한다. 6.3절에서는 내용이 변화되지 않는 규칙들을 저장해 놓고 읽어내는 용도로만 사용하는 ROM(read only memory)의 인터페이스 회로 설계 방법을 학습한다. 6.4절에서는 입출력 단자가 양방향 신호일 때 이를 구현하는 방법을 학습한다.

일반적으로 디지털논리회로를 설계할 때 클럭을 사용하는 동기식 회로를 설계하는 것을 권장한다. 비동기식 조합논리회로의 경우 입력이 변할 때마다 출력에 즉시 반영되어 빠른 처리 속도의 장점을 가지지만 각기 다른 게이트의 지연시간으로 인해 원하지 않는 펄스 형태의 글리치(glitch: 각 게이트의 내부 지연시간으로 인해 발생하는 순간적인 펄스 요동 현상)가 발생할 수 있다. 비동기식 논리회로의 출력신호가 카운터의 클럭펄스로 사용되어 글리치가 발생한다면 회로의 오동작을 일으킬 수 있다. 클럭을 사용하는 동기식 논리회로를 설계하면 입력 클럭에 동기가 되어 출력신호가 발생하기 때문에 글리치와 같은 불필요한 신호 제거가 가능하다.

[코드 6.1]은 글리치 현상을 확인하기 위해 동기식 설계와 비동기식 설계의 차이 확인용 코드를 나타낸 것이다. [코드 6.1]에서 두 출력신호는 같은 논리식을 갖지만 한 출력 d2는 클럭의 상승에지에 동기가 되고, 다른 한 출력 d1은 클럭에 동기가 되지 않고 출력된다.

[코드 6.1] 동기식과 비동기식 차이 확인용 VHDL 설계

```
library  ieee;
use  ieee.std_logic_1164.all;
use  ieee.std_logic_unsigned.all;
```

```
use ieee.std_logic_arith.all;

entity ClockSync_vhdl is
        port( clk         : in std_logic;
              a, b, c     : in std_logic;
              d1, d2      : out std_logic );
end ClockSync_vhdl;

architecture ClockSync_design of ClockSync_vhdl is
        signal x1, x2, x3                 : std_logic;
        signal y1, y2, y3                 : std_logic;
begin
        x1 <= a and b;
        x2 <= a xor x1;
        x3 <= x2 or c;
        d1 <= x3;

        process(clk, y3)
        begin
                if rising_edge(clk) then
                        y1 <= a and b;
                        y2 <= a xor y1;
                        y3 <= y2 or c;
                end if;
                d2 <= y3;
        end process;
end ClockSync_design;
```

[시뮬레이션 결과]

글리치 현상을 확인하기 위해 시뮬레이션 모드를 "Timing"으로 한다. [그림 6.1]의 시뮬레이션 결과에서 두 출력신호는 같은 논리식을 갖지만 클럭의 상승에지에 동기가 된 d2와 클럭에 동기가 되지 않은 d1을 동시에 나타낸다. 약 330ns 지점에서 d1 출력에 매우 작은 폭의 펄스가 발생하는 것을 확인할 수 있다. 동기가 되어 출력되는 d2에는 이러한 글리치가 발생하지 않지만 클럭의 상승에지에서 동기가 되어 출력되기 때문에 비동기 출력 d1보다 늦게 출력이 된다. 이와 같은 동기식 회로는 순차논리회로에서 Mealy 모델과 같이 입력값이 변경될 때마다 출력이 함께 변경되는 비동기 출력을 할 때 사용 가능하다. 다양한 회로에서 신호들은 동기식으로 동작할 필요가 있으며, 출력도 일정한 클럭의 에지에서만 변경되도록 하는 것이 필요하기 때문에 많은 Mealy 모델의 순차논리회로에서 출력을 동기식으로 구성하고, 출력값이 플립플롭에 저장되도록 설계한다.

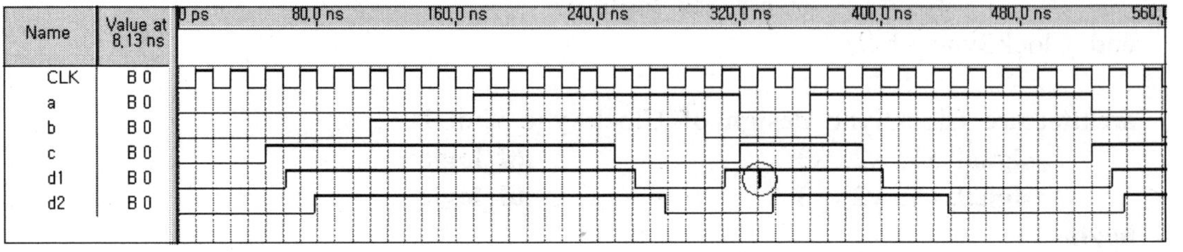

[그림 6.1] 클럭을 사용하는 회로의 시뮬레이션 결과

6.1. 스텝 클럭(펄스) 발생회로 설계

본 절에서는 스위치를 누르는 시간에 관계없이 하나의 클럭만을 발생시키는 회로 설계에 대해 학습한다. 고속 디지털 회로에서 스위치 입력을 스텝 클럭 또는 펄스로 사용할 때 신호 처리 속도가 스위치를 누르는 시간보다 상대적으로 매우 짧기 때문에 한 번 스위치 입력을 받아서 입력을 처리할 때까지 계속해서 눌린 상태일 수가 있다. 이런 경우 스위치를 길게 누르더라도 한 클럭만큼의 신호만 발생시키는 회로를 적용한다면 이러한 시간차 문제를 피할 수 있다. 한 클럭만큼 발생한 신호를 입력으로 받고 다시 한 번 스위치를 누르면 서로 다른 스텝 클럭이 발생한다. [그림 6.2]는 이러한 상황을 고려한 스텝 클럭 발생회로의 상태도를 나타낸 것이다. [그림 6.2]에서 초기 상태는 S0이며, 출력은 '0'이다. 입력은 step_switch이고 출력은 step_clock_out으로 설정한다. 즉 1/1은 클럭의 상승에지(또는 하강에지)에서 스위치를 누른 상태(입력 = '1')이면 S1 상태로 천이하면서 '1'을 출력한다는 것을 의미한다. 다음 클럭에서도 스위치를 누른 상태이면 계속해서 S1 상태를 유지하지만 출력은 '0'으로 된다. 결과적으로 한 스텝 클럭만큼만 '1'을 출력한다. S1 상태에서 스위치를 개방하면 입력은 '0'이 되고, 초기상태 S0으로 천이를 하며, 출력은 '0'을 유지한다.

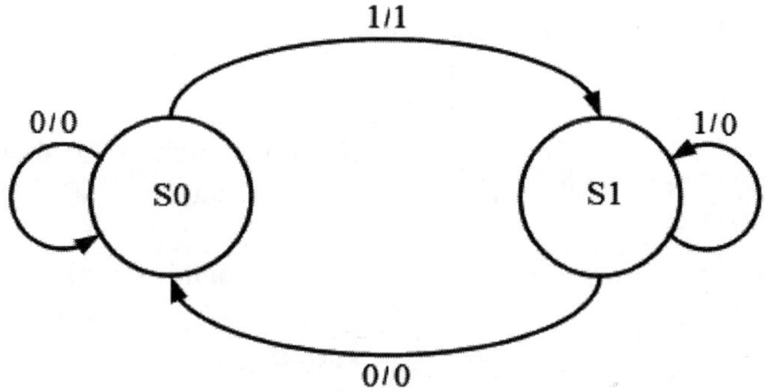

[그림 6.2] 스텝 클럭 발생회로의 상태도

[실습 6.1] VHDL을 이용해서 스텝 클럭 발생회로를 구현하시오.

① 소스코드

[코드 6.2]는 [그림 6.2]의 상태를 VHDL로 설계한 것이다.

[코드 6.2] **스텝 클럭 발생회로의 VHDL 설계**

```
library  ieee;
use  ieee.std_logic_1164.all;
use  ieee.std_logic_unsigned.all;
use  ieee.std_logic_arith.all;

entity  StepClock_vhdl  is
        port(  nreset                : in     std_logic;
               clk                   : in     std_logic;
               step_switch           : in     std_logic;
               step_clock_out        : out    std_logic  );        -- clock  out
end  StepClock_vhdl;

architecture  StepClock_design  of  StepClock_vhdl  is
        type  state_type  is  (s0,  s1);
        signal  state         : state_type;
begin
        process(nreset,  clk)
        begin
                if  nreset  =  '0'  then
                        state  <=  s0;
                elsif  rising_edge(clk)  then
                        case  state  is
                                when  s0  =>
                                        if  step_switch  =  '0'  then
                                                state  <=  s0;
                                        else
                                                state  <=  s1;
                                                step_clock_out  <=  '1';
                                        end  if;
                                when  s1  =>
                                        if  step_switch  =  '0'  then
                                                state  <=  s0;
                                                step_clock_out  <=  '0';
                                        else
                                                state  <=  s1;
                                                step_clock_out  <=  '0';
                                        end  if;
```

```
                end case;
            end if;
        end process;
end StepClock_design;
```

② 디바이스 핀 할당과 실행

FPGA 키트에 실행하기 위해 핀 번호를 할당한다. [그림 6.3]의 시뮬레이션 결과를 참고하여 reset에 핀을 할당한다. [표 6.1]은 입출력에 할당된 장치의 종류와 핀 번호를 나타낸다([그림 A.1], [표 A.1], [그림 A.2(e)], [그림 A.2(g)], [그림 A.2(i)], [그림 A.2(j)] 참고). 그림에서 출력은 3번 발생했다. 세 번째 클럭 출력은 560ns 지점의 입력 클럭의 상승에지에서 스텝 스위치가 '1'을 출력한다. 다음 630ns이 입력 클럭의 상승에지에서 입력 스위치가 '1'을 유지하지만 출력 클럭은 '0'으로 변경된다. 결과적으로 한 클럭의 출력을 발생시키게 된다.

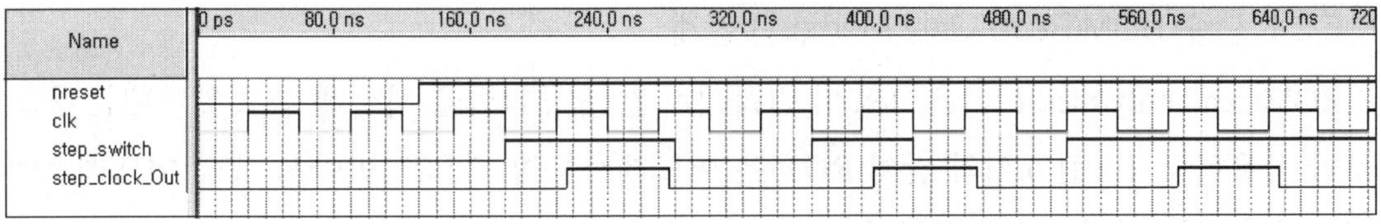

[그림 6.3] 스텝 클럭 발생회로의 시뮬레이션 결과

[표 6.1] 신호 이름과 할당된 입출력 장치

신호 이름	입출력	장치 종류	핀 할당
nreset	입력	모드 스위치	M2
clk	입력	푸시버튼 스위치	A3
step_switch	입력	슬라이드 스위치	P21
step_clock_out	출력	LED	B3

③ 실행결과 확인

[그림 6.3]을 바탕으로 클럭 입력에 푸시버튼 스위치를 할당해서 클럭 대신에 사용하여 동작을 확인한다.

6.2. 메모리 회로(Memory) 설계

본 절에서는 VHDL 설계 시 필수적으로 사용되는 메모리 및 이의 사용 방법에 대해서 이해를 도모한다. VHDL의 경우 간단한 수식조차 논리합성이 안 되는 경우가 많기 때문에 ROM의 경우 수학적인 연산 결과들을 저장해서 입력값에 대한 출력을 제공하는 용도로 널리 사용된다. RAM의 경우 FIFO, STACK, buffer 등 다양한 용도로 사용되고 있다. 본 절에서는 이러한 메모리를 설계할 수 있는 능력과 필요 시 메가 셀 들을 생성해서 사용할 수 있는 능력을 습득한다. SDRAM의 경우 고성능 프로세서의 주 메모리로 많이 사용되고 있고 디지털 TV를 포함하여 다양한 영상 인터페이스 및 디스플레이 장치의 영상 저장용 메모리로 많이 사용되고 있으므로 활용도가 매우 높은 메모리이다. 따라서 이러한 SDRAM의 제어 방식을 이해하고 SDRAM에 데이터를 읽고 쓰는 로직을 직접 설계함으로써 하드웨어 구현을 위한 VHDL 언어의 강력함을 이해할 수 있게 한다.

6.2.1. 단순 ROM(Read Only Memory) 설계

ROM(read only memory)은 내용이 변화되지 않는 규칙들을 저장해 놓고 읽어내는 용도로만 사용한다. [그림 6.4]와 같이 ROM은 어드레스를 입력으로 받아서 해당 어드레스에 저장되어 있는 데이터를 출력한다.

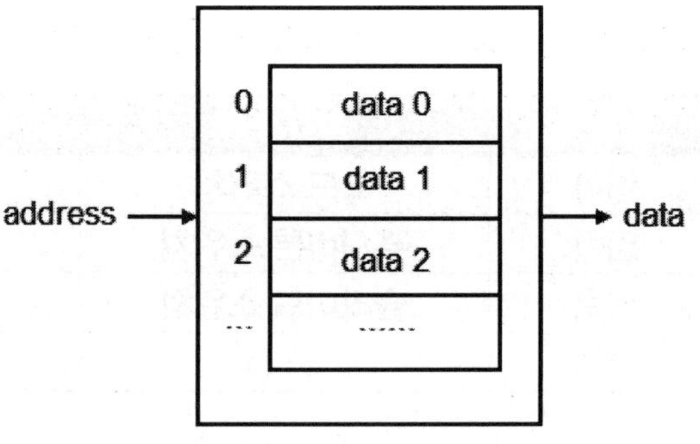

[그림 6.4] ROM 블록도

[VHDL 설계]

[코드 6.3]은 [그림 6.4]를 VHDL로 설계한 것이다.

[코드 6.3] 단순 ROM의 VHDL 설계

```
library ieee;
use ieee.std_logic_1164.all;
use ieee.std_logic_arith.all;
use ieee.std_logic_unsigned.all;

entity simple_rom_vhdl is
  port( addr : in std_logic_vector(2 downto 0);
        data : out std_logic_vector(7 downto 0) );
end simple_rom_vhdl;

architecture rom_design of simple_rom_vhdl is
        subtype rom_word is std_logic_vector(7 downto 0);
        type rom_table is array (0 to 7) of rom_word;
constant simple_rom : rom_table :=
                ( "00000001", "00000010", "00000100", "00001000",
                  "00010000", "00100000", "01000000", "10000000");
begin
        read : process (addr)
                variable read_addr : integer range 0 to 7;
        begin
                read_addr := conv_integer(addr);
                data <= simple_rom(read_addr);
        end process read;
end rom_design;
```

[기 정의된 데이터 형]

① 배열(array)

동일한 형 객체들의 집합체를 배열(array)이라 한다. 이러한 배열에는 [그림 6.5]와 같이 스칼라, 1차원(1D), 2차원(2D) 및 1차×1차(1D×1D)가 있다. 이보다 고차원의 배열도 가능하지만 일반적으로 합성이 불가능하다.

(데이터 배열 구성 예): scalar와 vector의 차이

- scalar: 단일 비트

  bit, std_logic, std_ulogic, boolean

- vector: 비트로 이루어진 1차원 배열
  bit_vector, std_logic_vector, std_ulogic_vector, integer, signed, unsigned

■ 새로운 배열 형 정의 및 사용을 위한 구문

[그림 6.5]에서 보는 바와 같은 기 정의된 2D나 1D×1D 배열은 없으므로 필요할 때 이를 명시해 주어야 하며, 이렇게 하기 위해 새로운 type이 먼저 정의되어야 하고, 그런 다음에 이 데이터 형을 사용하여 새로운 signal, constant, variable 등으로 선언하여 사용 가능할 수 있다. 초기값은 선택사항(시뮬레이션용으로만 사용 가능, 합성 불가)이다. 일반적인 형식은 다음과 같다.

```
type type_name is array (사양) of data_type;
```

```
signal signal_name : type_name [:= 초기값];
```

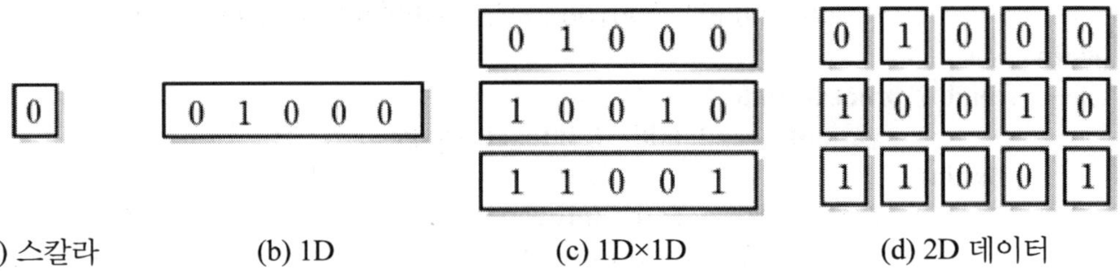

[그림 6.5] 배열(array)의 예

(사용 예)

- 1D×1D 배열
  type row signal (7 downto 0) of std_logic; -- 1D 배열
  type matrix signal (0 to 3) of row; -- 1D×1D 배열
  signal x : matrix; -- 1D×1D 신호
- 1D×1D 배열
  unsignedtype matrix is array (0 to 3) of std_logic_vector(7 downto 0);
- 2D 배열
  type matrix2D is array (0 to 3, 7 downto 0) of std_logic; -- 2D 배열

• 배열의 초기화

```
... := "0001";                                  -- 1D 배열에 대해
... := ('0','0','0','1');                       -- 1D 배열에 대해
... := (('0','1','1','1'), ('1','1','1','0'));  -- 1D×1D 또는 2D 배열에 대해
```

• 올바른 배열 할당과 잘못된 배열 할당

```
type row is array (7 downto 0) of std_logic;                     -- 1D 배열
type array1 is array (0 to 3) of row;                            -- 1D×1D 배열
type array2 is array (0 to 3) of std_logic_vector(7 downto 0);   -- 1D×1D 배열
type array3 is array (0 to 3, 7 downto 0) of std_logic;          -- 2D 배열
   signal x : row; signal y : array1; signal v : array2; signal w : array3;

<올바른 스칼라 할당: "기준(스칼라)" 형이 std_logic이기 때문>
   x(0) <= y(1)(2);        -- 두 쌍의 괄호에 주목(y는 1D×1D)
   x(1) <= v(2)(3);        -- 두 쌍의 괄호에 주목(v는 1D×1D)
   x(2) <= w(2,1);         -- 한 쌍의 괄호에 주목(w는 2D)
   y(1)(1) <= x(6); y(2)(0) <= v(0)(0); y(0)(0) <= w(3,3); w(1,1) <= x(7);
   w(3,0) <= v(0)(3);

<벡터 할당>
   x <= y(0);                 -- 올바름(같은 데이터 형: row)
   x <= v(1);                 -- 잘못(형 불일치: row × std_logic_vector)
   x <= w(2);                 -- 잘못(w는 2D 색인을 가져야 한다.)
   x <= w(2, 2 downto 0);     -- 잘못(형 불일치: row × std_logic)
   v(0) <= w(2, 2 downto 0);  -- 잘못(형 불일치: std_logic_vector × std_logic)
   v(0) <= w(2);              -- 잘못(w는 2D 색인을 가져야 한다.)
   y(1) <= v(3);              -- 잘못(형 불일치: row × std_logic_vector)
   y(1)(7 downto 3) <= x(4 downto 0);       -- 올바름(같은 형, 같은 크기)
   v(1)(7 downto 3) <= v(2)(4 downto 0);    -- 올바름(같은 형, 같은 크기)
   w(1, 5 downto 1) <= v(2)(4 downto 0);    -- 잘못(형 불일치)
```

■ 포트 배열

포트 배열은 사용자 정의 데이터 형을 패키지 내에 선언하여 사용하는 경우 패키지 내에 선언해 두면 전체 모든 설계가 공통적으로 사용 가능하다.

(패키지에서의 선언 예)

(예 1)

```
package my_data_types is
type vector_array is array (natural range < >) of std_logic_vector(7 downto 0);
end my_data_types;
```

(예 2)

```
package my_data_types is constant b: integer := 7;
type vector_array is array (natural range < >) of std_logic_vector(b downto 0);
end my_data_types;
```

(main code에서 port 배열에 사용하는 예)

```
library ieee;
use ieee.std_logic_1164.all;
use work.my_data_types.all;            -- 사용자 정의 패키지

entity mux_vhdl is
     port (inp : in vector_array (0 to 3);
               …);
end mux_vhdl;
               …
```

② 레코드(record)

배열은 동일한 데이터 형의 객체들의 집합체을 의미하고, 레코드는 서로 다른 형의 객체들을 포함한다.

(레코드 형 선언 예)

```
type birthday is record
      day : integer range 1 to 31;
      month : month_name
end record;
```

(std_logic_vector 데이터 형에 대한 올바른 연산과 잘못된 연산 예)

```
library ieee;
use ieee.std_logic_1164.all;       -- 별도의 패키지 불필요
      ...
      signal a : in std_logic_vector (7 downto 0);
      signal b : in std_logic_vector (7 downto 0);
      signal c : in std_logic_vector (7 downto 0);
      ...
      v <= a + b;                  -- 잘못(산술 연산 안 됨)
      w <= a and b;                -- 올바름(논리 연산 됨)
```

(std_logic_vector 형의 데이터에 대한 직접 산술 연산을 가능하게 하는 방법 예)

```
library ieee;
use ieee.std_logic_1164.all;
use ieee.std_logic_unsigned.all;          -- 별도의 패키지로 포함
      ...
      signal a : in std_logic_vector (7 downto 0);
      signal b : in std_logic_vector (7 downto 0);
      signal x : out std_logic_vector (7 downto 0);
      ...
      v <= a + b;                  -- 올바름(논리 연산 됨)
      w <= a and b;                -- 올바름(논리 연산 됨)
```

[시뮬레이션 결과]

[그림 6.5]는 단순 ROM의 시뮬레이션 결과를 나타낸 것이다. 각 입력(n: 주소)에 대해 데이터 2^n으로 출력됨을 확인할 수 있다.

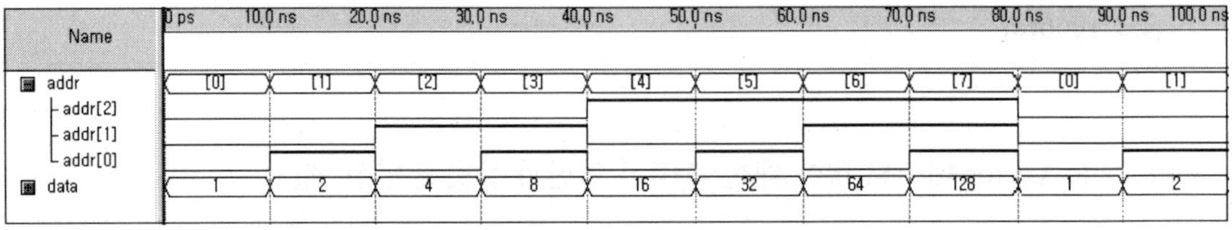

[그림 6.5] 단순 ROM의 시뮬레이션 결과

6.2.2. 단순 RAM(Random Access Memory) 설계

RAM(random access memory)은 [그림 6.7]과 같이 어드레스, write_enable 신호, 입력 데이터 및 클럭을 입력으로 받아서 해당 어드레스에 저장되어 있는 데이터를 출력한다.

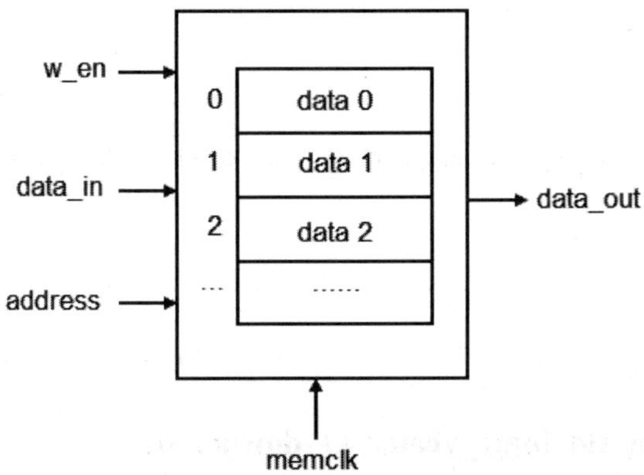

[그림 6.7] RAM 블록도

[실습 6.2] VHDL을 이용해서 단순 RAM을 구현하시오.

① 소스코드

[코드 6.4]는 [그림 6.6]을 VHDL로 설계한 것이다.

[코드 6.4] 단순 RAM의 VHDL 설계

```
library  ieee;
use  ieee.std_logic_1164.all;
```

```
use ieee.std_logic_arith.all;
use ieee.std_logic_unsigned.all;

entity simpleRAM_vhdl is
	generic( addr_bits : integer := 4;
		data_bits : integer := 8);
	port( w_en      : in std_logic;
	      addr      : in std_logic_vector(addr_bits-1 downto 0);
	      data_in   : in std_logic_vector(data_bits-1 downto 0);
	      data_out  : out std_logic_vector(data_bits-1 downto 0);
	      memclk    : in std_logic );
end simpleRAM_vhdl;

architecture RAM_design of simpleRAM_vhdl is
	subtype ram_word is std_logic_vector(data_bits-1 downto 0);
	type ram_memory is array(0 to 2**addr_bits-1) of ram_word;
	signal simple_ram : ram_memory;
begin
	 mem_write: process (memclk)
		variable write_addr : integer range 0 to 2**addr_bits-1;
begin
		if memclk = '1' and memclk'event then
			if w_en = '1' then
				write_addr := conv_integer(addr);
				simple_ram(write_addr) <= data_in;
			end if;
		end if;
	end process;
	mem_read: process (addr)
		variable read_addr : integer range 0 to 2**addr_bits-1;
	begin
		read_addr := conv_integer(addr);
		data_out <= simple_ram(read_addr);
	end process;
end RAM_design;
```

[시뮬레이션 결과]

[그림 6.8]은 단순 RAM의 시뮬레이션 결과를 나타낸 것이다. “Timing mode”에서 시뮬레이션을 수행한다. w_en = '1'일 때 메모리 주소를 쓰게 되고, w_en이 하강에지에서

w_en = '0'으로 되더라도 저장된 데이터를 쓰지 않고 다음 상승에지부터 저장된 데이터를 쓴다.

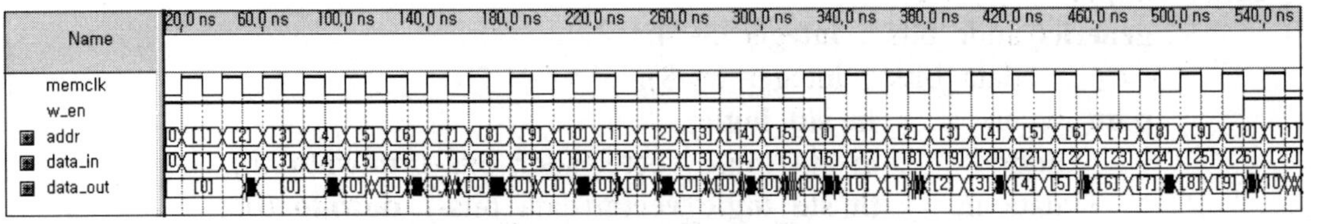

[그림 6.8] 단순 RAM의 시뮬레이션 결과

② 디바이스 핀 할당과 실행

FPGA 키트에 실행하기 위해 핀 번호를 할당한다. "Timing mode"에서 시뮬레이션을 수행한다. w_en = '1'일 때 메모리 주소를 쓰게 되고, w_en이 하강에지에서 w_en = '0'으로 되더라도 저장된 데이터를 쓰지 않고 다음 상승에지부터 저장된 데이터를 쓰도록 구현한다.

6.3. 주차 시스템(Car Parking System) 설계

본 절에서는 상태도를 이용해서 VHDL로 주차 시스템을 설계한다. [그림 6.9]는 설계할 주차 시스템(car parking system)의 개념도를 나타낸 것이다. 이러한 시스템은 주차 시스템의 문으로 접근하는 차량을 검지하기 위한 전방 센서와 문을 통과하여 주차장 안으로 진입하는 차량을 검지하기 위한 후방 센서로 구성되어 있다.

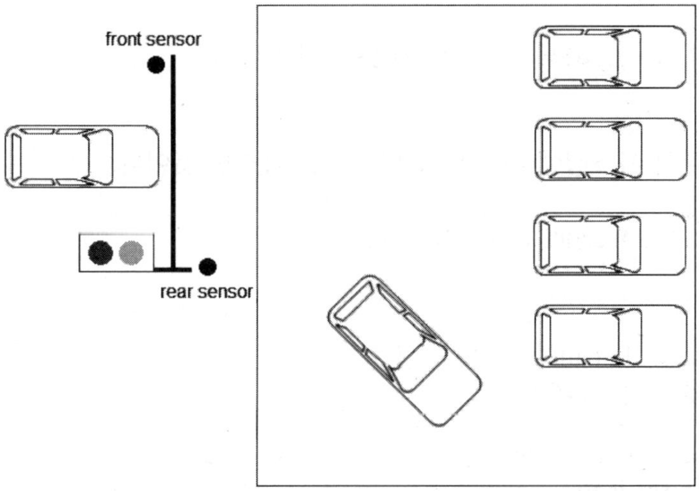

[그림 6.9] 주차 시스템

이러한 주차 시스템은 [그림 6.10]에 나타낸 상태도의 제어 하에 동작한다. 초기에 상태도는 *idle* 상태에 있다. 만약 전방 센서에 의해 검지된 진입 차량이 있을 경우, 상태도는 4 사이클 동안 *wait_password* 상태로 전환된다. 진입 차량은 이러한 상태에서 암호(password)를 입력한다. 만약 암호가 정확할 경우, 주차시스템 안으로 그 차량이 진입하도록 문이 열리고, 녹색 led가 점등한다. 그렇지 않으면 상태도가 *wrong_pass* 상태로 전환되고, 적색 led가 점등한다. 이러한 시스템은 차량의 암호가 맞을 때까지 암호를 넣도록 설계한다. 이러한 차량이 후방 센서에 의해 검지되어 주차 시스템 안으로 진입하고, 진입하려는 다음 차가 있을 때, 상태도는 *stop* 상태로 전환되며, 다음 차량이 멈추고 암호를 넣도록 하기 위해 적색 led가 점등된다. 다음 차량이 문을 통과하여 주차 시스템 안으로 진입한 후에 상태도는 *idle* 상태로 전환된다.

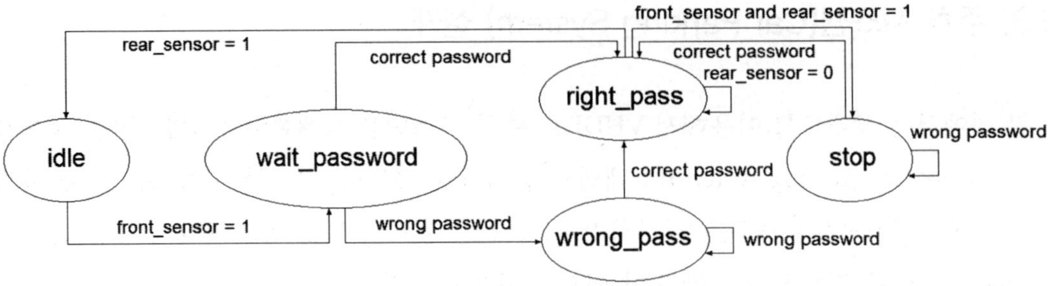

[그림 6.10] 주차 시스템의 상태도

[실습 6.3] VHDL을 이용해서 주차 시스템을 구현하시오.

① 소스코드

[코드 6.5]는 주차 시스템에 대한 VHDL 코드를 나타낸 것이다.

[코드 6.5] 주차 시스템에 대한 VHDL 설계

```
library ieee;
use ieee.std_logic_1164.all;
use ieee.std_logic_unsigned.all;

entity CarParkingSystem_vhdl is
 port(clk, rst : in std_logic;
      front_sensor, rear_sensor : in std_logic;
      pw1, pw2 : in std_logic_vector(1 downto 0);
      green_led, red_led : out std_logic;
      hex1, hex2: out std_logic_vector(6 downto 0));
end CarParkingSystem_vhdl;

architecture CarParkingSystem_design of CarParkingSystem_vhdl is

type fsm_states is (idle, wait_password, wrong_pass, right_pass, stop);
 signal current_state, next_state : fsm_states;
 signal counter_wait: std_logic_vector(31 downto 0);
 signal red_tmp, green_tmp: std_logic;

begin

process(clk, rst)
 begin
  if (rst = '0') then current_state <= idle;
  elsif (rising_edge(clk)) then
```

```
      current_state <= next_state;
    end if;
  end process;

  process(current_state, front_sensor, rear_sensor, pw1, pw2, counter_wait)
   begin
    case current_state is
     when idle =>
      if (front_sensor = '1') then
      next_state <= wait_password;
      else
      next_state <= idle;
      end if;
     when wait_password =>
      if (counter_wait <= x"00000003") then
      next_state <= wait_password;
      else
       if ((pw1 = "01") and (pw2 = "10")) then
       next_state <= right_pass;
       else
       next_state <= wrong_pass;

       end if;
      end if;
     when wrong_pass =>
      if ((pw1 = "01") and (pw2 = "10")) then
      next_state <= right_pass;
      else
      next_state <= wrong_pass;
      end if;
     when right_pass =>
      if (front_sensor = '1' and rear_sensor = '1') then
      next_state <= stop;

      elsif (rear_sensor = '1') then

      next_state <= idle;
      else
      next_state <= right_pass;
      end if;
     when stop =>
      if ((pw1 = "01") and (pw2 = "10")) then

      next_state <= right_pass;
      else
```

```
      next_state <= stop;
      end if;
     when others => next_state <= idle;
    end case;
  end process;

 process(clk, rst)
  begin
   if (rst = '0') then
    counter_wait <= (others => '0');
   elsif (rising_edge(clk)) then
    if(current_state = wait_password) then
     counter_wait <= counter_wait + x"00000001";
    else
     counter_wait <= (others => '0');
    end if;
   end if;
  end process;

  process(clk)
  begin
   if (rising_edge(clk)) then
    case(current_state) is
     when idle =>
       green_tmp <= '0'; red_tmp <= '0';
       hex1 <= "0000000"; hex2 <= "0000000";
     when wait_password =>
       green_tmp <= '0'; red_tmp <= '1';
           hex1 <= "1001111";
       hex2 <= "0010101";
     when wrong_pass =>
       green_tmp <= '0';
       red_tmp <= not red_tmp;
       hex1 <= "1001111"; hex2 <= "1001111";
     when right_pass =>
       green_tmp <= not green_tmp;
       red_tmp <= '0';
       hex1 <= "1011111";
       hex2 <= "1111110";
     when stop =>
       green_tmp <= '0';
       red_tmp <= not red_tmp;
       hex1 <= "1011011";
       hex2 <= "1100111";
```

```
    when others =>
      green_tmp <= '0'; red_tmp <= '0'; hex1 <= "0000000"; hex2 <= "0000000";
    end case;
   end if;
 end process;
  red_led <= red_tmp  ;
  green_led <= green_tmp;
end CarParkingSystem_design;
```

② 디바이스 핀 할당과 실행

FPGA 키트에 실행하기 위해 핀 번호를 할당한다. [표 6.2]는 입출력에 할당된 장치의 종류와 핀 번호를 나타낸다([그림 A.1], [표 A.1], [그림 A.2(e)], [그림 A.2(g)], [그림 A.2(i)], [그림 A.2(j)] 참고).

[표 6.2] 신호 이름과 할당된 입출력 장치

신호 이름	입출력	장치 종류	핀 할당
clk	입력	푸시버튼 스위치	A3
rst	입력	모드 스위치	M4
front_sensor	입력	슬라이드 스위치	P21
rear_sensor	입력	슬라이드 스위치	N21
pw1[1]	입력	슬라이드 스위치	L21
pw1[0]	입력	슬라이드 스위치	M21
pw2[1]	입력	슬라이드 스위치	J21
pw2[0]	입력	슬라이드 스위치	K21
red_led	출력	LED	B13
green_led	출력	LED	B3
hex1[6]~[0]	출력	LED	B10~B4
hex2[6]~[0]	출력	LED	B20~B14

③ 실행결과 확인

녹색 led와 적색 led의 깜박임 주기를 변경시켜 변화를 확인한다. 또한 암호에 대한 대기 주기를 변경시켜 변화를 확인한다.

6.4. 양방향 버스 회로(Bi-Directional Bus Circuit) 설계

지금까지 언급된 모든 예들은 design entity에서 포트가 입력 또는 출력으로만 선언되었지만 메모리에서 데이터를 입출력하는 설계에서는 같은 포트에서 양방향으로 데이터를 주고받을 수 있어야 한다.

[VHDL 설계]

[코드 6.6]은 양방향 버스 회로(Bi-Directional Bus Circuit)의 예로서 제어 신호에 따라 입력 또는 출력으로 동작하게 하는 방법을 나타낸다.

[코드 분석]

[코드 6.6]에서 io1은 양방향 신호로 선언되었으며, 제어 신호(ctrl)가 '1'이면 출력으로 동작하고, '0'이면 입력으로 동작한다. 입출력 동작을 테스트하기 위해 별도의 입력과 출력을 선언하였으며, 입력값을 임시로 저장해 두는 signal outbuf를 선언하였다.

[코드 6.6] 양방향 버스 회로의 VHDL 설계

```
library  ieee;
use  ieee.std_logic_1164.all;

entity  bidirBus_vhdl  is
        port( io1          : inout  std_logic;
              input        : in  std_logic;
              output       : out  std_logic;
              ctrl         : in  std_logic  );
end  bidirBus_vhdl;

architecture  bidirBus_design  of  bidirBus_vhdl  is
        signal  outbuf  :  std_logic;
begin
        process(input,  ctrl,  outbuf,  io1)
        begin
                outbuf  <=  input;
                if  ctrl  =  '1'  then                    -- output
                        io1  <=  outbuf;
```

```
                else                                        -- input
                        io1 <= 'Z';
                        output <= io1;
                end if;
        end process;
end bidirBus_design;
```

input 신호로 입력되는 값을 항상 저장하고 있다. 양방향 신호 io1이 출력으로 동작(ctrl = '1')할 때는 outbuf를 io1에 출력시키므로 input으로 입력되는 값을 출력시키게 된다. 양방향 신호 io1이 입력으로 동작(ctrl = '0')할 때는 io1에 'Z'를 출력시켜 high impedance 상태를 갖게 함으로써 입력을 받을 수 있게 한다. 동시에 io1에 입력되는 값을 output에 출력한다.

[시뮬레이션 결과]

[그림 6.11]은 양방향 버스 회로의 시뮬레이션 결과를 나타낸 것이다. “Timing mode”에서 시뮬레이션을 수행한다. [그림 6.11]로부터 알 수 있듯이 양방향으로 동작하는 것을 확인할 수 있다. io1은 0~210ns까지 출력으로 동작하며, 그 이후로는 입력으로 동작한다. 시뮬레이션을 할 때 출력으로 동작하게 하기 위해서는 io1에 'Z(high impedance)'를 입력해야 하며, 출력 결과는 io1~result에 나타난다. 시뮬레이션 결과에서 io1이 출력으로 동작할 때 입력 input에 주어지는 입력 파형과 동일하게 출력되는 것을 확인할 수 있다. 입력으로 동작하기 위해서 io1에 입력값을 주고 시뮬레이션하면 출력 output에 io1과 같은 파형이 출력되는 것을 확인할 수 있다.

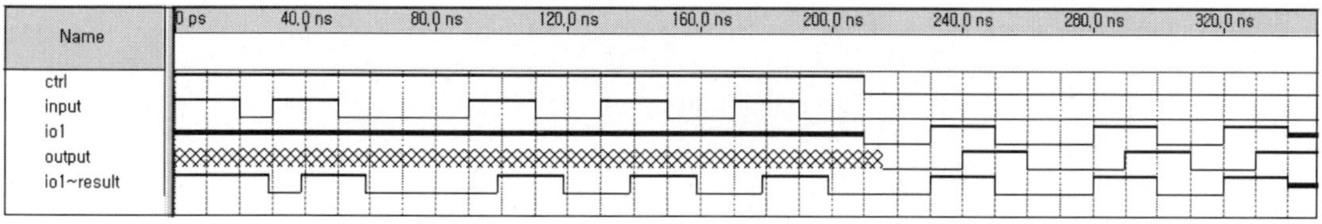

[그림 6.11] 양방향 버스 회로의 시뮬레이션 결과

Appendix

| 목차 |

A.1. FPGA 키트 핀 연결 회로도

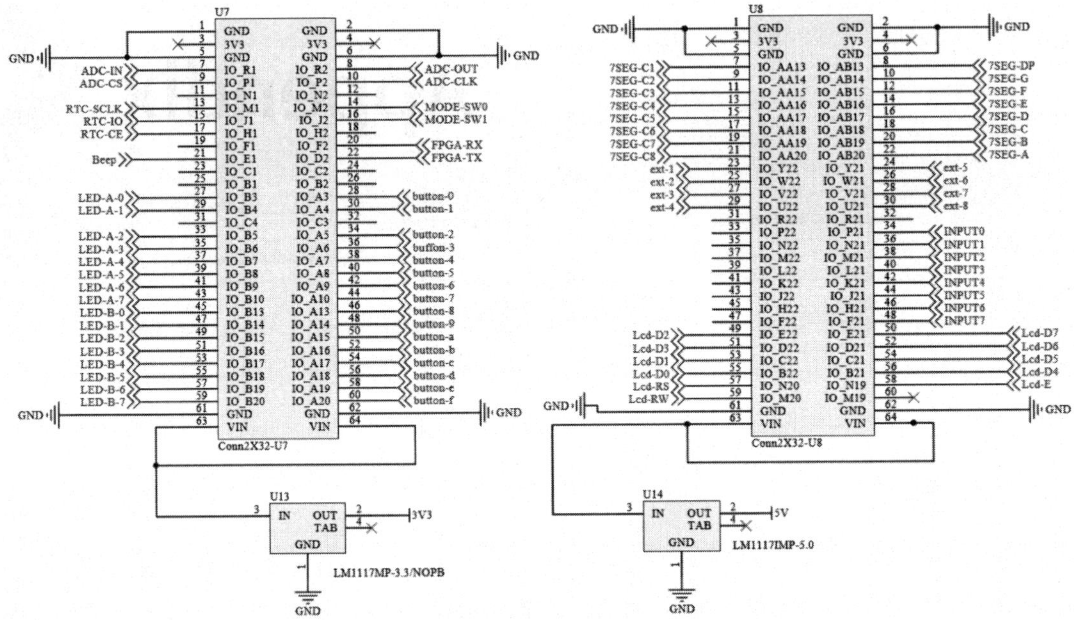

[그림 A.1] FPGA 키트 핀 연결 회로도

[표 A.1] 핀 맵(U7)

핀 번호	핀 이름	IO 회로 핀 이름	핀 번호	핀 이름	IO 회로 핀 이름
1	GND	GND	33	IO_B5	LED-A-2
2	GND	GND	34	IO_A5	button-2
3	3V3	3V3	35	IO_B6	LED-A-3
4	3V3	3V3	36	IO_A6	button-3
5	GND	GND	37	IO_B7	LED-A-4
6	GND	GND	38	IO_A7	button-4
7	IO_R1	ADC-IN	39	IO_B8	LED-A-5
8	IO_R2	ADC-OUT	40	IO_A8	button-5
9	IO_P1	ADC-CS	41	IO_B9	LED-A-6
10	IO_P2	ADC-CLK	42	IO_A9	button-6
11	IO_N1	oc	43	IO_B10	LED-A-7
12	IO_N2	oc	44	IO_A10	button-7
13	IO_M1	RTC-SCLK	45	IO_B13	LED-B-0
14	IO_M2	MODE-SW0	46	IO_A13	button-8
15	IO_J1	RTC-IO	47	IO_B14	LED-B-1
16	IO_J2	MODE-SW1	48	IO_A14	button-9
17	IO_H1	RTC-CE	49	IO_B15	LED-B-2
18	IO_H2	oc	50	IO_A15	button-a
19	IO_F1	oc	51	IO_B16	LED-B-3
20	IO_F2	FPGA-RX	52	IO_A16	button-b
21	IO_E1	Beep	53	IO_B17	LED-B-4
22	IO_E2	FPGA-TX	54	IO_A17	button-c
23	IO_C1	oc	55	IO_B18	LED-B-5
24	IO_C2	oc	56	IO_A18	button-d
25	IO_B1	oc	57	IO_B19	LED-B-6
26	IO_B2	oc	58	IO_A19	button-e
27	IO_B3	LED-A-0	59	IO_B20	LED-B-7
28	IO_A3	button-0	60	IO_A20	button-f
29	IO_B4	LED-A-1	61	GND	GND
30	IO_A4	button-1	62	GND	GND
31	IO_C4	oc	63	VIN	VIN
32	IO_C3	oc	64	VIN	VIN

[표 A.1] 핀 맵(U8)

핀 번호	핀 이름	IO 회로 핀 이름	핀 번호	핀 이름	IO 회로 핀 이름
1	GND	GND	33	IO_P22	oc
2	GND	GND	34	IO_P21	INPUT0
3	3V3	3V3	35	IO_N22	oc
4	3V3	3V3	36	IO_N21	INPUT1
5	GND	GND	37	IO_M22	oc
6	GND	GND	38	IO_M21	INPUT2
7	IO_AA13	7SEG-C1	39	IO_L22	oc
8	IO_AB13	7SEG-DP	40	IO_L21	INPUT3
9	IO_AA14	7SEG-C2	41	IO_K22	oc
10	IO_AB14	7SEG-G	42	IO_K21	INPUT4
11	IO_AA15	7SEG-C3	43	IO_J22	oc
12	IO_AB15	7SEG-F	44	IO_J21	INPUT5
13	IO_AA16	7SEG-C4	45	IO_H22	oc
14	IO_AB16	7SEG-E	46	IO_H21	INPUT6
15	IO_AA17	7SEG-C5	47	IO_F22	oc
16	IO_AB17	7SEG-D	48	IO_F21	INPUT7
17	IO_AA18	7SEG-C6	49	IO_E22	Lcd-D2
18	IO_AB18	7SEG-C	50	IO_E21	Lcd-D7
19	IO_AA19	7SEG-C7	51	IO_D22	Lcd-D3
20	IO_AB19	7SEG-B	52	IO_D21	Lcd-D6
21	IO_AA20	7SEG-C8	53	IO_C22	Lcd-D1
22	IO_AB20	7SEG-A	54	IO_C21	Lcd-D5
23	IO_Y22	ext-1	55	IO_B22	Lcd-D0
24	IO_Y21	ext-5	56	IO_B21	Lcd-D4
25	IO_W22	ext-2	57	IO_N20	Lcd-RS
26	IO_W21	ext-6	58	IO_N19	Lcd-E
27	IO_V22	ext-3	59	IO_M20	Lcd-RW
28	IO_V21	ext-7	60	IO_M19	oc
29	IO_U22	ext-4	61	GND	GND
30	IO_U21	ext-8	62	GND	GND
31	IO_R22	oc	63	VIN	VIN
32	IO_R21	oc	64	VIN	VIN

A.2. 키트 세부 회로도

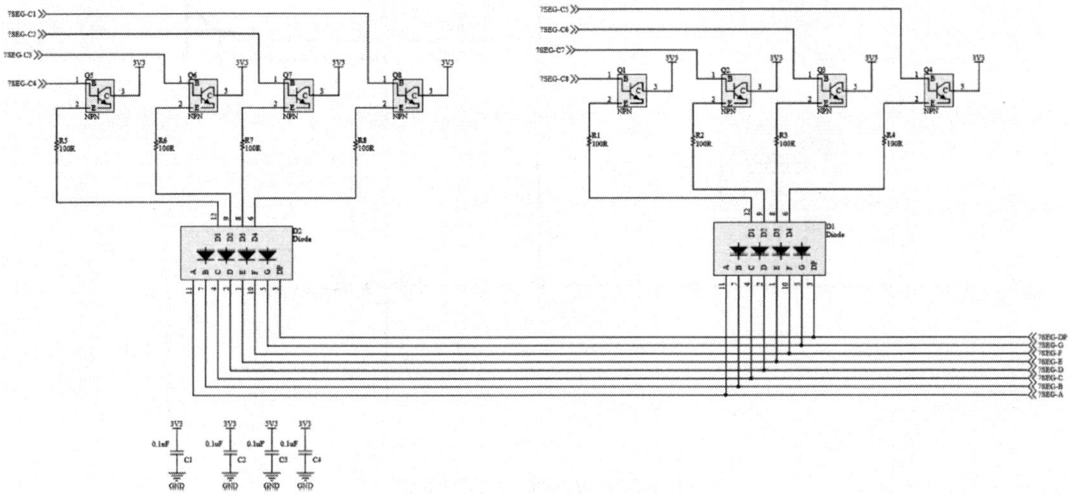

[그림 A.2(a)] 7-세그먼트 회로도

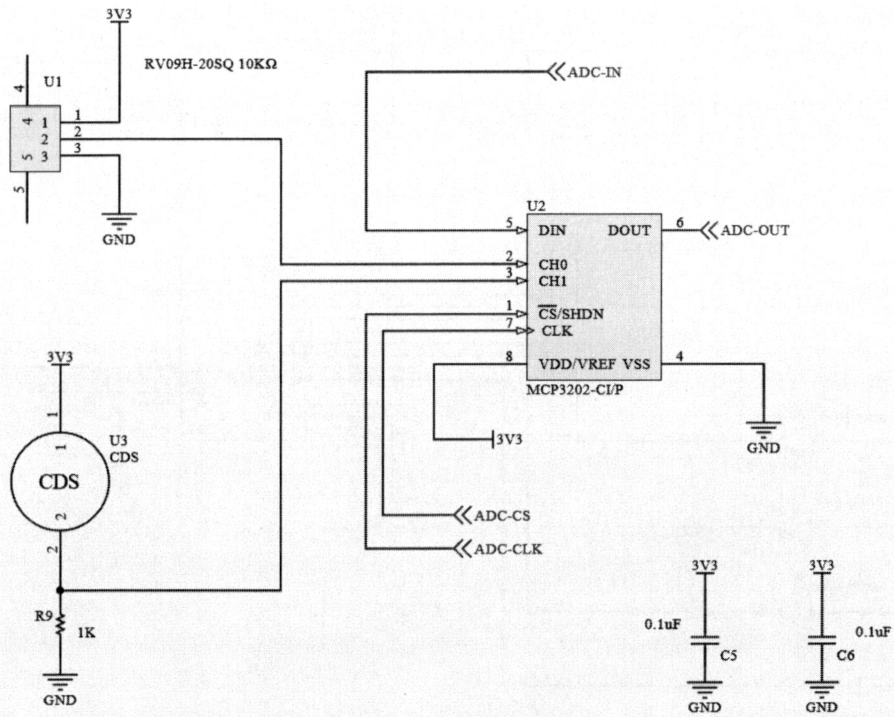

[그림 A.2(b)] ADC 회로도

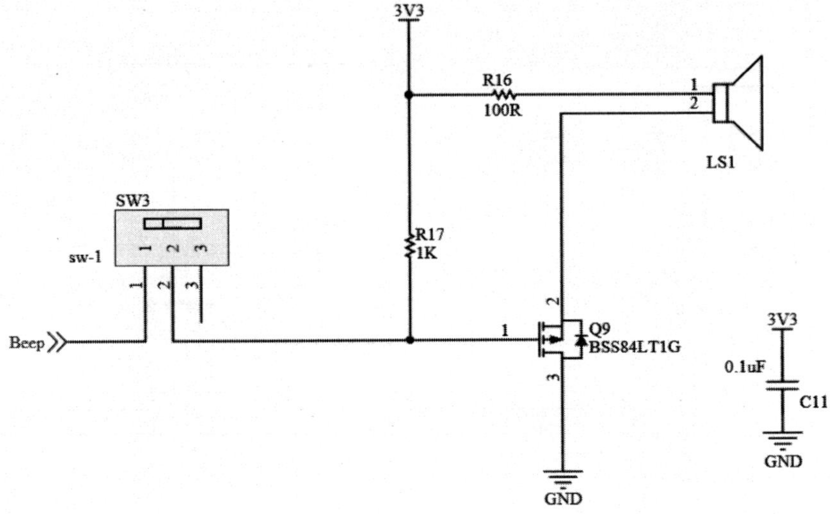

[그림 A.2(c)] BEEP 회로도

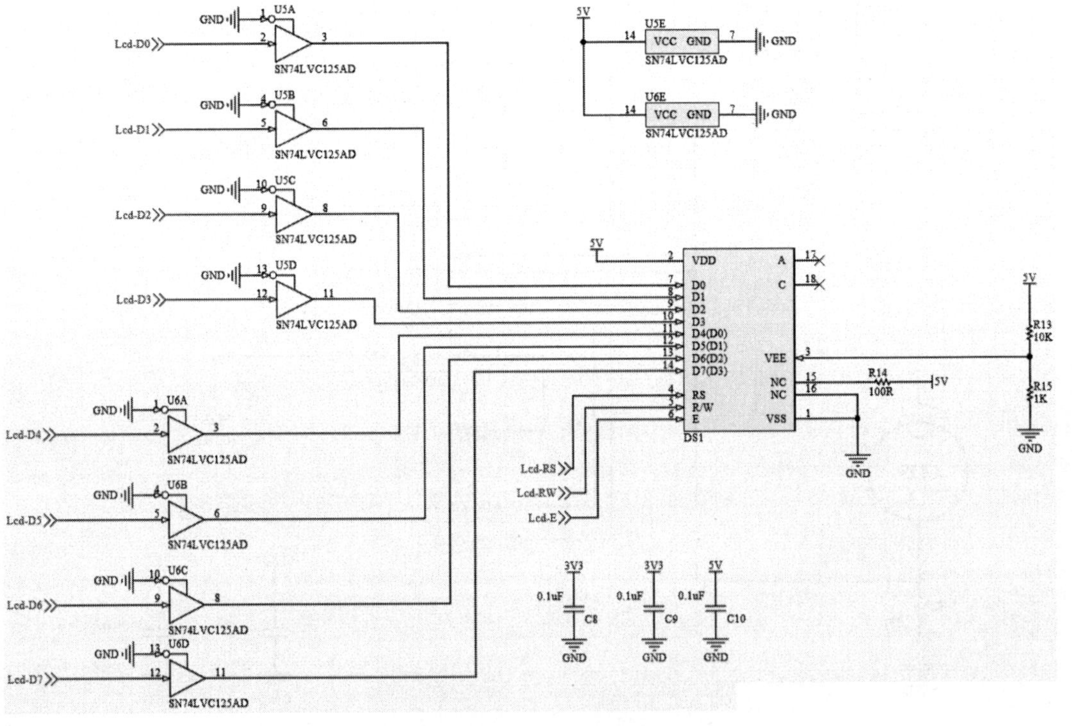

[그림 A.2(d)] LCD 회로도

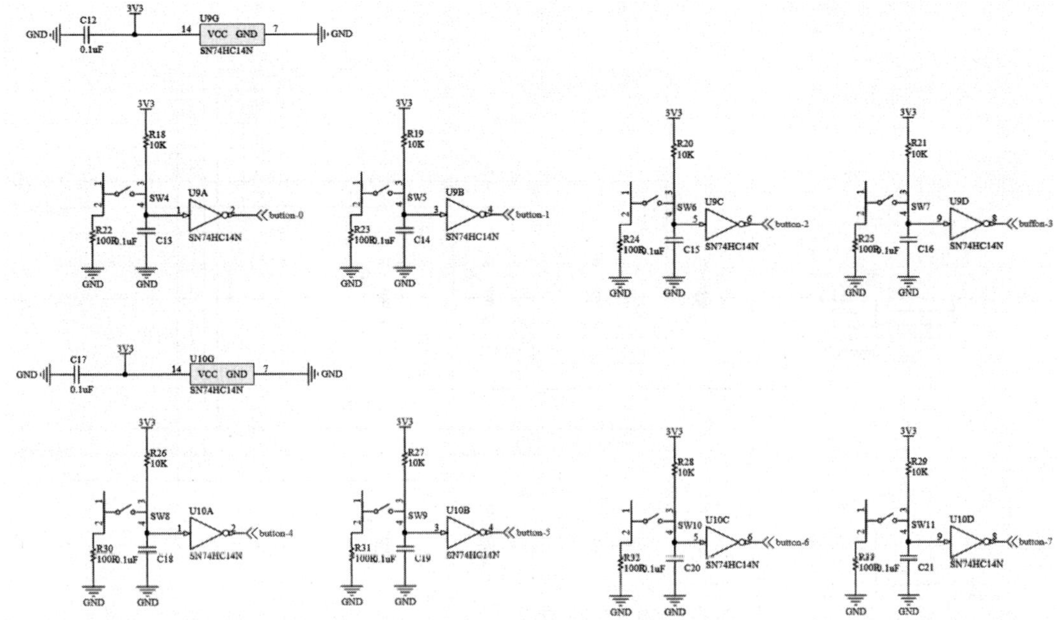

[그림 A.2(e)] Key(Button)#1~#8 회로도

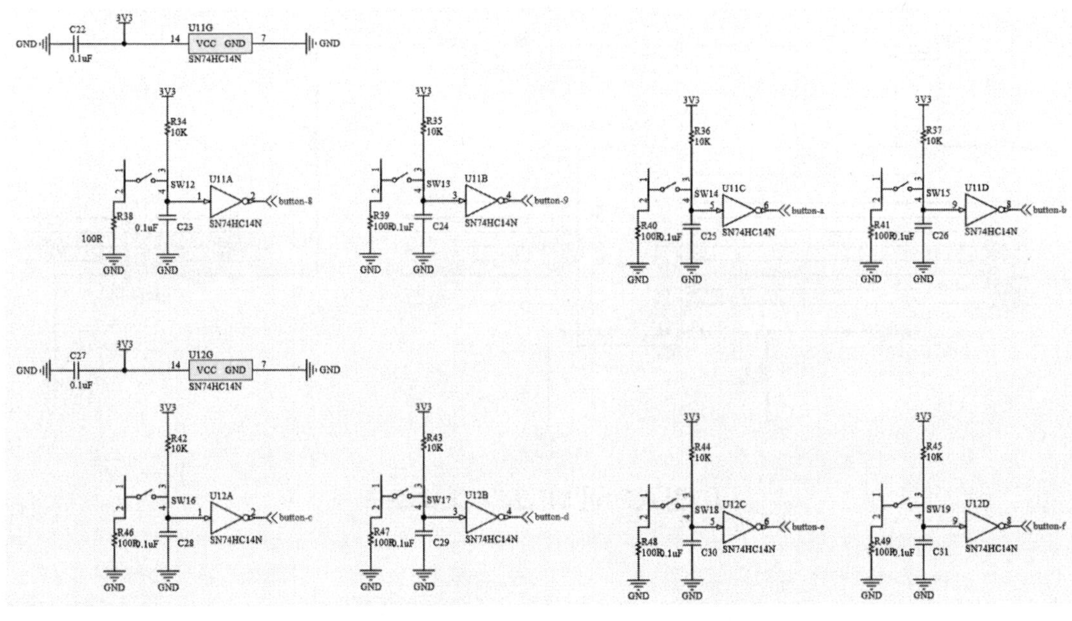

[그림 A.2(f)] Key(Button)#9~#f 회로도

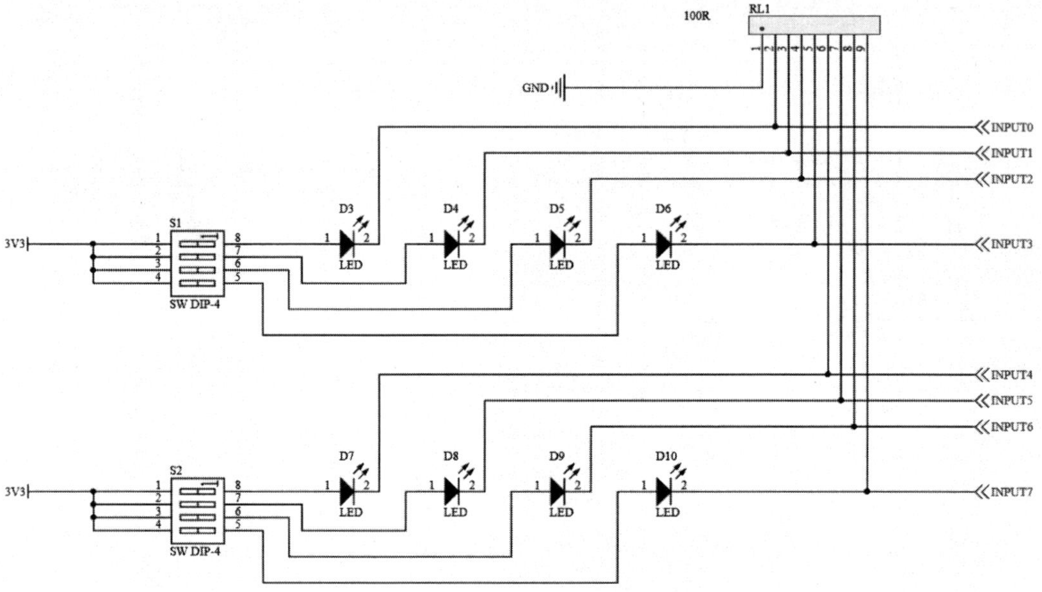

[그림 A.2(g)] 8BIT INPUT 회로도

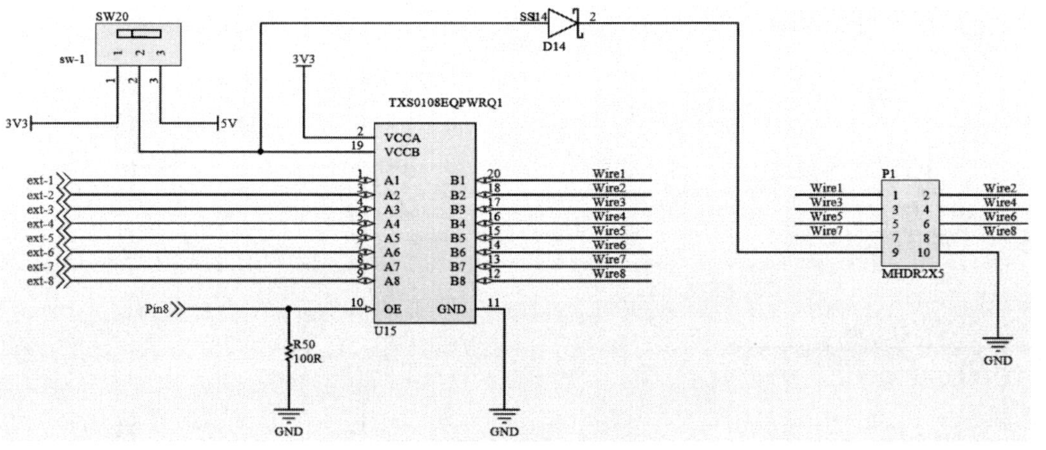

[그림 A.2(h)] INTERFACE 회로도

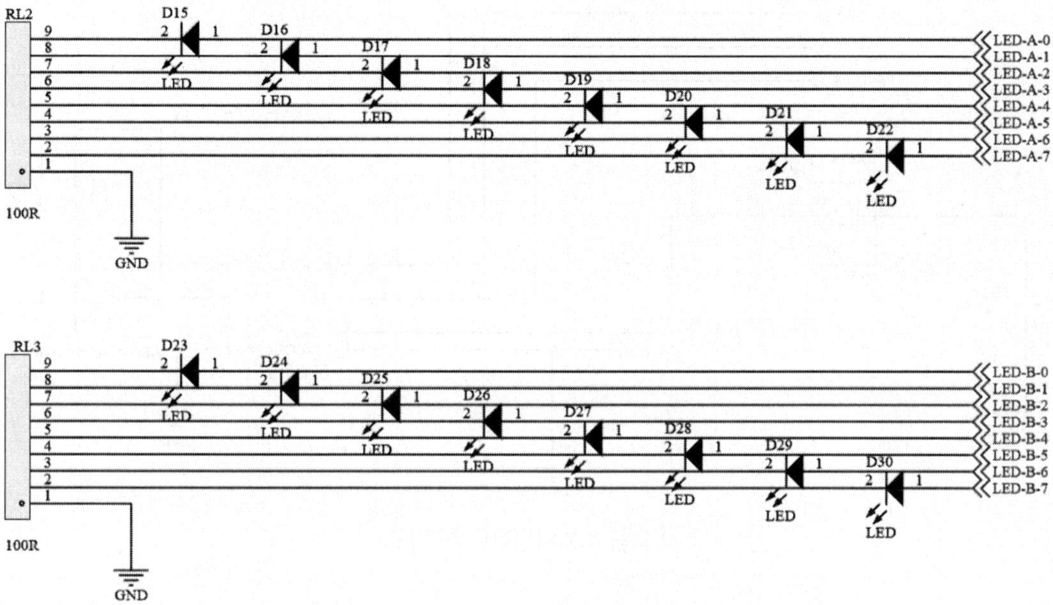

[그림 A.2(i)] LED 회로도

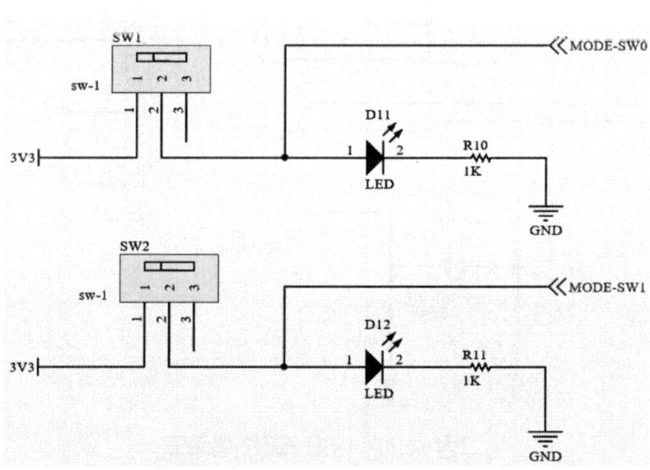

[그림 A.2(j)] MODE-SW(스위치) 회로도

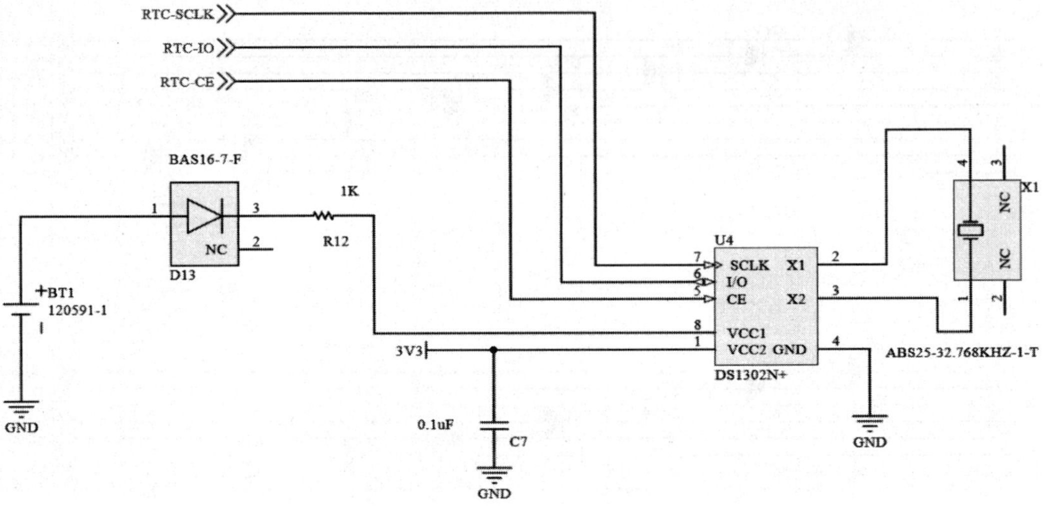

[그림 A.2(k)] RTC 회로도

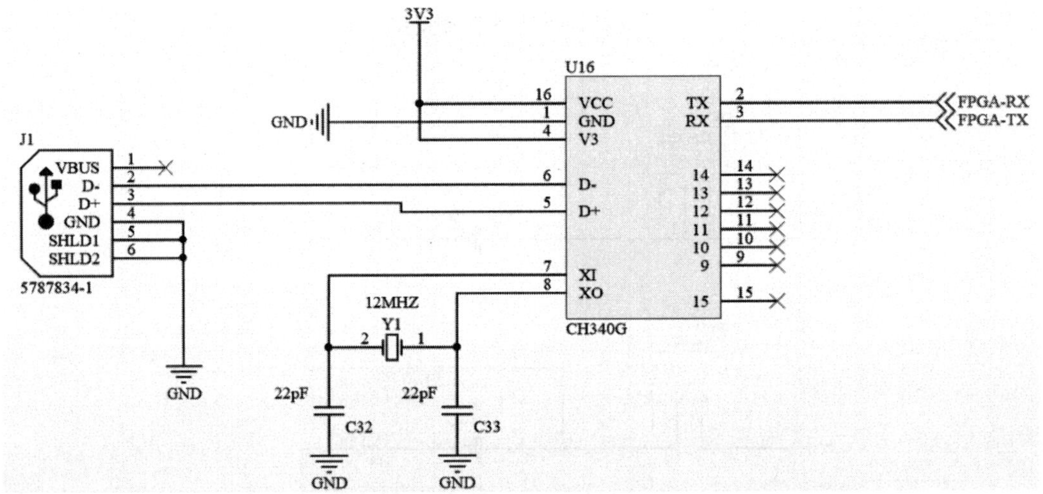

[그림 A.2(l)] USB-SER 회로도

A.3. VHDL 설계를 위한 각종 코드

A.3.1. 전감산기의 VHDL 설계

[코드 A.1] 전감산기의 VHDL 설계

```
library ieee;
use ieee.std_logic_1164.all;
usc ieee.std_logic_arith.all;

entity FullSubstractor_vhdl is
        port( Xi, Yi, Bi : in integer range 0 to 1;
              Di, B      : out std_logic );
end FullSubstractor_vhdl;

architecture FS_design of FullSubstractor_vhdl is
        signal diff                   : integer range -2 to 1;
begin
        process(Xi, Yi, Bi, diff)
        begin
                diff <= Xi - Yi - Bi;
                if diff = -2 then
                        Di <= '0';
                        B <= '1';
                elsif diff = -1 then
                        Di <= '1';
                        B <= '1';
                elsif diff = 0 then
                        Di <= '0';
                        B <= '0';
                else
                        Di <= '1';
                        B <= '0';
                end if;
        end process;
end FS_design;
```

A.3.2. 우선순위 인코더의 VHDL 설계

[코드 A.2] 우선순위 인코더의 VHDL 설계

```
library  ieee;
use  ieee.std_logic_1164.all;

entity  PriorityEncoder_vhdl  is
        port(  D  :  in  std_logic_vector(7  downto  0);
               A  :  out  std_logic_vector(2  downto  0);
               V  :  out  std_logic  );
end  PriorityEncoder_vhdl;

architecture  PE_design  of  PriorityEncoder_vhdl  is
begin
        process(D)
        begin
                if  D(7)  =  '1'  then
                        V  <=  '1';
                        A  <=  "111";
                elsif  D(6)  =  '1'  then
                        V  <=  '1';
                        A  <=  "110";
                elsif  D(5)  =  '1'  then
                        V  <=  '1';
                        A  <=  "101";
                elsif  D(4)  =  '1'  then
                        V  <=  '1';
                        A  <=  "100";
                elsif  D(3)  =  '1'  then
                        V  <=  '1';
                        A  <=  "011";
                elsif  D(2)  =  '1'  then
                        V  <=  '1';
                        A  <=  "010";
                elsif  D(1)  =  '1'  then
                        V  <=  '1';
                        A  <=  "001";
                elsif  D(0)  =  '1'  then
                        V  <=  '1';
                        A  <=  "000";
                else
```

```
                    V <= '0';
                    A <= "000";
            end if;
      end process;
end PE_design;
```

A.3.3. 디멀티플렉서의 VHDL 설계

[코드 A.3] 디멀티플렉서의 VHDL 설계

```
library ieee;
use ieee.std_logic_1164.all;

entity DeMultiplexer_vhdl is
      port( s  : in std_logic_vector(1 downto 0);
            i  : in std_logic;
            y  : out std_logic_vector(3 downto 0));
end DeMultiplexer_vhdl;

architecture DM_design of DeMultiplexer_vhdl is
begin
      process(s, i)
      begin
       case s is
        when "00" =>
             y(0) <= i; y(1) <= 'Z'; y(2) <= 'Z'; y(3) <= 'Z';
        when "01" =>
             y(0) <= 'Z'; y(1) <= i; y(2) <= 'Z'; y(3) <= 'Z';
        when "10" =>
             y(0) <= 'Z'; y(1) <= 'Z'; y(2) <= i; y(3) <= 'Z';
        when "11" =>
             y(0) <= 'Z'; y(1) <= 'Z'; y(2) <= 'Z'; y(3) <= i;
       end case;
     end process;
end DM_design;
```

A.3.4. BCD 가산기의 VHDL 설계

[코드 A.4] BCD 가산기의 VHDL 설계

```
package use_package is
        constant adder_width      : integer := 4;
        constant result_width     : integer := 4;
        subtype adder_value is integer range 0 to 2**adder_width-1;
        subtype result_value is integer range 0 to 2**result_width-1;
end use_package;

library ieee;
use ieee.std_logic_1164.all;
use ieee.std_logic_arith.all;
use work.use_package.all;

entity BCDAdder is
        port( a, b                : in adder_value;
              mid_sum_out         : out integer range 0 to 31;
              seg1, seg2          : out std_logic_vector(0 to 6) );
end BCDAdder;

architecture BCDAdder_design of BCDAdder is
        signal  result    : result_value;
        signal  c         : std_logic;
begin
        process(a, b)
                variable mid_sum          : integer;
        begin
                mid_sum := a + b;
                mid_sum_out <= mid_sum;

                if mid_sum < 10 then
                        result <= mid_sum;
                        c <= '0';
                else
                        result <= mid_sum + 6;
                        c <= '1';
                end if;
        end process;

-- process for 7-segment display
```

```
    process(result, c)
    begin
        case result is
                                        -- "abcdefg"
            when 0 => seg1 <= "1111110";
            when 1 => seg1 <= "0110000";
            when 2 => seg1 <= "1101101";
            when 3 => seg1 <= "1111001";
            when 4 => seg1 <= "0110011";
            when 5 => seg1 <= "1011011";
            when 6 => seg1 <= "1011111";
            when 7 => seg1 <= "1110000";
            when 8 => seg1 <= "1111111";
            when 9 => seg1 <= "1110011";
            when others => seg1 <= "0000000";
        end case;

        case c is
                                            -- "abcdefg"
            when '1'      => seg2 <= "0110000";
            when others   => seg2 <= "1111110";
        end case;
    end process;
end design;
```

A.3.5. 패리티 검사기의 VHDL 설계

[코드 A.5] 패리티 검사기의 VHDL 설계

```
library ieee;
use ieee.std_logic_1164.all;
use ieee.std_logic_arith.all;

entity ParityChecker_vhdl is
    generic (n : integer := 7);
    port( input     : in std_logic_vector(n downto 0);
          output    : out std_logic );
end ParityChecker_vhdl;

architecture PC_design of ParityChecker_vhdl is
```

```
begin
        process(input)
                variable temp      : std_logic;
                begin
                        temp := '0';
                        for i in input'range loop
                                temp := temp xnor input(i);
                        end loop;
                output <= temp;
        end process;
end PC_design;
```

A.3.6. 동기식 BCD 카운터의 VHDL 설계

[코드 A.6] 동기식 BCD 카운터의 VHDL 설계

```
library ieee;
use ieee.std_logic_1164.all;
use ieee.std_logic_arith.all;

entity BCDCounter_vhdl is
        port( clk          : in     std_logic;
              reset        : in     std_logic;
              cnt_out      : out    std_logic_vector(3 downto 0);
              seg          : out    std_logic_vector(6 downto 0));
end BCDCounter_vhdl;

architecture BCDC_design of BCDCounter_vhdl is
        type clk_state is (clkS0, clkS1);
        type state_type is (s0, s1, s2, s3, s4, s5, s6, s7, s8, s9);
        signal state      : state_type := S0;
        signal clkState   : clk_state;
        signal clk1Hz     : std_logic;
        signal segReg     : std_logic_vector(3 downto 0);
begin
        process(reset, clk)
                variable clkCount          : integer:= 0;
        begin
                if reset = '0' then
                        clkState <= clkS0;
                        clkCount := 0;
```

```
        elsif rising_edge(Clk) then
                case clkState is
                        when clkS0 =>
                                clkCount := clkCount + 1;
                                if clkCount >= 500000 then
                                        clkState <= clkS1;
                                        clkCount := 0;
                                else
                                        clkState <= clkS0;
                                end if;
                        when clkS1 =>
                                clkCount := clkCount + 1;
                                if clkCount >= 500000 then
                                        clkState <= clkS0;
                                        clkCount := 0;
                                else
                                        clkState <= clkS1;
                                end if;
                end case;
        end if;
end process;
 clk1Hz <= '0' when clkState = clkS0 else
                        '1';

process (reset, clk1Hz)
begin
        if reset = '0' then
                state <= s0;
        elsif rising_edge(clk1Hz) then
                case state is
                        when s0=>
                                state <= s1;
                        when s1=>
                                state <= s2;
                        when s2=>
                                state <= s3;
                        when s3=>
                                state <= s4;
                        when s4=>
                                state <= s5;
                        when s5=>
                                state <= s6;
                        when s6=>
                                state <= s7;
```

```
                        when s7=>
                                state <= s8;
                        when s8=>
                                state <= s8;
                        when s9=>
                                state <= s0;
                end case;
            end if;
        end process;

            segReg <= "0000" when state = s0 else
                      "0001" when state = s1 else
                      "0010" when state = s2 else
                      "0011" when state = s3 else
                      "0100" when state = s4 else
                      "0101" when state = s5 else
                      "0110" when state = s6 else
                      "0111" when state = s7 else
                      "1000" when state = s8 else
                      "1001";
-- process for 7-segment display
        process(segReg)
        begin
            case segReg is
                                                  - "abcdefg"
                when "0000" => seg <= "1111110";
                when "0001" => seg <= "0110000";
                when "0010" => seg <= "1101101";
                when "0011" => seg <= "1111001";
                when "0100" => seg <= "0110011";
                when "0101" => seg <= "1011011";
                when "0110" => seg <= "1011111";
                when "0111" => seg <= "1110000";
                when "1000" => seg <= "1111111";
                when "1001" => seg <= "1110011";
                when others => seg <= "0000000";
            end case;
        end process;
        cnt_out <= segReg;
end BCDC_design;
```